Arbeitsseiten (grau)

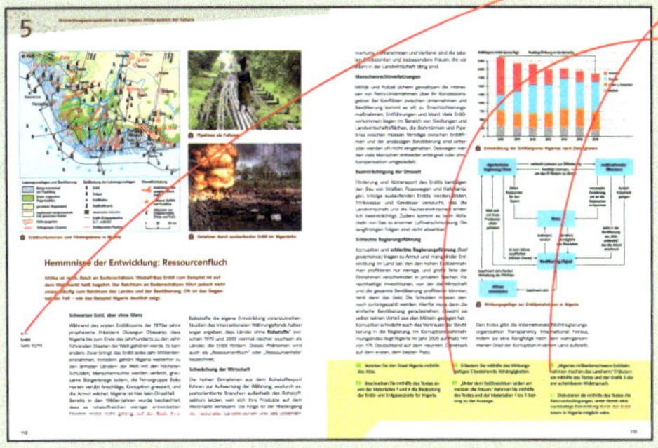

3 „Unter dem Erdölreichtum leiden am meisten die Frauen." Nehmen Sie Stellung zu der Aussage.

Basisaufgaben
Das sind Aufgaben, mit denen Sie Neues lernen (gefülltes Nummernfeld).

5 Erläutern Sie Rahmenbedingungen, unter denen eine nachhaltige Entwicklung durch den Erdölboom in Nigeria möglich wäre.

Expertenaufgaben
Das sind zusätzliche Aufgaben für starke und schnelle Lerner (nicht-gefülltes Nummernfeld).

→ **Erdöl**
Seite 92/93

Verweise im Buch
Die Farbe zeigt Ihnen an, ob auf eine Arbeits- (schwarz) oder Methodenseite (blau) verwiesen wird.

Lernaufgabe

Hier können Sie selbstständig spannende und knifflige Probleme lösen.

Wähle aus!

Hier können Sie nach Ihren Interessen ein Thema auswählen oder einen individuellen Lernweg wählen.

Hier trainieren Sie ...
- die Folgen des Klimawandels zu beurteilen,
- Anpassungsstrategien an den Klimawandel darzustellen,
- Ihr Fachwissen über den Klimawandel anzuwenden.

Hier können Sie Ihre Kompetenzen überprüfen. Was Sie trainieren können, steht in der Kompetenzbox der Trainingsseite.

Üben interaktiv
Klima im Wandel
2c35mk

Interaktive Übungsaufgaben
zu ausgewählten Kompetenzen des Themenblocks

Arbeitsanhang

Kulturraum	72, 73
Küstenwüste	132

Sachverzeichnis: Hier finden Sie eine Übersicht über die geographischen Begriffe. Die **fett** gedruckten Begriffe werden als „Wichtige Grundbegriffe" erläutert.

Kulturraum: So wird ein Raum bezeichnet, der durch eine ...

Wichtige Grundbegriffe: Hier sind alle wichtigen Begriffe erklärt. Grundbegriffe, die mit einem * markiert sind (z.B. **Klima***), kennen Sie bereits aus den Jahrgangsstufen 5 und 7.

Anforderungsbereich II

Ziel: Wissen und Kompetenzen in neuen Bereichen anwenden

Operatoren: Hier werden typische Aufforderungswörter aus den Aufgaben erklärt.

Umschlagbild: Luftbild, Kapawi Ecolodge, Ecuador © Getty Images Deutschland GmbH, Education Images/UIG

1. Auflage 1 5 4 3 2 1 | 26 25 24 23 22

Alle Drucke dieser Auflage sind unverändert und können im Unterricht nebeneinander verwendet werden.
Die letzte Zahl bezeichnet das Jahr des Druckes.

Berater: Dr. Andreas Schöps, Georg Strauß
Autoren: Marcus Aunkofer, Egid Diemer, Dr. Günther Dress, Lucia Feix, Christoph Habich, Sophia Seifart, Dr. Andreas Schöps, Georg Strauß
Mit Beiträgen von: Dr. Joachim Bierwirth, Dr. Egbert Brodengeier, Ulrich Bünstorf, Kathrin Eger, Matthias Etterich, Dr. Frieder Glanz, Christian Grosscurth, Bernd Haberlag, Dr. Thomas Hoffmann, Robert Jansen, Jens Joachim, Rainer Kalla, Ruth Kersting, Peter Kraus, Krystyna Kusserow, Thomas Lenz, Bodo Meißner, Helmut Obermann, Markus Perabo, Eberhard Pyritz, Meike Rahner, Thomas Rosenthal, Norbert von der Ruhren, Andreas Schmid, Sandra Schmidt, Barbara Smielowski, Karina Vormittag, Dietmar Wagener, Prof. Dr. Volker Wilhelmi, Kai Zimmermann

Entstanden in Zusammenarbeit mit dem Projektteam des Verlages.

Gestaltung: Nathanaël Gourdin & Katy Müller GbR, Leipzig
Karten: Artalis, Mühlhausen/Felchta (Jacqueline Böttcher)
Satz: Druckmedienzentrum Gotha GmbH, Gotha
Reproduktion: Druckmedienzentrum Gotha GmbH, Gotha
Druck: Firmengruppe APPL, aprinta druck, Wemding

Printed in Germany
ISBN 978-3-12-104612-6

9 783121 046126

4

Kulturraum Nordafrika, Naher und Mittlerer Osten 70

Kulturraum Orient 72
Marrakech und Nürnberg – Städte im Orient und im Okzident R 74
Marrakech und Nürnberg – Wachstum und Entwicklungen R 76
Stadtmodelle vergleichen 78
Wüstenformen 80
Wasserverfügbarkeit als regionales Problem 82
Wassermangel als Entwicklungshemmnis? 84
Oasen im Wandel L 86
Nomadismus im Wandel W 88
Migration 90
Erdöl – „schwarzes Gold" der Golfstaaten 92
Nachhaltige Stadt Masdar City G 94
TERRA Training 96

5

Entwicklungsperspektiven in den Tropen: Afrika südlich der Sahara 98

Vegetationszonen Afrikas L 100
In den Savannen 102
Ein Wirkungsgefüge erstellen 104
Im Sahel wächst die Wüste 106
Faktor natürliche Voraussetzungen 108
Faktor Mensch: Viehhaltung 110
Faktor Mensch: Holzverbrauch 112
Faktor Mensch: Ackerbau 114
Mit angepassten Mitteln gegen die Wüstenausbreitung 116
Hemmnisse der Entwicklung: Ressourcenfluch 118
Investieren in Afrika – Landgrabbing 120
Internetwirtschaft als Wachstumsfaktor 122
Strom für Afrika R 124
Afrikabilder und ihre (De-)Konstruktion 126
TERRA Training 128

6

Herausforderung der Entwicklung: Mittel- und Südamerika, Karibik 130

Klima-und Vegetationszonen Mittel- und Südamerikas 132
Die Höhenstufung der Vegetation R 134
Regenwaldzerstörung in Amazonien – die Ursachen L 136
Regenwaldzerstörung in Amazonien – die Folgen 138
Schützen und nachhaltig nutzen L 140
Plantagenwirtschaft 142
Tourismus als Entwicklungsmotor? 144
Metropolen in Lateinamerika 146
Curitiba: die grünste Millionenstadt Lateinamerikas 148
Komplexe Diagramme erstellen 150
Hurrikane in der Karibik 152
Informationen finden 154
TERRA Training 156

7

Arbeitsanhang 158

Nachhaltige Entwicklungsziele der Agenda 2030 160
Übersicht wichtiger Methoden aus Jahrgangsstufe 5 162
Übersicht wichtiger Methoden aus Jahrgangsstufe 7 166
Strukturdaten ausgewählter Staaten 168
Klimastationen 170
Wichtige Grundbegriffe der Klassenstufen 5 bis 10 172
Sachverzeichnis 184
Klimazonen der Erde im Überblick (Karte) 186
Nachweise 188
Kompetenzbereiche im Geographieunterricht 192
Operatoren nach Anforderungsbereichen 194

1

Leben in der Einen Welt

1 Eine Welt

Wir alle leben in derselben Welt. Jedoch sind die Unterschiede, bezogen auf die Lebensbedingungen und Entwicklungschancen innerhalb dieser Welt, unvorstellbar groß. Die Schere zwischen Wohlstand und Armut scheint immer größer zu werden.

Was sind die Ursachen für diese regionalen und sozialen Disparitäten und welche Möglichkeiten gibt es, sie zu überwinden?
Um den Herausforderungen in der Welt gewachsen zu sein, bedarf es einer Zusammenarbeit auf globaler Ebene. Doch wie kann eine solche Zusammenarbeit aussehen?

2 Arm und Reich

Das erwartet Sie:

- Sie werden Lebensrealitäten von Kindern und Jugendlichen in Ländern niedrigen Entwicklungsstandes vergleichen.
- Sie werden anhand kartografischer Darstellungen und Statistiken Regionen unterschiedlichen Entwicklungsstandes charakterisieren.
- Sie werden kritisch Stellung nehmen zu Indikatoren des Entwicklungsstandes.
- Sie werden Merkmale und Probleme von Ländern mit niedrigem Entwicklungsstand darstellen.
- Sie werden die Notwendigkeit von Entwicklungszusammenarbeit erkennen.

Mein Name ist Nele und ich gehe in die 10. Klasse eines Gymnasiums im Umland von München. Meine Schule ist wirklich gut und meine Noten sind absolut in Ordnung. Zuhause habe ich mein eigenes Zimmer, wie meine beiden jüngeren Brüder auch. Ich bin täglich im Internet unterwegs, treffe mich aber auch gerne mit meinen Freundinnen. Wir gehen dann in die Stadt zum Einkaufen, ins Kino oder Eis essen. Einmal pro Woche gehe ich ins Schwimmtraining und bin in der Tanzgruppe sowie im Skiverein aktiv. Mein Traum ist es, nach dem Abitur zu studieren und Journalistin zu werden, um über die Lebensbedingungen aus aller Welt zu berichten zu können. Natürlich möchte ich auch gerne eine Familie mit Kindern und ein eigenes Haus haben. Ich hoffe, dass ich mir das irgendwann leisten kann.

1

Ich bin Moustafa, bin 16 Jahre und komme aus einem kleinen Dorf in Marokko, das etwa 50 Kilometer von der nächsten großen Stadt entfernt ist. Dort fehlt es an vielem und die Gesundheitsversorgung ist schwierig. Doch nun darf ich bei meiner Tante in der Stadt wohnen, wo ich ein Gymnasium besuchen kann. Meine Tante ist selbst nie zur Schule gegangen, ich aber träume davon, Abitur zu machen und Lehrer zu werden. Ob ich aber jemals das Geld für ein Studium aufbringen kann, weiß ich nicht. Meine Eltern können mir nicht helfen, da sie selbst Geldsorgen haben. Viele Jugendliche hier sehen keine Zukunft in unserem Land und hoffen, in Europa bessere Möglichkeiten zu finden.

2

Eine Welt – unterschiedliche Lebensweisen

Ganz selbstverständlich erleben wir den Alltag mit Familie, Freunden und Schule. Ein Blick in andere Länder zeigt aber deutlich, wie unterschiedlich die Lebensweisen von Jugendlichen sein können, besonders wenn der Entwicklungsstand eines Landes wesentlich niedriger ist, als wir es aus den Industriestaaten gewohnt sind.

Entwicklungsländer
Im Vergleich zu den sogenannten Industriestaaten weniger entwickelte Länder. Zur Abgrenzung werden verschiedenen Indikatoren verwendet.

„Eine Welt"
Der Begriff soll ein neues Verständnis der Entwicklungszusammenarbeit ausdrücken.

Obwohl wir nur eine Welt haben, hat sich Mitte des 20. Jahrhunderts der Begriff der unterschiedlichen Welten in Politik und Wirtschaft etabliert. Denn nach dem 2. Weltkrieg prägte der Ost-West-Gegensatz die Begriffe der „Ersten Welt" für die westlichen, kapitalistischen Staaten sowie der „Zweiten Welt" für die östlichen, sozialistischen Nationen. Länder, die keiner dieser beiden Einflusssphären angehörten, bezeichnete man als „blockfreie" Staaten oder „Dritte Welt". Dieser Begriff wurde bald zum Synonym für Nationen, die einen erheblichen Rückstand gegenüber den westlichen Industrienationen aufwiesen und daher auch **Entwicklungsländer** genannt wurden.

Die Bezeichnung „Entwicklungsland" ist jedoch mit Vorsicht zu verwenden, wenn sie unsere Vorstellungen als Bewertungsmaßstab für andere Länder unreflektiert übernimmt. Dabei können leicht unbedacht Wertungen mit einfließen, die unserem Kulturkreis entstammen und zu Pauschalurteilen führen.

Häufig wird Entwicklung nach dem Vorbild der **Industrieländer** mit Wirtschaftswachstum gleichgesetzt. Dies ist aber eine einseitige ökonomische Sichtweise, welche die im Sinne einer **nachhaltigen Entwicklung** ebenso wichtigen sozialen, politischen und sozialen Verhältnisse unberücksichtigt lässt. Deshalb gilt die Gliederung der Welt in Industrie- und Entwicklungsländer heute als überholt.

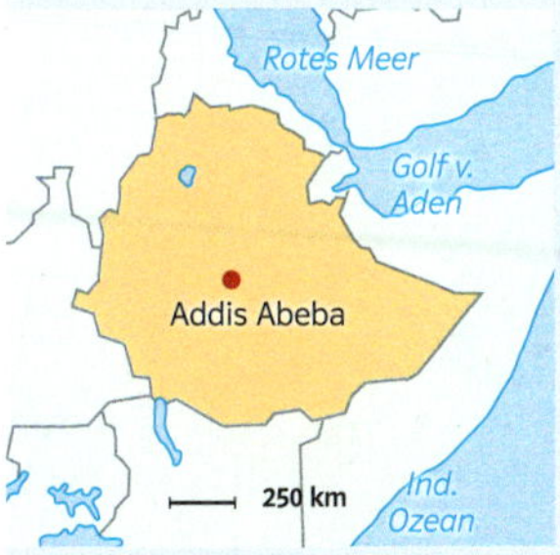

Ich bin Ayana, bin 16 Jahre und komme aus Addis Abeba in Äthiopien. Ich habe großes Glück, in die Schule gehen zu dürfen. Meine Cousine Candice, die in einem kleinen Dorf etwa 60 km von uns entfernt wohnt, kann nicht lesen und schreiben, weil sie nie die Schule besucht hat. Ihre Mutter braucht ihre Unterstützung bei der Hausarbeit.
Für mich ist dies das letzte Schuljahr. Die höhere Schule ist viel zu teuer. Das können sich meine Eltern nicht leisten. Meine Mutter ist Hausfrau und kümmert sich um meine vier Geschwister und mich. Mein Vater und mein 15-jähriger Bruder arbeiten als Bauarbeiter. Wenn ich erwachsen bin, möchte ich Erzieherin in einem Heim für aidskranke Kinder werden.

3

Ich heiße Alejandro, bin 15 Jahre und lebe in Llangahua in Ecuador. Unser Dorf liegt auf etwa 3 600 Metern, mitten in den Gebirgszügen der Anden. Ich besuche ein Colegio, eine Schule, zu der ich zu Fuß fast eine Stunde unterwegs bin. Am Nachmittag muss ich meinen Eltern zu Hause helfen, beim Kochen, Wäsche waschen, Tiere füttern oder mich um meine kleinen Geschwister kümmern. Da es hier keine gute Versorgung gibt, halten wir Kühe, Schweine, Schafe, Hühner und auch Meerschweinchen. Ich würde später gerne mein Dorf verlassen und in unserer Hauptstadt Quito studieren. Am liebsten würde ich Arzt werden und kranken Menschen helfen. Aber ob dieser Traum in Erfüllung geht, weiß ich nicht.

4

Um ein neues Verständnis der Entwicklungszusammenarbeit zu verdeutlichen, hat sich der Begriff der **„Einen Welt"** immer stärker durchgesetzt. Er drückt die Gleichberechtigung im partnerschaftlichen Umgang miteinander aus und betont außerdem, dass es nur diese „eine Erde" als Lebensraum gibt, deren Bewahrung nur als gemeinsame Aufgabe aller Menschen und Nationen gelingen kann. Auch wenn die **regionalen Disparitäten*** oft sehr groß sind, ist letztendlich doch jeder einzelne Mensch bestrebt, sein Leben in Sicherheit und Wohlstand zu verbringen und seine jeweiligen Lebensbedingungen zu verbessern. Die gegenseitige Kenntnis von den Bedingungen und Bedürfnissen anderer Kulturen und deren Bedürfnissen kann zu mehr Verständnis führen und schließlich auch zu einer gelungenen internationalen Entwicklungszusammenarbeit. Damit diese auch nachhaltig ist, haben die Vereinten Nationen in der Agenda 2030 Ziele für eine nachhaltige Entwicklung auf ökologischer, sozialer, wirtschaftlicher und politischer Ebene festgelegt, die für alle Staaten der Welt gültig sind.

→
Nachhaltige Entwicklungsziele der Agenda 2030
Seiten 160/161

1 Stellen Sie die jeweiligen Bedürfnisse und Lebensbedingungen der vier Jugendlichen aus Deutschland, Äthiopien, Marokko und Ecuador in einer Tabelle gegenüber (Materialien 1–4).

2 Vergleichen Sie die Situation der vier Jugendlichen (Materialien 1–4) mit Ihrer eigenen Ausbildungssituation, Ihren persönlichen Zielen und Ihren Berufswünschen.

3 Erläutern Sie mithilfe der Materialien 1–4, welche Entwicklungschancen und Herausforderungen der vier Länder Nele, Ayana, Moustafa und Alejandro zum Ausdruck bringen.

4 Erklären Sie die Begriffe „Entwicklungsländer", „Dritte Welt" und „Eine Welt".

5 In den Medien werden die Begriffe Industrie- und Entwicklungsländer immer noch häufig verwendet. Diskutieren Sie, ob oder unter welchen Umständen eine Unterscheidung in diese Kategorien auch heute noch eine Berechtigung hätte.

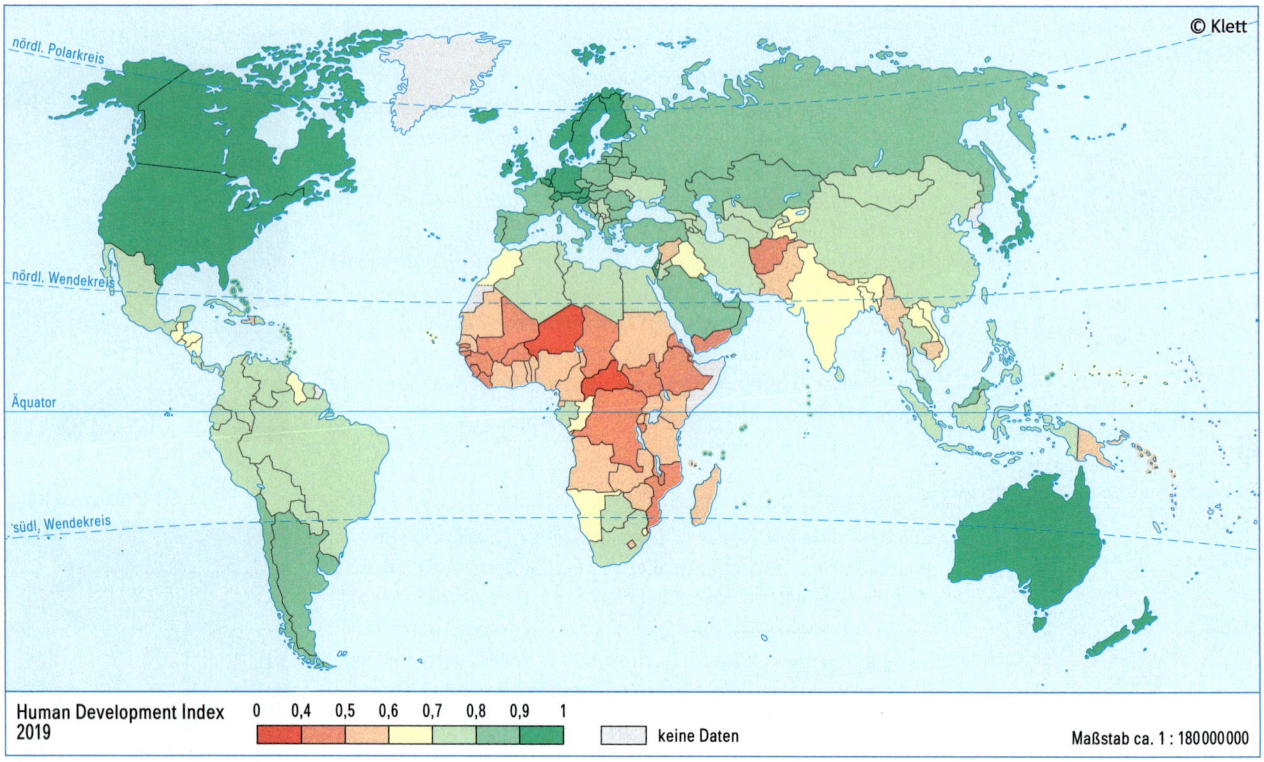

1 HDI 2019 (nach Human Development Report 2020)

Wie kann man Entwicklung messen?

Staaten wie Äthiopien bezeichnen wir ganz selbstverständlich als Entwicklungsländer. Doch an welchen Kriterien kann man die Entwicklung eines Landes festmachen? Wann ist ein Land entwickelt, weniger entwickelt oder kaum entwickelt?

Index
statistischer Messwert, durch dessen Veränderung eine Entwicklung ausgedrückt wird (Plural: Indizes)

Human Development Index (HDI)
von den Vereinten Nationen jährlich errechneter „Index der menschlichen Entwicklung" eines Landes

→ **Bruttonationaleinkommen** Seite 10

Um den Entwicklungsstand eines Staates in einer messbaren Größe ausdrücken zu können, entschieden die Vereinten Nationen (UNO) wirtschaftliche, gesellschaftliche und bildungsrelevante Aspekte in den Blick zu nehmen. Aus den Daten zu diesen drei Dimensionen errechnet man einen einzelnen Wert für jedes Land, den „Index der menschlichen Entwicklung" oder **Human Development Index (HDI)**. Der HDI zeigt, dass der Grad menschlicher Entwicklung nicht nur etwas mit wirtschaftlichen Kriterien zu tun hat. Für seinen Messwert werden drei Indikatoren verrechnet:

- das **Bruttonationaleinkommen (BNE)** pro Kopf als wirtschaftliche Komponente,
- die Lebenserwartung bei Geburt für die soziale Dimension und
- die durchschnittliche Schulbesuchsdauer als Merkmal für das Bildungsniveau eines Landes.

Bis 2009 wurden zusätzlich auch die Alphabetisierungsquote und die Schuleinschreibungsquote in den Bildungsindikator des HDI miteingerechnet; seit 2010 beschränkt sich die neue Berechnungsmethode auf die voraussichtliche und die durchschnittliche Schulbesuchsdauer.
Der HDI eines Landes liegt immer zwischen null und eins, wobei null den niedrigsten Grad der Entwicklung darstellt und eins der bestmögliche Wert ist. Demnach kann man einen **Staat*** einem von vier unterschiedlichen Entwicklungsständen zuordnen. Mithilfe dieses Index erstellt das Entwicklungsprogramm der Vereinten Nationen (UNDP) seit 1990 jährlich eine Rangliste der Länder.
Der HDI ermöglicht einerseits die einfache Messung des Entwicklungsstandes und damit die Vergleichbarkeit unterschiedlicher Länder; andererseits wird jedoch seine Aussagekraft stark kritisiert, da er sich auf wenige Kriterien beschränkt und als Grundlage für das menschliche Wohlergehen wichtige Aspekte wie Geschlechtergerechtigkeit und ein intaktes **Ökosystem*** nicht berücksichtigt. Um

Merkmal (2020)	Einheit	Deutschland	Marokko	Äthiopien	Ecuador	Welt
Landfläche	km²	357588	446550	1104300	257217	149400000
Bevölkerung	Mio. Personen	83,1	36,5	112,1	17,4	7760
Bevölkerungsdichte	Personen je km²	233	81	109	69	51
BNE pro Kopf	US-$ (KKP)	55314	7368	2207	11044	k.A.
Geburtenziffer (2018)	Geburten je Frau	1,59	2,31	4,14	2,43	2,47
Lebenserwartung bei Geburt (gesamt 2019)	Jahre	81,3	76,7	66,6	77,0	69,0
Lebenserwartung bei Geburt (Männer 2019)	Jahre	78,9	75,4	64,7	74,3	67,3
Lebenserwartung bei Geburt (Frauen 2019)	Jahre	83,7	77,9	68,5	79,8	71,1
Alphabetisierungsquote	% > 15 Jahre	> 99,9	73,8	51,8	92,8	86,3
Voraussichtliche Schulbesuchsdauer (Grundschule bis Hochschule) 2019	Jahre	17,0	13,7	8,8	14,6	k.A.
Durchschnittliche Schulbesuchsdauer (Grundschule bis Hochschule) 2019	Jahre	14,2	5,6	2,9	8,9	k.A.
HDI (2019)		0,947	0,686	0,485	0,759	–
HDI Rang (2019)	Jahre	6	121	173	86	–

Eigene Zusammenstellung nach Eurostat, unter: https://ec.europa.eu/eurostat/de; Statistisches Bundesamt www.destatis.de; CIA: The World Factbook, unter: www.cia.gov/the-world-factbook; United Nations Development Programme: Human Development Reports, unter: http://www.hdr.undp.org (Zugriff am 6.5.2021)

2 Länderdaten im Vergleich

dies auszugleichen, wurden Indizes geschaffen, die weitere relevante Merkmale von Entwicklung miteinberechnen:

- der „Index der geschlechtsspezifischen Entwicklung" (Gender Development Index = GDI) erfasst die Situation der Frauen, indem er den HDI für Frauen und Männer getrennt errechnet. Das Verhältnis dieser beiden Werte drückt das Maß der Ungleichverteilung in einer Gesellschaft aus.
- der „Index der mehrdimensionalen Armut" (Multidimensional Poverty Index = MPI) setzt auf einen umfassenderen Begriff von Entwicklung. Wie der HDI enthält er drei Dimensionen (Gesundheit, Bildung und Lebensstandard), betrachtet innerhalb dieser aber insgesamt zehn Indikatoren. Die Messung des Lebensstandards integriert beispielsweise folgende Bereiche: Brennmaterial zum Kochen, Sanitäreinrichtungen, Wasser, Elektrizität, Boden und Besitz.

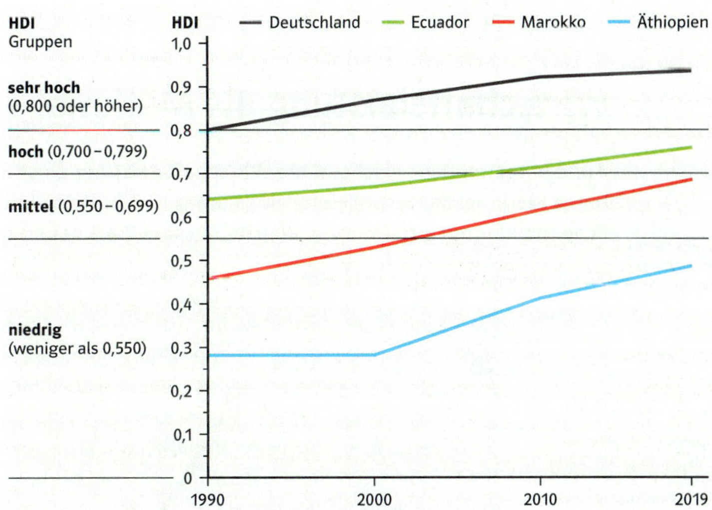

3 Entwicklung des HDI seit 1990 nach Staaten

1 Erläutern Sie Kriterien, die den Entwicklungsstand eines Landes objektiv wiedergeben.

2 Benennen Sie je drei Staaten mit einem sehr niedrigen, mittleren und sehr hohen Entwicklungsstand auf unterschiedlichen Kontinenten anhand von Karte 1.

3 Entwickeln Sie ein eigenes System zur Einordnung des Entwicklungsstandes eines Landes nach Ihnen wichtigen Kriterien.

4 Vergleichen Sie die Bedingungen in Deutschland, Marokko, Äthiopien und Ecuador mithilfe der Indikatoren der Tabelle 2.

5 Stellen Sie anhand von Beispielen dar, wie sich ein geringer Entwicklungsstand auf das Leben der betroffenen Menschen auswirkt.

6 Beurteilen Sie die Aussagekraft des HDI.

7 Veränderung des Entwicklungsstandes
a) Analysieren Sie die Veränderungen der menschlichen Entwicklung zwischen 1990 und 2019 mithilfe von Diagramm 3. Überlegen Sie sich mögliche Ursachen für diese Entwicklung.
b) Beurteilen Sie diese Entwicklung.

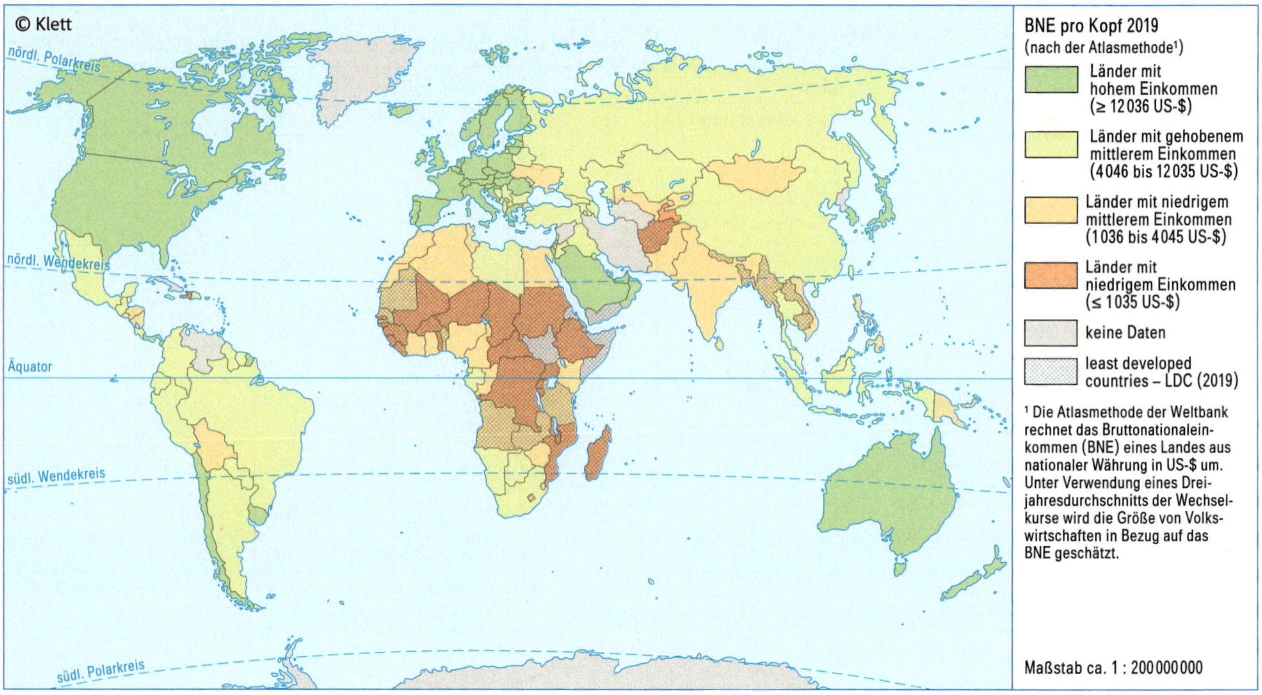

1 **Länderklassifizierung der Weltbank nach BNE pro Kopf**

Wirtschaftsleistung als Merkmal von Entwicklung

Auf den ersten Blick erscheint die Wirtschaftsleistung eines Staates als gut messbares Merkmal der Entwicklung eines Staates. Allerdings haben auch wirtschaftliche Indikatoren ihre Grenzen. Welche Aussagekraft haben diese Merkmale?

Bruttoinlandsprodukt (BIP)
Geldwert aller innerhalb einer Volkswirtschaft in einem Jahr produzierten Güter und erbrachten Dienstleistungen

Bruttonationaleinkommen (BNE)
Geldwert aller von Angehörigen einer Volkswirtschaft im In- und Ausland im Zeitraum eines Jahres produzierten Güter und erbrachten Dienstleistungen

Ein wesentlicher Maßstab für die wirtschaftliche Situation eines Landes ist das **Bruttoinlandsprodukt (BIP)**. Das ist die Summe aller in einem Jahr innerhalb eines Staates erbrachten wirtschaftlichen Leistungen, also Güter und **Dienstleistungen***. Geht es um den Wert aller Wirtschaftsleistungen, die von allen Angehörigen eines Staates im In- und Ausland erbracht werden, spricht man vom **Bruttonationaleinkommen (BNE)**. Um unterschiedlich große Länder miteinander vergleichen zu können, wird das BNE durch die Zahl der Bevölkerung dividiert. Das Ergebnis ist das BNE pro Kopf.

Das BNE pro Kopf gilt als einer der besten Indikatoren für die wirtschaftliche Entwicklung eines Landes. Falsch wäre es jedoch, das BNE mit dem Wohlstand oder gar dem Einkommen der Bevölkerung gleichzusetzen, da der Durchschnittswert nichts über die tatsächliche Verteilung des Einkommens in der Bevölkerung aussagt. Zudem verfügt das BNE über eine begrenzte Aussagekraft, da die Selbstversorgung der Bevölkerung (Subsistenzwirtschaft) und informelle Arbeit nicht erfasst werden.

Unter dem **informellen Sektor** versteht man den vom Staat nicht kontrollierbaren Wirtschaftsbereich, in dem die Menschen ohne soziale Absicherung, aber auch ohne Steuern zu zahlen, arbeiten. Häufige Betätigungsfelder sind Straßenverkauf, Transport oder die Arbeit in Kleinbetrieben.

Oft wird zur besseren Vergleichbarkeit die Kaufkraft der unterschiedlichen Währungen in Form der Kaufkraftparität (KKP, engl. Purchasing power parity, PPP) berücksichtigt. Dadurch wird ausgedrückt, was das Geld in dem jeweiligen Land tatsächlich wert ist, was man sich also davon kaufen kann. Daher wird das BNE pro Kopf häufig in KKP angegeben.

Ein weiterer Indikator zur Messung der Kaufkraft ist der Big-Mac-Index. Er vergleicht den Preis des Fast-Food Produkts Big Mac in verschiedenen Ländern der Erde durch Umrechnung mit dem aktuellen US-Dollar-Kurs. Doch auch in diesem Fall ist die

Reichste und ärmste Länder nach BNE/Kopf (2020) (in KKP-$)		
Rang	**Staat**	**BNE/Kopf (in KKP-$)**
Die reichsten Länder		
1.	Liechtenstein	131032
2.	Katar	92418
3.	Singapur	88155
4.	Luxemburg	72712
5.	Schweiz	69394
6.	Irland	68371
7.	Norwegen	66494
17.	Deutschland	55314
Die ärmsten Länder		
115.	Ecuador	11044
132.	Marokko	7368
179.	Äthiopien	2207
185.	Niger	1201
186.	D.R. Kongo	1063
187.	Malawi	1035
188.	Zentralafrikanische Republik	993
189.	Burundi	754

Daten nach United Nations Development Programme: Human Development Reports, unter: http://www.hdr.undp.org (Zugriff am 6.5.2021)

2

3 So viel kostete der Big Mac 2017 (in Äthiopien ist der Anbieter nicht vertreten.)

Arbeitszeit, die ein Arbeitnehmer mit Mindestlohn erbringen muss, um sich einen Big Mac kaufen zu können (2017)

Staat	Arbeitszeit	Staat	Arbeitszeit
Schweiz	15 Minuten	Polen	54 Minuten
Deutschland	19 Minuten	Argentinien	72 Minuten
Norwegen	21 Minuten	Russland	156 Minuten
Frankreich	22 Minuten	China	183 Minuten
Japan	31 Minuten	Mexiko	282 Minuten
USA	35 Minuten	Indien	347 Minuten

4

Aussagekraft zu hinterfragen, da die Wechselkurse ständig schwanken und der Preis auch durch die unterschiedlichen Kosten der Hamburger-Produktion und die jeweilige Marktlage bestimmt wird. Betrachtet man die Wirtschaftsleistung weltweit, zeigen sich gravierende Unterschiede zwischen wohlhabenden und ärmeren Staaten. Doch auch innerhalb der einzelnen Länder ist die Schere zwischen Arm und Reich oft sehr groß.

5 Zwei Arbeitswelten: informeller Sektor trifft Geschäftswelt

→ Informationen finden Seiten 154/155

1 Beschreiben Sie anhand der Karte 1 die Verteilung der Länder mit hohem und niedrigem BNE pro Kopf.

2 Das Bruttonationaleinkommen pro Kopf hat nur eine eingeschränkte Aussagekraft bei der Ermittlung des Entwicklungsstandes eines Landes. Stellen Sie seine Vorzüge den Schwächen gegenüber (Text, Materialien 2–5).

3 Erklären Sie wesentliche Unterschiede zwischen den beiden Entwicklungsindikatoren BNE und HDI (Texte S. 8–11).

4 Recherchieren Sie im Internet das aktuelle BNE pro Kopf Deutschlands und benennen Sie auf jedem Kontinent einen Staat mit einem vergleichbaren Wert.

5 „Entwicklung ist nicht gleich Wachstum, aber Entwicklung ohne Wachstum gibt es nicht." Nehmen Sie Stellung zu dieser Behauptung (Texte und Materialien S. 8–11).

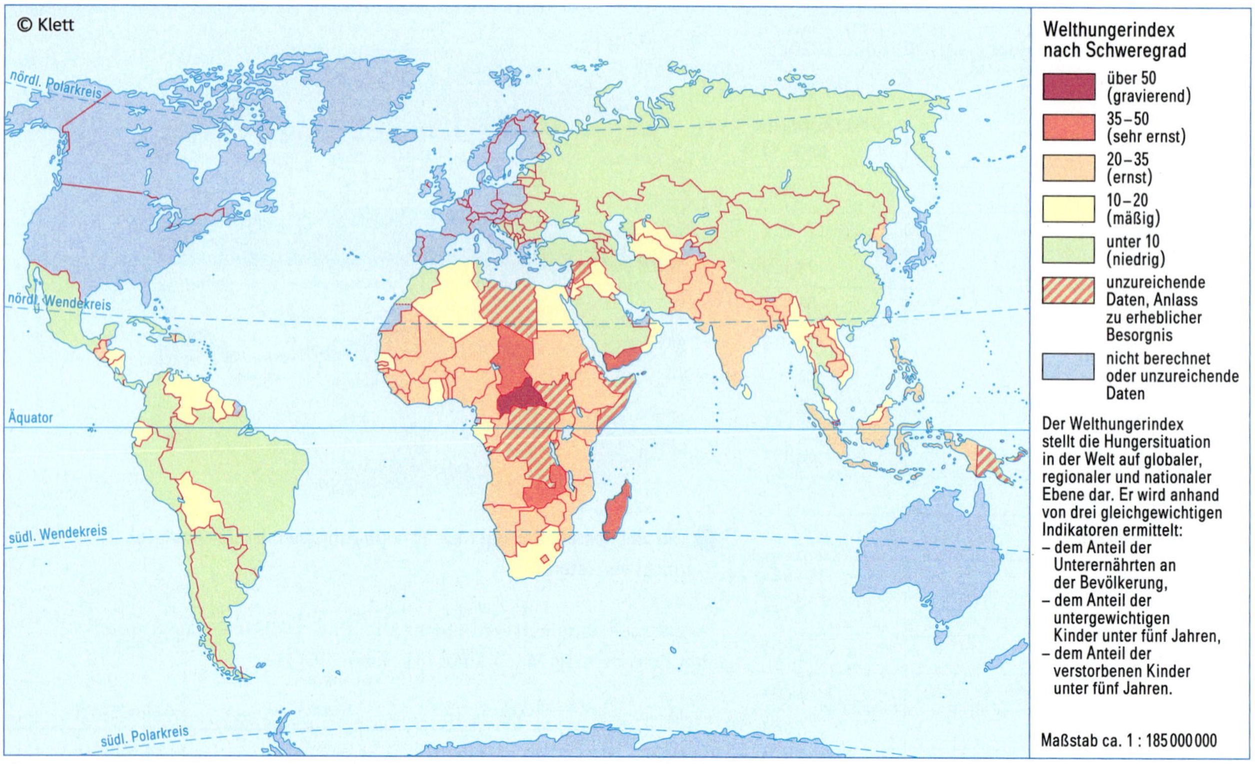

1 Welthungerindex 2019 (Daten nach FAO)

Gesundheit als Merkmal von Entwicklung

Mit der weltweiten Produktion von Nahrungsmitteln könnten etwa 12 Milliarden Menschen versorgt werden. Während etwa eine Milliarde Menschen übergewichtig ist, leidet etwa jeder zehnte Mensch (795 Millionen) weltweit an Hunger. Wo sind diese Probleme am größten und warum ist das so?

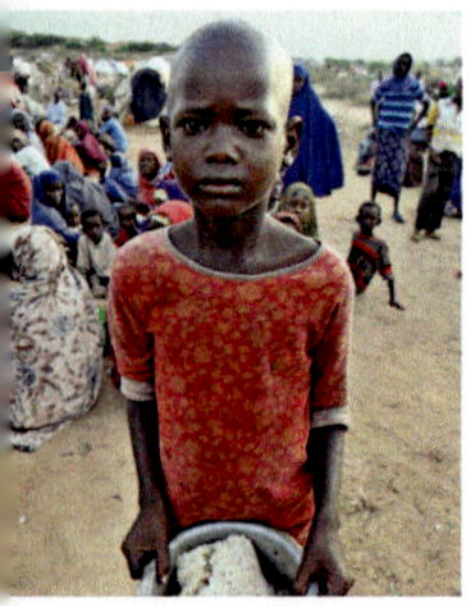

2 Essensausgabe in einem Flüchtlingslager in Somalia

Menschen, die regelmäßig zu wenig essen und unterernährt sind, leiden unter chronischem Hunger. Auch satt werden bedeutet nicht automatisch, dass man sich gesund ernährt. Viele Menschen können sich von ihrem Geld gerade einmal Mehl, Brot oder Reis kaufen. Gemüse, Obst oder gar Eier und Milch können sich viele nur selten leisten.
Dann fehlen ihnen häufig lebenswichtige Vitamine und Mineralstoffe und sie leiden unter **Mangelernährung** oder Hunger.
Das hat dramatische Folgen. Mangelernährung schränkt z.B. die körperlichen und geistigen Fähigkeiten ein. Vor allem Kinder können sich nicht altersgerecht entwickeln, d.h., sie bleiben kleiner und schwächer als andere, die genügend zu essen bekommen.
Die Ursache von **Unterernährung** und Hunger ist in erster Linie Armut, die auf dem Land und in den Slums der Großstädte besonders groß ist.

Kommt es zu Ernteeinbußen und Ernteausfällen infolge von Kriegen oder Naturkatastrophen wie Dürren oder Überschwemmungen, sind weniger Lebensmittel verfügbar und deren Preis steigt. Insbesondere die Armen leiden dann ungleich stärker Hunger als die Wohlhabenden, die sich teurere Nahrungsmittel weiterhin leisten können. Hinzu kommen Transport- und Lagerungsprobleme, aufgrund derer Nahrungsmittel verderben oder nicht in die bedürftigen Regionen gelangen.
Ein wichtiger Indikator, um den Gesundheitszustand einer Bevölkerung zu messen, ist die Lebenserwartung. Sie beziffert die durchschnittliche Lebensdauer in Jahren, welche die Menschen eines bestimmten Jahrgangs zu erwarten haben. Dabei haben meist Frauen eine höhere Lebenserwartung als Männer. Die Lebenserwartung hängt vom Wohlstand und vor allem von der medizinischen Versorgung ab.

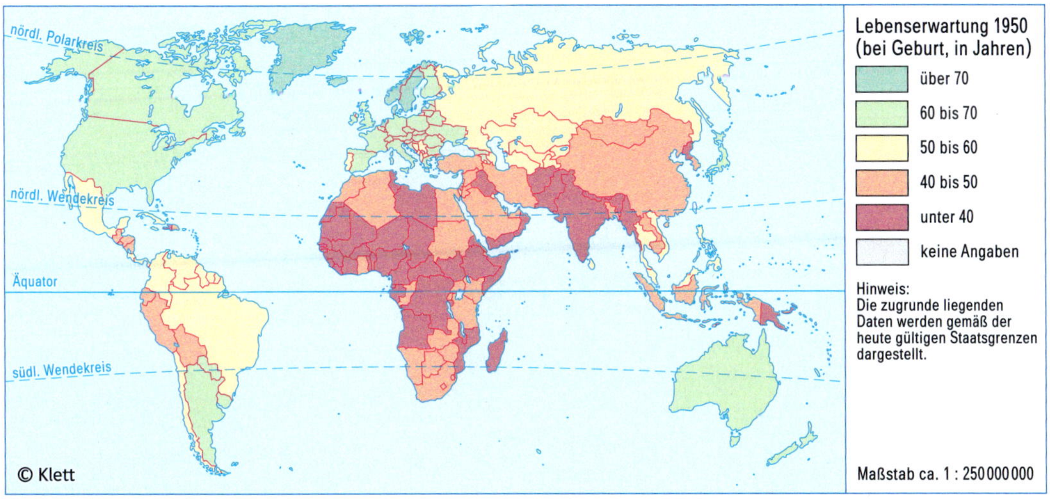

3 Lebenserwartung 1950

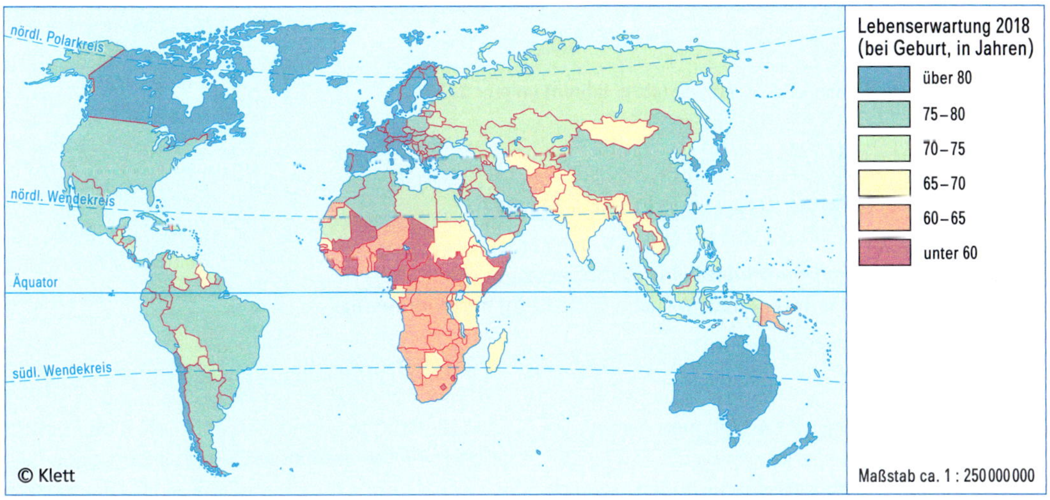

4 Lebenserwartung 2018

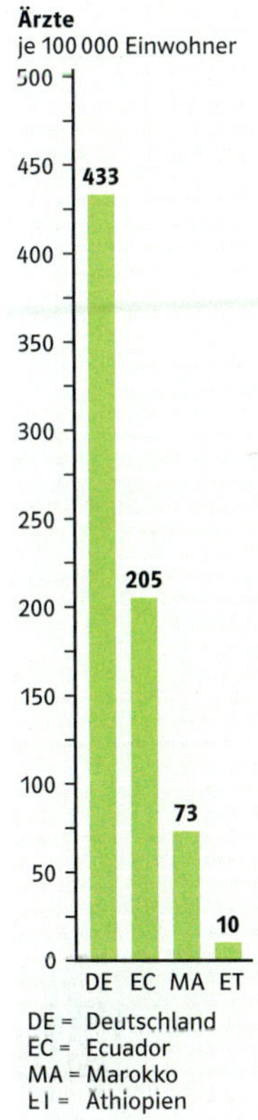

5 Ärzte je 100 000 Einw. in ausgewählten Staaten (Stand 2019)

Gesundheit (Definition der Weltgesundheitsorganisation WHO): „Gesundheit ist ein Zustand des vollständigen körperlichen, geistigen und sozialen Wohlergehens und nicht nur das Fehlen von Krankheit oder Gebrechen."

In globaler Perspektive zeigt sich, dass die Gesundheitssituation von Land zu Land stark variiert. In vielen Staaten treten bestimmte Krankheiten wie Aids, Tuberkulose oder Malaria gehäuft auf. Hinzu kommt oft eine unzureichende medizinische Versorgung in diesen Ländern.

Bei der Bekämpfung von Infektionskrankheiten konnte die Weltgesundheitsorganisation WHO (= World Health Organization) in den letzten Jahrzehnten große Erfolge vermelden. So verhindern jährlich weltweite Impfprogramme den Tod oder die Behinderung von mehreren Millionen Menschen. Gleichzeitig sind Länder mit einem schlechten Gesundheitssystem wesentlich anfälliger in Zeiten globaler Krisen, wie Finanzkrisen, Pandemien oder dem gegenwärtigen Klimawandel.

1 Arbeiten Sie mit der Karte 1:
a) Beschreiben Sie die Verteilung der Länder mit gravierendem und geringem Schweregrad des Welthungerindex.
b) Beurteilen Sie die Aussagekraft von Karte 1 in Bezug auf Foto 2.

2 Begründen Sie, warum es Sinn ergibt, den Welthungerindex aus den drei in Karte 1 genannten Indikatoren zu ermitteln.

3 Beschreiben Sie mithilfe der Karten 3 und 4 die Entwicklung der weltweiten Lebenserwartung von 1950 bis 2018.

4 Zahl der Ärzte und Lebenserwartung
a) Vergleichen Sie die Zahl der Ärzte je 100 000 Einwohner (Grafik 5) mit der Lebenserwartung in den Staaten Deutschland, Ecuador, Marokko und Äthiopien (Karte 4).
b) Begründen Sie die Zusammenhänge zwischen den beiden Indikatoren.

5 „Fleischkonsum verursacht Hunger". Diskutieren und bewerten Sie diesen Zusammenhang und die Konsequenzen der Fleischproduktion.

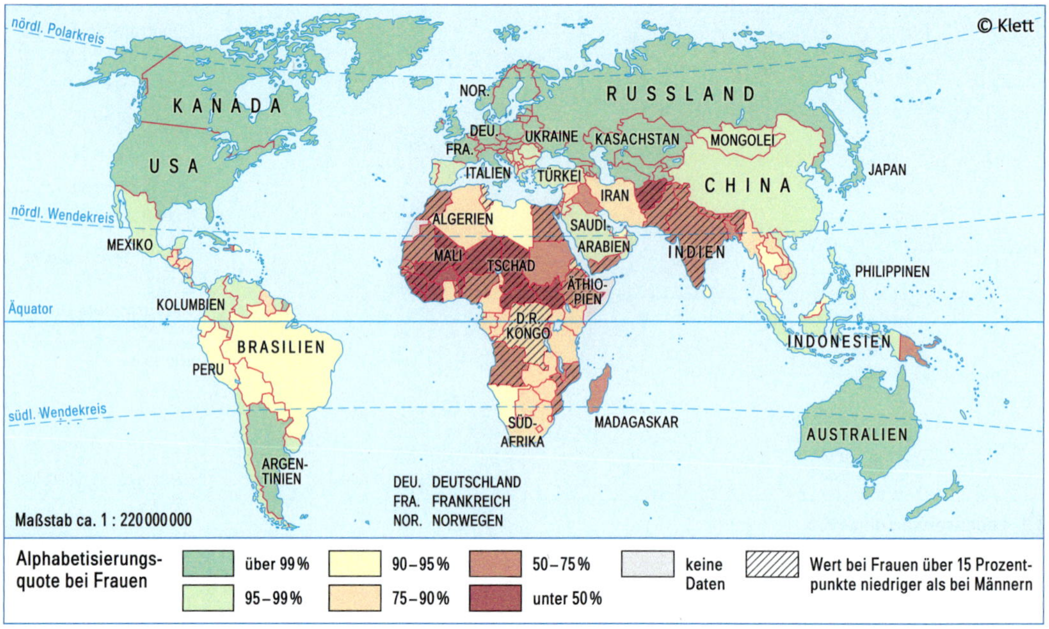

1 Lese- und Schreibfähigkeit bei Frauen (ab 15 Jahren) im Jahr 2020

Bildung als Merkmal von Entwicklung

Schullalltag ist für Jugendliche in Deutschland eine Selbstverständlichkeit, in anderen Ländern aber oft ein ersehnter Luxus. Welche Bedeutung hat Bildung für den Entwicklungsstand eines Landes?

Analphabetismus
Anteil der erwachsenen Menschen eines Landes, die nicht lesen und schreiben können

UNESCO
(United Nations Educational, Scientific and Cultural Organization)

1945 als Sonderorganisation der UNO gegründet, dient sie der weltweiten Förderung von Bildung, Wissenschaft und **Kultur*** sowie Kommunikation.

←
Agenda 2030
Seite 7

Weltweit besuchen rund 72 Millionen Kinder im Grundschulalter keine Schule. Etwa die Hälfte dieser Kinder lebt in afrikanischen Ländern südlich der Sahara, etwa ein Viertel in Süd- und Westasien. Laut Angaben der UNESCO gibt es global über 750 Millionen Menschen über 15 Jahre, die nicht lesen und schreiben können. Etwa zwei Drittel der von **Analphabetismus** betroffenen Menschen sind Frauen. In den **ländlichen Räumen*** der Entwicklungsländer ist die Situation meist besonders problematisch. Obwohl der Anteil der Analphabeten in den letzten Jahren deutlich zurückgegangen ist, beträgt er in einigen Staaten noch immer mehr als ein Drittel der Bevölkerung.

Dabei dient Bildung nicht nur der persönlichen Entwicklung jedes Einzelnen, sondern sie ist auch unverzichtbar für die Entwicklung eines Landes. Erst durch Bildung können die Menschen Kompetenzen erwerben, um politische, soziale, ökologische und wirtschaftliche Herausforderungen wie die wachsende Armut, den Wassermangel oder eine bessere Gesundheitsvorsorge zu bewältigen.

Die weltweit sehr unterschiedlichen Bildungssituationen haben vielfältige Gründe. Insbesondere in wirtschaftlich schwachen Ländern ist zu beobachten, dass Schulgeld erhoben wird. Die weitverbreitete Armut in diesen Ländern ermöglicht es vielen Eltern nicht, ihre Kinder zur Schule zu schicken. Dies führt wiederum zu geringer Qualifikation und in der Folge zu wenig wirtschaftlicher und gesellschaftlicher Entwicklung.

Dadurch fallen die Steuereinnahmen gering aus, was den Aufbau eines guten Schulsystems erschwert. Insbesondere in **peripheren Regionen*** ist dieser „Teufelskreis der Armut" stark ausgeprägt, während die Situation in den Städten im Vergleich

1 Erarbeiten Sie die Unterschiede der weltweiten Bildungssituation anhand der Materialien 1 bis 3.

2 „Education is the only solution". Erklären Sie anhand der des Textes sowie der Materialien 4 und 5, warum Bildung oft ein Schlüssel zur Entwicklung ist.

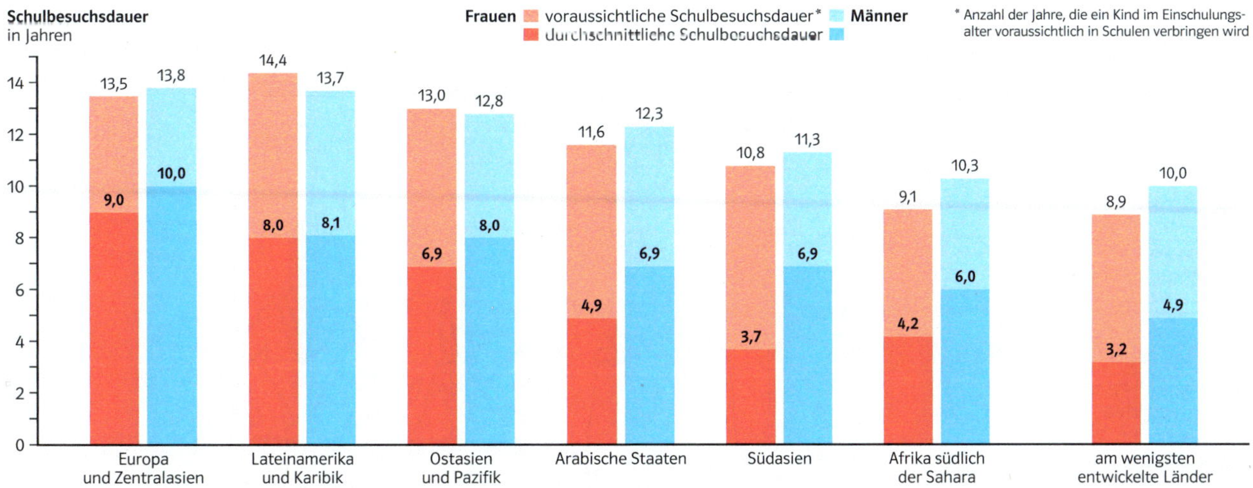

2 **Bildung von Frauen und Männern (2016)**

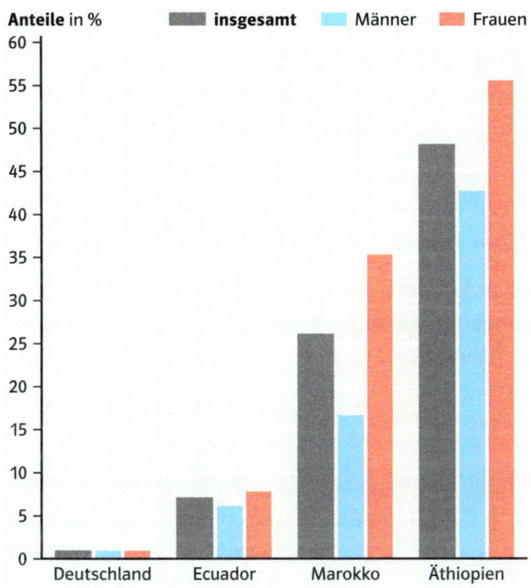

3 **Analphabetenquote in ausgewählten Ländern 2018**

Artikel 26 der Allgemeinen Erklärung der Menschenrechte besagt:

1. Jeder hat das Recht auf Bildung. Die Bildung ist unentgeltlich, zum Mindesten der Grundschulunterricht und die grundlegende Bildung. Der Grundschulunterricht ist obligatorisch. [...]
2. Die Bildung muss [...] zu Verständnis, Toleranz und Freundschaft zwischen allen Nationen und allen rassischen oder religiösen Gruppen beitragen und der [...] Wahrung des Friedens förderlich sein.
3. Die Eltern haben ein vorrangiges Recht, die Art der Bildung zu wählen, die ihren Kindern zuteil werden soll.

Internationale Gesellschaft für Menschenrechte (IGFM): Allgemeine Erklärung der Menschenrechte; www.igfm.ch/menschenrechte/menschenrechte/allgemeine-erklaerung-der-menschenrechte-aemr/ (leicht geändert; Zugriff vom 6.5.2021)

4

5 **Malala Yousafzai**

„Let us pick up our books and pens. They are our most powerful weapons. One child, one teacher, one pen and one book can change the world. Education is the only solution.“ (Friedensnobelpreisträgerin Malala Yousafzai, Rede vor der UNO-Jugendversammlung am 12.07.2013, ihrem 16. Geburtstag).

dazu besser ausfällt. Und schließlich ist in etlichen Ländern zu beobachten, dass Mädchen kaum oder gar keine Schulbildung erhalten, sei es aus religiösen oder kulturellen Gründen.
Die Förderung der Bildung stellt eines der Kernziele der Agenda 2030 für nachhaltige Entwicklung dar.

Auch die Bundesrepublik Deutschland ist in den kommenden Jahren gefordert, denn das Bildungssystem sollte in Zukunft verstärkt zum Abbau sozialer Ungleichheiten beitragen, sei es aufgrund sozioökonomischer Herkunft, Migrationshintergrund, Geschlechtszugehörigkeit oder Behinderung.

3 Stellen Sie die Bildungschancen der vier Jugendlichen von Seite 6/7 einander gegenüber.

4 Diskutieren Sie konkrete Maßnahmen, mit denen schwächer entwickelte Länder die Bildungsmöglichkeiten für ihre Bevölkerung verbessern können.

5 Ein Beispiel für Hilfsprojekte sind Partnerschaften mit Schulen in ärmeren Ländern. Falls Ihre Schule eine solche Partnerschaft hat, erläutern Sie Ziele, Maßnahmen und bisherige Erfolge der Schulpartnerschaft.

6 Diskutieren Sie, inwieweit in Deutschland die soziale Herkunft eine Benachteiligung für die Bildungschancen sein kann.

Entwicklungshilfe
Sammelbegriff für alle Maßnahmen, die zur Verbesserung der Lebensbedingungen in den sogenannten Entwicklungsländern beitragen. Da der Begriff einseitige Abhängigkeit der Empfängerländer von den Geberländern beschreibt, wird er heute vom partnerschaftlichen Ansatz der Entwicklungszusammenarbeit abgelöst

1 **Zwei Modelle von „Entwicklungshilfe"**

Auf dem Weg zur einen Welt?

Dass den armen Ländern der Welt geholfen werden soll, ist weitgehend unumstritten. Doch wie sollte diese Hilfe aussehen? Lange erfolgte Entwicklungshilfe nach dem Leitgedanken: „Je mehr, desto besser". Inzwischen wird darauf geachtet, dass Entwicklungshilfe auch wirklich hilft und zur Entwicklungszusammenarbeit wird.

Nachhaltige Entwicklung
Entwicklungsstrategie, mit der die Bedürfnisse der jetzigen Generation befriedigt werden, ohne die Möglichkeiten zukünftiger Generationen zu gefährden

Entwicklungszusammenarbeit

„Entwicklungszusammenarbeit will Menschen die Freiheit geben, ohne materielle Not selbstbestimmt und eigenverantwortlich ihr Leben zu gestalten und ihren Kindern eine gute Zukunft zu ermöglichen. Sie leistet Beiträge zur nachhaltigen Verbesserung der weltweiten wirtschaftlichen, sozialen, ökologischen und politischen Verhältnisse. Sie bekämpft die Armut und fördert Menschenrechte, Rechtsstaatlichkeit und Demokratie.
Die deutsche Entwicklungszusammenarbeit basiert auf dem Grundsatz, aus ethischer Verantwortung und internationaler Solidarität zu handeln. Sie ist damit von humanistischen Werten geleitet, dient aber gleichzeitig auch dem Bestreben, die Zukunft Deutschlands zu sichern."

Bundesministerium für wirtschaftliche Zusammenarbeit und Entwicklung: Lexikon. Entwicklungszusammenarbeit; Unter: www.bmz.de/de/service/lexikon/entwicklungszusammenarbeit-14316 (Zugriff am 6.5.2021)

2

Mit der Gründung der Organisation für Wirtschaftliche Zusammenarbeit und Entwicklung (Organisation for Economic Cooperation and Development, OECD) in Paris 1961 begann die international koordinierte **Entwicklungshilfe**. Zu den Zielen der Organisation gehört es, das Wirtschaftswachstum in den Mitgliedstaaten sowie den sogenannten Entwicklungsländern zu fördern.
Seit den 1990er-Jahren wird der Begriff **Entwicklungszusammenarbeit** verwendet, um auszudrücken, dass die Länder als gleichberechtigte Partner zusammenarbeiten sollen. Leitbild ist dabei die **nachhaltige Entwicklung,** die immer nur aus sich selbst heraus erwachsen kann. Das soll erreicht werden, indem die Menschen in den Partnerländern aktiv ihre Vorhaben mitgestalten. Die Betroffenen entscheiden selbst mit, wie sich Projekte entwickeln, und übernehmen auch Verantwortung. Damit ist das Grundprinzip einer solchen Entwicklungszusammenarbeit die **Hilfe zur Selbsthilfe**. Ein Beispiel ist etwa die Ausbildung einheimischer

Hilfe zur Selbsthilfe – was ist das?

„[...] Wenig hilft das [...] Credo ‚Jeder ist seines Glückes Schmied'. Sicherlich enthält es ein Körnchen Wahrheit, denn jeder Mensch ist ein handelndes Subjekt. Aber nicht jeder kann, darf und will schmieden – und über das Arbeitsmaterial verfügen auch nicht alle.

[...] In diesem Sinne versteht die Welthungerhilfe unter ‚Selbsthilfe' das Bestreben, das eigene Dasein und das Lebensumfeld zu gestalten. Interventionen Externer können Menschen dabei unterstützen – etwa durch Befähigung oder Vorbild. Selbsthilfe setzt aber immer Eigeninitiative, Eigenbeiträge und Eigenverantwortung voraus.

Voraussetzungen für Selbsthilfe sind:
- ein geeigneter politischer und ökonomischer Rahmen (Eigeninitiative und die Übernahme von Verantwortung müssen erlaubt und sogar gewollt sein),
- Verfügbarkeit und Kontrolle über Ressourcen (ohne ein Mindestmaß an Arbeitskraft, Kapital und Produktionsmitteln kann nichts gelingen),
- Fähigkeiten und Kenntnisse (von technischer Kompetenz über das Verstehen von Rechten und Pflichten bis hin zur Artikulation von Interessen und deren Durchsetzung in gesellschaftlichen Prozessen) sowie
- Bewusstsein und Motivation (Selbstwertgefühl, Respekt, Status und Würde)."

Annette Benad und Uli Post: Hilfe zur Selbsthilfe. In: E+Z Entwicklung und Zusammenarbeit, Nr.1/2008; www.dandc.eu

3

Fachleute, die die Situation vor Ort am besten kennen und von der Bevölkerung akzeptiert werden.

Bei der Hilfe zur Selbsthilfe sollen nur Projekte unterstützt werden, wenn langfristig Erfolge für viele Menschen zu erwarten sind und die Vorhaben in absehbarer Zeit ganz eigenständig funktionieren. Gegen dieses Prinzip wurde gerade in den Anfangsjahren häufig verstoßen, indem die Gegebenheiten vor Ort nicht beachtet wurden. Dadurch scheiterten viele der Bemühungen.

Die Projekte der Entwicklungszusammenarbeit werden danach unterschieden, von wem die Hilfe

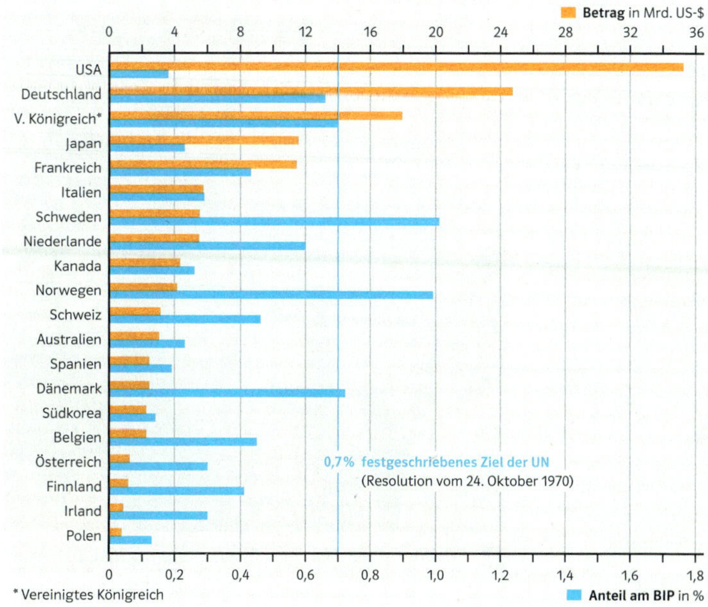

4 **Top 20 der Geberländer von Entwicklungshilfe nach dem Anteil am BIP 2017**

kommt, d.h. von Staaten, Nichtregierungsorganisationen oder privaten Trägern. Hilfe von Staaten ist noch häufig an die Regierungen der Entwicklungsländer und an Großprojekte gerichtet. Die staatliche Hilfe ist direkt von politischen Entscheidungen abhängig. **Nichtregierungsorganisationen** (= NRO engl. „Non-Governmental Organization, NGO) sind keine staatlichen Organisationen, sondern oft Zusammenschlüsse, die von öffentlichen Trägern wie Kirchen geführt oder unterstützt werden. Die private Unterstützung kann dagegen sogar von Einzelpersonen geleistet werden. Die Größe der privaten Projekte ist sehr unterschiedlich, Beispiele sind die Unterstützung einer Partnerschule oder ein Projekt zum Brunnenbau. Der Vorteil von Projekten der Nichtregierungsorganisationen sowie der privaten Träger ist, dass sie von politischen Entscheidungen weitgehend unabhängig sind.

Die Mitglieder des Ausschusses für Entwicklungshilfe der OECD haben im Jahr 1970 versprochen, 0,7 Prozent ihres Bruttoinlandsprodukts für die Entwicklungshilfe aufzuwenden.

1 Beschreiben Sie die Konzepte Entwicklungshilfe und Entwicklungszusammenarbeit (Haupttext, Text 2).

2 Interpretieren Sie die Karikatur 1.

3 Erläutern Sie das Konzept der Hilfe zur Selbsthilfe (Haupttext, Text 3).

4 Geberländer von Entwicklungshilfe
a) Ermitteln Sie mithilfe des Haupttextes und Diagramm 4 die Staaten, die sich nicht an die von der OECD vereinbarten Zielvorgaben für Entwicklungshilfe halten.
b) Führen Sie mögliche Gründe dafür an und beurteilen Sie dieses Handeln.

1

2 Eröffnung der Maryam Oberschule im Mai 2016 mit Reinhard und Annette Erös

Kinderhilfe Afghanistan: ein Beispiel für Entwicklungszusammenarbeit

In Afghanistan leben mehr als 80 Prozent der Bevölkerung in kleinen Städten und Dörfern, die unter mehreren Jahrzehnten Krieg und Elend zu leiden hatten. Um der jungen Generation des Landes eine gute Zukunftsperspektive zu ermöglichen, wurde in den 1990er-Jahren die „Kinderhilfe Afghanistan" gegründet.

Schon während der 1980er-Jahre, als Afghanistan von der Sowjetunion besetzt war, engagierte sich das Ehepaar Erös in der Region Zentralasien: Reinhard Erös kümmerte sich als Arzt in den Bergdörfern um die medizinische Betreuung von Kranken und Verletzten des Krieges, während seine Frau Annette im Nachbarland Pakistan afghanische Flüchtlinge unterrichtete. Im Jahr 1998 gründeten die beiden ihre gemeinnützige Stiftung „Kinderhilfe Afghanistan", um den Kindern und Jugendlichen dort effektiv und langfristig helfen zu können. Dabei wollen der Arzt und die Lehrerin bewusst der jungen Generation eine Chance geben, ihrem Land eine friedliche Zukunft in Wohlstand zu ermöglichen. Dafür fördern sie vor allem Kinder und Frauen durch verschiedene schulische und medizinische Projekte.

In den Ostprovinzen Afghanistans betreibt die private Hilfsorganisation inzwischen mehr als 30 Friedensschulen, Waisenhäuser, Berufsschulen, Ausbildungswerkstätten und Computerausbildungszentren. Diese werden alle mit den ansässigen Menschen vor Ort geplant, gebaut und betrieben.

Nur wenn die örtliche Bevölkerung, die Dorf- und Stammesältesten und die religiösen Führer den Projekten zustimmen, werden diese auch umgesetzt. Dadurch wird die Akzeptanz der Einrichtungen in der Bevölkerung und auch ihr Schutz vor Angriffen gewährleistet. Die Finanzierung der Projekte erfolgt durch Spendengelder aus Deutschland, welche auch ein regelmäßiges Gehalt für die über 1500 afghanischen Mitarbeiterinnen und Mitarbeiter sicherstellen.

Die Projekte werden von der Familie Erös regelmäßig besucht und kontrolliert, damit die Gelder sparsam und sinnvoll eingesetzt werden. Auch überprüft und begleitet sie die Arbeit der afghanischen Lehrkräfte, des medizinischen und technischen Personals sowie der Hilfskräfte.

Die Kinderhilfe beschäftigt in Deutschland keine hauptamtlichen oder bezahlten Mitarbeiter, und die siebenköpfige Familie arbeitet rein ehrenamtlich ohne Gehälter, Spesen und Aufwandsentschädigungen. Im ostafghanischen Jalalabad unterhält die Organisation ein kleines Büro, in dem afghanische Mitarbeiterinnen und Mitarbeiter zu ortsübli-

3 **Grundsteinlegung für die Maryam Mädchenschule**

4 **Rupert Neudeck Oberschule in Paghman**

5 **Projekt für Solaranlagen**

Projekte der Kinderhilfe Afghanistan (2020):

- 30 Schulen mit ca. 60 000 Schülerinnen und Schülern sowie ca. 1400 Lehrkräften
- 14 Computerausbildungszentren mit ca. 1400 Schülerinnen und Schülern/Jahr
- 1 Waisenhaus mit ca. 600 Waisenkindern
- 1 Ausbildungswerkstatt für 30 junge Männer zu Solar-/Fotovoltaik-Technikern
- 3 Ausbildungswerkstätten für 200 Mädchen zu Schneiderinnen
- Sonderaktionen: „Obst statt Opium" (25 000 Obstbäume), „Licht in die Dörfer" (1000 Solaranlagen)

chen Löhnen die notwendigen Verwaltungsaufgaben durchführen.
Über die Arbeit ihrer Hilfsorganisation informieren Dr. Erös und seine Frau europaweit mit Vorträgen und Seminaren in Schulen, Universitäten, Vereinen und Kirchengruppen. Dabei leisten sie auch Aufklärungsarbeit über die politische, wirtschaftliche und soziale Situation in Afghanistan. Dank ihres jahrzehntelangen Engagements hat sich die Kinderhilfe das Vertrauen zahlreiche Unterstützerinnen und Unterstützer in Deutschland erarbeitet, was die langfristige Finanzierung von Projekten ermöglicht.

Da es für Spenderinnen und Spender oft schwierig nachzuvollziehen ist, wohin ihre Gelder fließen, versuchen einige nichtstaatliche Institutionen hier Transparenz zu schaffen. So betreibt beispielsweise das Deutsche Zentralinstitut für soziale Fragen (DZI) eine Spenderberatung und verleiht vertrauenswürdigen Hilfsorganisationen ein Gütesiegel. Es überprüft dafür, ob die Hilfsorganisationen leistungsfähig sind, transparent arbeiten, sparsam wirtschaften, sachlich und wahrhaftig informieren und wirksame Kontroll- und Aufsichtsstrukturen haben.

→ **Informationen finden**
Seiten 154/155

1 „Bildung für Mädchen ist die effektivste und effizienteste Art, um Länder wie Afghanistan in ihrer Entwicklung nach vorne zu bringen." (Reinhard Erös)
a) Erklären Sie, warum der Kinderhilfe Afghanistan besonders der Schulbesuch und die Ausbildung von Mädchen wichtig ist (Haupttext, Materialien 1–4).
b) Überprüfen Sie, inwieweit die Kinderhilfe Afghanistan als private Initiative die Prinzipien der nachhaltigen Entwicklung umsetzt (Haupttext, Materialien 2 bis 5).

2 Nele (S. 6, Material 1) möchte für ein Projekt der Entwicklungszusammenarbeit spenden, weiß aber nicht, was mit ihrem Geld gemacht wird. Erläutern Sie, wie sie vorgehen sollte (Haupttext).

3 Recherchieren Sie im Internet über andere NGOs und stellen Sie deren Arbeit in einem Referat vor.

1 Müllsammler in einer indischen Metropole

2 Pfandflaschensammlerin in einer deutschen Großstadt

Armut auch bei uns?

Bei Armut denken viele Menschen an ferne Länder, deren Entwicklungsstand deutlich unter dem Wohlstand liegt, den wir gewohnt sind. Wenn man Armut allerdings in Bezug zum jeweiligen Wohlstandsniveau einer Gesellschaft betrachtet, wird sie auch bei uns erkennbar. Denn Armut in Deutschland hat viele Gesichter.

Armut
- absolute Armut: weniger als 1,9 US-$ (KKP) pro Person und Tag zur Verfügung (nach Weltbank 2015)
- relative Armut: weniger als die Hälfte des Durchschnittseinkommens eines Landes zur Verfügung

Tafel
Hilfsorganisationen, die Lebensmittel, welche nicht mehr verkauft oder verbraucht werden, an benachteiligte Menschen verteilen oder gegen geringes Entgelt abgeben

Verglichen mit den meisten Ländern der Welt ist Deutschland ein reiches Land. Der Lebensstandard ist im weltweiten Vergleich überdurchschnittlich hoch und viele Menschen leisten sich ein eigenes Auto oder gar mehrere, fahren mehrmals im Jahr in den Urlaub oder besitzen eigene Grundstücke. Und doch ist die Gefahr, in **Armut** zu geraten, für viele Menschen in Deutschland sehr real. Dabei muss man zwei Arten von Armut unterscheiden: Die „absolute Armut", die vor allem in Entwicklungsländern existiert und die das Überleben eines Menschen infrage stellt, gibt es in Deutschland kaum. Die „relative Armut" allerdings schon, wenn eine Person weniger als die Hälfte des Durchschnittseinkommens eines Landes zur Verfügung hat. Sie gefährdet zwar nicht das bloße Überleben, führt aber zur Ausgrenzung, da sie es den Betroffenen nicht ermöglicht, am sozialen und kulturellen Leben teilzuhaben. Eintrittskarten für Kino, Theater, Zoo oder das Schwimmbad sind dann kaum noch zu bezahlen.

Wer weniger als 60 Prozent des mittleren Einkommens zur Verfügung hat, gilt als armutsgefährdet. In Deutschland betrifft das mehr als 16 Prozent der Bevölkerung, also etwa jede sechste Person. Ohne Sozialleistungen wäre sogar knapp jede vierte Person armutsgefährdet. Über 1,5 Millionen Menschen gehen in Deutschland regelmäßig zu sogenannten Tafeln, weil sie sich das Essen selbst nicht leisten können.

Und die Armut in Deutschland wächst. Betroffen sind speziell alte und kranke Menschen, Arbeitslose und Leute mit niedrigem Einkommen, kinderreiche Familien und Alleinerziehende. Besonders kritisch sehen Sozialverbände die Armutsquote bei Kindern, die mit 19,7 Prozent deutlich über dem Durchschnitt der Bevölkerung liegt. Die gesell-

1 Erstellen Sie eine Liste von Gründen, warum man in Deutschland armutsgefährdet sein könnte (Haupttext, Foto 1, Schaubild 3).

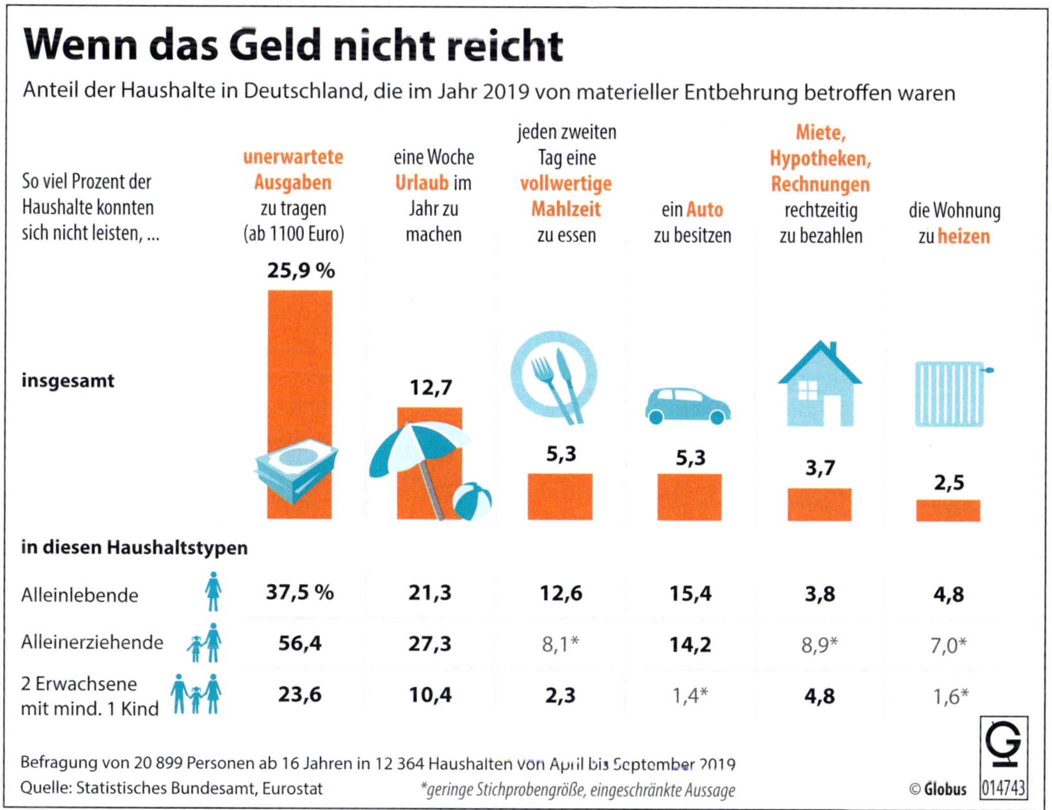

3

Kaum zu glauben

Im Jahr 2018 besaßen die 42 reichsten Menschen der Welt so viel Vermögen wie alle 3,7 Milliarden Menschen der ärmeren Hälfte zusammen.
In Deutschland besitzen die 45 reichsten Haushalte genau so viel Vermögen wie die ärmere Hälfte der Bevölkerung.

schaftlichen Möglichkeiten sowie die Gesundheit der Kinder sind stark vom sozialen Status ihrer Erziehungsberechtigten abhängig.
Alleinerziehende Elternteile sind hier besonders benachteiligt, da sie die Betreuung ihrer Kinder in Einklang mit ihrer Berufstätigkeit bringen müssen. Dies stellt eine starke Belastung für die Familien dar und mündet nicht selten in einer Überforderung, die wiederum emotionale und gesundheitliche Probleme zur Folge haben kann.

Die Armut ist in Deutschland ungleich verteilt. In den Großstädten ist die Armutsquote deutlich höher als im Bundesdurchschnitt, was man an der höheren Zahl der Sozialhilfeempfänger erkennen kann. Ihre schwierige Situation kann sich zudem in Krisenzeiten leicht verschärfen. Auch wenn die Einbußen für Menschen höheren Einkommens größer sind, so treffen finanzielle Verluste die Menschen mit Niedrigeinkommen wesentlich härter.

→ Informationen finden
Seiten 154/155

2 Erstellen Sie eine Tabelle, in der Armut in Deutschland mit der Armut in einem weniger entwickelten Land verglichen wird (Haupttext, Fotos 1 und 2, S. 8–15).

3 Erörtern Sie, welche Maßnahmen der Staat zur Abmilderung der Armut von Familien ergreifen könnte (Haupttext, Schaubild 3).

4 Die Initiative „Millionaires for Humanity", die aus rund 80 Millionären aus sieben Ländern besteht, fordert eine höhere Besteuerung der Superreichen, um mit diesem Geld die Armut zu bekämpfen. Diskutieren Sie, was die Beweggründe für diesen Vorstoß sein könnten.

5 „Die Schere zwischen Arm und Reich in Deutschland wächst." Überprüfen Sie diese Aussage anhand einer Internetrecherche.

TERRA TRAINING

Auswahl wichtiger Begriffe

Armut
Analphabetismus
Bruttonationaleinkommen (BNE)
Eine Welt
Entwicklungshilfe
Entwicklungsländer

F = in Fachkonzepten denken;
O = räumlich orientieren;
M = Methoden anwenden;
B = beurteilen und bewerten;
H = raumgerecht handeln;
K = kommunizieren.*

* Die einzelnen Kompetenzbereiche werden auf den Seiten 192/193 erläutert.

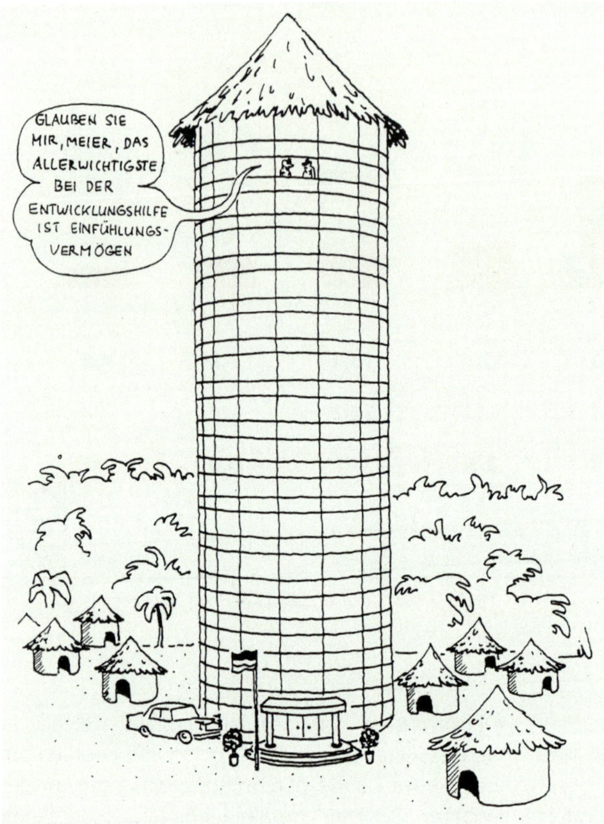

1

1 Definieren Sie folgende Fachbegriffe mit eigenen Worten: (F)
a) Entwicklungszusammenarbeit
b) Entwicklungsländer
c) Industrieländer
d) Bruttonationaleinkommen (BNE)
e) Human Development Index (HDI)
f) informeller Sektor

2 Richtig oder falsch? (F)
Verbessern Sie die falschen Aussagen und schreiben Sie diese richtig auf.
a) Die Lebenserwartung ist weltweit in etwa gleich.
b) Anhand des Human Development Index kann man den Entwicklungsstand eines Landes erkennen.
c) Der Human Development Index wird aus der durchschnittlichen Lebenserwartung, der Anzahl der Pkw pro Person und der Wirtschaftsleistung eines Landes berechnet.
d) Deutschland ist eines der reichsten Länder der Erde.
e) In der Entwicklungshilfe hat sich das Prinzip „Je mehr, desto besser" durchgesetzt.
f) Armut existiert in Deutschland so gut wie nicht.

3 Entwicklungsstände beurteilen (B)
a) Stufen Sie folgende Länder nach Ihrer Meinung als arm oder reich ein: Dänemark, Ägypten, Niger, Mexiko.
b) Erstellen Sie eine Reihenfolge und überprüfen Sie diese mithilfe des HDI.

4 Leben in der Einen Welt (B)
Interpretieren Sie die Karikatur 1.

5 Entwicklungszusammenarbeit und Spenderberatung (H)
Seit 1992 verleiht das Deutsche Zentralinstitut für soziale Fragen (DZI) an Hilfsorganisationen, die bestimmte Qualitätsstandards einhalten, ein Spenden-Siegel.
a) Recherchieren Sie die Kriterien des DZI-Spenden-Siegels und diskutieren Sie ihre Sinnhaftigkeit.
b) Recherchieren Sie anhand der Online-Datenbank des DZI jeweils:
- eine Organisation mit Gütesiegel,
- eine mit neutraler Einschätzung,
- eine, bei der eine Einschätzung nicht möglich war und
- eine, vor der das DZI warnt.

6 Human Development Index (HDI) (F, O)
a) Beschreiben Sie die räumlichen Verteilungsmuster des HDI mithilfe der Karte 1 auf Seite 8.
b) Erklären Sie, warum sich der HDI als differenzierter Indikator im Vergleich zu einfachen Indikatoren besser eignet, den Entwicklungsstand eines Landes zu erfassen.
c) Erläutern Sie, warum auch dieser Indikator seine Grenzen hat.

Üben interaktiv
Leben in der einen Welt
4q8759

Entwicklungszusammenarbeit
Human Development Index (HDI)
Industrieländer
informeller Sektor
nachhaltige Entwicklung
Nichtregierungsorganisationen

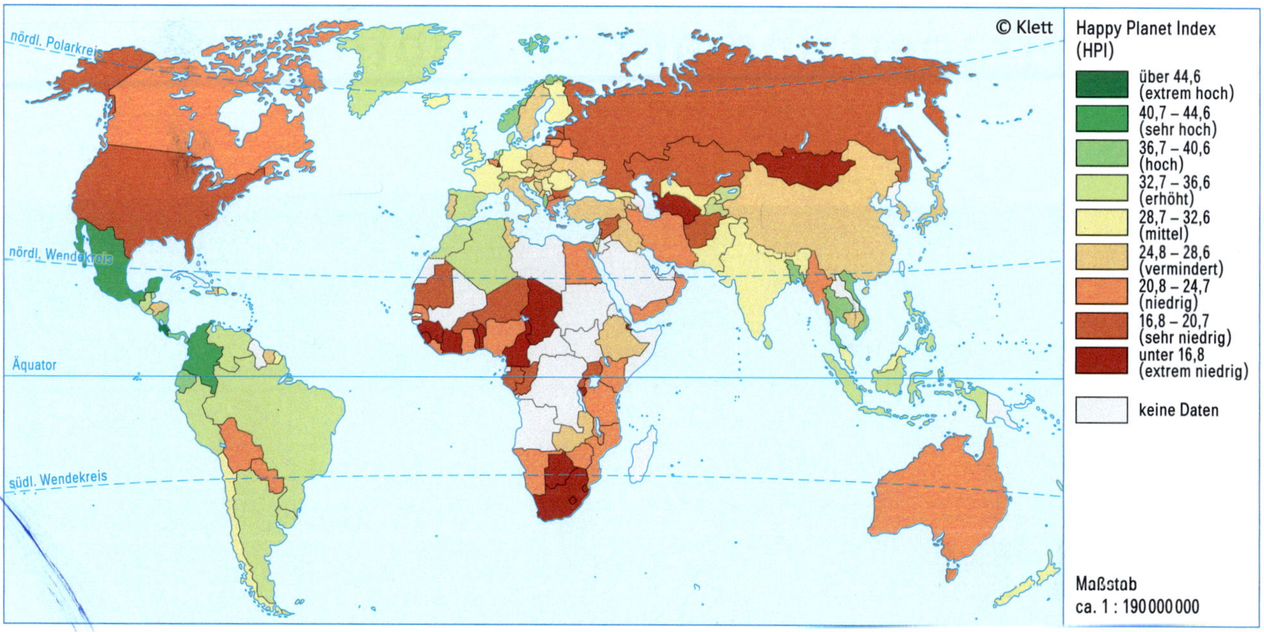

2 Happy Planet Index, Stand 2020 (nach http://happyplanetindex.org)

7 Happy Planet Index (HPI) (O, M, B)

a) Untersuchen Sie anhand von Karte 2 wie „glücklich und nachhaltig" die Menschen in den Staaten Deutschland, Ecuador, Äthiopien und Marokko leben.

b) Beurteilen Sie die Aussagekraft des HPI. Begründen Sie dabei, warum dieser in der Fachwelt umstritten ist.

c) Vergleichen Sie die Entwicklungsunterschiede nach dem HDI (S. 8, Karte 1) mit der Klassifizierung der Staaten nach dem HPI (S. 23, Karte 2). Erklären Sie, warum einige Staaten, die beim HDI gut abschneiden, beim HPI schlecht abschneiden.

Happy Planet Index

Der Happy Planet Index (HPI) stellt den im Juli 2006 veröffentlichten Versuch dar, menschliche Zufriedenheit und ökologische Nachhaltigkeit in der Einschätzung eines Entwicklungsstandes zu berücksichtigen. So berechnet sich der HPI über folgende Formel: Lebenserwartung mal subjektives Wohlbefinden mal Ungleichheit (bezogen auf Lebenserwartung und Wohlbefinden innerhalb eines Landes) geteilt durch den ökologischen Fußabdruck.
Im Gegensatz zu den an sozialen und wirtschaftlichen Werten ausgerichteten Indizes orientiert sich dieser Wert an der Frage, welches Land das Wohlbefinden der heutigen Generation maximiert und gleichzeitig die dabei entstehenden Umweltbelastungen minimiert, um auch zukünftigen Generationen noch Wohlbefinden zu ermöglichen. Bisher hat sich der HPI als Indikator noch nicht durchsetzen können, unter Experten ist er umstritten.

3

Hier trainieren Sie ...

- anhand von Karten Regionen unterschiedlichen Entwicklungsstandes zu charakterisieren,
- kritisch Stellung zu Indikatoren des Entwicklungsstandes zu nehmen,
- Merkmale und Probleme von Ländern mit niedrigem Entwicklungsstand darzustellen,
- Probleme von Staaten mit niedrigem Entwicklungsstand zu beurteilen.

2

Klima- und Vegetationszonen der Tropen und ariden Subtropen

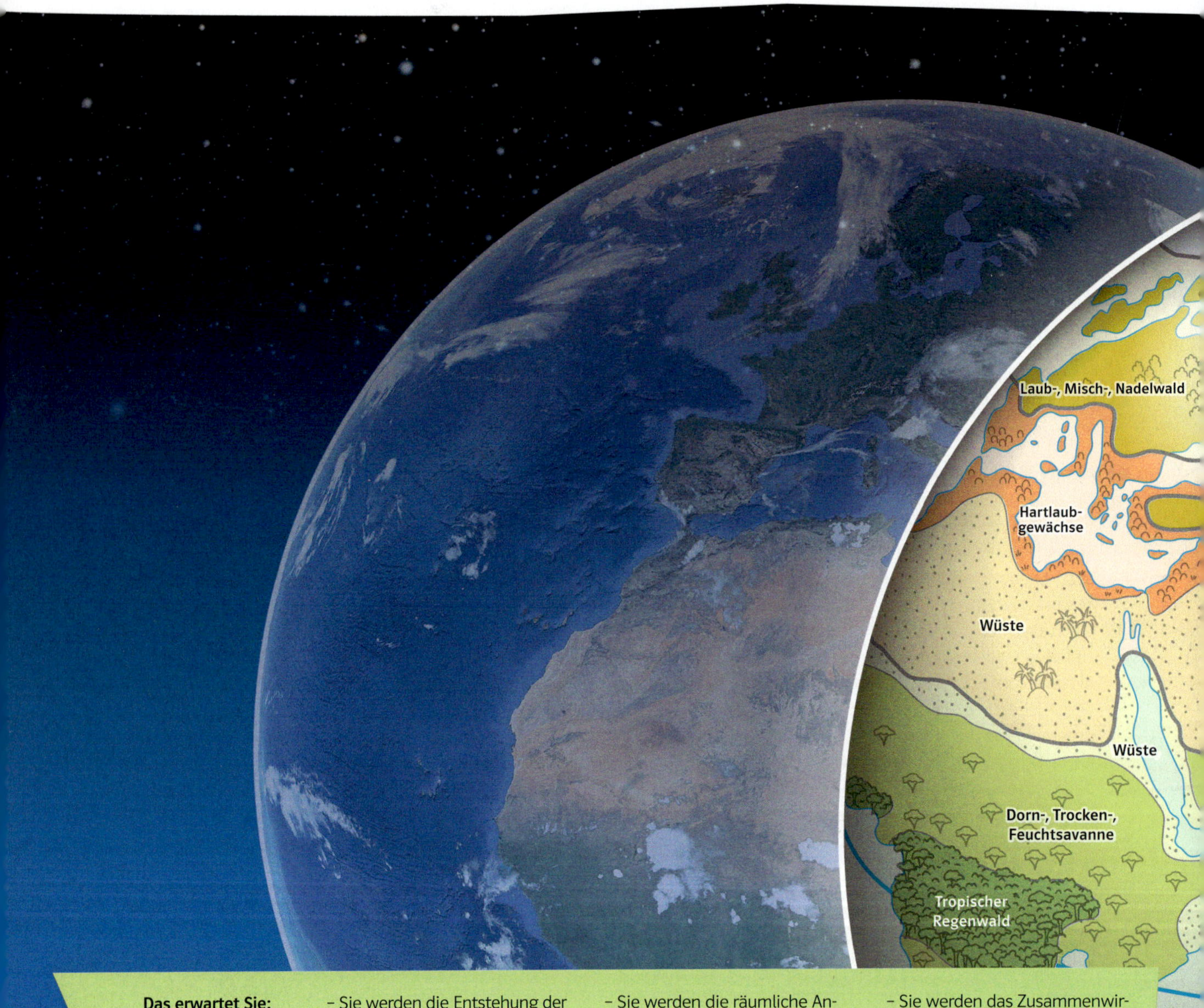

Das erwartet Sie:

- Sie werden die Entstehung der Einstrahlungs- und Beleuchtungszonen der Erde erläutern.
- Sie werden die räumliche Anordnung der Klima- und Vegetationszonen der Erde erklären.
- Sie werden das Zusammenwirken natur- und anthropogeographischer Faktoren in tropischen und arid-subtropischen Ökosystemen erläutern.

Auf der Erde gäbe es ohne die Sonnenstrahlung kein Leben. Die Sonne ist unser wichtigster Energielieferant. Allerdings ist die Strahlungsenergie auf der Erde ungleich verteilt. Während am Äquator das ganze Jahr über hohe Lufttemperaturen herrschen, sind die Pole immer mit Eis bedeckt. Wie lassen sich diese Unterschiede erklären und welche Folgen hat das für die Vegetation? Welche Konsequenzen resultieren hieraus für die Ausprägung der klimatischen Gegebenheiten in den unterschiedlichen Regionen, speziell in den Tropen und Subtropen?

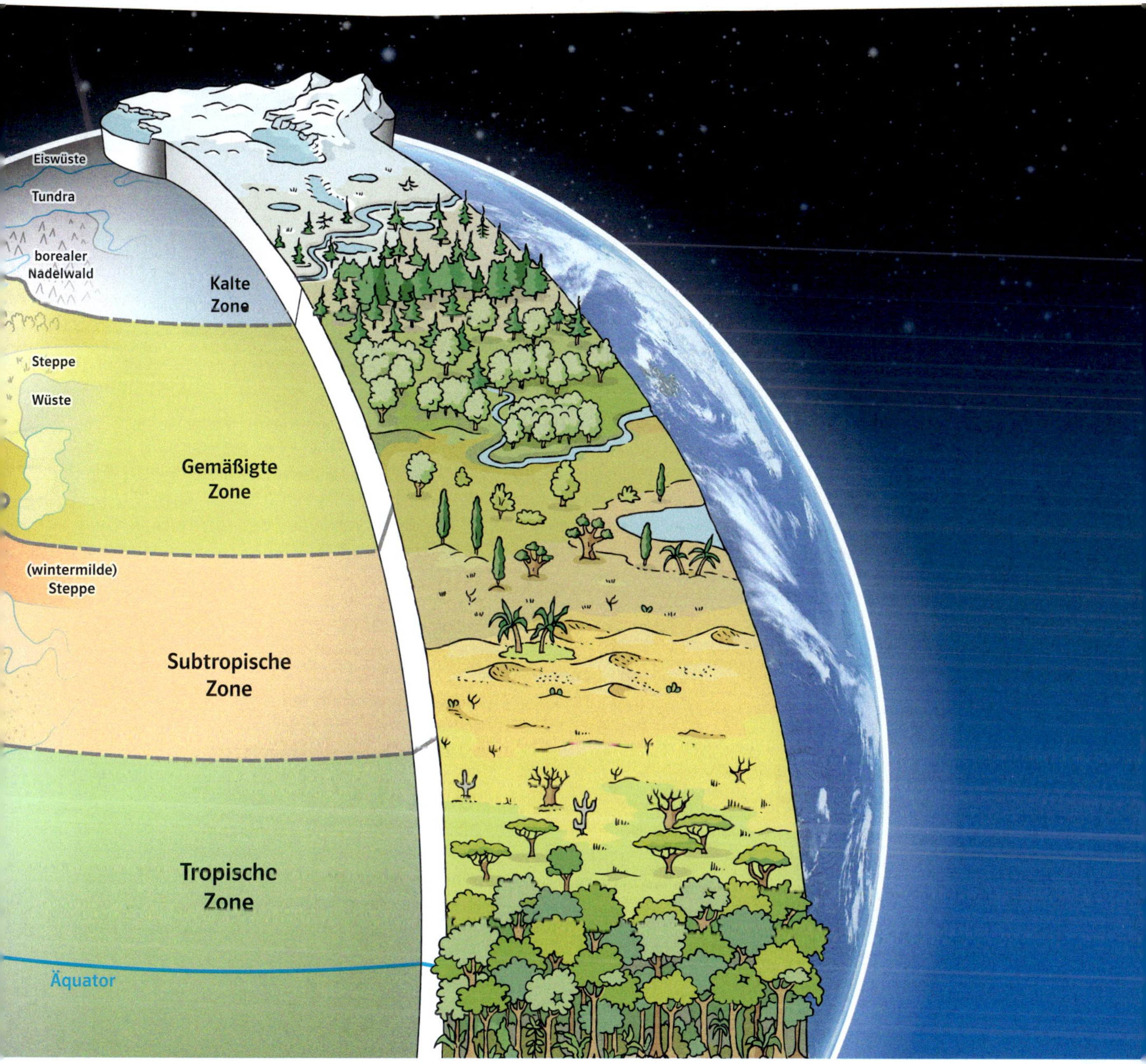

1 Klima- und Vegetationszonen der Erde

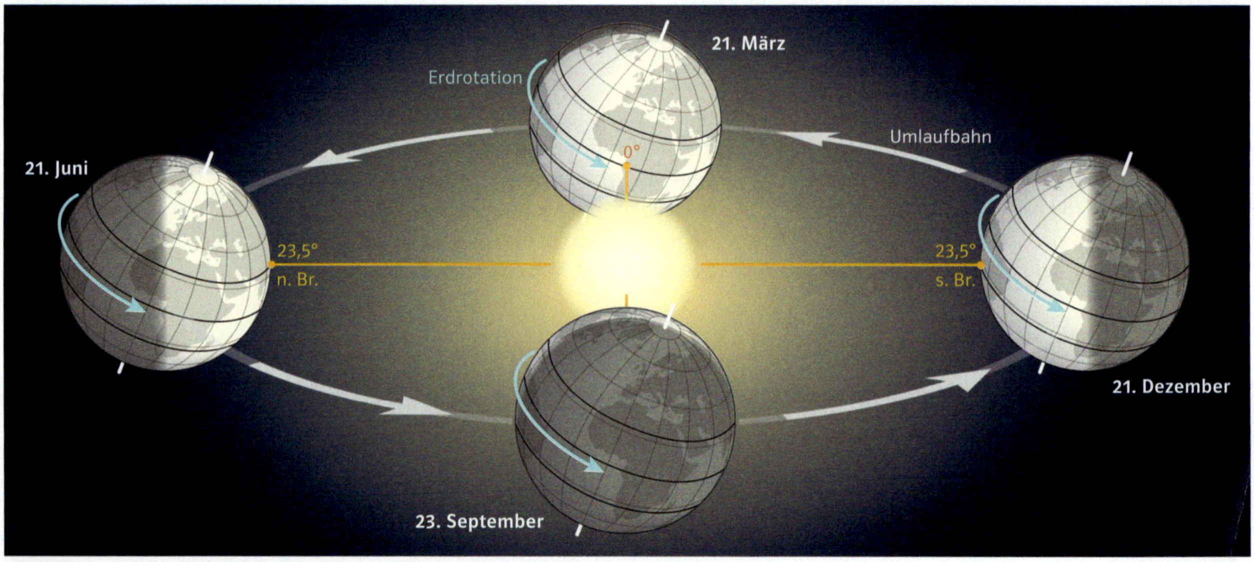

1 Die Bewegung der Erde um die Sonne (Erdrevolution)

Tageslängen und Jahreszeiten

Im Frühjahr werden bei uns die Tage länger, im Herbst werden sie kürzer. Tageslängen und Jahreszeiten sind offenbar untrennbar miteinander verbunden. Doch es gibt Regionen auf der Erde, in denen all das so gut wie keine Rolle spielt.

Im Laufe eines Jahres, genau genommen in 365 Tagen und 6 Stunden, bewegt sich die Erde einmal um die Sonne (**Erdrevolution**). Bei diesem Umlauf ist die Erdachse, um die sich die Erde alle 24 Stunden einmal dreht (**Erdrotation**), in einem Winkel von 23,5 Grad zur Senkrechten auf der Erdbahnebene geneigt. Diese Neigung der Erdachse, auch Schiefe der Ekliptik genannt, bleibt während des Umlaufs um die Sonne gleich. Dabei wird nur die der Sonne zugewandte Hälfte der Erde beleuchtet (Tag), die andere liegt im Schatten (Nacht).
Infolge der Erdrevolution verändern sich im Laufe eines Jahres die Einfallswinkel der Sonnenstrahlen. Ein halbes Jahr lang wird die nördliche, ein halbes Jahr die südliche Halbkugel stärker bestrahlt und dadurch erwärmt.

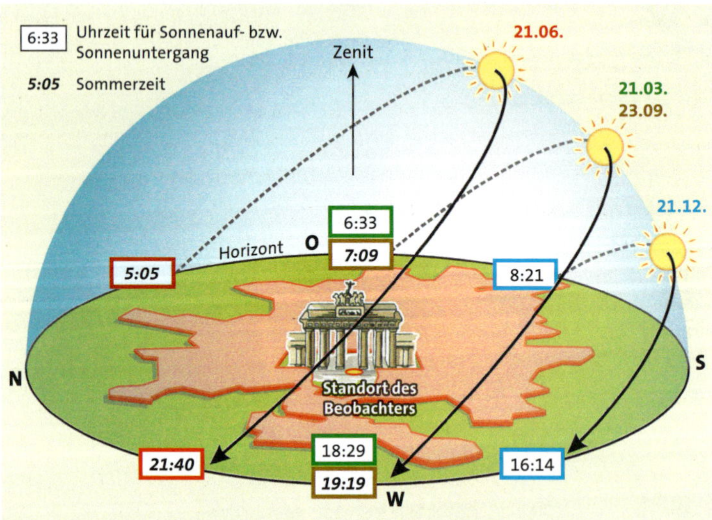

2 Verschiedene Tagesbögen der Sonne im Jahresverlauf

Beleuchtungszonen der Erde

Aus dem unveränderten Neigungswinkel der Erdachse während der Erdrevolution lassen sich drei mathematische Beleuchtungszonen ableiten:
Die Polarzonen zwischen den Polen (vgl. Karte 5) und den Polarkreisen (66,5° nördliche und südliche Breite, vgl. Karte 5) sind Bereiche der Erde, in denen es den Polartag und die Polarnacht gibt. An den Polarkreisen dauert der Polartag 24 Stunden, an den Polen ein halbes Jahr. Der Sonnenstand im Sommerhalbjahr der jeweiligen Halbkugel ist dabei niedrig.
In den Gemäßigten Zonen und den Subtropen, zwischen den Polar- und den Wendekreisen (23,5° nördliche und südliche Breite, vgl. Karte 5), variieren im Jahresverlauf die Sonnenstände. So entsteht

Erklärfilm
Tag und Nacht
fv5bj5

Erklärfilm
Jahreszeiten
fv5bj5

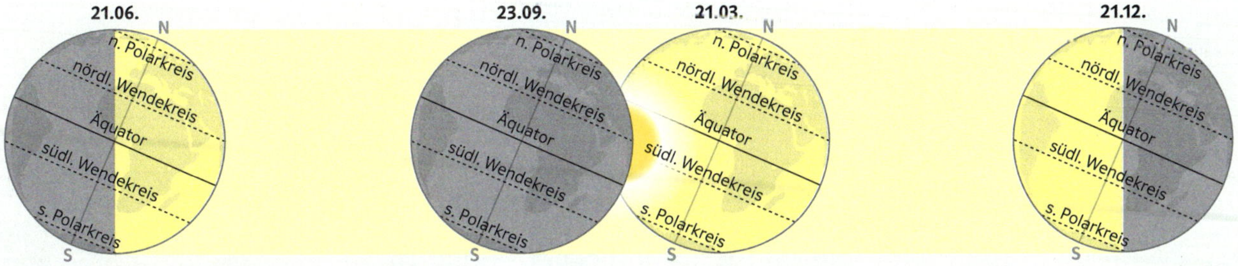

3 **Tag und Nacht im Jahresverlauf**

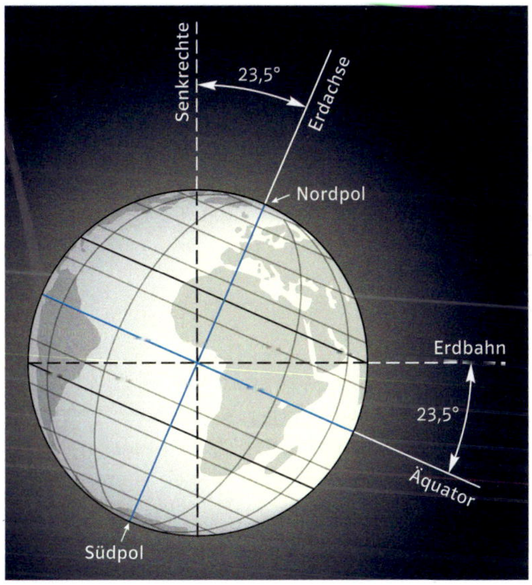

4 **Die Neigung der Erdachse**

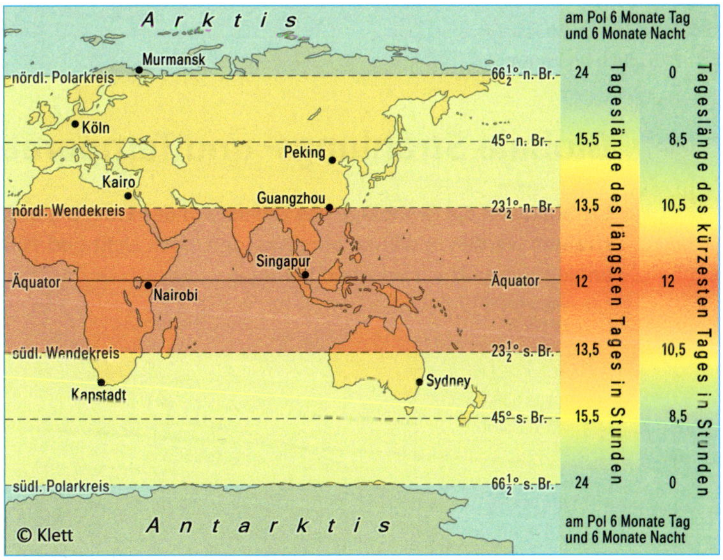

5 **Die Beleuchtungszonen der Erde**

ein **Jahreszeitenklima** mit unterschiedlich langen Tagen und Nächten sowie deutlichen Temperaturunterschieden im Jahresverlauf.

In der Tropenzone, dem Bereich zwischen dem nördlichen und dem südlichen Wendekreis, ist der Sonnenstand ganzjährig hoch, sodass es dort keine temperaturbedingten Jahreszeiten gibt. Die Tage und Nächte sind das ganze Jahr über fast gleich lang. Weil die Temperaturschwankungen zwischen Tag und Nacht größer als die der Monatsmitteltemperaturen im Jahresverlauf sind, spricht man von einem **Tageszeitenklima**. Am 21. März und 23. September herrschen überall auf der Erde zwölf Stunden Tag und zwölf Stunden Nacht, die unmittelbare Umgebung der Pole ausgenommen.

Nur in den Tropen kann die Sonne im **Zenit** stehen, d.h. senkrecht über dem Beobachter auf der Erdoberfläche. Zwischen dem nördlichen und dem südlichen Wendekreis steht die Sonne zweimal im Jahr im Zenit, an den Wendekreisen selbst einmal im Jahr. Am 21. Juni erreicht der Zenitstand seinen nördlichsten Punkt bei 23,5° Nord, dann wendet er sich wieder nach Süden. Die Breitenkreise 23,5° Nord und Süd werden daher Wendekreise genannt. Weil diese Verlagerung eine Folge der geneigten Erdachse ist, spricht man von einer scheinbaren Wanderung zwischen den Wendekreisen.

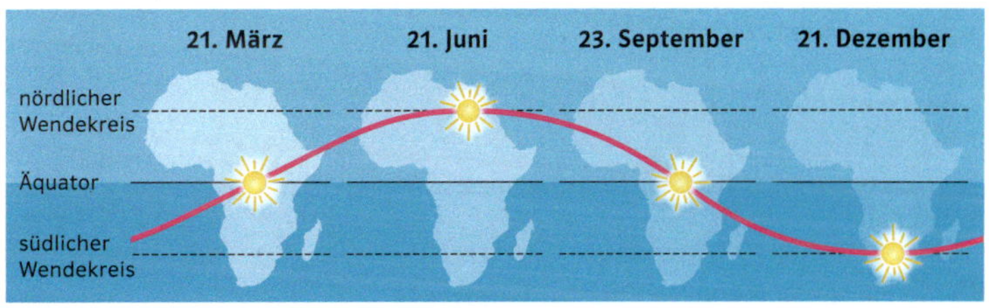

6 **Zenitstände der Sonne im Jahresverlauf**

1 Beschreiben Sie mithilfe der Grafiken 1 und 3 die unterschiedlichen Beleuchtungsverhältnisse der Erde im Jahresverlauf.

2 Begründen Sie mithilfe der Grafik 2 den Verlauf und die Länge der verschiedenen Tagesbögen im Jahresverlauf.

3 Erklären Sie die Entstehung der Jahreszeiten für die Nord- und die Südhalbkugel. (Haupttext, Materialien 1, 3 bis 6)

4 Erläutern Sie mithilfe der Materialien 3 bis 6 die Folgen, wenn die Erdachse
a) stärker und
b) nicht geneigt wäre.

1 Hausdach im Winter

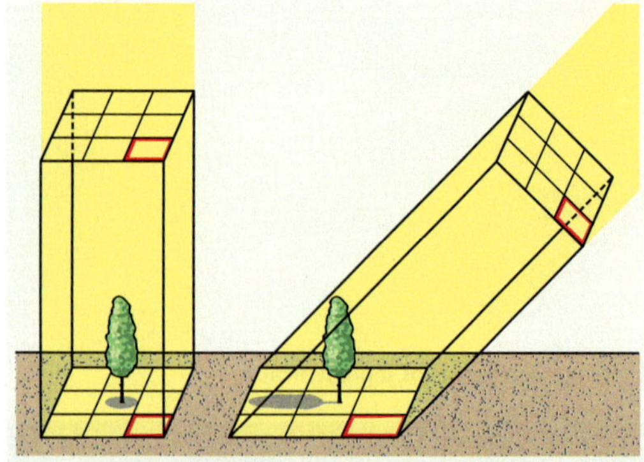

4 Die Verteilung der eingestrahlten Energie bei unterschiedlichem Sonnenstand

Globale Strahlungs- und Temperaturverhältnisse

Die Sonne ist die Grundlage des Lebens auf der Erde. Die auftreffenden Sonnenstrahlen werden in Wärme umgewandelt, doch Licht und Wärme sind sehr ungleich verteilt auf unserem Planeten.

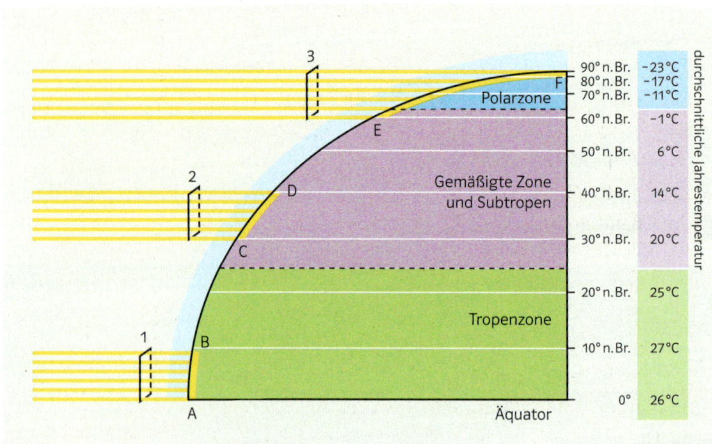

2 Sonneneinstrahlung und Beleuchtungszonen

Wie bereits bekannt, treffen durch die Kugelgestalt der Erde die Sonnenstrahlen am **Äquator*** fast senkrecht auf die Erdoberfläche. Zu den Polen hin wird dieser Einstrahlungswinkel kleiner. Dabei gilt: Je kleiner der Einstrahlungswinkel, umso geringer ist die eingestrahlte Energiemenge je Flächeninhalt.
Durch die Schrägstellung der Erdachse zusammen mit der Erdrevolution verändern sich im Laufe eines Jahres die Einfallswinkel der Sonnenstrahlen. Die Erde wird dadurch fortlaufend unterschiedlich erwärmt – es entstehen Jahreszeiten. Am 21. Juni ist der Einstrahlungswinkel auf der Nordhalbkugel am größten, der Sommer beginnt.
Alle Orte der Erdoberfläche, die auf einem **Breitenkreis*** liegen, erhalten so theoretisch die gleiche Strahlungsenergiemenge. Sie werden trotzdem

Die Erwärmung der Erdoberfläche

Nur etwa die Hälfte der Sonnenstrahlung erreicht die Erdoberfläche. Die anderen Anteile werden von der **Atmosphäre***, insbesondere den Wolken, aufgenommen oder in den Weltraum zurückgestrahlt. Die Luft über der Erdoberfläche wird nicht direkt durch die Sonnenstrahlen erwärmt. Erst beim Auftreffen der Sonnenstrahlen auf die Erdoberfläche werden diese in Wärme umgewandelt. Die Festlands- und Meeresflächen strahlen diese Wärme aus, sodass sich die darüberliegenden Luftschichten erwärmen.

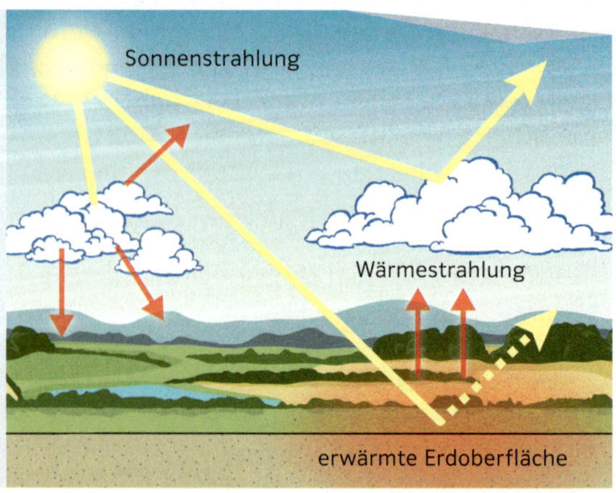

3

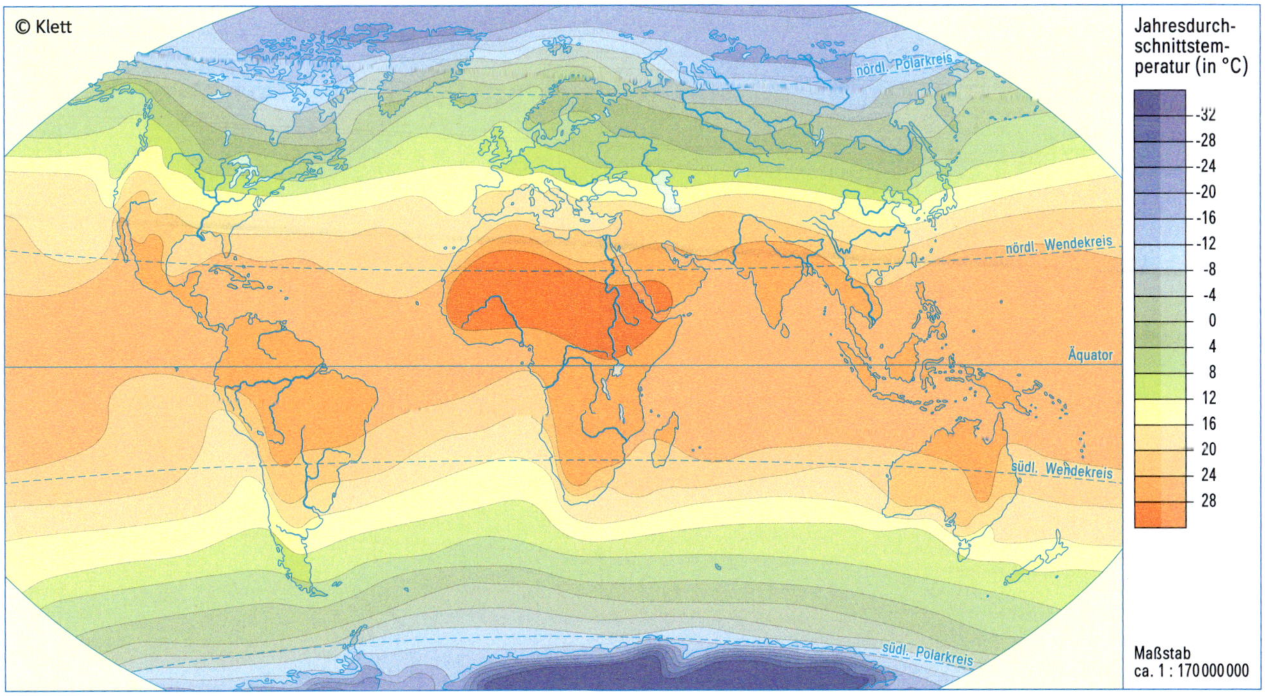

5 Jahresdurchschnittstemperaturen

unterschiedlich erwärmt, da die Temperatur nicht nur vom Einstrahlungswinkel der Sonne abhängt. Ein Blick auf den **Globus*** zeigt, wie sich die Oberflächengestalt entlang eines Breitenkreises verändert. Meere, Kontinente, Gebirge und **Tiefländer*** wechseln sich ab. Diese sogenannten Geofaktoren wirken sich auch auf die Temperaturen aus. So entstehen unterschiedlich erwärmte Luftmassen, die durch Winde verlagert werden.

Temperaturzonen und Klimazonen

Durch die unterschiedliche Erwärmung der Erdoberfläche finden sich Gebiete auf der Erde mit ähnlichen Jahresdurchschnittstemperaturen. Sie verlaufen fast parallel zu den Breitenkreisen. Vier große Temperaturzonen lassen sich abgrenzen.
- Die Kalte Zone: mit einer Jahresdurchschnittstemperatur um oder unter 0 °C und kalten Wintern;
- die Gemäßigte Zone: mit einer Jahresdurchschnittstemperatur um 8 °C und gemäßigten Wintern und Sommern;
- die Subtropen: mit einer Jahresdurchschnittstemperatur um etwa 18 °C und milden Wintern und heißen Sommern;
- die Tropen: mit einer Jahresdurchschnittstemperatur um 25 °C, immer heiß und niemals Frost in Tieflagen.

Doch die Verteilung von Land und Meer, Meeresströmungen und Höhenlage führt zu Abweichungen. Die Grenzen der Temperaturzonen verlaufen daher nicht exakt breitenkreisparallel.
Neben der Temperatur ist der Niederschlag das wichtigste Klimaelement. Die Temperaturzonen werden deshalb weiter in Klimazonen untergliedert. Da sich unter gleichen Klimabedingungen eine typische Vegetation ausbildet, entstehen fast deckungsgleich Vegetationszonen.

1 Erläutern Sie anhand von Foto 1 sowie der Grafiken 2 und 4 den Zusammenhang zwischen Sonneneinstrahlung und Temperatur.

2 Erklären Sie, weshalb in der Polaren Zone trotz 24-stündiger Sonneneinstrahlung während des Polartags nur sehr geringe Temperaturwerte erreicht werden.

3 Begründen Sie mithilfe der Grafik 3, warum v.a. im Winter wolkenlose Nächte meist besonders kalt sind.

4 Begründen Sie den Temperaturverlauf entlang des südlichen Wendekreises in Karte 5 mithilfe geeigneter Atlaskarten.

5 Erklären Sie, mit welcher Ausrichtung Sie Solarzellen / Sonnenkollektoren in Mitteleuropa und im Vergleich dazu in den Tropen aufstellen würden. Begründen Sie Ihre Entscheidungen.

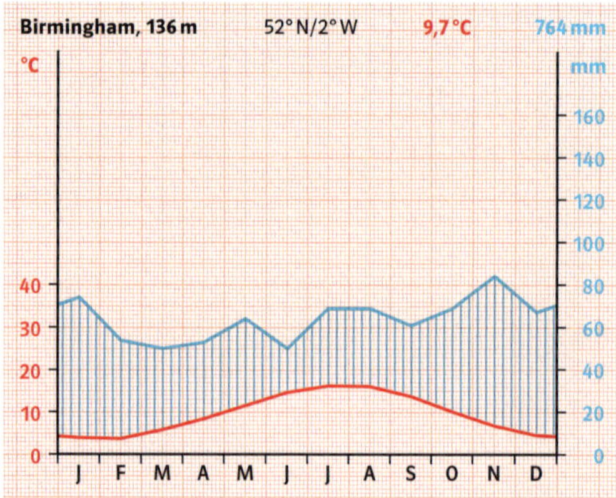

1 Klimadiagramm von Birmingham (Verein. Königreich)

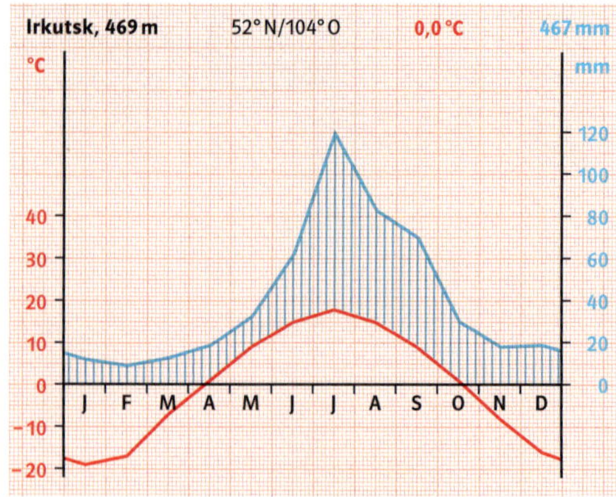

3 Klimadiagramm von Irkutsk (Russland)

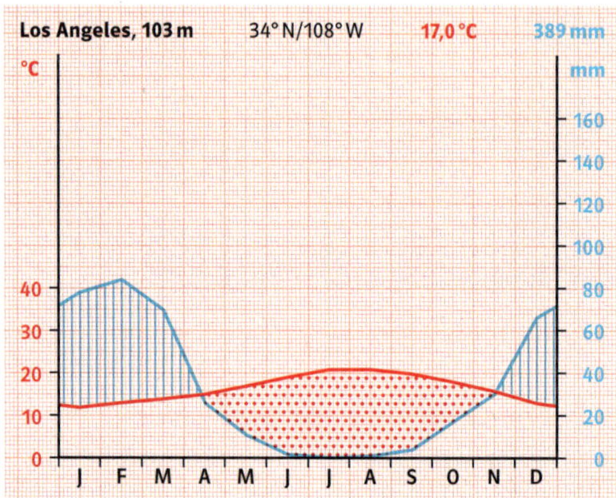

2 Klimadiagramm von Los Angeles (USA)

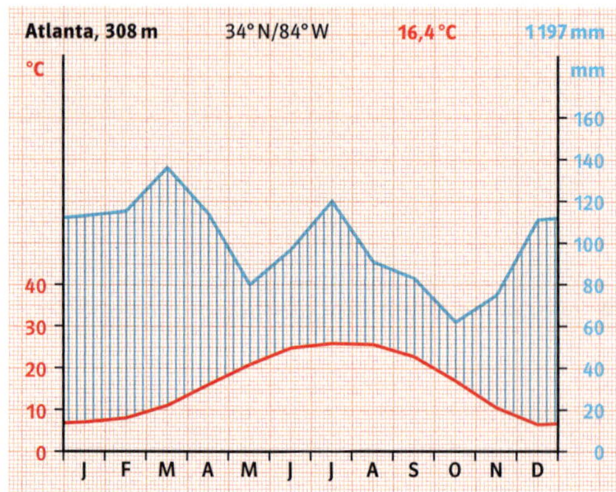

4 Klimadiagramm von Atlanta (USA)

Klimazonen der Erde

Temperatur und Niederschlag bilden die wesentlichen Klimaelemente. Diese sind auf der Erde jedoch ungleich verteilt. An den Polen ist es kalt und trocken, in Äquatornähe dagegen zumeist warm und feucht. Doch nicht nur die Breitenlage beeinflusst das Klima einer Region. Welche anderen Faktoren spielen dabei eine Rolle?

In Eurasien verändern sich die Niederschlags- und Temperaturverhältnisse, je weiter man sich von der Atlantikküste Richtung Osten begibt. Grundsätzlich entstehen durch die Sonneneinstrahlung infolge der Kugelgestalt der Erde in etwa breitenkreisparallel verlaufende Temperaturzonen, die sich in Bändern vom Pol bis zum Äquator erstrecken. Dieses zonale Gliederungsprinzip bildet einen wesentlichen Ansatz zur Abgrenzung von **Klimazonen***, wobei die Temperaturen einer Region (wärmster / kältester Monat) als Kriterium herangezogen werden.

Doch auch große Land- oder Wassermassen und Meeresströmungen beeinflussen das Klima eines Raumes. Der Golfstrom beispielsweise erwärmt große Teile des Nordatlantiks, was an Norwegens Küste zu ganzjähriger Eisfreiheit führt. Ozeanische Gebiete weisen im Vergleich zu kontinentalen eine deutlich geringere **Jahrestemperaturamplitude*** und in der Regel höhere Niederschläge auf. Dieses maritim-kontinentale, oder auch zentral-periphere Gliederungsprinzip ergänzt somit das zonale.

In den **Tropen** sind es unterschiedliche Meeresströmungen, in den **Subtropen** unterschiedliche jahreszeitliche Niederschlagsregime, die auf die West- bzw. Ostseiten der Kontinente einwirken. Im Sinne dieses west-östlichen Gliederungsprinzips dienen somit Menge und jahreszeitliche Verteilung der Niederschläge zur genaueren Unterscheidung von Klimazonen.

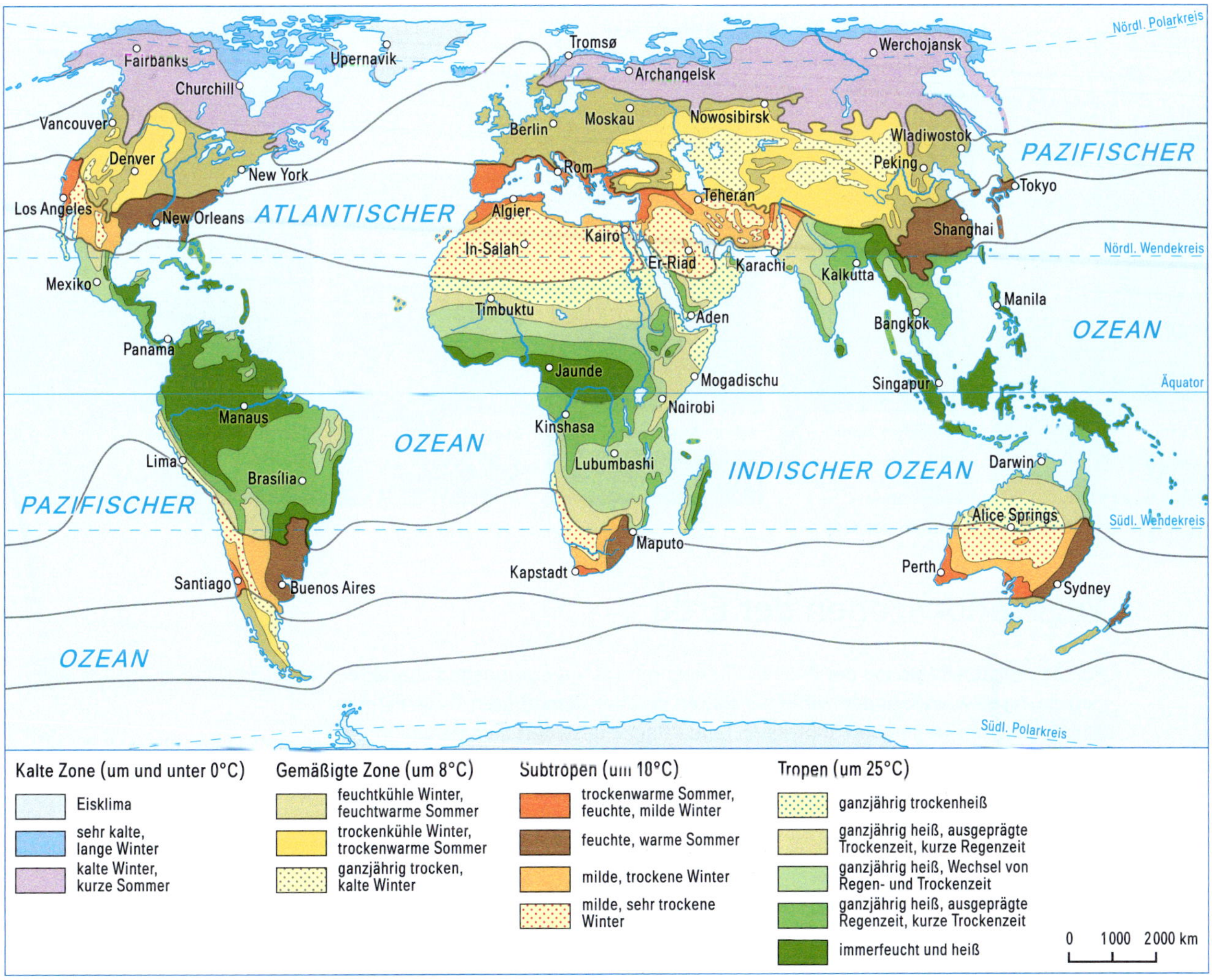

5 **Die Klimazonen der Erde nach Troll/Paffen**

Auch mit zunehmender Höhe ändert sich das **Klima***, es wird kälter und zumeist niederschlagsreicher. Dieses hypsometrische Gliederungsprinzip bildet somit die vierte Komponente, die bei der Ausgliederung von Klimazonen Berücksichtigung finden muss. Auf globalen Klimazonenkarten ist diese Höhenstufung jedoch zu kleinräumig, um angemessen dargestellt zu werden. Infolgedessen werden die Hochgebirgsregionen in solchen Karten zumeist mit nur einer einzigen Farbe oder Signatur zum Ausdruck gebracht.

Die Summe bzw. Überlagerung der genannten Gliederungsprinzipien ergibt schließlich ein sehr differenziertes Erscheinungsbild der Klimazonen auf unserem Planeten, das zudem – aufgrund der Lage und Form der Kontinente – auf der Nord- und Südhalbkugel große Unterschiede aufweist.

1 Erläutern Sie überblicksartig einige Unterschiede in der Ausprägung der Klimazonen zwischen der Nord- und der Südhalbkugel.

2 Erläutern Sie anhand des nordamerikanischen Kontinents, welche grundsätzlichen Gliederungsprinzipien sich in der Klimazonenkarte 5 widerspiegeln.

3 Erklären Sie unter Zuhilfenahme geeigneter Atlaskarten, weshalb in der Klimazonenkarte 5 im südlichen Zentralasien / nördlich des indischen Subkontinents die Subtropische Zone fehlt.

4 Vergleichen Sie die Klimadiagramme 1 und 3.

5 Die Stationen Los Angeles und Atlanta liegen beide auf nahezu demselben Breitengrad (Klimadiagramme 2 und 4).
a) Benennen Sie die Klimazone der beiden Orte.
b) Erläutern Sie, welches Gliederungsprinzip beim Vergleich der beiden Klimadiagramme zum Ausdruck kommt.

1 Typische Pflanzengesellschaften der Erde

Vegetationszonen der Erde

Für die meisten Regionen der Erde ist ein bestimmtes Vegetationsbild charakteristisch. Nadelwälder finden wir in der Kalten und der Gemäßigten Zone, Palmen dagegen in den Tropen und Subtropen. Jede Pflanze besiedelt also gemäß ihren Ansprüchen an Klima und Boden ein bestimmtes Gebiet. Doch es gibt einen Faktor, der das Vegetationsbild in den meisten Regionen stark beeinflusst: der Mensch.

Bereits anhand unseres Heimatkontinents Europa werden die unterschiedlichen Erscheinungsformen von **Vegetationszonen*** und deren Verbreitung gut ersichtlich. In Südeuropa findet man beispielsweise an die sommerliche Trockenheit angepasste Hartlaubvegetation, in Nordeuropa kälteresistente Nadelwälder. Als Vegetation bezeichnet man gemeinhin die Gesamtheit aller Pflanzengesellschaften in einem Gebiet. Der entscheidende natürliche Steuerungsfaktor für das Pflanzenwachstum ist dabei das Klima, also die Temperatur (Extrema, Amplitude) und der Niederschlag (Menge, Verteilung im Jahresverlauf). Infolge der Anpassung der Vegetation an das Klima sind die Vegetationszonen weitgehend deckungsgleich mit den Klimazonen der Erde.

Umgekehrt kann die natürliche Vegetation auch als wichtiger Anzeiger (Indikator) für bestimmte Klimatypen und damit zur Abgrenzung von Klimazonen herangezogen werden. Hierbei ist jedoch Vorsicht geboten, da der wirtschaftende Mensch vor allem in dicht besiedelten Regionen die natürliche Vegetation durch **intensive Landnutzung** und den Bau von Siedlungen meist stark verändert hat.

In Analogie zu den Klimazonen lassen sich auch die Vegetationszonen regional sehr stark differenzieren.

In der Kalten Zone ist es primär der Wärmemangel, der für die Vegetation als limitierender Faktor angesehen werden muss. In der Gemäßigten Zone ist – vor allem auf der Nordhalbkugel – der Gegensatz zwischen Maritimität und Kontinentalität stark ausgeprägt, was sich auf die Vegetationszonen dort entsprechend auswirkt. In den Subtropen und Tropen entscheidet vor allem der Wassermangel beziehungsweise die Menge und Verteilung der Niederschläge im Jahresverlauf über die Art, Höhe und Dichte der Vegetation. In allen Vegetationszonen wirkt jedoch der Mensch mittlerweile als stark landschaftsgestaltender Faktor.

Der markante Zusammenhang zwischen Klima und Vegetation mündet schließlich in der Ausprägung von Landschafts- oder Geozonen, deren Grenzen auf den großen Kontinenten fließend sind, sodass sich oft breite Grenzsäume ergeben.

Tropische Zone

Keine oder geringe Vegetation	Offene Vegetation	Dichte Vegetation	Meere und Küsten	Erhebliche Veränderung des Vegetationsbilds
Inlandeis	Dornstrauchsavanne, Steppe	Nördlicher Nadelwald	ständig vereistes Meer	Acker- und Weideland
Tundra, Waldtundra, Hochgebirgsvegetation	Trockensavanne	Laub- und Mischwald	zeitweise vereistes Meer	
Wüste, Halbwüste	Feuchtsavanne	Tropischer Regenwald	Mangrovenwald	
	Trockenwald und Gehölz		Korallenriff	Maßstab ca. 1:200 000 000

2 Die Vegetationszonen der Erde

1 Benennen Sie die Vegetationszonen Europas von Norden nach Süden (Fotos 1, Karte 2).

2 Erklären Sie anhand des afrikanischen Kontinents Zusammenhänge zwischen Klima- und Vegetationszonen (Text, Karte 2, Karte 5 S. 31).

3 Begründen Sie, weshalb die Vegetationszonen keine erdumspannenden, geschlossenen Gürtel bilden, die parallel zu den Breitenkreisen verlaufen (Text, Karte 2, Atlas).

4 Vegetationszonen und Mensch
a) Vergleichen Sie unter Zuhilfenahme geeigneter Atlaskarten anhand von Mitteleuropa die natürliche Vegetation mit der tatsächlichen Landnutzung.
b) Begründen Sie die erkennbaren Unterschiede.

TERRA **METHODE**

Profile vermitteln uns einen guten Eindruck vom vertikalen Aufbau einer Landschaft. Entlang einer Profillinie entsteht gewissermaßen ein Aufriss, der die vertikale Struktur einer Landschaft anschaulich darstellt. Die Weiterführung eines solchen Profils, ergänzt durch zusätzliche geographisch relevante Informationen, mündet in einem sogenannten Kausalprofil.

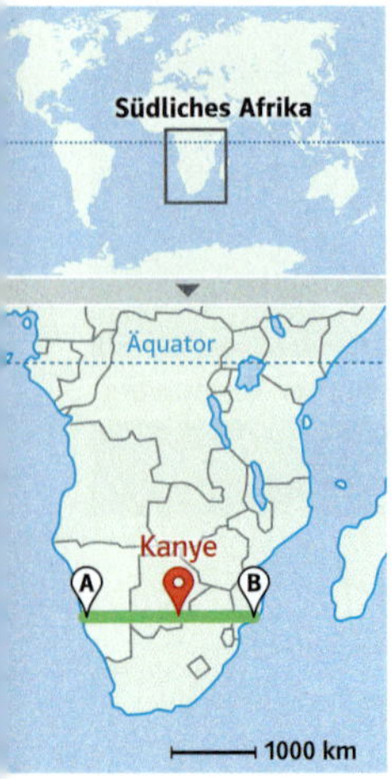

1 Lage des Kausalprofils durch das südliche Afrika

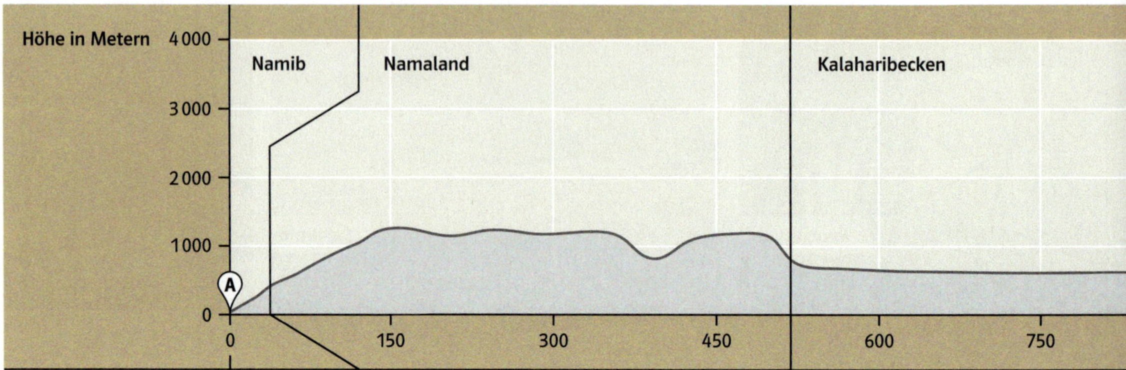

	Namib	Namaland	Kalaharibecken
Durchschnittstemp. im Januar (°C)	15 - 20	20 - 30	25 - 30
Durchschnittstemp. im Juli (°C)	10 - 15	10 - 15	10 - 15
Niederschlag im Januar (mm)	unter 25	25 - 100	100 - 200
Niederschlag im Juli (mm)	unter 25	unter 25	unter 25
Natürliche Vegetation	Wüste	Halbwüste, Dornstrauchsavanne	Dornstrauch-, stellenweise Trockensavanne
Landwirtschaftliche Nutzung	keine	lokal Ackerbau, extensive Viehhaltung	extensive Viehhaltung
Besiedelung	keine	dünn, vereinzelte Dörfer	sehr dünn

2 Kausalprofil durch das südliche Afrika entlang 25° südlicher Breite

Ein Kausalprofil erstellen

Bei einem Kausalprofil handelt es sich um eine bildhaft-schematische Darstellung einer **Landschaft***, die sowohl deren horizontale als auch vertikale Struktur zum Ausdruck bringt. Grundlage ist ein Höhenprofil, das um zusätzliche geographische Informationen erweitert wird, meist in Form von Signaturen, Beschriftungen und Tabellen. Damit können komplexe landschaftliche Zusammenhänge und Wechselwirkungen auf einfache Art beschrieben und dargestellt werden. Zu diesen Informationen gehören beispielsweise der geologische Bau, die Vegetation, klimatische Gegebenheiten, die Besiedelung und die landwirtschaftliche Nutzung.
Ein Kausalprofil wird zudem durch eine darunter angeordnete, übersichtliche Stichworttabelle ergänzt. Die entsprechenden Informationen zu Oberflächenformen, Klima, Vegetation, Nutzung etc. sind dabei den regionalen Teileinheiten des Profils zugeordnet.

1. Schritt: Höhenprofil zeichnen

Wählen Sie im **Atlas*** eine Profillinie auf einer Höhenschichtenkarte aus und legen Sie einen geeigneten Längen- und Höhenmaßstab fest. Verbinden Sie nun, beispielsweise unter Verwendung eines transparenten Butterbrotpapiers, die für den Profilverlauf passenden Höhenpunkte sinnvoll zu einer Profillinie. Achten Sie darauf, einzelne Höhenangaben (z.B. für Berggipfel) nicht mit dem durchschnittlichen Höhenniveau zu verwechseln.

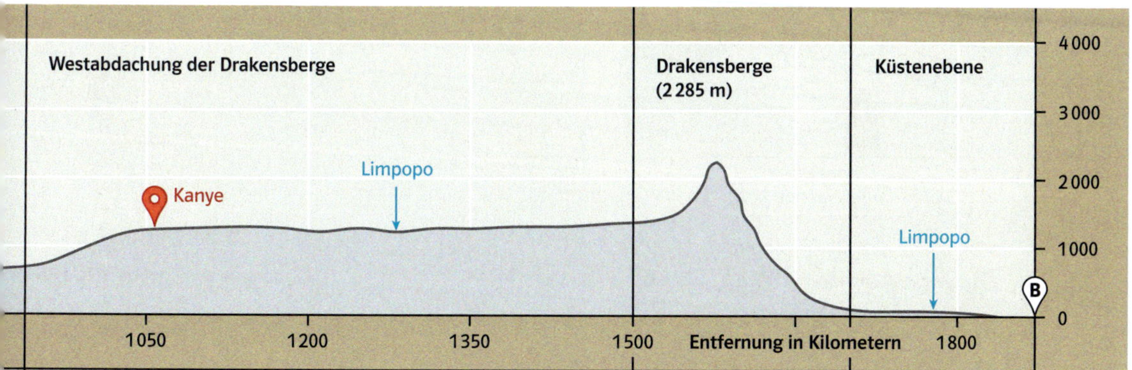

20 – 25	15 – 20	20 – 30
5 – 15	5 – 10	10 – 20
100 – 200	200 – 300	200 – 300
unter 25	unter 25	unter 25
Trocken-, stellenweise Feuchtsavanne	Bergwälder	Feuchtsavanne, Trockenwälder
Ackerland (Mais, Sonnenblumen), teilweise Bewässerungskulturen	Ackerland, extensive Viehhaltung	Ackerland, Viehhaltung
(sehr) dicht, Großraum Pretoria / Johannesburg	dünn, vereinzelt Bergbausiedlungen	dicht, Maputo als Küstenstadt

2. Schritt: Landschaftseinheiten zuordnen

Ordnen Sie dem Profil entsprechende Landschaftseinheiten zu. Zumeist sind diese **Naturräume*** durch ähnliche Höhen und Oberflächenformen charakterisiert. So kann man z. B. nach Gebirgsketten, Hochebenen und Tiefländern differenzieren.

3. Schritt: Tabelle erstellen und Merkmale zuweisen

Wählen Sie in Abhängigkeit von Fragestellung, Raumausschnitt und Materiallage geeignete Merkmale aus, die dargestellt werden sollen. Legen Sie sodann entsprechend der Oberflächengliederung eine Tabelle an. Ordnen Sie schließlich den einzelnen Landschaftsausschnitten stichpunktartig typische Merkmale in der Tabelle zu. Nutze hierfür den Atlas, das Schulbuch oder weitere Informationsquellen.

4. Schritt: Zusammenhänge erläutern

Zwischen den dargestellten Merkmalen bestehen in der Regel Zusammenhänge und wechselseitige Abhängigkeiten, die jedoch erst herzuleiten und zu verdeutlichen sind. Zumeist ist beispielsweise ein enger Zusammenhang zwischen **Relief***, Klima, Vegetation, der Landnutzung und der Bevölkerungsdichte beobachtbar.

1 Führen Sie den Schritt 4 anhand des obigen Kausalprofils durch das südliche Afrika durch.

2 Erstellen Sie, unter Zuhilfenahme einer geeigneten Atlaskarte, ein Kausalprofil durch Afrika entlang des 20. östlichen Längengrades, von der Mittelmeerküste bis zum Äquator.

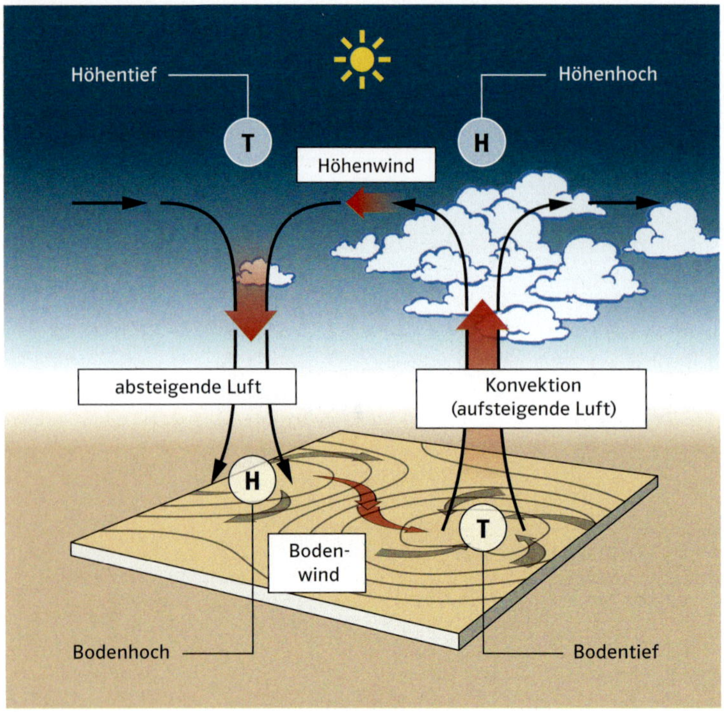

1 Entstehung von Hoch- und Tiefdruckgebieten

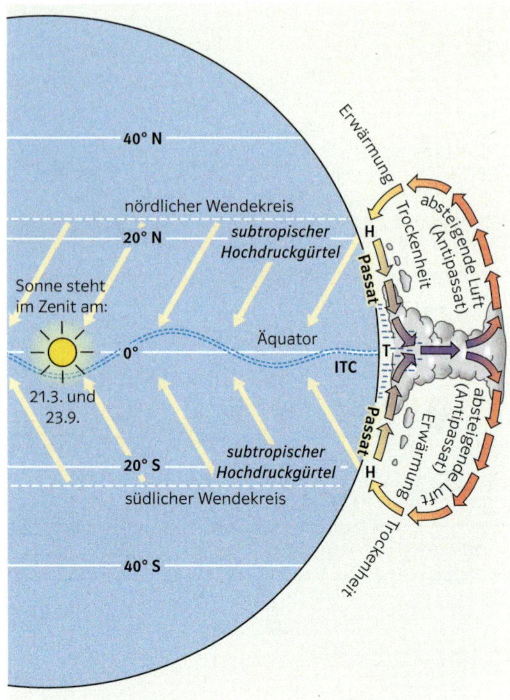

2 Passatkreislauf und Lage der ITC im März und September

Die Passatzirkulation

Die Luft in unserer Atmosphäre ist fast ständig in Bewegung, es herrschen Winde. Diese gehorchen bestimmten Mustern und Prinzipien, deren antreibende Kraft die Sonne ist. Welche Grundmuster lassen sich hierbei erkennen?

Corioliskraft
Bei der Corioliskraft, die ihre Ursache in der Rotation der Erde hat, handelt es sich um eine Scheinkraft. Sie wirkt ablenkend auf alle Körper (insbesondere auf Luftmassen), die sich auf der rotierenden Erde pol- oder äquatorwärts bewegen. Auf der Nordhalbkugel erfolgt diese Ablenkung nach rechts, auf der Südhalbkugel nach links in Bewegungsrichtung.

Thermische Hochs und Tiefs

Der über die Sonne gesteuerte Wärmehaushalt der Erde beeinflusst das atmosphärische Geschehen in Form von Winden. Durch die Einstrahlung der Sonne auf die Erdoberfläche erwärmt sich die darüberliegende Luft. Diese erwärmte Luft steigt auf, wodurch in der Region des Aufstiegs gleichsam ein Luftdefizit generiert wird, das nach Ausgleich strebt. Es kommt zu einem bodennahen, thermischen Tiefdruckgebiet, also einer Region mit niedrigem Luftdruck, das aus seiner Umgebung Luft ansaugt – ein Wind entsteht.
Dem bodennahen Luftdefizit steht ein Luftüberschuss in der Höhe gegenüber, was in einem Höhenhoch – ein Gebiet mit hohem Luftdruck – resultiert. Mit zunehmender Höhe kühlt außerdem die aufsteigende Luft ab, deren Wasserdampfaufnahmefähigkeit sinkt, es kommt zur Kondensation, Wolkenbildung und letztlich Niederschlag. Umgekehrt erwärmt sich absteigende Luft, ihre Wasserdampfaufnahmefähigkeit steigt.

Passate – Winde der Tropen

Gewissermaßen der „Motor" des gesamten atmosphärischen Windgeschehens liegt in den Tropen. Die intensive Sonneneinstrahlung erwärmt die Luftmassen dort besonders stark. Die warme Luft steigt auf, in der Höhe kühlt sie sich ab, wobei der unsichtbare Wasserdampf kondensiert. Es bilden sich mächtige Wolken, aus denen es ergiebig regnet. Die bodennah entstehenden Tiefdruckgebiete umspannen als äquatoriale Tiefdruckrinne die ganze Erde. In der Höhe strömen die abgekühlten Luftmassen nach Norden und Süden ab, im Bereich der Wendekreise sinkt die Luft wieder zu Boden. Diese Ausgleichsströmung in der Höhe in Richtung der Wendekreise wird als „Antipassat" bezeichnet. Absinkende Luft bedeutet Erwärmung, Auflösung der Wolken und damit Ausbleiben der Niederschläge. Am Boden entstehen dadurch trockene Gebiete mit hohem Luftdruck, der subtropische Hochdruckgürtel. Der Luftdruckunterschied zur äquatorialen Tiefdruckrinne wird durch bodennahe Winde, die **Passate**, ausgeglichen. Durch

Lernen im Netz
Aufbau der Atmosphäre
fv5bj5

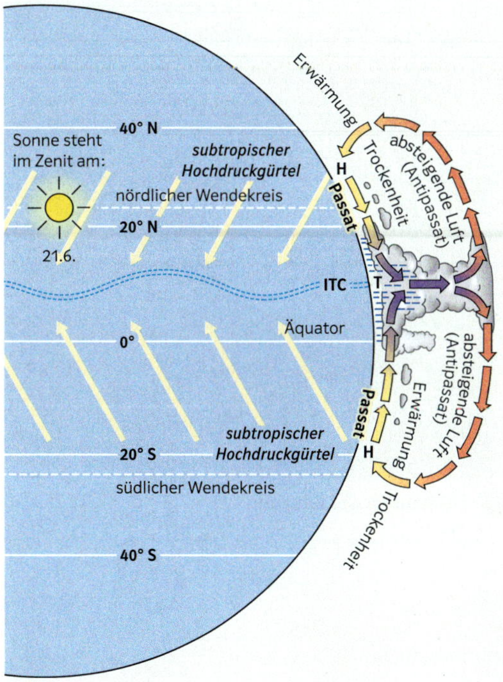

3 Passatkreislauf und Lage der ITC im Juli

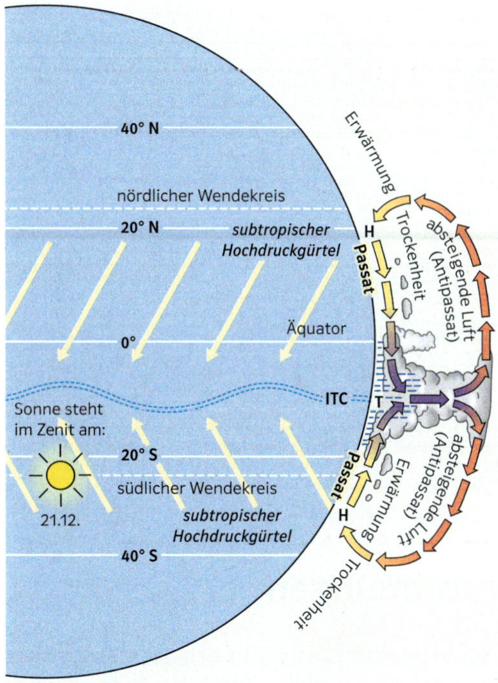

4 Passatkreislauf und Lage der ITC im Dezember

die ablenkende Kraft der Erdrotation (**Corioliskraft**) erhalten diese eine östliche Komponente und werden zu Nordostpassat und Südostpassat. Dieser ständige Kreislauf der Luftmassen wird als **Passatzirkulation** bezeichnet. Weil sich diese Zirkulation um die ganze Erde erstreckt, spricht man auch von einem Windgürtel.
Nordost- und Südostpassat treffen in der **Innertropischen Konvergenzzone** (**ITC**) zusammen. Sie ist die Zone der aufsteigenden Luftmassen, die sich im Jahresverlauf mit dem Zenitstand der Sonne verlagert. Damit „wandern" auch die Niederschläge, die man als **Zenitalregen** bezeichnet. Diese räumliche Verschiebung der Niederschläge ist verantwortlich für die Entstehung der hygrischen Jahreszeiten (**Regen- und Trockenzeiten**) vor allem in den Wechselfeuchten Tropen, z.B. in den **Savannen**. Haben die Passate einen weiten Weg über das Festland zurückgelegt, sind sie trocken und heiß. Wehen sie lange über Meere, bringen sie viel Feuchtigkeit mit. Schon Kolumbus nutzte auf seiner Überfahrt nach Amerika die Passatwinde.

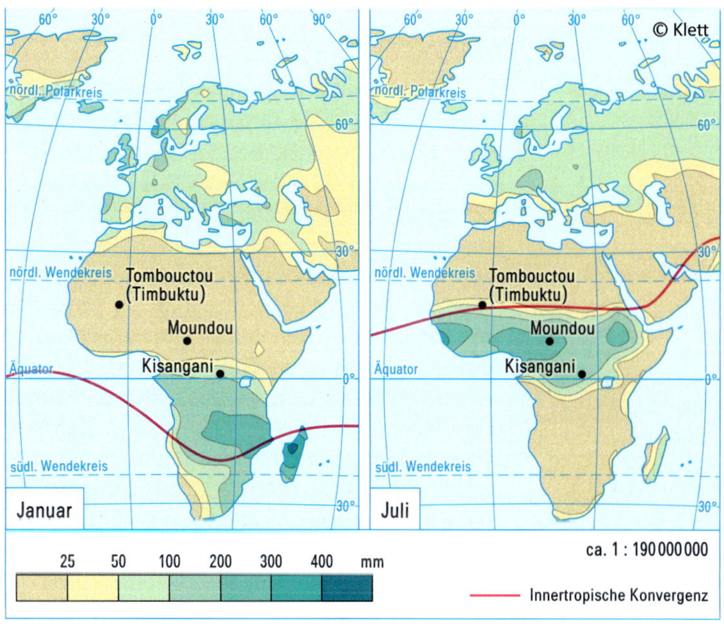

5 Niederschläge und ITC im Januar und im Juli

1 Erläutern Sie anhand der Grafik 1 die Entstehung von thermischen Hoch- und Tiefdruckgebieten.

2 Erklären Sie anhand der Grafik 2 den Passatkreislauf und dessen klimatische Auswirkungen auf die Zone der Tropen.

3 Erläutern Sie die unterschiedliche Lage der ITC in den Grafiken 3 und 4.

4 Begründen Sie die Niederschlagsverteilung in Afrika im Januar und im Juli (Karte 5).

5 Begründen Sie für die Stationen Tombouctou (Timbuktu), Moundou und Kisangani (Karte 5) die Niederschläge im Januar und Juli.

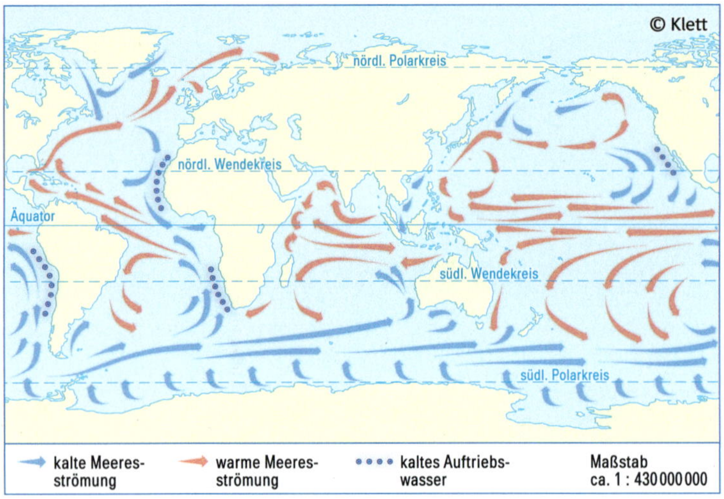

1 Meeresströmungen

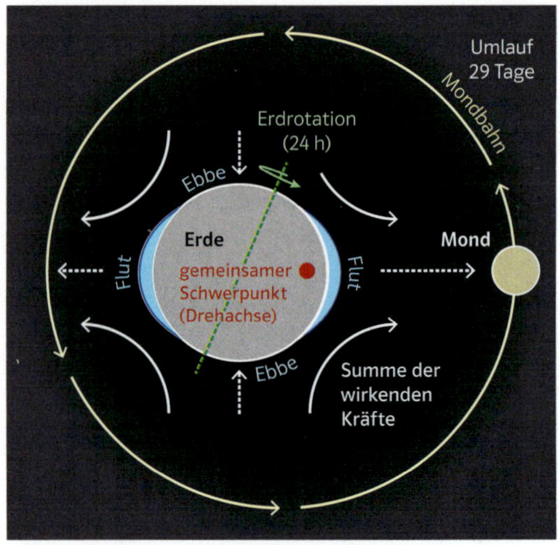

2 Entstehung der Gezeiten

Meeresströmungen

Seit Beginn der Segelschifffahrt macht sich der Mensch Meeresströmungen für den weltweiten Transport zu Nutze. Mit ihrem Einfluss auf den Energieaustausch im globalen Klimasystem haben Meeresströmungen aber noch entscheidendere Auswirkungen auf den Menschen.

←
Passate und Corioliskraft
Seiten 36/37

Gezeiten
Wasser unterliegt der Wirkung von Ebbe und Flut (= Gezeiten). Die Schwerkraft des Mondes ist Ursache für die Entstehung eines Flutberges auf der mondzugewandten Seite. Gleichzeitig sind durch die Drehung des Erde-Mond-Systems um einen gemeinsamen Masseschwerpunkt im Inneren der Erde entstehende Fliehkräfte verantwortlich für einen zweiten Flutberg auf der gegenüberliegenden Erdseite (siehe Grafik 2).

Windsysteme

Globale und regionale Temperatur- und Druckunterschiede in der Atmosphäre werden durch Winde ausgeglichen. Diese wiederum treiben aufgrund ihrer Reibungskraft das Wasser in Meeresbecken an, sodass groß- und kleinräumige Wasserströmungen entstehen.
Hinzu kommt die Corioliskraft als Resultat der Erdrotation. Sie sorgt für eine Ablenkung der Wind- und Wassermassen, wodurch die Strömungsrichtung zusätzlich verstärkt wird. Durch die Corioliskraft wehen die Passate konstant aus östlicher Richtung und treiben dabei große äquatoriale Wassermassen in Richtung Westen, wo sich diese schließlich unter das Oberflächenwasser schieben (*downwelling*). Im Bereich der äquatorialen Ostküsten werden dagegen die verdrängten Wassermassen von aufsteigendem Tiefenwasser ersetzt (*upwelling*).

Temperatur- und Druckunterschiede

Der Einstrahlungswinkel der Sonne wirkt sich auf die Temperaturentwicklung von Luft und Wasser aus. Genau wie in der Luft bedingen Temperaturunterschiede auch im Wasser Druckdifferenzen, die durch Strömungen ausgeglichen werden.
Generell herrscht unter einer hohen Wassersäule immer ein höherer Druck als unter einer niedrigeren. In Küstenbereichen wird Wasser durch den Wind oder die **Gezeiten*** an Land geschoben, sodass sich der Wasserdruck an anderer Stelle verringert. Gewässer in tropischen und subtropischen Gebieten verzeichnen durch die starke Verdunstung einen Masseverlust. Das resultierende Gefälle wird durch oberflächennahe zurückschwappende Wassermassen ausgeglichen.
Ein weiterer Motor für **Meeresströmungen** ist der **thermohaline Antrieb**, der durch Dichteunterschiede des Wassers, die wiederum Druckunterschiede verursachen, entsteht. Diese Dichteunterschiede sind ein Resultat aus Salzgehalt (Salinität) und Temperatur von Wasserkörpern. Kaltes oder salzreiches Wasser hat eine größere Dichte als wärmeres oder salzärmeres Wasser. In Polar- und Subpolargebieten reichert sich bei der Bildung von Meereis Salz in dem umgebenden Wasser an und erhöht dessen Dichte. Wo diese am höchsten ist, kann Wasser von der Oberfläche in die Tiefsee absinken und sich von dort als Tiefenwasserstrom am Grund der Meere verbreiten. An der Oberfläche hingegen ersetzen Rückflüsse die absinkenden Wassermassen (siehe Grafik 4). So wird beispielsweise der **Golfstrom*** bis in hohe Breiten gezogen. Die Tiefenwasserbildungszonen in den Polargebieten wirken somit als gewaltige Umwälzpumpen.

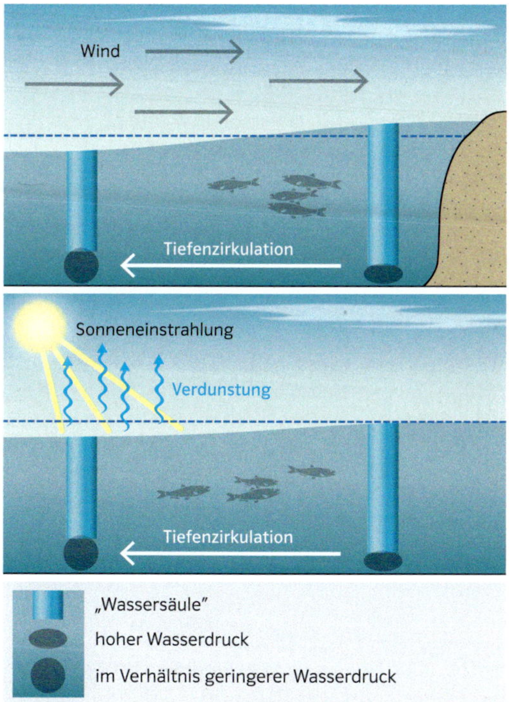

3 **Ursachen von Meeresströmungen**

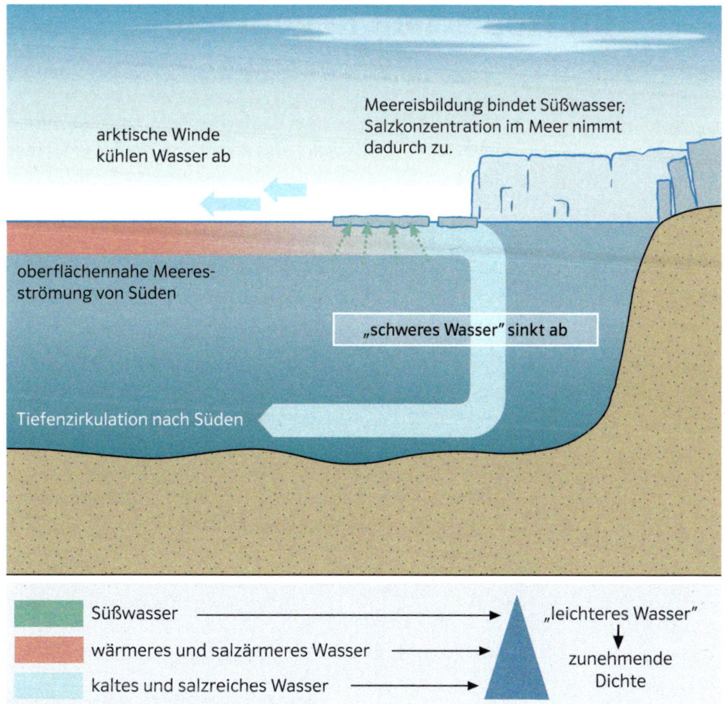

4 **Zirkulationsprinzip des Golfstroms**

Revolutionierung der Meeresforschung

Am 10. Januar 1992 verlor ein chinesisches Frachtschiff im Nordpazifik mehrere **Container*** in einem Sturm. Dabei wurden 29 000 Plastikenten ins Meer gespült. In den darauffolgenden 15 Jahren kam es in zeitlichen Abständen immer wieder zu Funden dieser *friendly floatees* an verschiedenen Küstenabschnitten des Pazifiks, Atlantiks und im Bereich des Nordpolarmeeres.
Als driftende Messgeräte waren die *friendly floatees* der Beweis, dass die bis dahin bekannten kleinräumigen Zirkulationssysteme nur Teile eines einzigen, weltumspannenden Förderbandes, dem *Conveyor Belt*, sind. Über große Distanzen werden Wassermassen von der Oberfläche in die Tiefe und wieder zurück bewegt. Etwa 1000 Jahre benötigt ein Wasserpaket rund um den Globus. Eine globale thermohaline Zirkulation verbindet die verschiedenen Ozeanbecken.

Meeresströmungen und Klima

Durch die Fähigkeit der **Ozeane***, Wärme zu speichern, zu transportieren und in Wärmeaustausch mit der Atmosphäre zu treten, haben Meeresströmungen einen erheblichen Einfluss auf das Klima. Sie übernehmen etwa die Hälfte des Wärmetransportes zwischen dem Äquator und den Polarregionen, mildern oder verstärken dadurch Klimaextreme. So hat der warme Golfstrom als Teil des marinen Förderbandes erheblichen Einfluss auf das Klima von Nordwesteuropa. Durch ihn wird die mittlere Temperatur höher als in vergleichbaren Breiten auf dem nordamerikanischen **Kontinent*** oder in Ländern um den Pazifischen Ozean.

→ **Informationen finden**
Seiten 154/155

1 Meeresströmungen
a) Benennen Sie warme und kalte Meeresströmungen (Karte 1, Atlas).
b) Stellen Sie die Ursachen von Meeresströmungen dar (Text, Grafik 3).

2 Erläutern Sie Einflussgrößen der Strömungsverhältnisse auf der Südhalbkugel (Text, Karte 1, Atlas).

3 Golfstrom/Nordatlantikstrom
a) Beschreiben Sie mithilfe des Atlas das nordatlantische Strömungssystem als Teil des globalen Förderbandes.
b) Erklären Sie die Prozesse, die den Golfstrom verursachen (Grafik 4, Text).
c) Vergleichen und erläutern Sie mithilfe einer geeigneten Atlaskarte die Temperaturen an den europäischen Küsten mit denen an der nordamerikanischen Küste bei einer geographischen Breite zwischen 50° und 66,5° N.

4 Erläutern Sie den Einfluss der globalen Erwärmung auf die Meeresströmungen (Text, Grafik 4, Internetrecherche).

5 Mülleintrag in den Weltmeeren
a) Recherchieren Sie einen Staat mit großem Mülleintrag in die Meere und beschreiben Sie den wahrscheinlichen Verbreitungsweg des Mülls (Karte 1).
b) Erstellen Sie für einen Schul-Umwelttag einen kurzen Infoflyer für Maßnahmen gegen die Vermüllung der Meere.

Im Tropischen Regenwald

Lernaufgabe

Im Jahr 2019 begann ein deutscher Automobilkonzern in das *Katingan Mataya Forest Protection Project* zu investieren, ein Projekt zum Erhalt des Tropischen Regenwaldes und zum Schutz der Biodiversität auf Borneo. Dafür erhält das Unternehmen zertifizierte Carbon-Credits, um noch unvermeidbare CO_2-Emissionen aus der Wertschöpfungskette eines Elektroautos zu kompensieren. Da der Tropische Regenwald einen bedeutenden Kohlenstoffspeicher darstellt, will der Konzern mit seinem Projekt zur Bindung von zusätzlichem CO_2 beitragen und das Klima schonen. Doch wie funktioniert dieses schützenswerte Ökosystem?

1 Beschreiben Sie die Verbreitung der Tropischen Regenwälder und erarbeiten Sie die klimatischen Bedingungen für deren Wachstum (Klimadiagramm 3 + Atlas).

2 Vergleichen Sie den Aufbau und den Nährstoffkreislauf von Laub- und Mischwäldern der Gemäßigten Zone mit den Tropischen Regenwäldern (Grafik 4, Fotos 1, 2 und 5).

3 Analysieren Sie den Zusammenhang zwischen den naturräumlichen Gunst- und Ungunstfaktoren für die Biodiversität der Regenwälder (Text, Materialien 3 bis 6).

4 Beschreiben Sie Wechselwirkungen zwischen den Geofaktoren in Tropischen Regenwäldern (Grafik 6).

Stockwerkbau und Wurzelsystem

Mit geschätzten 90 % der weltweit vorkommenden Pflanzen- und Tierarten gelten die Tropischen Regenwälder als Hotspot der Artenvielfalt. Trotz oder vielmehr wegen der Nährstoffarmut der Böden hat sich eine riesige **Biodiversität** mit einer nur geringen Anzahl an Individuen einer Art herausgebildet. Dagegen ist die Biodiversität auf guten Böden in den Gemäßigten Breiten vergleichsweise gering.

Der **Tropische Regenwald** besteht aus vier Stockwerken, wobei jede Schicht optimal an die Licht- und Klimaverhältnisse angepasst ist. Das oberste Stockwerk bilden die Urwaldriesen, die bis zu 60 Meter hoch werden und vereinzelt wie Inseln aus dem Kronendach herausragen. Darunter befindet sich in einer Höhe von 30 bis 40 Metern das nahezu geschlossene Blätterdach der Kronenschicht. Hier leben dank guter Lichtverhältnisse etwa zwei Drittel aller Tier- und Pflanzenarten. Im Kampf um das Licht haben sich einzigartige Pflanzengemeinschaften herausgebildet. **Epiphyten**, wie Bromelien, besiedeln Baumstämme und Äste. Junge Bäume wachsen nur sehr langsam und gehören mit den Sträuchern zur dritten bzw. unteren Baumschicht. Die Krautschicht bildet das unterste Stockwerk.

Während in den gemäßigten Breiten die Baumwurzeln tief in den **Boden*** reichen, breiten sich diese im Regenwald als Brettwurzeln auf dem Boden aus. Diese dienen nicht nur der Aufnahme von Nährstoffen sondern auch der Stabilisierung. Ebenso typisch wie Brettwurzeln sind sogenannte Stelzwurzeln, welche dem unteren Teil des Baumstamms entspringen und diesen auf dem Boden abstützen.

Carbon-Credits
handelbare Zertifikate bzw. die Erlaubnis für die Emission einer Tonne CO_2

Epiphyten
Aufsitzerpflanzen, die nicht in der Erde wurzeln, sondern auf Blättern, Ästen und Stämmen anderer Pflanzen siedeln

1 Epiphyt (Bromelie)

2 Baum mit Brettwurzeln im Tropischen Regenwald Costa Ricas

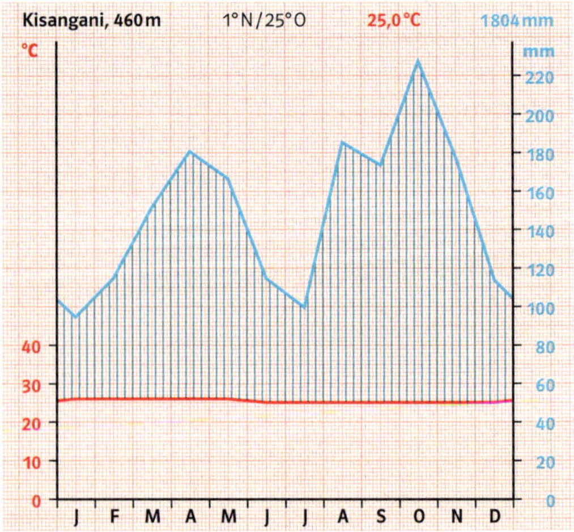

3 Klimadiagramm von Kisangani (D. R. Kongo)

Erkläfilm
Stockwerkbau und Nährstoffkreislauf
fv5bj5

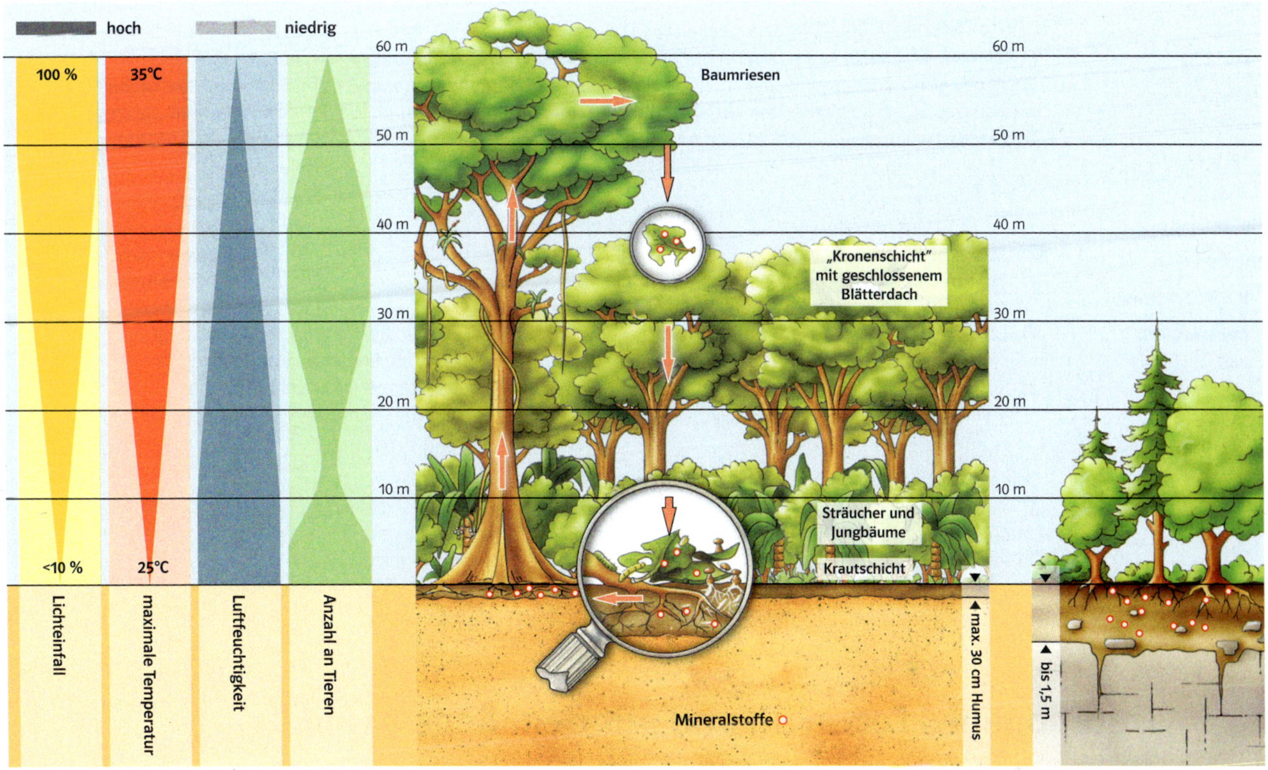

4 Die Ökosysteme Tropischer Regenwald und Sommergrüner Laub- und Mischwald im Vergleich

Wachstum auf nährstoffarmen Böden – der kurzgeschlossene Mineralstoffkreislauf

Mineralstoffe als Pflanzennährstoffe werden im Tropischen Regenwald nahezu ausschließlich in den Pflanzen selbst gespeichert. Da die Böden aufgrund intensiver **chemischer Verwitterung** bis in eine Tiefe von acht Metern fast steinlos sind, fehlen ihnen wichtige Minerale, die in den **Gesteinen*** enthalten sind und die für das Pflanzenwachstum benötigt werden. Zusätzlich schwemmen die starken Regenfälle den Rest der Nährstoffe in die Tiefe des Bodens. Niederschläge und hohe Temperaturen führen zu einer Anreicherung von Aluminium- bzw. Eisenoxiden und -hydroxiden, die ziegelrote Latosolböden (siehe Foto 5) entstehen lässt. Mit ihren dichten und flachen Wurzeln entnehmen die Bäume demnach nur einen kleinen Teil der Nährstoffe direkt aus der obersten dünnen Bodenschicht. Den anderen Teil erhalten sie über Pilze an ihren Wurzeln. Diese sogenannten **Mykorrhiza**-Pilze zersetzen im feucht-heißen Klima rasch das abgestorbene organische Material, sodass die freiwerdenden Nährstoffe direkt von den Pflanzen aufgenommen werden können und die Entstehung einer mächtigen Humusschicht verhindert wird.

5 Latosolboden

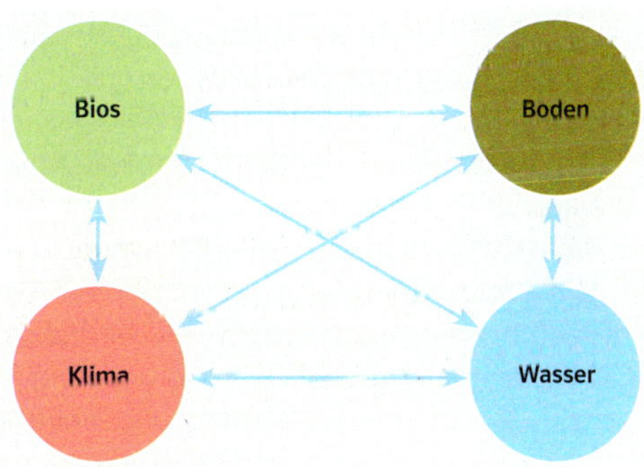

6 Wechselwirkungen im Raum

Wählen Sie aus!

In Räumen, die für uns kaum bewohnbar erscheinen, siedeln z.T. seit Jahrtausenden indigene Völker. Sie haben sich an die naturräumlichen und klimatischen Bedingungen angepasst. Doch im Zuge der Globalisierung werden traditionelle Lebens- und Wirtschaftsweisen immer mehr verdrängt. Wählen Sie nach Ihrem Interesse ein Thema der traditionellen Landnutzung aus, *shifting cultivation* (S. 42/43) oder Oasenwirtschaft (S. 44/45).

Sie interessieren sich für das Thema **shifting cultivation**.

1 Traditionelle Landwirtschaft
a) Beschreiben Sie die Funktionsweise des *shifting cultivation* (Materialien 4 bis 8, Text).
b) Bewerten Sie, inwiefern *shifting cultivation* eine nachhaltige Wirtschaftsweise ist.

2 Beschreiben Sie mithilfe geeigneter Atlaskarten Raumnutzungskonflikte im Regenwald Amazoniens.

3 Nehmen Sie mithilfe des Textes begründet zu der Beobachtung Stellung, dass Wissen und kulturelle Praktiken indigener Völker verlorengehen.

Gemeinsame Aufgaben

4 Bewerten Sie auf Grundlage einer Internetrecherche (Methode siehe S. 154/155) den Einfluss des weltweiten Tourismus auf indigene Völker nach Vor- und Nachteilen.

5 Der Rohstoffhunger der Welt muss über immer neue Wege gestillt werden. Recherchieren Sie Möglichkeiten zur nachhaltigen Energiegewinnung im tropischen und subtropischen Raum (Methode siehe S. 154).

Traditionelles Leben im und mit dem Regenwald

1

3 **Maloka: Rundhaus der Yucuna**

4 **Brandrodung im Tropischen Regenwald bei Leticia (Kolumbien)**

2 **Yucuna bei der Vorbereitung zu einem spirituellen Tanz**

„En cada situación de la vida mantén la calma" – Ruhe bewahren ist die wichtigste Lebensweisheit im Alltag der Yucuna, einem indigenen Volk im Süden Kolumbiens (Materialien 1 bis 3).
Noch heute existieren Hunderte indigene Völker im Amazonas-Regenwald. Allein Kolumbien zählt über 300 solcher Stämme, vermutet werden weitere, noch nicht entdeckte Gemeinschaften. So unterschiedlich indigene Volksgruppen hinsichtlich Aussehen, Körperschmuck, Kleidung und Traditionen sind: Die meisten zeichnen sich durch eine an die Umweltbedingungen angepasste Lebens- und Wirtschaftsweise aus.

Subsistenzwirtschaft auf nährstoffarmen Böden

Diese Anpassung an die Umweltbedingungen zeigt sich besonders in der Landwirtschaft: In der Trockenzeit werden kleine Felder gerodet. Während große Stämme und Äste dem Hausbau dienen, werden die übrigen Pflanzenreste verbrannt. Die entstandene Asche versorgt den Boden als Dünger mit wichtigen Nähstoffen. Am Tag nach der Brandrodung kann mit dem Anbau von Kulturpflanzen begonnen werden. Zunächst werden schnell wachsende Pflanzen wie Mais und Yuca (Maniok) in Mischkulturen angepflanzt. Nach ca. drei Monaten folgt die Aussaat von langsam wachsenden

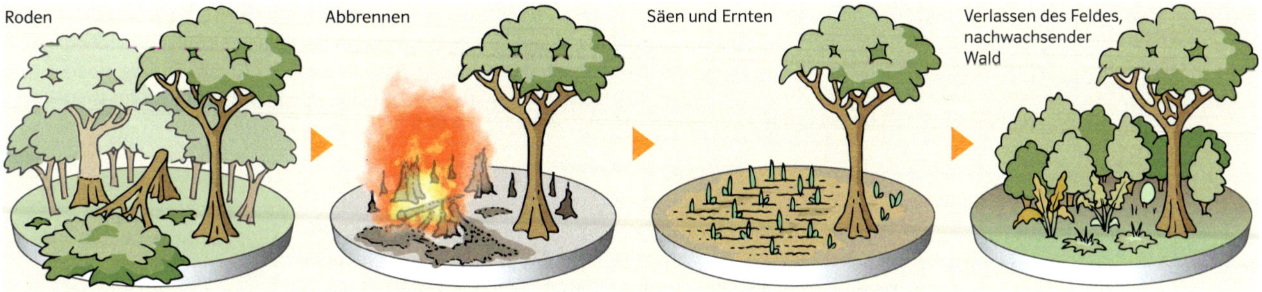

5 **Abfolge der Arbeitsschritte beim Wanderfeldbau mit Brandrodung**

Kulturen wie Erdnüssen und Früchten. Bereits nach wenigen Jahren sind die Böden ausgelaugt, sodass ein neues Waldstück gerodet wird. Auf der entstandenen Brachfläche siedeln sich mit der Zeit erneut Pflanzen an, die aber weder die Artenvielfalt noch die Wuchshöhe des ursprünglichen Primärwaldes erreichen. In Form eines Rotationsprinzips wird der entstandene Sekundärwald nach frühestens zehn Jahren wieder landwirtschaftlich nutzbar gemacht. Als nachhaltiges System sorgt es trotz dauerhafter Rohstoffnutzung für die Regeneration der Umwelt. Sobald in der Nähe der Siedlung keine Flächen mehr vorhanden sind, ziehen die Dorfbewohner weiter und bauen eine neue Siedlung. Diese traditionelle Landnutzung wird **Wanderfeldbau** oder auch ***shifting cultivation*** genannt. Da die Erträge bei hohem Flächenverbrauch gering sind, stößt die Wirtschaftsweise in ihrer Form als **Subsistenzwirtschaft** (Eigenversorgung) aufgrund des vielerorts starken Bevölkerungswachstums an ihre Grenzen.

Leben im Regenwald

Die wichtigste Beschäftigung des Tages ist die Versorgung der indigenen Gemeinschaft. Der Holzeinschlag für ein neu zu bewirtschaftendes Feld beginnt ungefähr um 4:00 Uhr am Morgen. Nach sechs Stunden ist die Arbeit je nach Feldgröße vorerst abgeschlossen, sodass Feuer gelegt werden und die Stammesmitglieder pausieren können. Während die Bestellung der Felder und die Zubereitung von Mahlzeiten traditionell in Frauenhand liegen, zählen Jagd, Fischen sowie Bau und Reparatur der Wohnhütten zu den Aufgabenbereichen der Männer. Neben diesen Tätigkeiten nimmt die Pflege des kulturellen Gedächtnisses einen wesentlichen Stellenwert im Tagesablauf der Yucuna ein. Die Überlieferung von Mythen, Praktiken zum Schutz vor Geistern sowie spirituelles Eintauchen in die Natur durch Tänze oder das Verbrennen bestimmter Pflanzensäfte sind fest in den Alltag integriert. Selbst die Herstellung von Naturprodukten zur Körperpflege wird wie ein Brauch zelebriert.

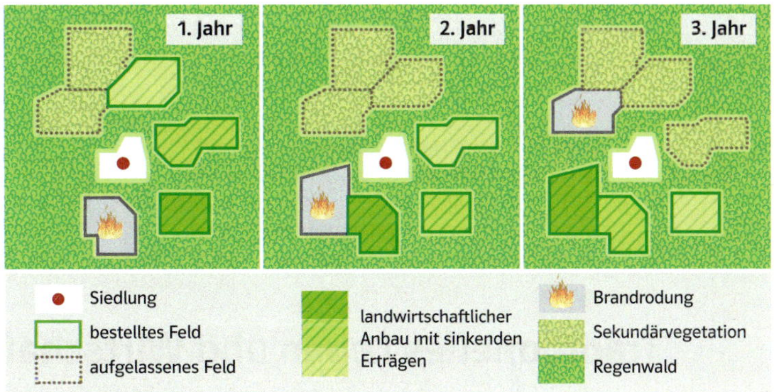

6 **Traditioneller Wanderfeldbau im Modell**

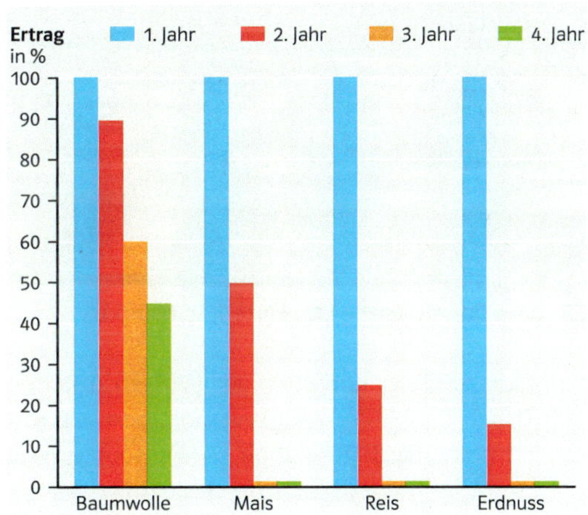

7 **Ertrag je nach Nutzungsdauer beim Wanderfeldbau mit Brandrodung**

8 **Maniok: Die Wurzelknollen stellen ein wichtiges Nahrungsmittel dar.**

Mit Sonnenuntergang ab etwa 18:30 Uhr neigt sich auch der Tag der Yucuna dem Ende zu.
Aufgrund fehlender Schriftsprache und zunehmender Nutzungskonflikte gehen allerdings das Wissen um Kultur und Natur sowie spirituelle Praktiken vieler indigener Stämme immer schneller verloren.

Wählen Sie aus!

In Räumen, die für uns kaum bewohnbar erscheinen, siedeln z.T. seit Jahrtausenden indigene Völker. Sie haben sich an die naturräumlichen und klimatischen Bedingungen angepasst. Doch im Zuge der Globalisierung werden traditionelle Lebens- und Wirtschaftsweisen immer mehr verdrängt. Wählen Sie nach Ihrem Interesse ein Thema der traditionellen Landnutzung aus, *shifting cultivation* (S. 42/43) oder Oasenwirtschaft (S. 44/45).

Sie interessieren sich für das Thema Oasenwirtschaft.

1 Erstellen Sie auf Grundlage des Textes sowie der Fotos 2 und 3 ein Schema einer traditionellen Oase.

2 Vergleichen Sie die Oasentypen nach Herkunft des Wassers, Wasserverteilung und Aufwand der Bewässerung (Grafiken 5 bis 7, Atlas).

3 Erläutern Sie Anpassungsmechanismen von Lebens- und Wirtschaftsweisen in Trockenräumen an den Naturraum (Text, Materialien 2 bis 8).

4 Begründen Sie, weshalb immer häufiger fossile Grundwasserreserven angezapft werden (Text, Grafik 6).

5 Bewerten Sie die Zukunftsfähigkeit des Nomadismus (Text, Grafik 8, Recherche).

Gemeinsame Aufgaben

6 Bewerten Sie auf Grundlage einer Internetrecherche (Methode siehe S. 154/155) den Einfluss des weltweiten Tourismus auf indigene Völker nach Vor- und Nachteilen.

7 Der Rohstoffhunger der Welt muss über immer neue Wege gestillt werden. Recherchieren Sie Möglichkeiten zur nachhaltigen Energiegewinnung im tropischen und subtropischen Raum (Methode siehe S. 154/155).

Traditionelles Leben und Wirtschaften in Trockenräumen

1

2 Oase Tinerhir (siehe Lagekarte 1) in Marokko

3 Bewässerte Oasengärten mit Stockwerkanbau

Fossiles Grundwasser

Dieses entstand in vergangenen Feuchteperioden und ist in Gesteinsschichten gespeichert. Diese Wasserreserven sind oft viele Tausend Jahre alt und können nicht erneuert werden, da sie nicht in den aktuellen Wasserkreislauf einbezogen sind.

Inmitten sandiger und steiniger **Wüsten** erheben sich **Oasen** dank ihrer Wasservorkommen wie rettende Inseln. Die Begrenztheit der Ressource Wasser verstärkt ihre existenzielle Bedeutung als Lebensgrundlage für Mensch, Tier und Pflanzenwelt. Traditionell sind die Oasengärten stockwerkartig angelegt. Dattelpalmen bilden dabei den äußeren Rand des Oasengartens. Mit ihren langen Pfahlwurzeln erreichen sie auch Grundwasser in größeren Tiefen. Dank ihrer vielseitigen Einsatzmöglichkeiten, besonders im Haus- und Dachbau, ist die Dattelpalme die wichtigste Nutzpflanze in der Oase. Zugleich spendet sie Schatten für Obstbäume, die Granatäpfel, Feigen, Mandeln und vieles mehr tragen. Im Zentrum des Oasengartens liegen Felder, auf denen Obst und Gemüse sowie Futterpflanzen und Getreide angebaut werden. Um autark leben zu können, halten viele Oasenbauern Schafe, Ziegen und Rinder. Aufgrund der Begrenztheit aller lebensnotwendigen Rohstoffe ist die traditionelle Oasenwirtschaft nur als **Subsistenzwirtschaft** möglich.

Wasserquellen

Das lebensnotwendige Wasser stammt in alten Oasen aus diversen Wasservorräten. Es wird direkt aus Flüssen oder Brunnen gefördert, um es anschließend zu verteilen oder über Kanäle bzw. Stollensysteme (Foggara, siehe Foto 4) an die Anbauflächen heranzuleiten.
Mittlerweile werden immer öfter **fossile Grundwasserreserven** mit elektrischen Pumpen angezapft.

4 **Zugangsschacht zu einem Stollen einer Foggara-Oase in Erfoud (Marokko). Mit dem Drehkreuz wird ein gefüllter Wassersack nach oben gezogen.**

Nomadismus – eine mobile Lebens- und Wirtschaftsweise

Mit dem Karawanenhandel stellten Nomaden über viele Jahrhunderte hinweg eine Verbindung zwischen den Oasen her. Mit ihren Lasttieren transportierten sie sogar ihren Hausstand zu den jeweiligen Siedlungsplätzen. An diesen hatten sie Nutzungsrechte anstelle von individuellem Bodenbesitz.
Dem Sonnenstand und der Wasserverfügbarkeit folgend, sicherten sie sich mit der Viehwirtschaft durch feste Weideplätze zugleich ihre eigene Ernährung.
Aufgrund des geringen Wasser- und Nahrungsangebots in den Trockenräumen ist der Wechsel der Wohnstätten zwingend. Sobald die gesamte soziale Gruppe dauerhaft wandert, bezeichnet man diese Form des **Nomadismus** als Vollnomadismus.
Im Vergleich dazu zieht beim Halbnomadismus nur ein Teil der Gruppe mit dem Vieh, während der andere Teil in Dauersiedlungen wohnhaft ist und Ackerbau betreibt. Bei einem durchschnittlichen Jahresniederschlag von weniger als 500 mm ist die Weidewirtschaft die einzig sinnvolle Form der Landnutzung. Aufgrund der spärlichen Vegetation wird die Viehhaltung nur als **extensive Landnutzung*** und nicht stationär betrieben.
Abhängig vom Verbreitungsraum unterscheidet man zwischen weiten, horizontalen Wanderungen in den Wüsten und kürzeren, vertikalen Wanderungen in Gebirgen.

5 **Oase mit Oberflächenwasser (z. B. Flussoase)**

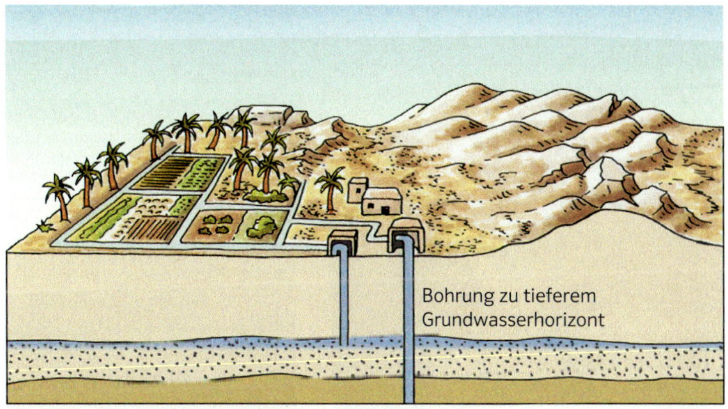

6 **Grundwasseroase mit Brunnen**

7 **Oase mit artesischem Brunnen**

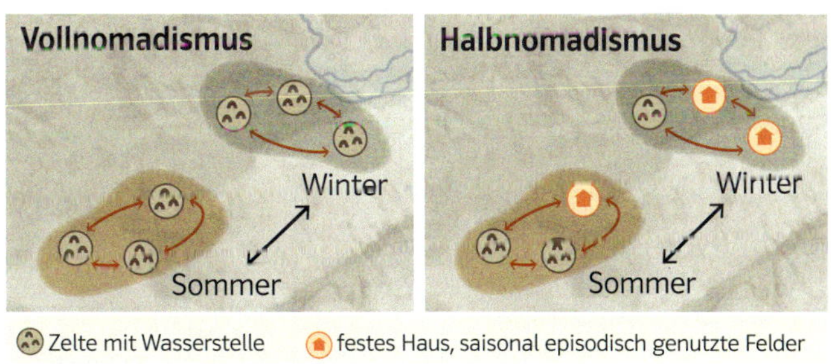

8 **Formen des Nomadismus**

TERRA TRAINING

Auswahl wichtiger Begriffe

Innertropische Konvergenzzone (ITC)
Jahreszeitenklima
Klimazonen
Meeresströmungen
Nomadismus
Oase
Passatzirkulation
Regenzeit
Savannen
shifting cultivation

1 Beleuchtungsverhältnisse (F)
Die Grafik 1 stellt vier Positionen dar, die die Erde beim Umlauf um die Sonne in einem Jahr einnimmt. Die Sonne ist in der Zeichnung natürlich viel zu klein dargestellt.

a) Ordnen Sie den Positionen 1 bis 3 ein Datum zu.
b) Beschreiben Sie jeweils einen Tag am nördlichen Polarkreis in den Positionen 1 bis 4.

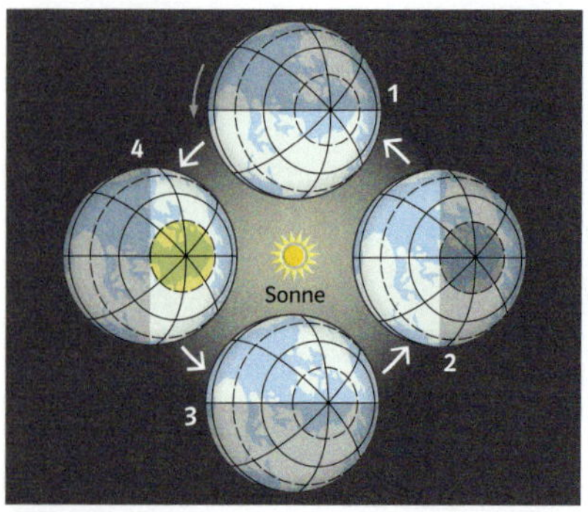

1 Beleuchtung der Erde (Ansicht von oben)

2 Gradnetzexperte (O)
Begründen Sie, warum die Wendekreise bei 23,5° N und bei 23,5° S liegen.

3 Temperaturkurven (F, O, M)
Diagramm 4: Ordnen Sie die Temperaturkurven 1 bis 4 den Städten Berlin, Rom, Kiruna und Lagos richtig zu und begründen Sie die Zuordnung.

F = in Fachkonzepten denken;
O = räumlich orientieren;
M = Methoden anwenden;
B = beurteilen und bewerten;
H = raumgerecht handeln;
K = kommunizieren.*

* Die einzelnen Kompetenzbereiche werden auf den Seiten 192/193 erläutert.

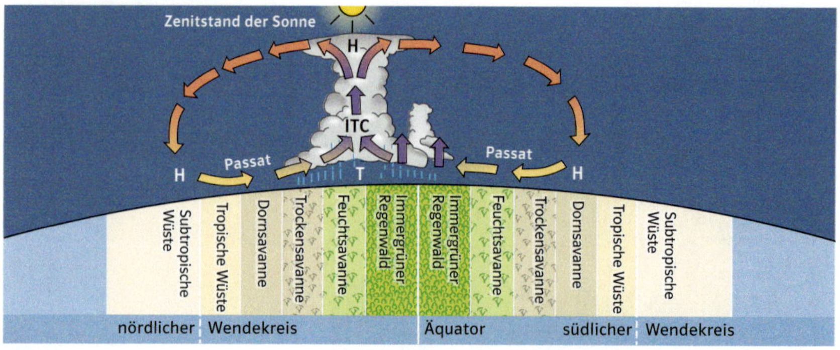

2

3

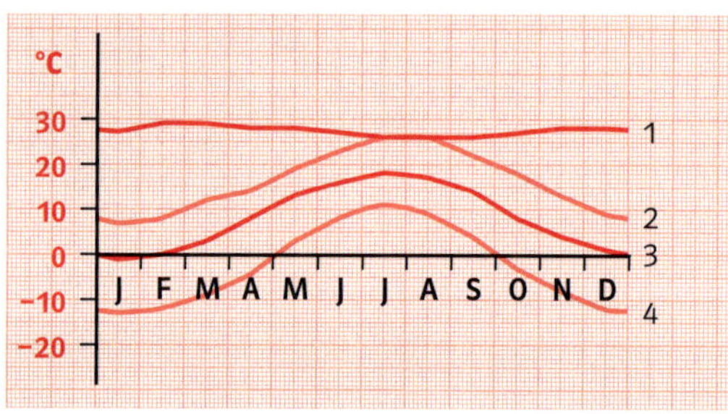

4

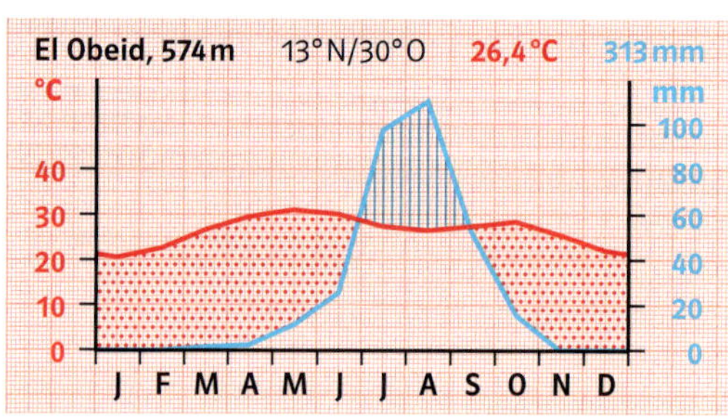

5

Üben interaktiv
Klima- und Vegetationszonen der Tropen und ariden Subtropen
fv5bj5

Subtropen
Tageszeitenklima
Trockenzeit
Tropen
Tropischer Regenwald
Vegetationszonen
Wüste

4 Passatzirkulation (F)
a) Erläutern Sie die im Schema 2 zum Ausdruck kommenden Zirkulationsverhältnisse.
b) Erklären Sie die Lage der ITC im Jahresverlauf.

5 Diagramm- und Bildauswertung (F, O, M, B)
a) Werten Sie das Klimadiagramm 5 aus und ordnen Sie El-Obeid einer der Hauptklimazonen zu.
b) „Das Klimadiagramm von El-Obeid und das darüber stehende Bild 3 passen zusammen." Beurteilen Sie diese Aussage.

6 Reiseplanungen (F, O, B, H)
Svenja fliegt an Weihnachten nach Kapstadt. Jens berichtet, er verbringe seine Sommerferien dort. Welche Kleidung packt Svenja ein, welche Jens? Erläutern Sie Ihre Aussagen auf der Grundlage geeigneter Atlaskarten.

7 Fachbegriffe anwenden (F)
Erklären Sie unter Verwendung entsprechender Fachbegriffe:
a) den Unterschied zwischen Jahres- und Tageszeitenklima,
b) das Auftreten von Regen- und Trockenzeiten in den Savannen,
c) den Zwang zur nicht ortsfesten Wanderweidewirtschaft in Savannenregionen,
d) das Prinzip traditioneller Landnutzungsmethoden in feuchttropischen Regionen.

8 Klimastation bestimmen (F, M)
Eine Klimastation (Tabelle 6) weist folgende durchschnittliche Monatstemperaturen (°C) und Niederschläge (mm) auf.
Bestimmen Sie …
a) die Halbkugel,
b) die Klimazone und
c) die Vegetationszone,
in der die Station liegt.

9 Klimazone bestimmen (F, O, M)
Übertragen Sie die Tabelle 7 in Ihre Aufzeichnungen und ergänzen Sie unter Zuhilfenahme geeigneter Atlaskarten die dritte Spalte.

10 Meeresströmungen (F, O, M)
Vor der Küste Perus weist das Meerwasser trotz seiner Lage in den Tropen vergleichsweise geringe Temperaturen auf. Begründen Sie diese Tatsache mithilfe geeigneter Atlaskarten.

11 Tropischer Regenwald (F, O, K)
Erklären Sie den Zusammenhang zwischen der Ausbildung der Innertropischen Konvergenzzone und der Entstehung des Tropischen Regenwaldes.

Klimastation

Monat	Temperatur	Niederschlag
J	22	18
F	21	15
M	20	23
A	18	48
M	14	94
J	12	112
J	11	91
A	12	84
S	15	58
O	17	41
N	19	28
D	21	20

6

Stadt	durchschnittliche Jahrestemperatur	Klimazone
Berlin	8 °C	Gemäßigte Zone
Kapstadt	17 °C	
Bratsk	−2 °C	
Kinshasa	25 °C	
Sydney	17 °C	
New York	11 °C	
Fairbanks	−3 °C	
Tripolis	20 °C	
Delhi	26 °C	

7

Hier trainieren Sie …
- Beleuchtungsverhältnisse und deren Konsequenzen im Jahresverlauf zu beschreiben,
- ein Klimadiagramm auszuwerten,
- die Passatzirkulation und ihre Auswirkungen zu erläutern,
- die Zusammenhänge zwischen Klima- und Vegetationszonen zu begründen,
- Klimadaten begründet räumlich zuzuordnen.

3

Klima im Wandel

1 A: Protestaktion einer 23-köpfigen Menschengruppe in der Antarktis; B: Im August 2019 wurde auf Island offiziell der Gletscher Okjökull „beerdigt“.; C: Demonstration, singgemäß: „Es gibt weder einen Plan B noch einen zweiten Planeten!“

Das Klima der Erde hat sich schon immer gewandelt. Doch die aktuell messbaren Veränderungen laufen mit sehr viel höherem Tempo ab als in den vergangenen Jahrtausenden. Ein wichtiges Merkmal ist dabei die globale Erwärmung. Diese hängt aber mit vielen weiteren Phänomenen zusammen, wie beispielsweise dem Meeresspiegelanstieg, heftigeren Stürmen, Waldbränden und stärkeren Niederschlägen. Wodurch wird das verursacht und was können und müssen wir dagegen tun?

A

Das erwartet Sie:

- Sie werden den natürlichen und anthropogenen Treibhauseffekt verstehen.
- Sie werden unterschiedliche Meinungen zum Klimawandel hinterfragen.
- Sie werden einige Folgen des Klimawandels beurteilen.
- Sie werden mögliche Anpassungsstrategien darstellen.

Indizien für den gegenwärtigen Klimawandel

Der Weltklimarat (IPCC) dokumentiert etwa alle 6 Jahre die wissenschaftlichen Erkenntnisse zum gegenwärtigen Klimawandel und gibt sogenannte Sachstandsberichte heraus. Sie umfassen immer drei Teile: 1. Veränderungen des Klimas, 2. Auswirkungen auf Mensch und Umwelt und 3. Möglichkeiten, die globale Erwärmung abzumildern.

IPCC
(Intergovernmental Panel on Climate Change)
eine von den Vereinten Nationen 1988 ins Leben gerufene Institution, der 195 Staaten angehören

Sechs Sachstandsberichte hat das **IPCC** bisher herausgegeben: den ersten 1990 und den ersten Teil des sechsten im August 2021. Die Autoren der Sachstandsberichte forschen allerdings nicht selbst. Sie werten die Forschungsarbeiten von unzähligen Wissenschaftlern aus der ganzen Welt aus und fassen deren Ergebnisse zusammen, damit die Politiker eine fundierte Grundlage für ihre Entscheidungen haben.
Die wichtigsten Veränderungen sind folgende:
- Die Durchschnittstemperatur der Erde stieg seit dem Zeitraum 1850 - 1900 um mehr als ein Grad an.
- Extreme Wetterereignisse wie Hitzeperioden oder Stürme sind häufiger und länger andauernd.
- Die Gesamtmenge an Eis auf der Erde sinkt jährlich um über 600 Milliarden Tonnen.
- Der Meeresspiegel stieg in den vergangenen 120 Jahren um etwa 20 cm.
- Seit der Industrialisierung wurden über 550 Milliarden Tonnen Kohlenstoff freigesetzt, wodurch der Gehalt an Kohlenstoffdioxid in der Atmosphäre um über 40 Prozent zugenommen und damit ein höheres Niveau als während der letzten zwei Millionen Jahre erreicht hat.

Nicht alle Menschen erkennen die Erkenntnisse zu den Klimaveränderungen an. Klimaskeptiker sind Personen, die den gegenwärtigen **Klimawandel*** in Frage stellen oder ihn sogar leugnen. Dies kann entweder durch Unkenntnis der wissenschaftlichen Fakten oder durch ein finanzielles Interesse an der Gewinnung fossiler Energien begründet sein. Ein häufig angeführtes Argument der Klimaskeptiker ist, dass die globale Durchschnittstemperatur auch schon vor einer Einflussnahme durch Menschen sehr stark schwankte und damit beispielsweise auch der Meeresspiegel früher schon einmal 65 Meter höher, aber auch 140 Meter niedriger als heute war. Diese Aussagen stimmen zwar, sie widerlegen aber nicht, dass die derzeitigen Veränderungen auf menschliche Aktivitäten zurückzuführen sind.

Die 10 global wärmsten Jahre im Zeitraum von 1880 bis 2019: Abweichungen von der globalen Durchschnittstemperatur in °C

Jahr	Abweichung
2016	+1,00
2019	+0,95
2015	+0,93
2017	+0,91
2018	+0,83
2014	+0,74
2010	+0,73
2013	+0,68
2005	+0,67
1998	+0,65

Nach: NOAA National Centers for Environmental information, Climate at a Glance: Global Time Series; unter: https://www.ncdc.noaa.gov/cag/ (Zugriff am 03.12.2020)

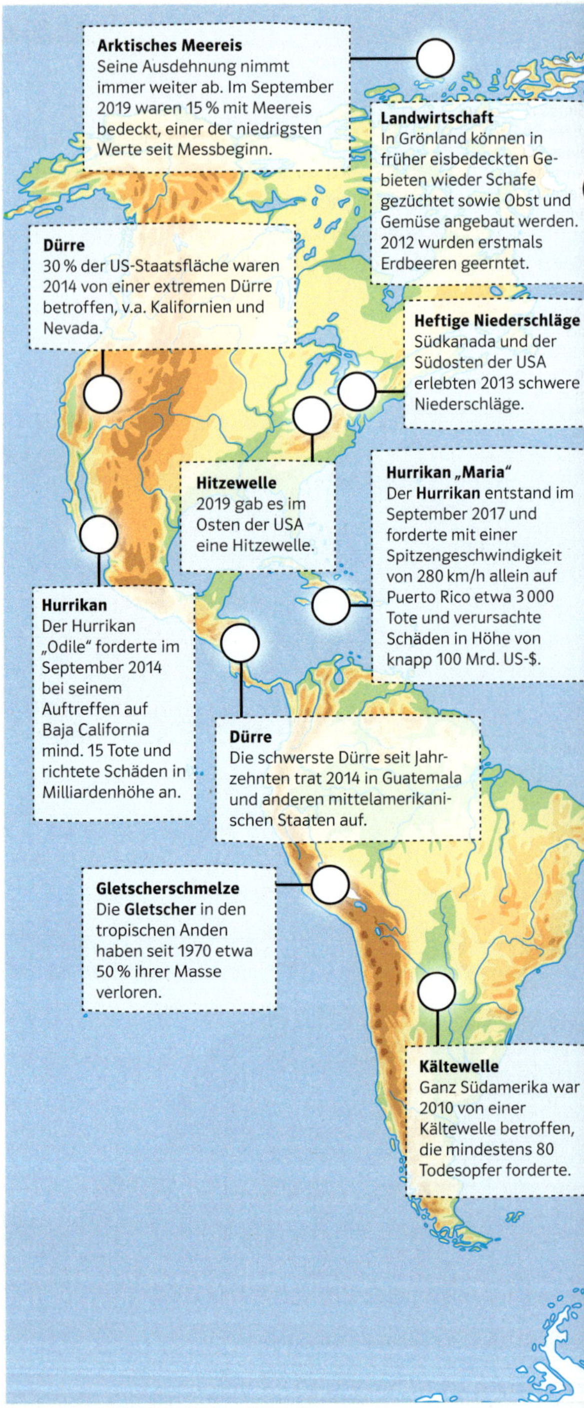

1 Weltweite Beispiele für Extremereignisse und Veränderungen

1 Formulieren Sie zusammen mit Ihrer Lernpartnerin/Ihrem Lernpartner Kategorien für die Ursachen der Ereignisse aus Karte 1 und ordnen Sie die Beispiele diesen Kategorien in einer Tabelle zu. Wiederholen Sie diesen Vorgang mit Kategorien für die Folgen der Ereignisse.

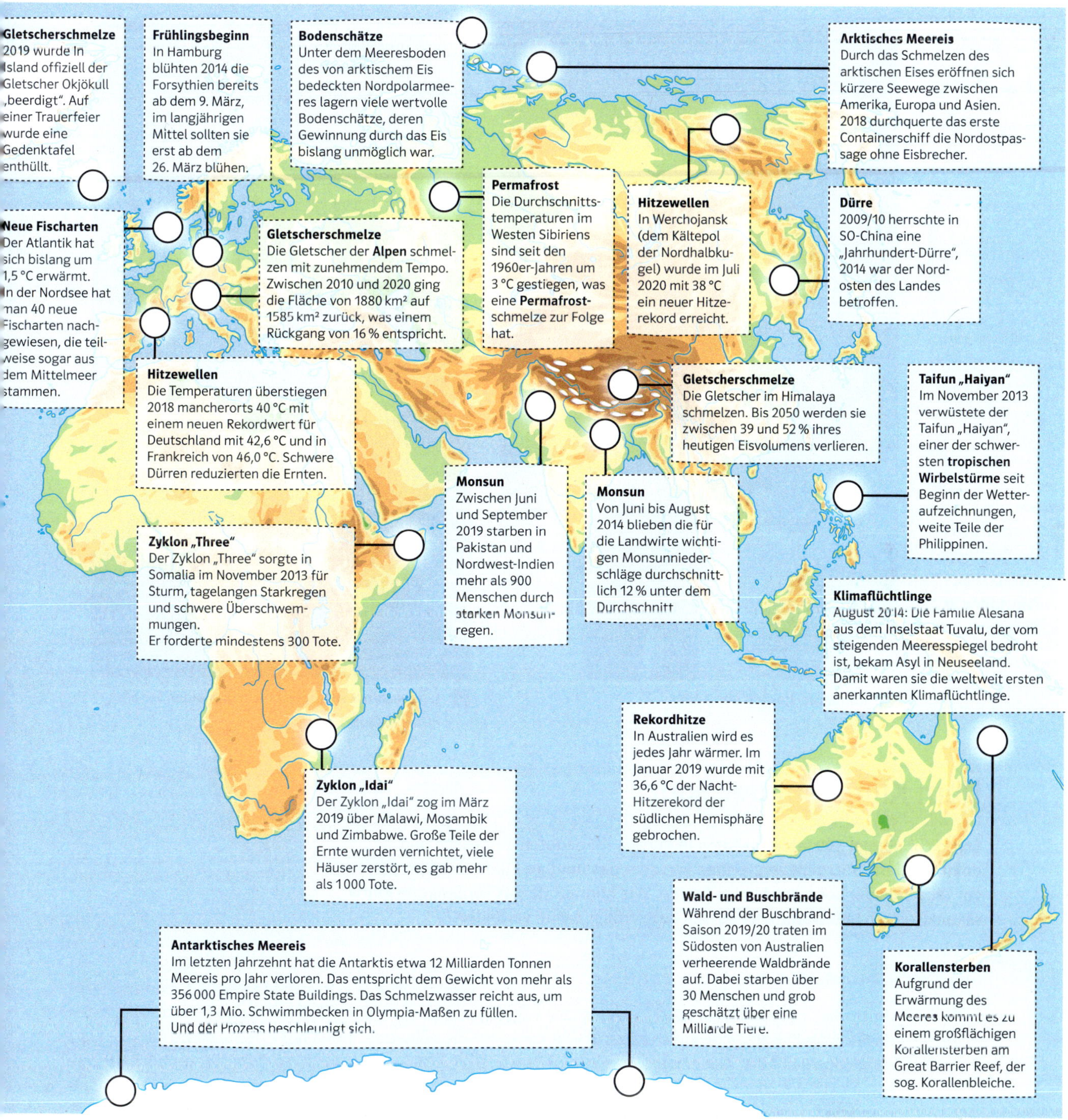

die auf die globale Erwärmung zurückgeführt werden können

2 Recherchieren Sie Aussagen der Klimaskeptiker, mit denen diese den Klimawandel leugnen. Stellen Sie diesen Äußerungen wissenschaftlich begründete Argumente gegenüber.

3 Hängen Sie im Klassenzimmer eine große Weltkarte auf und ergänzen Sie an den entsprechenden Orten Meldungen über Extremwetterereignisse. Dabei können Sie die Weltregionen in der Klasse aufteilen und als Zeitraum beispielsweise die letzten 12 Monate nehmen. Diskutieren Sie auch, wie Sie „Extremwetterereignis“ definieren.

4 Ergänzen Sie die Liste der wärmsten Jahre (siehe linke Randspalte) bis zur Gegenwart.

5 Recherchieren Sie, welche Aussagen in den Teilen zwei und drei des sechsten Sachstandberichts des IPCC aufgeführt sind. Diskutieren Sie die Aussagen in der Klasse.

1 Eisschichten der Quelccaya-Eiskappe in den Anden in Südperu

2 Klimaforscher bei der Arbeit

3 Eingeschlossene Luftbläschen in einer Scheibe eines Eisbohrkerns

Dem Klima auf der Spur

Seit nicht einmal 300 Jahren werden in Europa Klimadaten gemessen und dokumentiert. Trotzdem vergleichen Forscher das heutige Klima mit dem von vor tausend oder vor einer Million Jahren. Wie können sie das vergangene Klima rekonstruieren und warum hat es sich auch früher schon verändert?

Klimadetektive

Um etwas zu bewerten, braucht man in der Regel etwas, womit man es vergleichen kann. Die Klimaveränderungen der Gegenwart können dementsprechend erst dann so richtig eingeordnet werden, wenn Daten über das Klima der Vergangenheit vorliegen (z. B. über **Eiszeitalter***).

Dendrochronologie
von griechisch dendron = Baum und chronos = Zeit; wissenschaftliche Methode zur Datierung mithilfe von Baumringen

Dazu haben Forscher mehrere Methoden entwickelt, mit denen sie das Klima rekonstruieren können. Glücklicherweise hebt die Natur ganz nebenbei Zeugnisse aus vergangenen Zeiten auf. Man muss die entsprechenden Stellen nur finden und richtig lesen können. Auskunft über das Klima vergangener Zeiten geben beispielsweise die Jahresringe aus altem Holz. Durch Überlappung der Jahresringe von unterschiedlichen Bäumen gibt es sogenannte dendrochronologische Kalender, die teilweise mehr als zwölftausend Jahre in die Vergangenheit zurückreichen. Dickere Ringe weisen dabei auf niederschlagsreichere und wärmere Jahre hin.

Ebenso können durch Funde von Blütenpollen, beispielsweise in steinzeitlichen Gräbern oder Mooren, über die unveränderten Wachstumsbedingungen dieser Pflanzen, Rückschlüsse auf vergangenes Klima gezogen werden.

Besonders genaue Daten liefern Eisbohrkerne. Der gefallene Schnee auf Grönland oder in der Antarktis wird jedes Jahr von neuem Schnee bedeckt. Die unteren Schichten werden immer weiter zusam-

Erklärfilm
Der Klimawandel: Teil 2 Ursachen
2c35mk

Die Wikinger besiedelten um 985 Grönland. Der Name war zwar ein „Werbetrick" um neue Siedler zu gewinnen, aber es gab tatsächlich Küstenbereiche, die „grün" waren. Dort konnte Ackerbau und Viehzucht betrieben werden. Die Besiedlung der Wikinger endete etwa im 15. Jahrhundert. Das kühler werdende Klima erlaubte keine landwirtschaftliche Nutzung mehr.

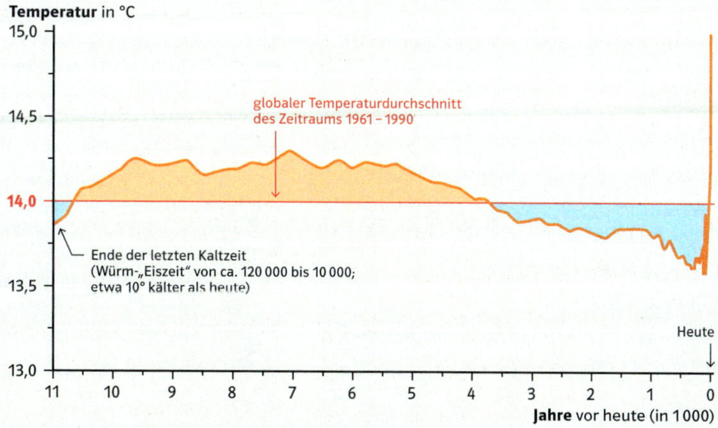

Zu Beginn des 16. Jahrhunderts entstanden in Mittel- und Westeuropa auffallend viele Gemälde, auf denen tief verschneite Landschaften abgebildet sind. Auch die Sommer waren kühl mit übermäßigem Niederschlag und Hochwassern, sodass die Ernten verfaulten und Hungersnöte die Bevölkerung dahinrafften.

4 Modellierte globale Temperaturveränderung der letzten 11 000 Jahre

mengepresst und so ist mit der Zeit ein bis über 4 000 Meter dicker Eispanzer gewachsen. Die Forscher bohren tiefe Löcher in das Eis und untersuchen die Eisbohrkerne (siehe Fotos 2 und 3). Durch das Abzählen der Schichten (vgl. Foto 1) können diese datiert werden. Dabei helfen auch Ausbrüche von **Vulkanen***, wenn sie dünne Ascheschichten hinterlassen. Die Dicke der Schichten lässt bereits Rückschlüsse zu, wie viel es im jeweiligen Jahr geschneit hat. Des Weiteren zeigen die eingeschlossenen Luftbläschen die Zusammensetzung der damaligen Atmosphäre an. Auch die einstige Temperatur kann so rekonstruiert werden. Die ältesten bisher gefundenen Eisschichten sind 800 000 Jahre alt. Über Ablagerungen (Sedimente) auf den Meeresböden kann man bis zu 340 Millionen Jahre in die Vergangenheit „blicken".

Natürliche Ursachen für Klimaschwankungen

Auch lange vor dem Einfluss der Menschen schwankte das Klima erheblich. Dafür sind eine ganze Reihe von Faktoren verantwortlich, die sich gegenseitig verstärken oder auch abschwächen können.

So ist die Menge der Energie, die die Sonne abgibt, beispielsweise aufgrund der Sonnenflecken, nicht konstant. Auch die Bahn der Erde um die Sonne ist mal ellipsenförmiger, mal kreisförmiger. Zudem ist auch der Neigungswinkel der Erdachse nicht konstant, was das globale Klima verändert. Neben diesen extraterrestrischen Einflüssen wirken weitere terrestrische, also solche, die von der Erde selbst kommen. Dazu zählt unter anderem die Lage von Kontinenten. Das sieht man derzeit gut bei einem Vergleich von Nord- und Südpol. Auch plattentektonische Vorgänge haben Einfluss auf das Klima. So kann die Verlagerung von Kontinenten den Verlauf von Meeresströmungen ändern oder durch die Bildung von Gebirgen die Wege von Luftströmungen verändern. Schließlich wirken sich auch Vulkanausbrüche aus, wenn sie durch große Mengen an Asche in der Atmosphäre die Sonneneinstrahlung vermindern oder Gase ausstoßen, die das Klima beeinflussen können.

extraterrestrisch
Einflüsse, die ihren Ursprung außerhalb unseres Planeten haben

terrestrisch
Einflüsse, die von unserem Planeten ausgehen

→ Informationen finden
Seite 154/155

1 Erklären Sie mithilfe des Textes und der Fotos 1 bis 3, wie das Klima der Vergangenheit rekonstruiert werden kann.

2 Werten Sie das Diagramm 4 aus und erklären Sie die klimatischen Ursachen.

3 Verorten Sie mithilfe geeigneter Atlaskarten, welche Gebiete der Erde während der Würm-Eiszeit von Eis bedeckt waren.

4 Nehmen Sie Stellung zu der Aussage: „Die Diskussion über den Klimawandel ist überflüssig, da sich das Klima schon immer gewandelt hat."

5 Recherchieren Sie, wie groß der jeweilige Einfluss der im Text aufgeführten extraterrestrischen und terrestrischen Faktoren auf Klimaveränderungen ist und in welchen Zeiträumen Klimaveränderungen vorkommen.

Der natürliche Treibhauseffekt

Lernaufgabe

Bevor man verstehen kann, warum das Klima auf der Erde durch menschliches Handeln zunehmend wärmer wird, muss man sich damit beschäftigen, wie sich die globale Durchschnittstemperatur auch ohne menschlichen Einfluss eingependelt hat.

1 Sammeln Sie zusammen mit Ihrer Lernpartnerin/Ihrem Lernpartner Beispiele aus dem Alltag, wo Sie einerseits Wärmestrahlung und andererseits Licht wahrnehmen.

2 Bringen Sie die Textkästen 1 bis 7 in die richtige Reihenfolge und ordnen Sie diese den entsprechenden Stellen A bis G in der Abbildung 2 zu.

3 Bewerten Sie die Bedeutung der Treibhausgase mithilfe der Tabelle 3.

4 Diskutieren Sie mit Ihrer Lernpartnerin/Ihrem Lernpartner, ob ohne den natürlichen Treibhauseffekt trotzdem Leben auf der Erde möglich wäre.

5 Begründen Sie, weshalb sich beim natürlichen Treibhauseffekt ab einer gewissen Temperatur ein Gleichgewicht einstellt und die Temperatur auf der Erde nicht noch weiter steigt.

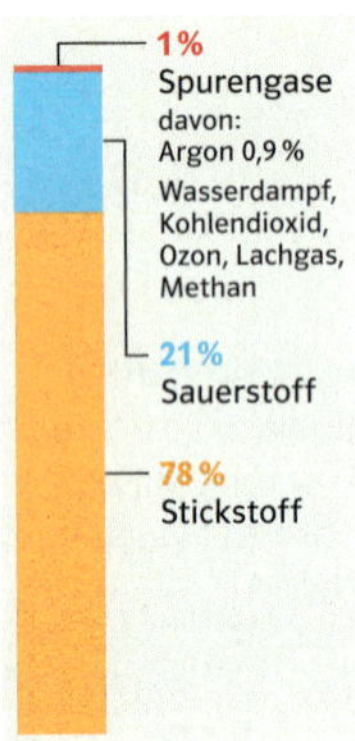

1 Zusammensetzung der Atmosphäre

Spurengase
Gase, die in der Atmosphäre nur in geringen Teilen vorkommen. Alle Treibhausgase (siehe Tabelle 3) sind Spurengase.

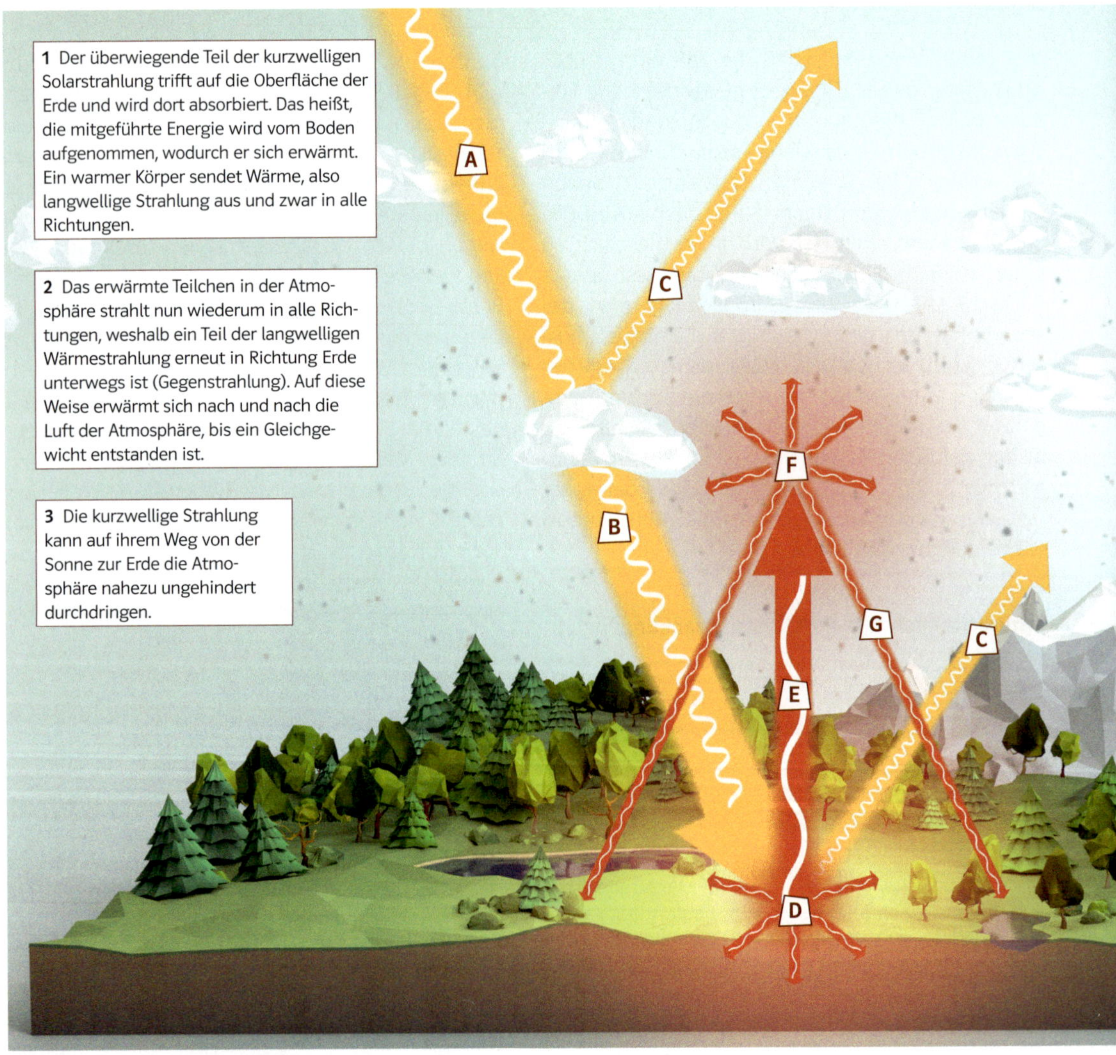

2 Der natürliche Treibhauseffekt

Erklärfilm
Der natürliche Treibhauseffekt
2c35mk

Material
Wissen für Schlaumeier
2c35mk

Treibhausgas	Formel	Temperatur-anstieg	Beitrag zum natürlichen Treibhauseffekt	Herkunft
Wasserdampf	H_2O	+20,0 °C	62,5 %	Verdunstung von Wasser über Gewässern und durch Lebewesen
Kohlenstoffdioxid	CO_2	+7,0 °C	21,8 %	Stoffwechselprozesse von Tieren und Pflanzen, **Vulkanismus**, Waldbrände
Ozon (bodennah)	O_3	+2,3 °C	7,2 %	Entsteht durch chemische Prozesse aus Vorläufergasen wie Stickstoffoxiden oder Kohlenmonoxid
Lachgas	N_2O	+1,3 °C	4,1 %	Bakterielle Zersetzung, Waldbrände
Methan	CH_4	+0,8 °C	2,5 %	Verdauung von Tieren, Sümpfe, Waldbrände, Vulkanismus
Weitere Gase	...	+0,6 °C	1,9 %	
Summe	...	+32,0 °C	100,0 %	

3 Anteil der Treibhausgase am natürlichen Treibhauseffekt

Zwei Arten von Strahlung

Licht und Wärme sind für uns im Alltag zwei unterschiedliche Größen, auch weil wir sie mit unterschiedlichen Sinnesorganen wahrnehmen: Licht über die Augen und Wärme über die Nerven in der Haut. Physiker ordnen beides als Strahlung ein. Licht als kurzwellige, Wärme als langwellige. Dieser Unterschied spielt eine entscheidende Rolle beim **natürlichen Treibhauseffekt**. Dass es in einem Gewächshaus wärmer wird als in der freien Natur, haben Gärtner schon sehr früh entdeckt. Die Temperaturverhältnisse in der Atmosphäre resultieren aus einem ähnlichen Prinzip. Der Effekt in einem Gewächshaus ist nur stärker, weil die erwärmte Luft durch das Glas auch noch eingesperrt ist.
Wissenschaftler haben errechnet, dass die globale Durchschnittstemperatur auf der Erde ohne die Atmosphäre minus 18 °C betragen würde. Tatsächlich liegt sie aber bei plus 14 °C, jedenfalls wenn man den Einfluss der Menschheit nicht berücksichtigt. Dieser wird auf der folgenden Doppelseite erklärt. Das heißt, die **Atmosphäre** erhöht durch den natürlichen Treibhauseffekt die globale Durchschnittstemperatur um 32 °C.
Die Atmosphäre besteht fast zu hundert Prozent aus Stickstoff, Sauerstoff und Argon (siehe Diagramm 1). Diese drei Gase spielen aber für den Treibhauseffekt praktisch keine Rolle. Im Gegensatz dazu ergeben alle Treibhausgase zusammen zwar nur 0,04 % der Lufthülle, doch sind sie für die Erwärmung auf lebenswerte plus 14 °C verantwortlich.

Der anthropogene Treibhauseffekt

Lernaufgabe

Spätestens seit der Industrialisierung greift der Mensch stark in die Natur ein. Er rodet Wälder und legt dafür Ackerflächen, Viehweiden, Siedlungen und Verkehrswege an. Er baut Fabriken, Kraftwerke und Mülldeponien. Dadurch verändert er aber auch die Zusammensetzung der Atmosphäre – nicht ohne Auswirkungen auf das Klima.

1 Benennen Sie mithilfe des Textes und der Grafik 3 möglichst viele Prozesse, durch die der Mensch den Treibhauseffekt verstärkt.

2 Erklären Sie mithilfe von Tabelle 2 und Diagramm 4 die Entwicklung der Konzentration der Treibhausgase und deren Klimawirksamkeit.

3 Stellen Sie mithilfe von Grafik 3 und dem Erklärfilm zum anthropogenen Treibhauseffekt (siehe Online-Code) Möglichkeiten zusammen, wie jeder Mensch dazu betragen kann, den Ausstoß von Treibhausgasen zu veringern.

4 Bewerten Sie die Aussagen, die sich aus dem Diagramm 1 ablesen lassen. Gehen Sie dabei auch auf den Unterschied zwischen Pro-Kopf-Ausstoß und absoluten Werten ein.

5 „Für unseren Energiehunger von heute bezahlen wir erst morgen." Beurteilen Sie diese These.

Ohne die **fossilen Energieträger*** Kohle, Erdöl und Erdgas hätte sich unser Lebensstandard nicht so hoch entwickeln können. Wir nutzen sie vor allem in Autos, zum Heizen und in Wärmekraftwerken, um Strom herzustellen.

Wie sind diese fossilen Energieträger entstanden?

Über Jahrmillionen haben Tiere und Pflanzen den Kohlenstoff aus der Atmosphäre aufgenommen und gespeichert. Man spricht hier von sogenannten Kohlenstoffsenken. Wenn wir heute Kohle, Erdöl oder Erdgas verbrennen, nutzen wir sozusagen die Sonnenenergie, die in der Vergangenheit gespeichert wurde. Dabei wird allerdings auch der Kohlenstoff als CO_2 wieder freigesetzt. Aktuell verbrennt die Menschheit an einem Tag die Menge Kohlenstoff, für deren Bindung die Natur 500 000 Tage bzw. 1370 Jahre gebraucht hat.
Vor der Industrialisierung war das Verhältnis aus CO_2-Freisetzung und CO_2-Bindung ungefähr ausgewogen. So lag die CO_2-Konzentration in der Atmosphäre bis zum Beginn der Industrialisierung etwa bei 280 ppm, doch seitdem steigt der Wert zunehmend und lag 2019 schon über 410 ppm. Ähnliches gilt auch für die anderen **Treibhausgase** wie Methan, Lachgas, bodennahes Ozon oder FKW. So wird beispielsweise im Nassreisfeldbau durch die biologischen Prozesse unter Wasser Methan freigesetzt und in der intensiven Tierhaltung entsteht dieses Gas bei der Verdauung. Als Folge wird auch ein größerer Teil der von der Erdoberfläche ausgehenden langwelligen Wärmestrahlung absorbiert und die Gegenstrahlung verstärkt. Zusätzlich zum natürlichen Treibhauseffekt kommt damit noch der vom Menschen verursachte, also **anthropogene Treibhauseffekt** dazu.
Verschärft wird dies noch dadurch, dass sich die großflächige Rodung der Wälder, die in Mittel-

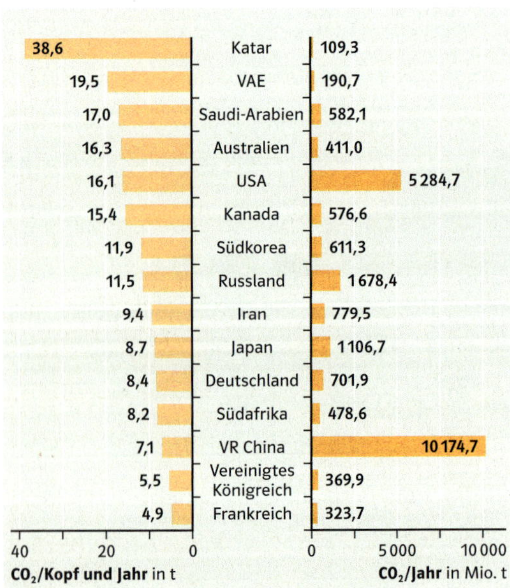

1 Verursacher von CO_2-Emissionen (2019)

Fossile Energieträger
energiereiche Stoffe, die über sehr lange Zeiträume entstanden sind und sehr viel langsamer nachgebildet werden, als wir sie gegenwärtig verbrauchen

ppm
(parts per million)
Analog zu Prozent oder Promille werden so bei noch kleineren Konzentrationen die Anteile an einer Million angegeben.

ppb
(parts per billion)
So werden die Anteile an einer Milliarde angegeben.

Erklärfilm
Der anthropogene Treibhauseffekt
2c35mk

	CO_2	CH_4	N_2O
Relatives Treibhauspotenzial[1]	1	23	296
Beitrag zum anthropogenen Treibhauseffekt in Prozent[2]	66	17	6

1 Die Wirkung des Treibhausgases wird in Relation gesetzt mit der Wirkung eines CO_2-Moleküls auf den Treibhauseffekt.
2 Der Rest entfällt auf andere F-Gase sowie auf das troposphärische Ozon.

Aktualisiert nach Umweltbundesamt, 2019

2 Merkmale einiger Treibhausgase

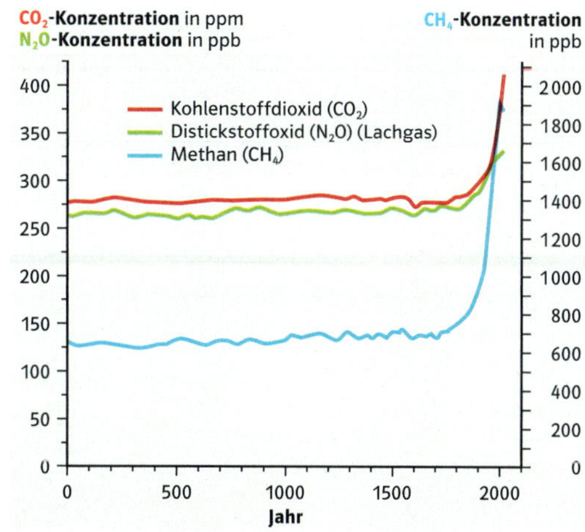

4 Konzentration wichtiger Treibhausgase in der Atmosphäre

FKW (Fluorkohlenwasserstoffe) werden künstlich hergestellt, weil sie besonders gute Eigenschaften für unterschiedliche technische Prozesse haben, z. B. als Kältemittel, Dämmstoff, Reinigungsmittel.

europa schon vor Jahrhunderten weitgehend vollzogen wurde, in anderen Regionen fortsetzt, wie etwa im Amazonas-Regenwald. Dadurch wird nicht nur bislang im Wald gebundenes CO_2 freigesetzt, sondern es werden auch große und bedeutende Kohlenstoffsenken zerstört.

Der Wasserdampf wirkt beim anthropogenen Treibhauseffekt nur indirekt, jedoch zugleich verstärkend und mindernd. Mit einer höheren Lufttemperatur nimmt auch die Verdunstung zu und mit einem höheren Wasserdampfgehalt der Atmosphäre auch ihre Erwärmung. Allerdings kommt es dadurch auch zu vermehrter Wolkenbildung, was je nach Wolkenhöhe und -dicke auch kühlend wirken kann.

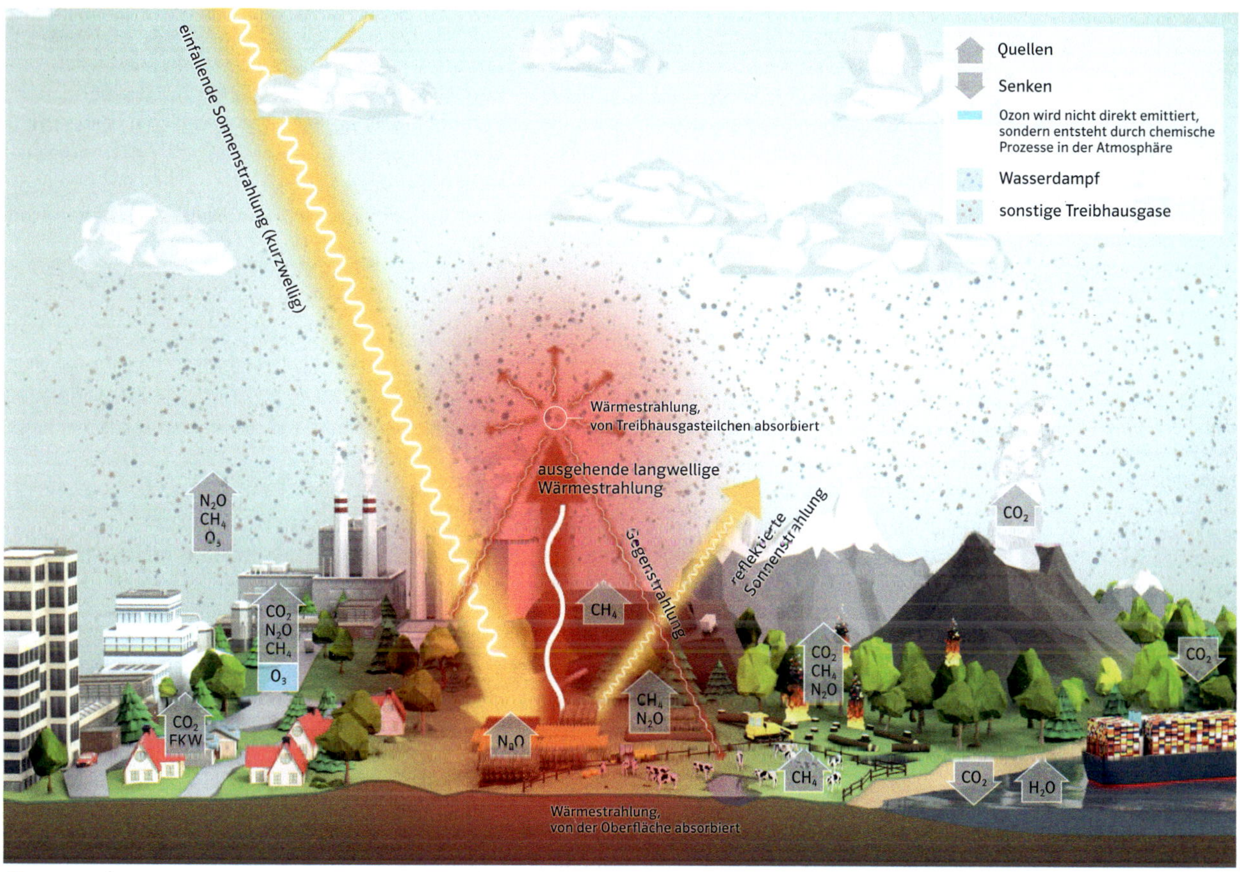

3 Der vom Menschen beeinflusste Treibhauseffekt

TERRA **METHODE**

Wäre es nicht toll, wenn man in die Zukunft schauen könnte? Natürlich kann niemand die Zukunft einfach so vorhersagen, jedoch ist es in vielen Fällen möglich, relativ wahrscheinliche Aussagen über die Zukunft zu treffen. Eine vorhergesagte Situation, in der sich mehrere Faktoren gegenseitig beeinflussen, nennt man Szenario.

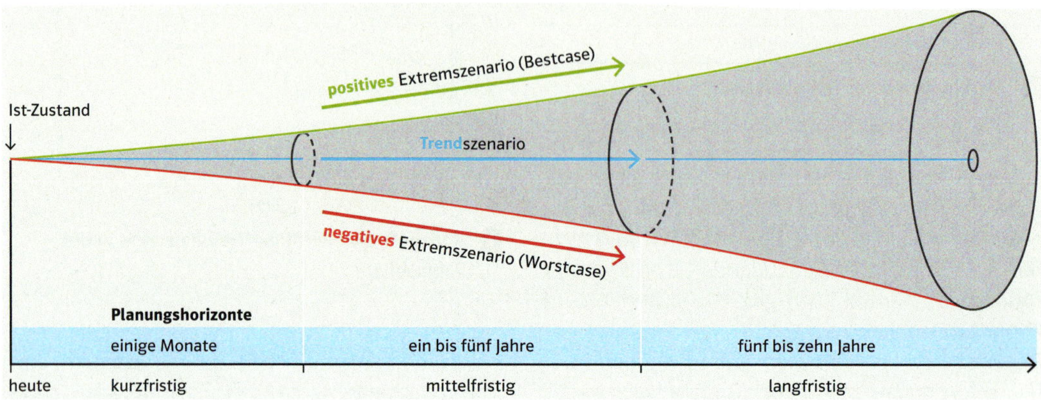

1 **Der „Szenarien-Trichter"**

Szenarien erstellen

Szenario
Bedeutung ähnlich wie Vorhersage oder Prognose. Während sich jedoch eine Prognose unter Umständen nur auf einen Wert beschränkt, werden komplexere Sachverhalte eher mit Szenarien vorhergesagt, weil dabei auch die Wechselbeziehungen zwischen den einzelnen beteiligten Faktoren berücksichtigt werden.

Die zukünftige Entwicklung unseres Klimas kann niemand exakt voraussagen. Wenn man aber nicht einfach tatenlos zusehen möchte, wie sich die globale Erwärmung weiterentwickelt, dann braucht man **Szenarien**. Mit deren Hilfe kann man einschätzen, welche Maßnahmen die Zukunft in welchem Ausmaß verändern würden und das eigene Handeln entsprechend anpassen.
Die Ergebnisse dieser Vorgehensweise kann man am besten mit einem „Szenarien-Trichter" (siehe Grafik 1) veranschaulichen. Die Gegenwart befindet sich am engsten Punkt des Trichters. Je weiter man durch den Trichter in die Zukunft blickt, umso größer werden die Ungenauigkeiten.
In der Regel werden drei Szenarien entwickelt:
- ein positives Extremszenario mit der günstigsten Zukunftsentwicklung (Bestcase)
- ein negatives Extremszenario mit der schlechtesten Entwicklung (Worstcase) und
- das Trendszenario (Averagecase). Es liegt mittig und stellt die zukünftige Entwicklung unter der Annahme von stabilen Umweltentwicklungen dar.

1. Schritt: Problemanalyse
Beschreiben und analysieren Sie zunächst den Untersuchungsgegenstand möglichst genau. Zur Abgrenzung hilft es manchmal, sich zu fragen, was nicht mehr dazu gehört.

Wie sieht das Weltklima 2040 aus?

2. Schritt: Einflussfaktoren untersuchen
Hier wird überlegt, welche Einflussfaktoren es gibt, wie groß ihr Einfluss ist und was sie genau beeinflussen. Je mehr Faktoren man berücksichtigt, desto komplexer wird es.

Die anthropogenen Faktoren sind beispielsweise die Größe der Weltbevölkerung, der Anteil der erneuerbaren Energien, der Anteil an Elektroautos, ...

3. Schritt: Szenarien entwickeln
- Nun muss man sich überlegen, wie sich die jeweiligen Einflussfaktoren in Zukunft entwickeln könnten und welche Gesamtentwicklung daraus entsteht.

- Mindestens sollte man die beiden Extremszenarien und das Trendszenario formulieren, eventuell auch noch weitere.

Es ist anzunehmen, dass die Weltbevölkerung bis 2040 ...
Jn der Energiewirtschaft ...
Als Trendszenario nehmen wir an ...

4. Schritt: Bewertung und Handlungsmöglichkeiten erörtern

- Bewerten Sie die Wahrscheinlichkeiten für die erstellten Szenarien.
- Überlegen Sie, wie einzelne Einflussfaktoren gestärkt und andere geschwächt werden könnten, um die gewünschte Veränderung zu erzielen.

Es ist nicht sehr wahrscheinlich, dass ...
Wenn man die CO_2-Steuer auf ... Euro/Tonne erhöhen würde, dann würde ...

	Einflussfaktor	Ist-Zustand heute		Einflussfaktor	Ist-Zustand heute
	Anzahl der Autos (2019)	1,4 Mrd.		Energie-Produktivität (2019) (Vgl. 1990 = 100)	160
	Flugpassagiere (2018)	4,2 Mrd.		CO_2-Ausstoß (2019)	33 Mrd. t
	Fossile u. atomare Energie (Anteil a. d. Stromerzeugung)	ca. 70 %		CO_2-Konzentration (2020)	ca. 412 ppm
	Erneuerbare Energie (Anteil a. d. Stromerzeugung)	ca. 30 %		Entwicklung der Weltbevölkerung (2020)	7,8 Mrd.

2 Einflussfaktoren zur Bestimmung der Szenarien „globale Temperaturentwicklung"

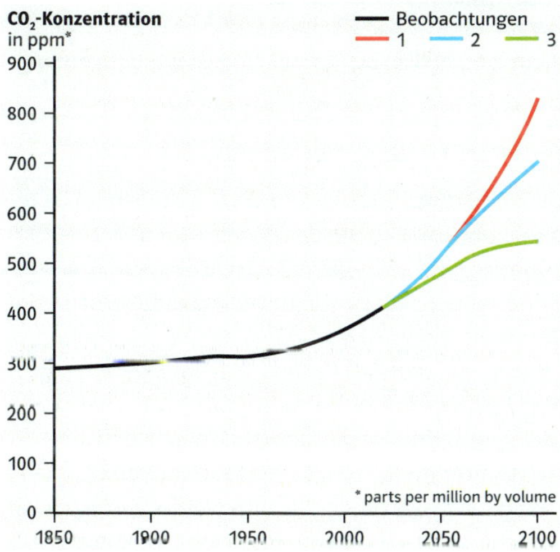

1 Worstcase: eine Welt mit Fokus auf einem schnellen Wirtschaftswachstum unter Verwendung bisheriger Technologien. Es gilt: Weiter wie bisher.

2 Averagecase: eine Welt mit schnellem Wirtschaftswachstum und rascher Einführung neuer Technologien, z. B. im Bereich der erneuerbaren Energien.

3 Bestcase: eine Welt mit gebremstem Wirtschaftswachstum. Rasche Einführung innovativer und sauberer Technologien.

3 Drei Szenarien des Einflussfaktors CO_2-Konzentration (nach IPCC)

1 Arbeiten Sie in Kleingruppen:

a) Spielen Sie die Methode „Szenarien erstellen" zunächst an einem simplen Thema durch, wie z. B.: Was würde passieren, wenn Benzin, Heizöl und Kerosin innerhalb eines Jahres doppelt so teuer werden würden? Was würde sich ändern, wenn unsere Stadt eine Umgehungsstraße bekäme? Wie könnte ich meinen eigenen Energieverbrauch verringern?

b) Beschreiben und erklären Sie die Entwicklung der CO_2-Konzentration in Diagramm 3.

c) Erstellen Sie einen Szenarien-Trichter (siehe Grafik 1) für das Weltklima im Jahr 2040. Orientieren Sie sich dafür auch an den grünen Beispielkästen und beziehen Sie die Materialien 2 und 3 mit ein.

Folgen des gegenwärtigen Klimawandels weltweit

Sie interessieren sich eher für die Folgen des gegenwärtigen Klimawandels in Deutschland und arbeiten lieber kreativ.

Wählen Sie aus!

Die Folgen des gegenwärtigen Klimawandels sind weltweit und vor Ort nicht mehr zu übersehen. Wählen Sie nach Ihrem Interesse eine Aufgabe aus (Aufgabe 1 oder Aufgabe 2).

Sie interessieren sich eher für die globalen Folgen des gegenwärtigen Klimawandels und arbeiten lieber strukturiert.

1 Bearbeiten Sie die Aufgaben zu den globalen Folgen des gegenwärtigen Klimawandels auf den Seiten 60 und 61.

2 Bearbeiten Sie die Aufgaben zu den lokalen Folgen des gegenwärtigen Klimawandels auf den Seiten 62 und 63.

Gemeinsame Aufgabe

3 Vergleichen Sie das Ausmaß der globalen und lokalen Folgen des gegenwärtigen Klimawandels und erklären Sie die Unterschiede.

1 Gletscherschwund: Links ist der Okjökull 1986 zu sehen, ein von einem Gletscher bedeckter Vulkan auf Island. 2019 ist der Berg eisfrei (rechts).

Kaum zu glauben

Wenn alle Gebirgsgletscher der Erde abschmelzen würden, hätte dies einen Anstieg des Meeresspiegels um 24 cm zur Folge. Würde der Eisschild auf Grönland komplett abschmelzen, wäre mit einem Anstieg um 7 m zu rechnen. Das Abschmelzen des Eises der Antarktis hätte einen Anstieg um 59 m zur Folge.

Durch den **anthropogen*** verstärkten Treibhauseffekt steigt die Temperatur auf der Erde. Dadurch werden auch **Kryosphäre** und **Hydrosphäre** Veränderungen unterzogen.

Etwa 90 Prozent des weltweiten Eises liegen auf dem Kontinent Antarktika. Rings um die Landmasse liegt der Schelfeisbereich, wo das Eis bereits im Ozean schwimmt. Dadurch hat es keine Tendenz mehr sich fortzubewegen, im Gegensatz zum Inlandeis, das – wenn auch sehr langsam – bergab fließt. Deshalb wirkt der gefrorene Gürtel aus schwimmendem Eis als Bremse für das Inlandeis. Wenn allerdings das Schelfeis schmilzt oder dünner wird, lässt auch die Bremswirkung nach und das Inlandeis fließt schneller in Richtung Meer, was den Anstieg des Meeresspiegels beschleunigt.

Der Meeresspiegelanstieg ist aber nicht allein auf schmelzendes Eis zurückzuführen. Etwa ein Viertel des Anstiegs ist durch die thermische Expansion des Wassers bedingt. Wie praktisch alle Körper dehnt sich auch das Wasser aus, wenn seine Temperatur steigt. Laut einem IPCC Sonderbericht aus dem Jahr 2019 stieg der Meeresspiegel zwischen 2006 und 2015 jährlich um 3,6 Millimeter. Der Wert hatte vorher bei 1,7 Millimetern gelegen.

Weltweit leben etwa 680 Millionen Menschen an niedrig gelegenen Küsten, deren Existenz durch den Anstieg bedroht wird.

Die verstärkte Eisschmelze in den Hochgebirgen führt mittelfristig zu häufigerem Hochwasser, langfristig wird allerdings die Trinkwasserverfügbarkeit verschlechtert. Wenn die Null-Grad-Temperaturlinie im Gebirge nach oben wandert, werden bis dahin gefrorene Bereiche mit **Permafrost*** der Berghänge instabil und es kommt verstärkt zu Berg- und Felsstürzen oder **Muren***. Doch auch im Flachland ist das Auftauen des Permafrostbodens ein Problem; nicht nur, weil dann Gebäude und **Infrastruktur*** nicht mehr stabil sind. Weltweit sind etwa 1450 Gigatonnen Kohlenstoff im Permafrost gespeichert,

Erklärfilm
Der Klimawandel: Teil 1 Folgen
2c35mk

nicht ganz doppelt so viel wie in der gesamten Atmosphäre. Das entweichende Kohlendioxid verstärkt so den Temperaturanstieg zusätzlich: Man spricht von einem **Rückkopplungseffekt**. Dieser Mechanismus gilt als eines der bedeutenden **Kippelemente**.

Die Liste der Folgen des Klimawandels ist allerdings noch viel länger. Wissenschaftler gehen unter anderem davon aus, dass sich die Klimazonen polwärts verschieben, die Artenvielfalt zurückgeht, sich die Niederschlagsverteilung verändert, es also mehr Dürren und gleichzeitig auch mehr Überschwemmungen geben wird und sich die Jahreszeiten verändern. Des Weiteren sinkt der pH-Gehalt der Ozeane, was wiederum das dortige **Ökosystem*** beeinträchtigt, Wetterextreme nehmen zu und die Windgeschwindigkeiten steigen.

Rückkopplungseffekt
Wenn eine Entwicklung Auswirkungen hat, die wiederum die ursprüngliche Entwicklung beschleunigen oder verlangsamen, spricht man von Rückkopplungseffekten. So führt beispielsweise das Abschmelzen von Eismassen zu einer Erhöhung der Albedo-Werte, was den Schmelzvorgang beschleunigt.

Kippelement
Man kann auf einer Wippe vom Endpunkt aus lange bis zur Mitte laufen, ohne dass etwas passiert. Bewegt man seinen Schwerpunkt jedoch den entscheidenden Millimeter über die Achse, kippt die Wippe. Solche Effekte werden auch im Klimasystem der Erde vermutet.

← **IPCC** Seiten 50/51

← **Indizien für den Klimawandel** Seiten 50/51

→ Informationen finden Seiten 154/155

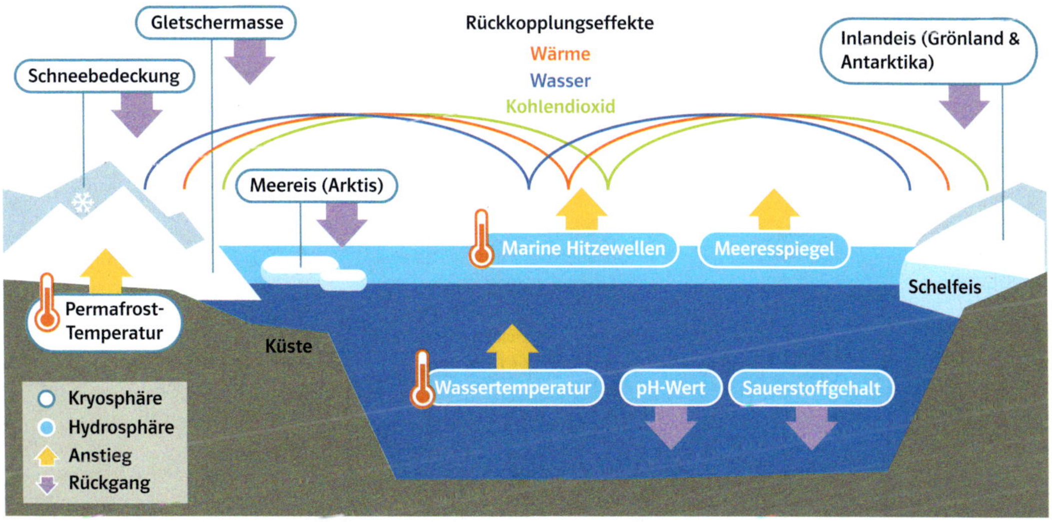

2 Wechselwirkungen im Klimasystem zwischen Ozean und Kryosphäre

3 Veränderungen der Masse des antarktischen Inlandeises

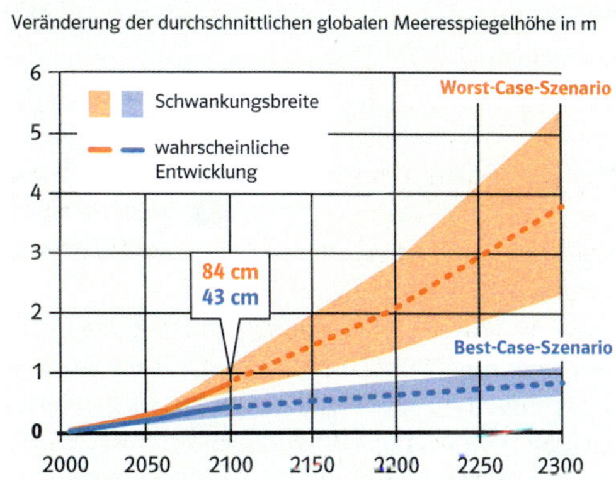

4 Szenarien des IPCC aus dem Jahr 2019 für die Entwicklung des Meeresspiegels

1 Erklären Sie mithilfe des Textes und Grafik 2 die Ursachen des Meeresspiegelanstiegs und erläutern Sie die Folgen.

2 Erstellen Sie mithilfe von Grafik 2 ein großes Wirkungsgefüge (S. 104/105), das die Zusammenhänge und Rückkopplungseffekte im Klimasystem erklärt. Fügen Sie dabei möglichst viele Elemente der Seiten 50/51 mit ein.

3 Recherchieren Sie, an welchen Küsten die Folgen des Meeresspiegelanstiegs besonders gravierend sein werden. Arbeiten Sie hierzu auch mit dem Atlas.

4 Ermitteln Sie auf Grundlage einer eigenen Recherche, welche weiteren Kippelemente im Klimasystem bisher identifiziert wurden.

Folgen des gegenwärtigen Klimawandels in Deutschland und Bayern

Wählen Sie aus!

Die Folgen des Klimawandels sind weltweit und vor Ort nicht mehr zu übersehen. Wählen sie nach Ihrem Interesse aus, ob Sie lieber Aufgabe 1 oder Aufgabe 2 bearbeiten möchten.

Sie interessieren sich eher für die globalen Folgen des gegenwärtigen Klimawandels und arbeiten lieber strukturiert.

Sie interessieren sich eher für die Folgen des gegenwärtigen Klimawandels in Deutschland und arbeiten lieber kreativ.

1 Bearbeiten Sie die Aufgaben zu den globalen Folgen des Klimawandels auf den Seiten 60 und 61.

2 Bearbeiten Sie die Aufgaben zu den lokalen Folgen des Klimawandels auf den Seiten 62 und 63.

Gemeinsame Aufgabe

3 Vergleichen Sie das Ausmaß der globalen und lokalen Folgen des Klimawandels und erklären Sie die Unterschiede.

Auswirkungen des gegenwärtigen Klimawandels in Deutschland

- Jahresdurchschnittstemperatur: + 1,6 °C seit 1881
- Vegetationsperiode: bis zu 3 Wochen früher seit 1961
- Hitze: Anzahl heißer Tage + 170 % seit 1951
- Kälte: Anzahl Eistage – 40 % seit 1951
- Sonnenscheindauer: + 17 % seit 1981
- Starkregen (Anzahl Tage > 20 mm): + 7 % seit 1951
- Schneetage: – 42 % seit 1951
- Meeresspiegelanstieg (Pegel Cuxhaven): + 40 cm seit 1843

Nach Deutscher Wetterdienst: Klimawandel in Deutschland; unter: www.dwd.de/DE/klimaumwelt/aktuelle_meldungen/191126/dwd_bmu_uba_monitoringbericht.html?nn=344870 (Zugriff vom 14.01.2021)

1

3 **Szenario eines Meeresspiegelanstiegs von einem Meter: In Deutschland werden knapp 14 000 km² Landfläche verlorengehen.**

2 **Eine Folge des Klimawandels?**

Die Folgen der globalen Erderwärmung werden in Deutschland spürbarer und lassen sich immer besser belegen. Die mittlere Lufttemperatur in Deutschland hat sich von 1881 bis 2019 um 1,6 °C erhöht. Allein in den Jahren zwischen 2013 und 2019 stieg diese um 0,4 °C an.

In den Medien wird häufig berichtet, dass es einerseits mehr Dürren geben wird, andererseits aber auch stärkere Niederschläge. Was sich zunächst widersprüchlich anhört, beruht auf einem einfachen Zusammenhang:

Wenn es wärmer wird, kann die Luft mehr Feuchtigkeit speichern und es verdunstet mehr. Die erhöhte Verdunstung führt phasenweise zu Dürre, gleichzeitig ist aber auch mehr Feuchtigkeit in der Luft. Wenn diese abregnet, können in kürzerer Zeit mehr Niederschläge fallen, was vielerorts zu Überschwemmungen führt. Vergleichen kann man das mit einer Wippe auf einem Spielplatz. Je weiter entfernt von der Achse man sich befindet, desto größer werden die Ausschläge, und zwar nach oben und unten.

Die Folgen des gegenwärtigen Klimawandels sind vielfältig:

Die Anzahl der Hitzetage pro Jahr, also der Tage mit einer Temperatur von mindestens 30 °C, ist von drei in der Mitte des vorigen Jahrhunderts auf zehn angestiegen. Hohe Temperaturen sind eine Belastung

Erklärfilm
Der Klimawandel: Teil 1 Folgen
2c35mk

für den menschlichen Organismus und so kann man statistisch feststellen, dass in einem besonders heißen Sommer etliche Tausend Menschen mehr sterben. Auch die Oberflächentemperatur von Nord-, Ostsee und Binnengewässern steigt. Die Flüsse und Seen in Bayern sind seit 1980 jedes Jahrzehnt ein halbes °C wärmer geworden, was problematisch z.B. für die Bachforelle und temperaturempfindliche Insektenarten ist. Im Sommer führen viele Flüsse weniger Wasser, was neben den Problemen für die Schifffahrt bei verringertem Tiefgang auch die **Industrie*** vor Schwierigkeiten stellt, weil sie auf ausreichend Kühlwasser aus den Fließgewässern angewiesen ist. Auch wenn laut Prognosen die Jahresniederschläge weitgehend gleich bleiben sollen, so wird die Grundwasserneubildung in den trockeneren Sommern reduziert und die Nutzung des Wassers z.B. für das Gießen von Gärten muss eventuell eingeschränkt werden. Besonders leidet die Landwirtschaft unter den Folgen des gegenwärtigen Klimawandels. Die Erträge schwanken stärker, denn sowohl Dürren als auch Starkniederschläge wirken sich negativ auf die Ernte aus. 2018 beliefen sich die Schäden in Deutschland auf 770 Mio. Euro.
Während der Beginn des Winters weitgehend stabil geblieben ist, haben sich die anderen Jahreszeiten nach vorne verlagert. Die Pflanzen treiben früher aus, sind dann aber anfälliger für Frostschäden.
Einheimische Pflanzen- und Tierarten leiden häufig unter dem gegenwärtigen Klimawandel hierzulande, neue Arten hingegen, denen es vorher in Deutschland zu kalt war, breiten sich nun aus, wie beispielsweise der aus Südeuropa stammende Eichenprozessionsspinner (Foto 2).

Weitere Folgen der Erwärmung sind eine steigende Waldbrandgefahr und der Anstieg des Meeresspiegels.

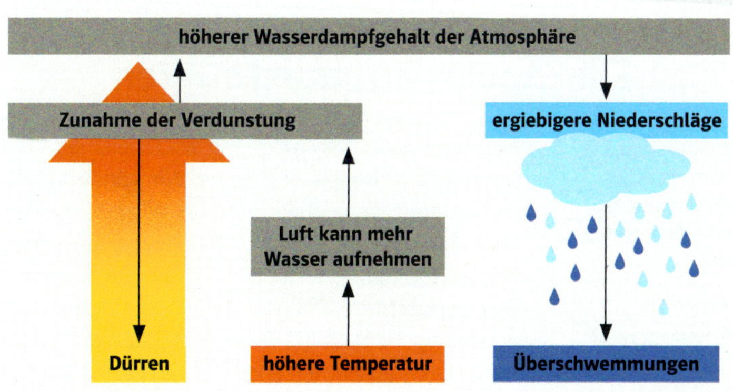

5 Scheinbar widersprüchliche Wetterextreme als Folge höherer Temperaturen

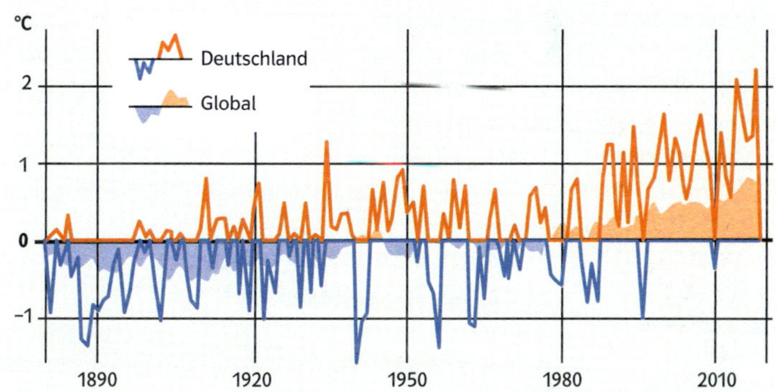

6 Abweichung der Jahresmitteltemperaturen für Deutschland und global vom Durchschnitt des Zeitraums zwischen 1961 und 1990.

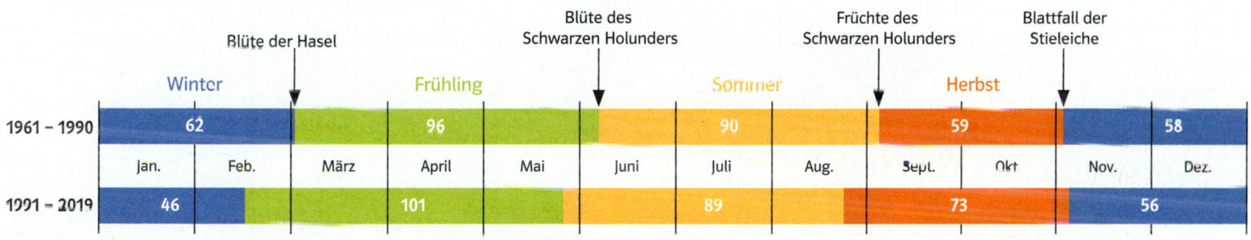

4 Verschiebung der Jahreszeiten in Deutschland 1961 – 1990 (oben) im Vergleich zu 1991 – 2019 (unten)

1 Erstellen Sie mithilfe des Textes und der Materialien 1 bis 6 eine Mindmap, die möglichst viele Zusammenhänge zu den Folgen des Klimawandels einprägsam darstellt.

2 Erklären Sie den Unterschied der Temperaturschwankungen zwischen Deutschland und der Welt im Diagramm 6.

3 Sammeln Sie in Ihrer Lerngruppe Meldungen aus dem Internet und aus Zeitungen zu den Folgen des gegenwärtigen Klimawandels an Ihrem Schulort und erstellen Sie eine Wandzeitung.

4 Ermitteln Sie mithilfe einer Recherche (siehe S. 154/155), wann in diesem Jahr die Blüte der Hasel (siehe Diagramm 4) den Beginn des Frühlings eingeläutet hat.

TERRA
METHODE

Was wir heute als wahr betrachten, war früher vielleicht umstritten oder galt sogar als falsch. Forschung und Wissenschaft betreiben über Phänomenbetrachtung, Fragestellung, Theoriebildung und experimentelle Beweise Wahrheitsfindung. So erklärt sich übrigens auch das Wort Wissenschaft: ein Prozess, der „Wissen schafft".

Ein Experiment durchführen

Liste berühmter geographischer Experimente/Beweise/Entdeckungen:

- Eratosthenes' Schattenexperiment zur Ermittlung des Erdumfangs (3. Jh. v. Chr.)
- Erste Weltumsegelung durch Ferdinand Magellan (1519 - 1522)
- Beweis des heliozentrischen Weltbilds durch Nicolaus Kopernikus (1543)
- Entdeckung des natürlichen Treibhauseffekts durch Joseph Fourier (1824)
- Alfred Wegeners Kontinentalverschiebungstheorie (1912)

Experimente in der Forschung sind meist sehr aufwendig, zeitintensiv und teuer. Wir können daher mit unserem Versuch kein neues Wissen schaffen, aber den Prozess der Beweisführung zumindest nachvollziehen.
Das beobachtete Phänomen ist der Meeresspiegelanstieg. Ihr habt die Vermutung, dass er nicht alleine durch abschmelzendes Eis zustande kommt, sondern auch durch die Ausdehnung des Wassers infolge der Erwärmung.
Um es etwas spannender zu machen, soll hier keine exakte Versuchsanleitung vorgeben werden. Forscher müssen ihren Versuchsaufbau ja auch selbst entwickeln.
Ihnen stehen zur Verfügung:
- ein großer Topf,
- eine kleine Glasflasche (z. B. 0,33 l) mit engem Hals,
- kaltes Wasser (Raumtemperatur),
- warmes Wasser (z. B. 50 °C).

Entwickeln Sie mit diesen Mitteln einen Versuchsaufbau, mit dem Sie die thermische Expansion des Wassers nachweisen können.

Experiment durchführen

1. Schritt: Phänomen betrachten

Zunächst stoßen die Wissenschaftler auf ein Phänomen, das mit dem bisherigen Wissen nicht erklärbar ist.

Beispiel: Dass der Meeresspiegel steigt, wenn geschmolzenes Eis hineinläuft, ist klar. Er steigt aber stärker als die Menge an Wasser dies erklären könnte. Es muss also eine weitere Ursache für den Anstieg geben.

2. Schritt: Fragestellung formulieren

Anschließend wird eine Fragestellung entwickelt. Je präziser diese formuliert werden kann, desto eher gelingt die Beantwortung.

Beispiel: Welche weitere Ursache, welchen weiteren Mechanismus gibt es noch, der infolge der Erwärmung der Atmosphäre zu einem Anstieg des Meeresspiegels führt?

1 Benötigte Materialien für ein Experiment zum Meeresspiegelanstieg

3. Schritt: Hypothese entwickeln

In der Regel haben Forscher zunächst eine gedankliche Vorstellung davon, wie ihre Frage beantwortet werden könnte. Sie stellen eine sogenannte Hypothese, also eine Behauptung auf. Diese soll anschließend experimentell bewiesen werden. Bewahrheitet sich die Annahme der Forscher spricht man von Verifizierung, wird die Hypothese widerlegt von Falsifizierung.

Beispiel: Sie wissen vielleicht schon, dass sich Gase bei steigender Temperatur ausdehnen. Diesen Mechanismus vermutet ihr auch für Flüssigkeiten. Jhre These lautet daher: Die Erwärmung der Atmosphäre führt auch zu einer Erwärmung der Ozeane, die wiederum eine Ausdehnung des Volumens des Wassers zur Folge hat, wodurch der zusätzliche Meeresspiegelanstieg erklärt werden kann.

4. Schritt: experimentellen Beweis durchführen

Für die Verifizierung der Hypothese plant der Wissenschaftler eine Versuchsanordnung. Besonders wichtig ist dabei die exakte und lückenlose Dokumentation, denn das Experiment sollte von anderen Forschern nachvollzogen und überprüft werden können.

Beispiel: Um zu beweisen, dass die höhere Temperatur der Atmosphäre die Ozeane erwärmt und dies zu einer Ausdehnung des Wassers führt, schlagen wir folgende Versuchsanordnung vor: ...

5. Schritt: Reflexion vornehmen

Insbesondere für den Fall, dass das Experiment fehlschlägt, ist es wichtig, das Vorgehen zu reflektieren. Eine genaue Analyse kann dazu führen, dass entweder der Fehler im Versuchsaufbau oder in der Hypothese gefunden wird. So könnte ein zweiter oder auch dritter Durchgang erfolgreich sein.

Beispiel: Unser Experiment hat bisher nicht geklappt. Es könnte daran liegen, dass ...

Beispiel für ein weiteres Experiment zu den Auswirkungen der Meereisschmelze:

1. Schritt: Phänomen betrachten: Wenn das Eis am Nordpol (Meereis) schmilzt, hat es keine Auswirkungen auf die Höhe des Meeresspiegels. Schmilzt hingegen das Eis von Grönland (Landeis), steigt der Meeresspiegel an.

2. Schritt: Fragestellung formulieren: Warum lässt schmelzendes Meereseis den Meeresspiegel unverändert, während schmelzendes Landeis einen Anstieg verursacht?

3. Schritt: Hypothese entwickeln: ...

4. Schritt: experimentellen Beweis durchführen: ...

5. Schritt: Reflexion vornehmen: ...

Benötigtes Material:
zwei identische Glasgefäße, ein Stein, ein Folienstift, sechs oder acht Eiswürfel, eine Wärmelampe, Wasser

2

→ Informationen finden Seite 154/155

1 Arbeiten Sie in Kleingruppen mit 3 oder 4 Personen:
a) Vollziehen Sie die fünf Schritte zur Durchführung eines Experiments in Bezug auf den Anstieg des Meeresspiegels mithilfe der Beispielkästen und Textkasten 2 nach.
b) Erstellen Sie für den vierten Schritt, ausgehend von den vier zur Verfügungen stehenden Materialien, einen geeigneten Versuchsaufbau, um die Hypothese aus Schritt 3 zu verifizieren.
c) Dokumentieren Sie alle Schritte eures Experiments möglichst genau. Tragen Sie dabei auch in eine beschriftete Skizze ein, welcher Teil im Versuchsaufbau welchen Teil der Realität repräsentieren soll.

2 Führen Sie das Experiment im Kasten 2 durch. Stellen Sie eine sinnvolle Hypothese auf und überlegen Sie sich eine geeignete Versuchsanordnung um sie zu verifizieren.

3 Recherchieren Sie zu Eratosthenes' Schattenexperiment (linke Randspalte) und führen Sie anschließend mithilfe eines geeigneten Versuchsaufbaus das Experiment in fünf Schritten durch.

„Bayerischer Klimameister"
Mit dem bayernweiten Wettbewerb werden seit 2020 klimaaktive Schulen ausgezeichnet, die vor Ort Klimaprojekte umsetzen. Er geht auf die beiden bayerischen Jugend-Klimakonferenzen zurück, die 2019 in Erlangen und München stattfanden. Das Credo des mit 5000 Euro dotierten Preises: „Engagement für das Klima lohnt sich!"

1 Das Hildegardis-Gymnasium Kempten – „Bayerischer Klimameister 2020"

Klimaschutz – eine Aufgabe für alle

Schon gewusst?
Ein Gymnasium mit 1000 Schülerinnen und Schülern und 80 Lehrkräften emittiert alleine durch Strom und Heizung ca. 385 Tonnen CO_2 pro Jahr! Rechnet man die Emissionen durch Transport (An- und Abreise) und Schulverpflegung hinzu, so kommen an allen bayerischen Gymnasien mehrere 100 000 Tonnen CO_2 pro Jahr zusammen.

Bereits 1992 haben die damals 178 Staaten der Vereinten Nationen auf einer vielbeachteten Konferenz in Rio de Janeiro die „Agenda 21" beschlossen. Ein zentraler Aspekt darin ist die nachhaltige Entwicklung: Durch Reformen der Wirtschafts-, Umwelt- und Entwicklungspolitik sollen die Bedürfnisse der heutigen Generationen befriedigt werden, ohne dass die Chancen künftiger Generationen dadurch beeinträchtigt werden. Dazu gehört auch, den Energie- und Ressourcenverbrauch zu reduzieren, was wiederum zu einer Verringerung der Auswirkungen des gegenwärtigen Klimawandels beitragen kann. Ein wesentliches Ziel kann es dabei für ein jedes Land sein, „klimaneutral" zu werden, also sicherzustellen, dass die Menge an klimaschädlichen Gasen wie z. B. CO_2, CH_4 oder N_2O in der Atmosphäre durch die Produkte und Dienstleistungen aus diesem Land in der Summe nicht erhöht wird.

Geht es um konkrete Maßnahmen zum Klimaschutz, dann zeigt sich deutlich, dass internationale Beschlüsse nicht hinreichend sein können, wenn sie nicht in den einzelnen Staaten durch einen **Strukturwandel*** auf nationaler, regionaler und lokaler Ebene umgesetzt werden. Wir alle sind also gefragt – von der Bundesregierung über die Länder in der Bundesrepublik Deutschland – bis hin zu den einzelnen Städten, **Gemeinden*** und ... ja, genau ... Schulen. Was aber können wir vor Ort tun, um klimaneutral zu werden?

1 Handeln zum Schutz des Klimas
a) Fassen Sie Ihr bisheriges Wissen zum anthropogenen Treibhauseffekt hinsichtlich der wesentlichen Ursachen zusammen.
b) Diskutieren Sie mithilfe der Materialien 1 bis 3 Ihre Ergebnisse unter der Fragestellung: Warum ist es wichtig, dass wir alle etwas gegen den gegenwärtigen Klimawandel unternehmen?

2 Erläutern Sie mithilfe des Textes in der linken Randspalte, welchen Beitrag die Schulen zum CO_2-Ausstoß in Deutschland leisten.

3 Erörtern Sie anhand von Grafik 2, inwiefern die dargestellten Maßnahmen dazu beitragen können, dass Ihre Schule klimaneutral wird.

4 Fertigen Sie in Anlehnung an Mindmap 3 eine eigene Mindmap an, in der Sie mögliche konkrete Maßnahmen an Ihrer Schule skizzieren.

5 Beurteilen Sie die beiden in Grafik 4 dargestellten Wege für mehr Klimaschutz an der Schule in Hinblick auf das Ziel, möglichst viele freiwillige Mitstreiter zu gewinnen.

Erklärfilm
Der Klimawandel: Teil 3 Handlungsmöglichkeiten
2c35mk

2 Schritte zur klimaneutralen Schule

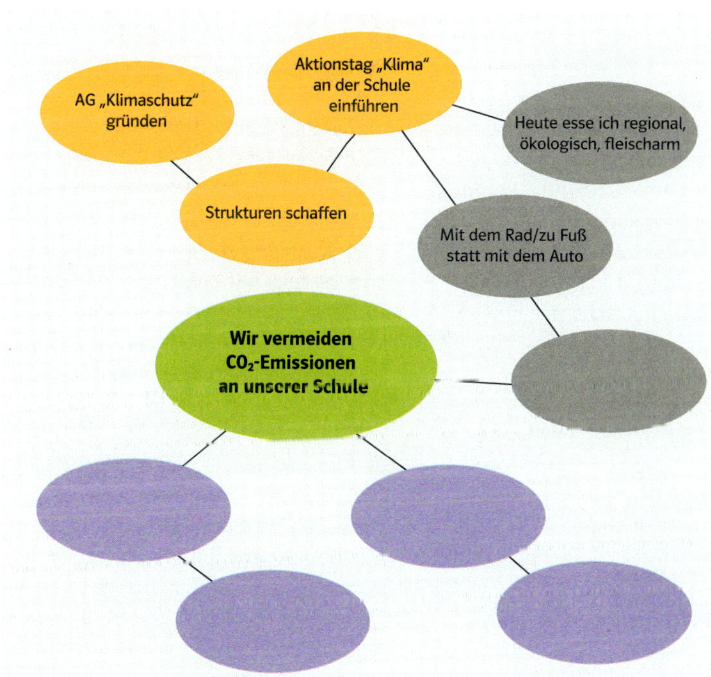

3 Mindmap – Was können wir an unserer Schule tun, um die globale Erwärmung zu begrenzen?

4 Konfrontativ – oder doch lieber kooperativ?

TERRA TRAINING

Auswahl wichtiger Begriffe

anthropogener Treibhauseffekt

fossile Energieträger

gegenwärtiger Klimawandel

IPCC

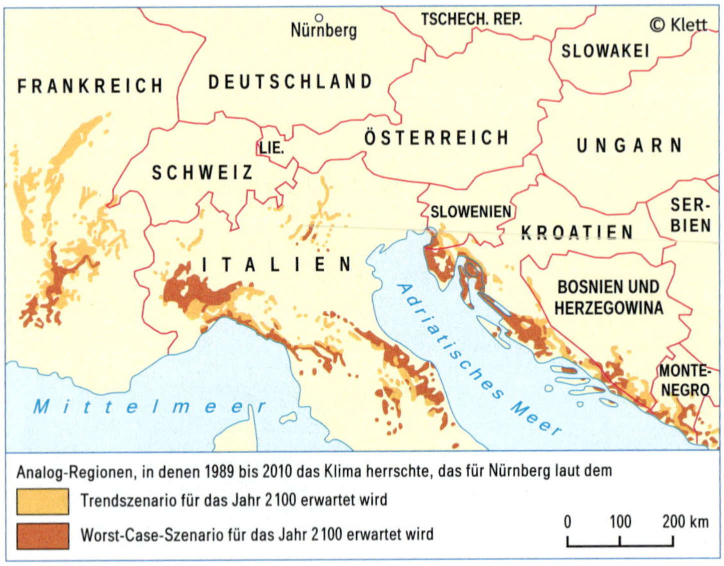

1 Analog-Regionen für das Klima in der Region um Nürnberg im Jahr 2100

2 Aufnahme der Wärmestrahlung eines Gebäudes und eines Baumes

Bayerns Wälder sind nicht nur schöne Naherholungsgebiete, sondern auch ein wichtiger Rohstofflieferant. Doch wie werden die Pflanzen mit dem gegenwärtigen Klimawandel zurechtkommen? In der Region rund um Nürnberg wachsen besonders viele Kiefernbäume. Seit den 1980er-Jahren hat sich die Sommertemperatur in Nürnberg um 0,47 °C pro Jahrzehnt erhöht. Im gleichen Zeitraum nahmen die Sommerniederschläge um 5 % ab. Die Bäume müssen also mit höheren Temperaturen, aber weniger Wasser auskommen. Diese Entwicklung wird sich in den kommenden Jahren noch fortsetzen.

Für das Jahr 2100 werden nach dem Trendszenario des IPCC für Mittelfranken eine um 2,0 °C höhere Sommertemperatur und um weitere 4 % niedrigere Sommerniederschläge erwartet. Für das Worst-Case-Szenario wird mit einem Anstieg um 4,3 °C und 12 % geringeren Niederschlägen gerechnet. Die lokale Forstwirtschaft untersucht deshalb Gegenden, in denen heute schon das Klima herrscht, das für Mittelfranken im Jahr 2100 zu erwarten ist.

F = in Fachkonzepten denken;
O = räumlich orientieren;
M = Methoden anwenden;
B = beurteilen und bewerten;
H = raumgerecht handeln;
K = kommunizieren.*

*Die einzelnen Kompetenzbereiche werden auf den Seiten 192/193 erläutert.

1 Lagebeschreibung (O)

Beschreiben Sie mithilfe geeigneter Atlaskarten die Lage der Trend- und der Worst-Case-Szenario-Regionen aus Karte 1 und erklären Sie die Unterschiede.

2 Von anderen Regionen lernen (F, O, B)

Stellen Sie dar, welche Erkenntnisse Förster aus den Analog-Regionen (siehe Karte 1) schon heute auf das eigene Handeln übertragen können. Diskutieren Sie dies in der Gruppe.

3 Handeln vor Ort (F, H)

Recherchieren Sie (Methode siehe S. 154/155) welche Maßnahmen, Aktivitäten oder Initiativen in Ihrer Heimatgemeinde oder in Ihrem Landkreis unternommen werden, um einerseits die anthropogen verstärkte Klimaerwärmung zu verlangsamen und andererseits mit den Folgen zurechtzukommen. Erstellen Sie dazu eine Liste. Überprüfen Sie dabei auch, ob und in welchem Rahmen Sie sich beteiligen könnten.

4 Klimawandel in der Schülerzeitung (F, O, M, B, K)

Verfassen Sie einen Artikel für die kommende Ausgabe Ihrer Schülerzeitung, in dem Sie auf das Ausmaß des gegenwärtigen Klimawandels aufmerksam machen und seine Auswirkungen möglichst eindrucksvoll darstellen. Wählen Sie dafür zwei oder drei geeignete Ma-

Kippelement
natürlicher Treibhauseffekt
Ökosystem
Rückkopplungseffekt
Szenario
Treibhausgase

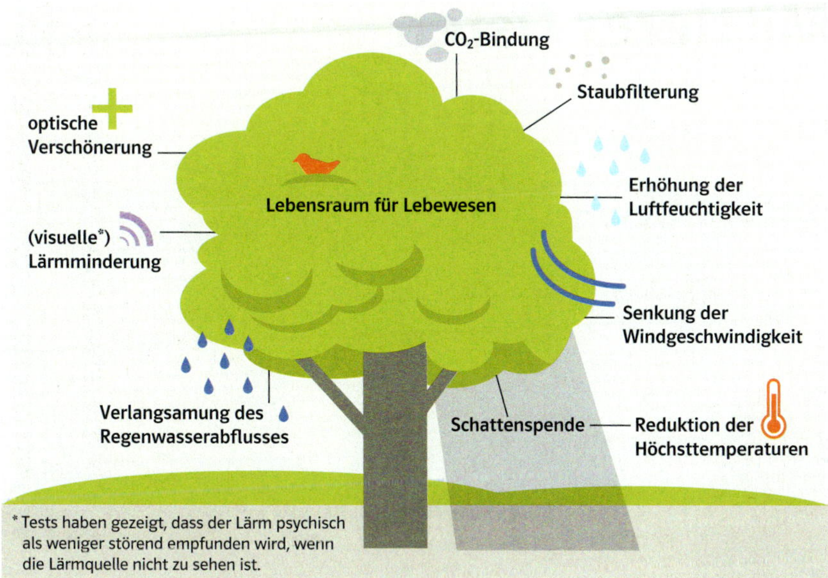

3 Wirkungen von Bäumen in Städten

terialien aus diesem Kapitel aus und aktualisieren Sie diese gegebenenfalls.

5 Anpassung an den gegenwärtigen Klimawandel in der Stadt (F, B, K)
Erläutern Sie, inwiefern die in Abbildung 2 und Grafik 3 gezeigten Wirkungen von Bäumen besonders in Städten wichtig sind und warum sie einen Beitrag zur Anpassung an den gegenwärtigen Klimawandel leisten.

6 Gegenwärtiger Klimawandel im Modell (F, M, B, K)
Um sich die Klimaerwärmung vorstellen zu können, hilft ein Modell: Eine ausgeschaltete Wärmelampe (die Sonne) befindet sich im Abstand von 30 cm von einem Ei (der Erde). Anfangs hat das Ei Raumtemperatur, also z.B. 20 °C. Nach dem Einschalten der Lampe steigt allmählich auch die Temperatur des Eis, allerdings nur bis zu einem gewissen Ausmaß. Ab einem bestimmten Punkt, wird das Ei nicht mehr wärmer, es bleibt, z.B. bei 25 °C. Das liegt daran, dass das Ei von vorne Wärmeenergie von der Lampe aufnimmt, aber gleichzeitig in alle Richtungen auch Wärmeenergie abgibt. Wenn die Menge der Einstrahlung gleich groß ist, wie die Menge der Ausstrahlung, bleibt die Temperatur des Eis auf einem höheren Niveau konstant. Es hat sich eine Balance eingestellt. Arbeiten Sie zu zweit.

a) Erläutern Sie nun, bei welcher Temperatur sich eine Balance einstellt, wenn man das Ei vorher …
- schwarz anmalt,
- in Alufolie wickelt oder
- in einen Glaskasten steckt.

b) Überlegen Sie sich, welche Mechanismen auf der Erde damit veranschaulicht werden sollen.

7 Richtig oder falsch? Korrigieren Sie die falschen Aussagen in Ihren Aufzeichnungen. (F)
a) 2019 war bis zum Erscheinen dieses Buches das wärmste Jahr seit Beginn der Temperaturaufzeichnungen.
b) Jährlich schmelzen über 60 Milliarden Tonnen Eis.
c) Der Meeresspiegel war vor dem Einfluss des Menschen schon mal 140 Meter höher als heute.
d) Läge kein Kontinent am Südpol, wäre die globale Durchschnittstemperatur auf der Erde höher.
e) Kurzwellige Strahlung nehmen wir mit der Haut, langwellige mit den Augen wahr.
f) Stickstoff, Sauerstoff und Argon sind die drei wichtigsten Treibhausgase.
g) Anthropogen bedeutet das gleiche wie terrestrisch.
h) Würde das ganze Eis der Erde schmelzen, hätten wir einen um mehr als 66 m höheren Meeresspiegel.
i) Der Temperaturanstieg wirkt sich im Gebirge nur dahingehend aus, dass vorhandenes Eis schmilzt.
j) Vollständiges Auftauen des Permafrostbodens könnte den CO_2-Gehalt in der Atmosphäre verdreifachen.
k) Seit den 1960er-Jahren hat sich der Frühlingsanfang um 13 Tage nach vorne verschoben.
l) Die Klimaerwärmung führt gleichzeitig zu mehr Dürren und mehr Überschwemmungen.

Hier trainieren Sie …
- die Folgen des gegenwärtigen Klimawandels zu beurteilen,
- Anpassungsstrategien an den gegenwärtigen Klimawandel darzustellen,
- Ihr Fachwissen über den gegenwärtigen Klimawandel anzuwenden.

4

Kulturraum Nordafrika, Naher und Mittlerer Osten

1 Blick über die Altstadt von Jerusalem

Kamera, Kaffee, Gitarre ... Unzählige Dinge, die unseren Alltag prägen, wurden fernab von Europa in Nordafrika und in Vorderasien erfunden. Sogar unsere Zahlen und damit auch der Mathematikunterricht haben ihre Wurzeln im arabischen Raum.

Was aber prägt die Gebiete im Süden und Südosten des Mittelmeers heute, welche Verbindungen in unsere Heimat bestehen und wie könnten zukünftige Entwicklungen aussehen?

Das erwartet Sie.

- Sie werden die natur- und kulturräumlichen Merkmale Nordafrikas und des Orients analysieren.
- Sie werden orientalische Städte charakterisieren.
- Sie werden Landnutzungsformen und ihre Folgen in verschiedenen Räumen Nordafrikas und des Nahen und Mittleren Ostens erörtern.
- Sie werden Ursachen und Folgen von Migration reflektieren.

1 Traditioneller Basar in Kairo

3 Antikes Amphitheater in El Djem

2 Künstlich angelegte Insel in Dubai

4 Touristen auf einem Ausflug südlich von Agadir

Kulturraum Orient

Der Begriff „Orient" dient seit Jahrhunderten zur Abgrenzung (süd-)östlich gelegener Regionen von Europa. Aber wie lässt sich der zugehörige Raum charakterisieren? Und können wir wirklich von „einem" Kulturraum sprechen?

Kulturraum
Raum, der durch eine Gesellschaft und ihre materielle und geistige Kultur historisch relativ einheitlich geprägt wurde.

→ Informationen finden Seiten 154/155

Lebensfeindliche Wüsten und immergrüne Oasen, **Verdichtungsräume*** und menschenleere Landschaften, historische Altstädte und modernste Siedlungen, Wassermangel und gigantische Ölvorkommen, Armut und Reichtum, Traditionalismus und Progressivität - der **Orient** ist ein Raum voller Gegensätze. Dennoch kann er auch als Raum einheitlicher Prägung betrachtet werden: Drei Weltreligionen (Judentum, Christentum und Islam) haben im Orient ihren Ursprung. Heute ist er durch den Islam bestimmt, der Richtlinien für das gesellschaftliche und private Leben der Menschen, Erziehung, Bildung, Normen, Gebräuche und sogar das Rechtssystem festlegt. Die arabische Hochsprache ist vor allem in den Staaten des Maghreb (Nordwestafrika) und im Nahen Osten verbreitet. Hebräisch, Türkisch und zahlreiche weitere Sprachen und arabische Dialekte ergänzen die Sprachvielfalt im Nahen und Mittleren Osten. Ein weiteres Merkmal ist der Ölreichtum, von dem insbesondere die Staaten am Persischen Golf mit immensen Lagerstätten profitieren.

Der Orient zählt zu den größten Krisengebieten der Erde. Die regionalen Konflikte sind vor allem

5 Anteil der muslimischen Bevölkerung und Amtssprachen im Orient

Orient

(von lat. sol oriens = aufgehende Sonne): Der Begriff hat seinen Ursprung in der römischen Kultur und diente ursprünglich zur Abgrenzung vom westlich gelegenen Okzident (von lat. sol occidens = untergehende Sonne). Im Laufe der Jahrtausende wandelte sich die Bedeutung des Begriffs. Heute versteht man unter dem Orient zumeist den Nahen Osten und die arabisch-islamische Welt – einschließlich Türkei, Iran, Afghanistan und Nordafrika.

6

durch religiöse und soziale Unterschiede, politische Umbrüche oder durch den Kampf um **Ressourcen** begründbar. Sie sind oftmals mit mangelnder Verteilungsgerechtigkeit, Wohlstandsgefälle und Chancenungleichheit verbunden und können globale Migrationsströme verstärken.

1 Orient in Bildern
a) Beschreiben Sie die Fotos 1, 2, 3 und 4.
b) Verorten Sie die Fotos 1 bis 4 mithilfe des Atlas. Bestimmen Sie die Lage im Gradnetz sowie das dazugehörige Land.
c) Diskutieren Sie, inwieweit die Bilder auf Seite 72 den Orient charakterisieren.

2 Orientierung im Orient
a) Arbeiten Sie mit Karte 5 und dem Atlas: Beschreiben Sie die naturräumliche Ausstattung (Relief, Klima, Vegetation) des Orients.
b) Benennen Sie mithilfe von Karte 5 die die 5 Staaten mit der größten muslimischen Bevölkerung.
c) Erläutern Sie mithilfe von Karte 5 und einer Recherche die Verteilung der im Text genannten Weltreligionen im heutigen Orient.
d) Begründen Sie mithilfe von Karte 5 und dem Atlas die Verteilung der Bevölkerung im Orient. Gehen Sie dabei auch auf die naturräumlichen Rahmenbedingungen ein.

3 Der Orient als kulturelle Einheit?
a) Beurteilen Sie mithilfe des Textes, der Materialien 1 bis 6 sowie einer Recherche, inwieweit es sich beim Orient um einen homogenen Kulturraum handelt.
b) „Israel gehört nicht zum Orient“! Diskutieren Sie diese Aussage auf Grundlage einer Recherche, indem Sie geographische und kulturell-religiöse Kriterien gegenüberstellen.

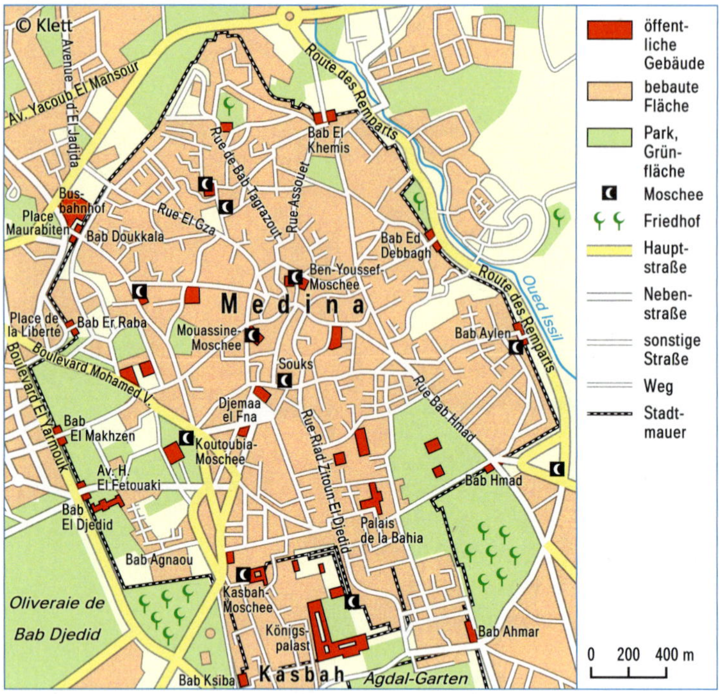

1 Medina von Marrakech (Marokko)

3 Kasbah – der Königspalast in Marrakech

4 Djemaa el Fna – der zentrale Platz mit Markt und Unterhaltung am Abend

Marrakech und Nürnberg – Städte im Orient und im Okzident

Regenten, die imposante Burgen anlegten. Händler, die mit Fernhandel reich wurden. Handwerker, deren Kunst bis heute Weltruf genießt. Die Silhouette der beiden Städte wurde zu ihrer Blütezeit im Mittelalter geprägt. Mächtige Stadtmauern umschließen die alten Stadtkerne. Welche Merkmale sind dieser orientalischen und dieser europäischen Stadt gemeinsam? Worin unterscheiden sie sich?

2 Schattige Gasse in der Medina mit Moschee und Minarett

Marrakech: einstiges Fernhandels- und Herrschaftszentrum

Marrakech wurde 1070 durch den Emir Abu Bakr Ibn Umar gegründet. Sein Nachfolger eroberte das heutige Nordmarokko sowie Andalusien und ließ die Stadt zur Hauptstadt seines Reiches ausbauen. Durch seinen Fernhandel vom Mittelmeer bis Zentralafrika und durch blühendes Handwerk hat Marrakech seinen geradezu märchenhaften Ruf als Mittelpunkt im **Transitverkehr*** und multikulturelles Zentrum im Orient erlangt. Innerhalb der mittelalterlichen Stadtmauern von Marrakech erstrecken sich der Königspalast (Foto 3) und die **Medina**. In den engen Gassen bleibt nur Platz für zu Fuß gehende Menschen und Eselskarren. Die hohen Lehmmauern der Gebäude sorgen für kühlen Schatten. Im Zentrum der Medina liegt der „Djemaa el Fna", der berühmte mittelalterliche Markt- und Henkersplatz (Foto 4).

In der Nähe befindet sich die Hauptmoschee, in der sich die Muslime am Freitag zum Gebet versammeln. Die Moscheen sind mehr als nur Orte für das Gebet. Sie bilden den Mittelpunkt eines Stadtviertels. Hier treffen sich Erwachsene zu Geschäften oder Gesprächen.

Zur Medina gehören auch Koranschulen (Mederesa), die der religiösen Erziehung der Kinder und dem Erlernen der arabischen Sprache dienen, sowie zahlreiche öffentliche und soziale Einrichtungen wie Krankenhäuser oder öffentliche Dampfbäder (Hamam).

Nördlich an den Marktplatz schließen sich die **Souks** an. Hier bieten Händlerinnen und Händler ihre Waren an. Die Souks sind das wirtschaftliche

Video
Arabische Stadt: Altstadt von Damaskus
da4279

5 **Kaiserburg in Nürnberg**

6 **Hauptmarkt von Nürnberg mit Sebaldus-Kirche**

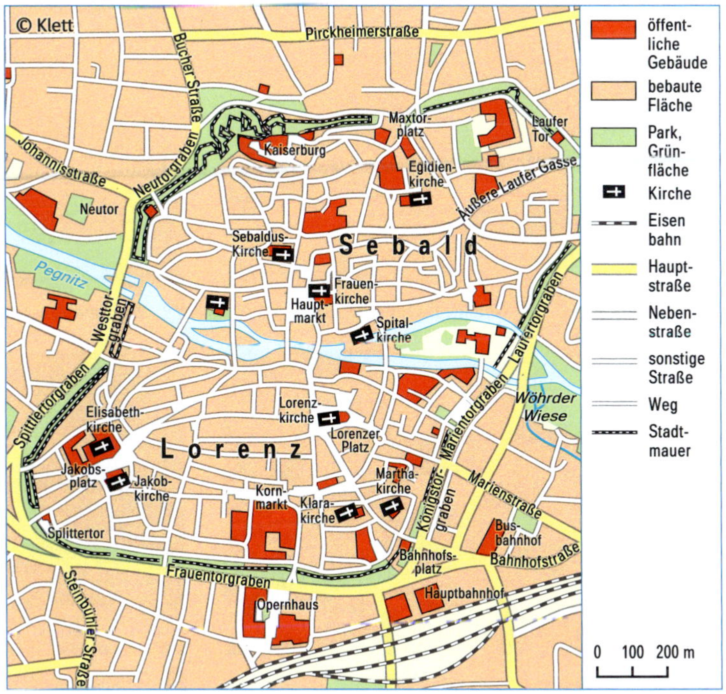

7 **Altstadt von Nürnberg**

Zentrum orientalischer Städte. Es wird nicht nur gehandelt und verkauft, hier wickeln die Menschen ihre Finanz- und Kreditgeschäfte ab und Handwerksbetriebe produzieren ihre Waren.
In den Souks spielt sich am Tag das städtische Leben ab, in der Nacht sind sie meist menschenleer.
Historisch sind in der orientalischen Stadt **Viertel*** entstanden, in denen die Menschen getrennt nach ihrer Religion, Nationalität oder Sprachgemeinschaft leben (z.B. christliches, armenisches oder jüdisches Viertel).
Wie die Souks besteht die ganze Medina aus vielen engen und verwinkelten Gassen (Foto 2). Ein großer Teil endet als Sackgasse vor den Eingängen der Wohnhäuser, so entsteht der Sackgassengrundriss (Karte 1).
Nach dem islamischen Recht gilt die Sackgasse als Privatbesitz der jeweiligen Anlieger. Die Wohnhäuser haben eine geschlossene Außenmauer mit nur wenigen und sehr kleinen Fenstern. Im Inneren haben die Häuser einen Hof, von dem das Haus belüftet und beleuchtet wird.

Nürnberg – reich geworden durch Handel und Handwerk

Die Geschichte der **Stadt*** Nürnberg setzt mit der ersten urkundlichen Erwähnung 1050 ein. Mit Übertragung von Markt (Foto 6), Zoll und Münze durch Kaiser Heinrich III. stieg Nürnberg, mit seiner Kaiserburg (Foto 5) und im Schutz seiner Stadtmauer (Karte 7, Foto 8), im Mittelalter zu einer der wichtigsten Reichsstädte im Heiligen Römischen Reich auf.
Dank des blühenden Handwerks und des Fernhandels vom Mittelmeerraum bis nach Nordeuropa wurde Nürnberg im 15. und 16. Jahrhundert eines der bedeutendsten kulturellen Zentren der Renaissance nördlich der **Alpen*** sowie des Humanismus und der Reformation.
1616 erschien in Nürnberg die erste Übersetzung des Korans ins Deutsche.

8 **Altstadt hinter der Stadtmauer von Nürnberg**

1 Verorten Sie die Städte Marrakech und Nürnberg mithilfe des Atlas und vergleichen Sie ihre Lage.

2 Vergleichen Sie mithilfe des Textes und der beiden Stadtpläne die Entstehungsgeschichte der Städte Marrakech und Nürnberg. Berücksichtigen Sie die Rolle des Fernhandels.

3 Stellen Sie mithilfe des Textes und der Fotos die Elemente der mittelalterlichen Städte tabellarisch nach folgenden Kriterien zusammen: Herrschen, Handeln, Handwerk, Religion, Bildung, Kultur.

4 Erklären Sie mithilfe des Textes sowie der Materialien 1 und 2, wie die Stadtanlage und das Leben in Marrakech auf die hohen Temperaturen im subtropischen Klima eingestellt sind (siehe hierzu auch die Seiten 30/31).

1 Ville Nouvelle – die Neustadt von Marrakech

4 Wohnneubauten am Stadtrand von Marrakech 2020

2 Olivenanbau im Umland von Marrakech

5 Freizeitpark Jardin Majorelle „Garten Eden“ von Yves Saint Laurent

6 Juwelieratelier in Marrakech: Zulieferbetrieb für Weltfirmen

Marrakech und Nürnberg – Wachstum und Entwicklungen

Ganz anders als in der mittelalterlichen von Mauern umgebenen Altstadt sieht es in neuen Stadtteilen aus. Sie sind geprägt durch autogerechten Verkehr, großzügiges Wohnen, Arbeitsplätze in Industrie und Dienstleistungen, Einrichtungen für Kultur und Freizeit und die Ausstrahlung auf das unmittelbare Umland.

Bevölkerungsentwicklung von Marrakech (urban area)

Jahr	Erwachsene
1950	209 000
1970	323 000
1990	568 000
2000	751 000
2010	880 000
2020	1 003 000

Nach Population stat: Marrakech; unter: https://populationstat.com/morocco/marrakech (Zugriff am 12.04.2022)

3

Das moderne Marrakech

Die neuen Stadtteile in Marrakech entstanden überwiegend zur Zeit der französischen Kolonialherrschaft ab 1912 beziehungsweise nach Erlangung der Unabhängigkeit 1956. Räumlich getrennt von der Medina verlaufen in dieser Ville Nouvelle breite, schnurgerade Straßen. Hier siedelten sich Banken, Hotels und Museen an. Die Neustadt hat ein regelmäßiges Straßennetz mit großen Plätzen und mehrgeschossigen Wohnhäusern. An den Hauptstraßen und Eisenbahnlinien sind **Industriegebiete***, Geschäftszentren mit modernen Häusern sowie Universitäts- und Regierungsviertel entstanden. In den neuen Stadtteilen haben sich Viertel gebildet, in denen Menschen mit unterschiedlichem Einkommen wohnen. Finanziell besser Gestellte ziehen in die Villenviertel außerhalb der Stadt.
Am Stadtrand sind zum Teil Elendsviertel entstanden. Die Wissenschaft spricht von einer Ent-

1 Erläutern Sie mithilfe der Fotos 1, 2, 4 – 11 den Wandel in den Grunddaseinsfunktionen Wohnen, Arbeiten, am Verkehr teilnehmen, Erholung/Freizeit und Nahrungsmittelversorgung beider Städte.

2 Bevölkerungsentwicklung
a) Erstellen Sie mithilfe der Tabellen 3 und 12 ein Liniendiagramm zur Bevölkerungsentwicklung der beiden Städte von 1950 bis 2020.
b) Erörtern Sie mögliche Gründe, weshalb Marrakech Nürnberg an Bevölkerung deutlich überholt hat. Berücksichtigen Sie die Rolle der Industrialisierung bei der Bevölkerungsentwicklung Nürnbergs (Zahlen von 1834 bis 1910).

3 Diskutieren Sie die Entwicklung beider Städte unter den Aspekten Bevölkerungszunahme und Stadterweiterung sowie dem Stellenwert der Freizeit in heutigen Gesellschaften.

Video
Arabische Stadt: Neustadt von Damaskus
da4279

7 Trabantenwohnstadt Nürnberg-Langwasser

10 Altstadtring am Hauptbahnhof Nürnberg

8 Neues Gewerbe an alten Standorten

9 Playmobilfunpark bei Nürnberg

11 Gemüseanbau im Knoblauchsland am Stadtrand von Nürnberg

wicklung, die zur Herausbildung von zwei Zentren führte, die das heutige Bild der arabischen Städte kennzeichnen: die traditionell geprägte Altstadt und ein westlich-modernes Stadtzentrum mit Einkaufszentren und Geschäften aller Art. Die traditionellen Märkte in den Souks stellen sich auf Touristen ein.

Ein wichtiger **Standortfaktor*** ist der internationale Flughafen. Durch ihn ist Marrakech mit zahlreichen europäischen Städten direkt verbunden. Viele Reisende starten von Marrakech Rundtouren zu den nördlichen Königsstädten und zur Atlantikküste. Nach Süden werden Abenteuerreisen in das Atlasgebirge und die Wüste Sahara angeboten.

In und um Marrakech entstehen nicht zuletzt durch Kulturschaffende wie Yves Saint Laurent und André Heller Freizeitressorts (Foto 5) und neue kulturelle Attraktionen. Im Einklang mit der Stadtpolitik gestalten Investoren aus aller Welt Marrakech zu einem „Ort der Sinne, ein Märchen aus Tausendundeiner Nacht"!

Das moderne Nürnberg

Nürnberg dehnte sich mit der Industrialisierung Mitte des 18. Jahrhunderts rasch außerhalb der Stadtmauern aus. Es entstanden Industriegebiete mit Fabriken zur Eisenverarbeitung und Maschinenbau. Die zahlreichen Menschen, die vom Land in die Stadt wanderten, fanden in Arbeitersiedlungen Wohnungen nahe den Arbeitsstätten. 1835 verkehrte die erste deutsche Eisenbahn zwischen Nürnberg und der Nachbarstadt Fürth. Entlang dieser Achse wuchsen die Nachbarstädte zusammen zum Ballungsraum Nürnberg-Fürth-Erlangen.

Zusammen mit Schwabach und weiteren Städten und stadtnahen Gemeinden erreicht der Großraum Nürnberg heute über eine Million Einwohner. Im Zuge der **Suburbanisierung***, getragen vom Ausbau des Öffentlichen Personennahverkehrs (ÖPNV), konnten die Menschen außerhalb in neuen Trabantenstädten oder im Grünen wohnen und rasch ihre Arbeitsstätte erreichen. In unmittelbarer Nachbarschaft zur Stadt hat sich im Knoblauchsland ein Gartenbau erhalten. Die Betriebe versorgen die Stadtbewohner mit frischem Gemüse. Die Altstadt von Nürnberg ist heute eine touristische Attraktion, in der in Gaststätten und mit kulturellen Veranstaltungen das Image mittelalterlicher Tradition gepflegt wird.

In der nahen Umgebung sind Themenparks, die Fränkische Schweiz und das mittelfränkische Seengebiet lohnenswerte Ausflugsziele für Einheimische und Touristen.

Bevölkerungsentwicklung von Nürnberg

Jahr	Erwachsene
1834	44 456
1880	99 519
1910	333 142
1940	429 400
1950	362 459
1970	478 181
1990	493 692
2000	488 400
2010	505 664
2020	532 331

Nach Stadt Nürnberg; unter: www.nuernberg.de/internet/statistik/jahrbuch.html (Zugriff am 12.04.2022)

12

TERRA **METHODE**

Für eine geowissenschaftliche Analyse wirkt der reale Raum oftmals unstrukturiert und mit Informationen überfrachtet. Geographische Modelle können uns dabei helfen, diese Komplexität zu reduzieren und die Wirklichkeit in vereinfachter Form abzubilden.

Der Vergleich von Modellen ermöglicht es, wesentliche Unterschiede und Gemeinsamkeiten rasch zu identifizieren. Darauf aufbauend können Räume oder Entwicklungsstadien miteinander verglichen werden. Fragen wir also ganz konkret: Wie unterscheidet sich die orientalische Stadt von der deutschen?

1 Tripolis (Libyen)

Stadtmodelle vergleichen

Die orientalische Stadt

Eines der ersten Modelle einer orientalischen Stadt wurde in den 1960er-Jahren vom deutschen Geographen Klaus Dettmann entwickelt (Modell 4). Es verschafft einen Überblick zu den Funktionen und Strukturen der Altstädte mit den Stadtmauern, der Hauptmoschee, dem wirtschaftlichen Zentrum, dem **Wohnviertel*** sowie den Palastanlagen und den Friedhöfen. Wie aber unterscheidet sich die orientalische Stadt von der deutschen?

Modell
Unter einem Modell versteht man ein vereinfachtes Abbild der Wirklichkeit. Es ist auf bestimmte Attribute reduziert, die besonders interessant und relevant erscheinen. Geographische Modelle können v.a. Strukturen, Funktionen oder Prozesse abbilden. Sie können einfach oder komplex sein.

Stadtmodelle
Stadtmodelle oder Stadtstrukturmodelle (Modelle 2–4) sind vereinfachte und idealisierte Darstellungen von räumlichen, sozialen, ökonomischen und kulturellen Aspekten einer Stadt. Sie können bestimmte Regionen oder Zeiten umfassen.

Stadtmodelle vergleichen

1. Schritt: Analyse der Modelle
Bearbeiten Sie zunächst jedes Modell einzeln.
- Analysieren Sie zunächst die **Legende***: Auf welche Aspekte der Wirklichkeit reduziert das Modell? Welche Funktionen, Strukturen oder Prozesse werden abgebildet?
- Fokussieren Sie Ihre Analyse dann auf das Modell selbst: Wo lassen sich die Elemente finden und in welchen Beziehungen stehen sie zueinander?

2. Schritt: Beschreibung der Modelle
Beschreiben Sie nun die jeweiligen Modelle separat.
- Benennen Sie die abgebildeten Elemente (z.B. die **City***).
- Setzen Sie die Elemente der jeweiligen Modelle in räumliche Beziehung zueinander.

3. Schritt: Erläuterung der Modelle
Gehen Sie nunmehr separat auf die in den Modellen abgebildeten Elemente ein, indem Sie ihre jeweiligen Funktionen erläutern und sie in Bezug zueinander setzen.

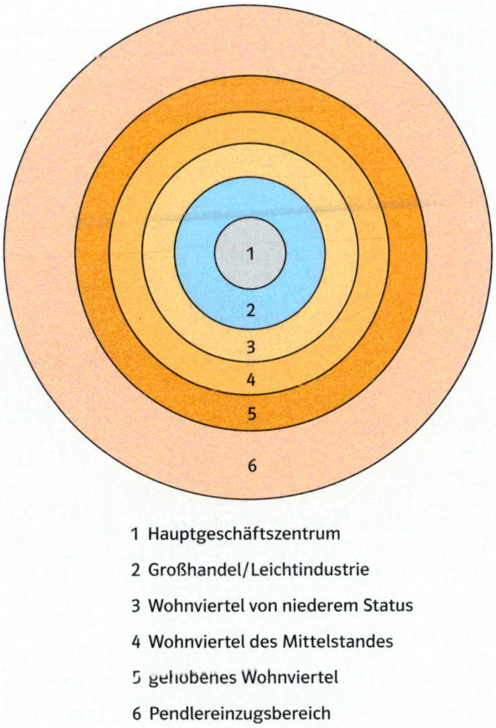

2 **Kreis- oder Zonenmodell: Der Stadtforscher Ernest Burgess entwickelte dieses Modell im Jahr 1925. Es gilt als das erste geographische Stadtmodell.**

3 **Modell der deutschen Stadt**

4. Schritt: Vergleich der Modelle

Vergleichen Sie die Modelle jetzt differenziert miteinander, indem Sie auf Gemeinsamkeiten und Unterschiede eingehen:

- Welche Funktionen, Strukturen und Prozesse sind in den Modellen abgebildet?
- Wie unterscheiden sich die abgebildeten Elemente voneinander, wo gibt es Gemeinsamkeiten?

5. Schritt: kritische Reflexion der Modelle

Beurteilen Sie die Modelle nunmehr kritisch im Hinblick auf ihre Eignung für den Vergleich. Gehen Sie dabei auf folgende Kriterien ein:

- **Maßstab***,
- Grad der Generalisierung (einfach → komplex),
- Art der Darstellung: Strukturen, Funktionen oder Prozesse,
- Aktualität.

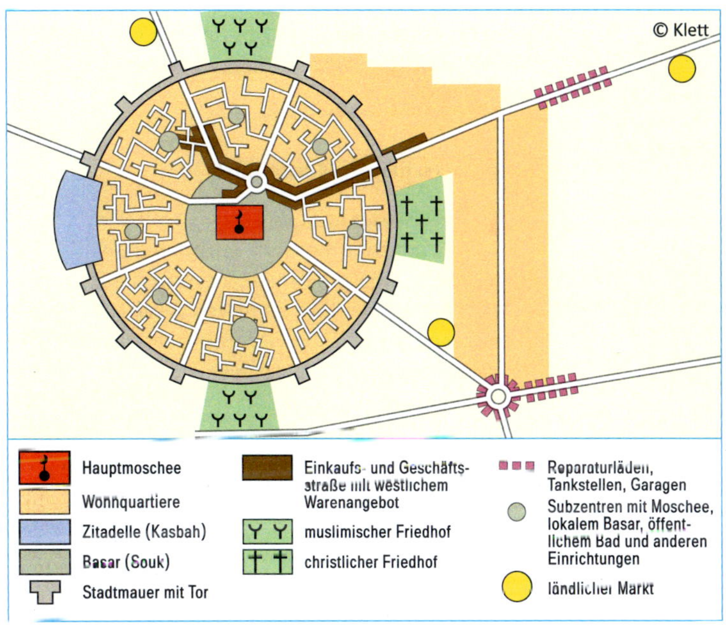

4 **Modell der orientalischen Stadt (nach Klaus Dettmann)**

1 Vergleichen Sie die beiden Stadtmodelle 3 und 4. Vergleichen Sie Ihre Ergebnisse mit Ihrer Partnerin oder Ihrem Partner.

2 Reflektieren Sie das Modell der deutschen Stadt (Modell 3) kritisch: Inwiefern finden Sie Ihre eigene Stadt darin wieder?

3 Überlegen Sie sich den Nutzen und praktische Anwendungsbeispiele von Stadtmodellen. Berücksichtigen Sie dabei auch Foto 1.

1 Die Entstehung der Wüstenformen

Wüstenformen

Oftmals sind unsere Vorstellungen von Wüsten geprägt von Sanddünen und Kamelen. Dabei umfassen sie viel mehr. Zeit für eine Exkursion in die mit neun Millionen Quadratkilometern größte Trockenwüste der Welt, die Sahara.

←
Klima- und Vegetationszonen
Seiten 30 - 33

Hamada
vegetationslose Felswüste; besteht überwiegend aus Fels und kantigen Gesteinstrümmern, das Feinmaterial wurde ausgeweht

Serir
vegetationslose Kieswüste; sie besteht aus Kies und Geröll

Erg
vegetationslose Sandwüste; in der Nähe von Serir und Hamada, aus denen der Sand zu Dünen aufgeweht wurde

Niederschlag ist Mangelware

Sechs Geländewagen sind beladen mit Benzin- und Wasserkanistern, Konserven, Obst und Gemüse für die ersten Tage, mit dem Gepäck von uns Touristen, mit Schlafsäcken und Isomatten. Zwei heiße und trockene Wochen erwarten uns in der **Wüste**!
Bereits der erste Tag auf den Pistenstraßen ist eine Tortur für die Reifen. In Ghadamis wird es dann aber richtig spannend: Hier beginnt die alte Karawanenstraße. Die kantigen Steine der **Serir** zerschneiden stundenlang das Gummi der Reifen. Anschließend geht es hoch ins Gebirge. Hier erschwert das Geröll der **Hamada** die Fahrt und sorgt für die erste Reifenpanne. Endlich geht es wieder herunter. Ein Stopp wird eingelegt, um Luft aus den Reifen abzulassen. So werden sie im Sand der **Erg** mehr Halt finden.

Vor uns liegt ein breites Tal mit Geröll, als ob dort einmal ein Fluss gewesen wäre. Wie ist das zu erklären? Oftmals regnet es jahrelang überhaupt nicht, dann aber gewaltig in Form von Starkregen: Innerhalb weniger Stunden stürzt die Wassermenge eines gesamten Jahres herunter. Die Wassermassen können in den ausgetrockneten Boden nicht einsickern und fließen dann in gefährlich reißenden Fluten oberflächlich ab. Ein solches meist trockenes Tal nennt man **Wadi**.
Jetzt kann die Fahrt weitergehen: über die westlichen Ausläufer der Dünen des Sandmeeres Edeyin Awbari. Hier bleiben doch noch zwei Wagen stecken. Nach zehn Stunden Fahrt ist Ghat erreicht. Wir Touristen erholen uns, die Reifen werden ausgewechselt. Nun können wir zu Hause berichten, wie die Wüste wirklich aussieht.

Bericht deutscher Expeditionsteilnehmer aus der Sahara in Libyen

2

Video
Flug über die Wüste Atacama
da4279

Entstehung der Wüstenformen

Die **Temperaturamplitude** zwischen Tag und Nacht ist groß, weil über der Wüste die Wolkendecke fehlt. Tagsüber dehnt sich daher das Gestein aus, nachts zieht es sich wieder zusammen. Dies führt zur Zermürbung und Sprengung des Gesteins. So bestehen 70 % der Sahara aus der Hamada, die mit grobem, scharfkantigem Gesteinsschutt übersät ist. Durch die **physikalische Verwitterung** wird das Gestein ständig weiter zerkleinert und durch Wind und zeitweise fließendes Wasser weitertransportiert und dabei sortiert.
Etwa 10 % der Sahara sind von Kieswüsten bedeckt. Dort findet man runde Steine, die aus einer Zeit stammen, als das Klima regenreicher war und die Steine im Wasser mitgeführt und gerundet wurden. Nur ein Fünftel der Fläche der Sahara ist mit den Dünenfeldern der Sandwüste bedeckt.

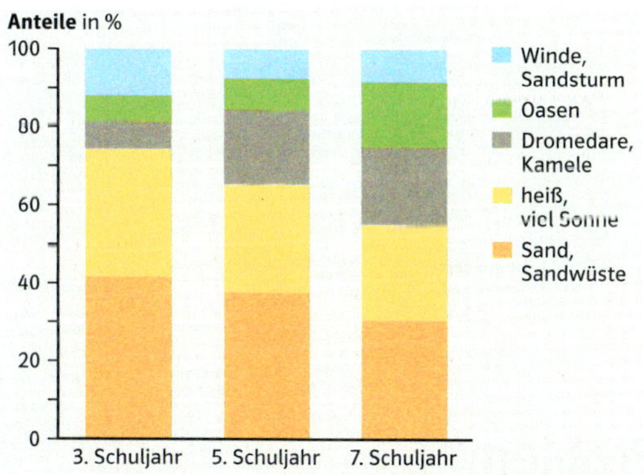

3 Schülervorstellungen zum Thema Wüste

4 Typisch Wüste?

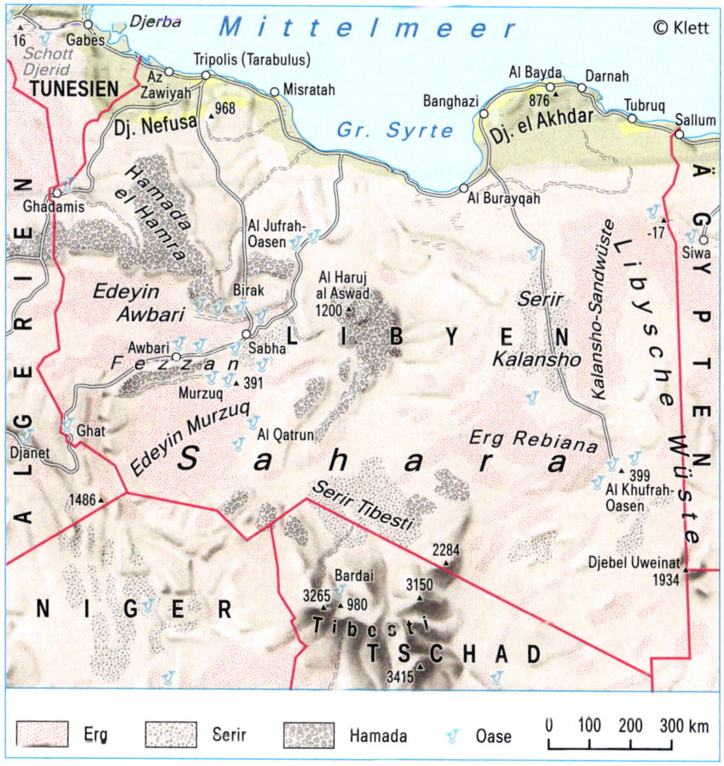

5 Wüstenformen in Libyen

← **Passatzirkulation**
Seiten 36/37

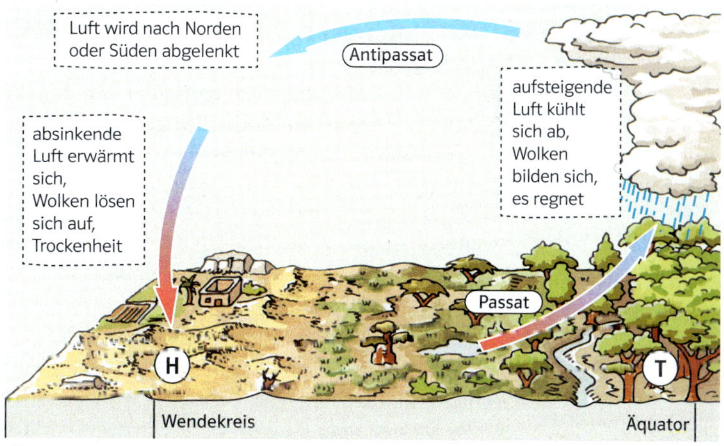

6 Wie Wüsten an den Wendekreisen entstehen

1 Schreiben Sie drei Begriffe auf, die Sie mit dem Thema „Wüste" assoziieren. Sammeln Sie diese gemeinsam an der Tafel und ordnen Sie diese nach der Häufigkeit.

2 Wüstenformen
a) Beschreiben Sie die Fotos in Material 1 und ordnen Sie diese den Wüstenformen zu (Text 2).
b) Erklären Sie die Unterschiede der Wüstenformen, indem Sie auf ihre Entstehung eingehen (Material 1, Text).
c) Beschreiben Sie die Verbreitung der Wüstenformen in Libyen (Karte 5).
d) Erstellen Sie eine Kartenskizze zur Reiseroute der Gruppe (Text 2).

3 Erläutern Sie mithilfe von Grafik 6 sowie den Inhalten der Seiten 36/37 die Entstehung der Wüsten an den Wendekreisen.

4 Bewerten Sie, inwieweit die Schülervorstellungen (Diagramm 3, Foto 4) der tatsächlichen Situation in den Wüsten entsprechen.

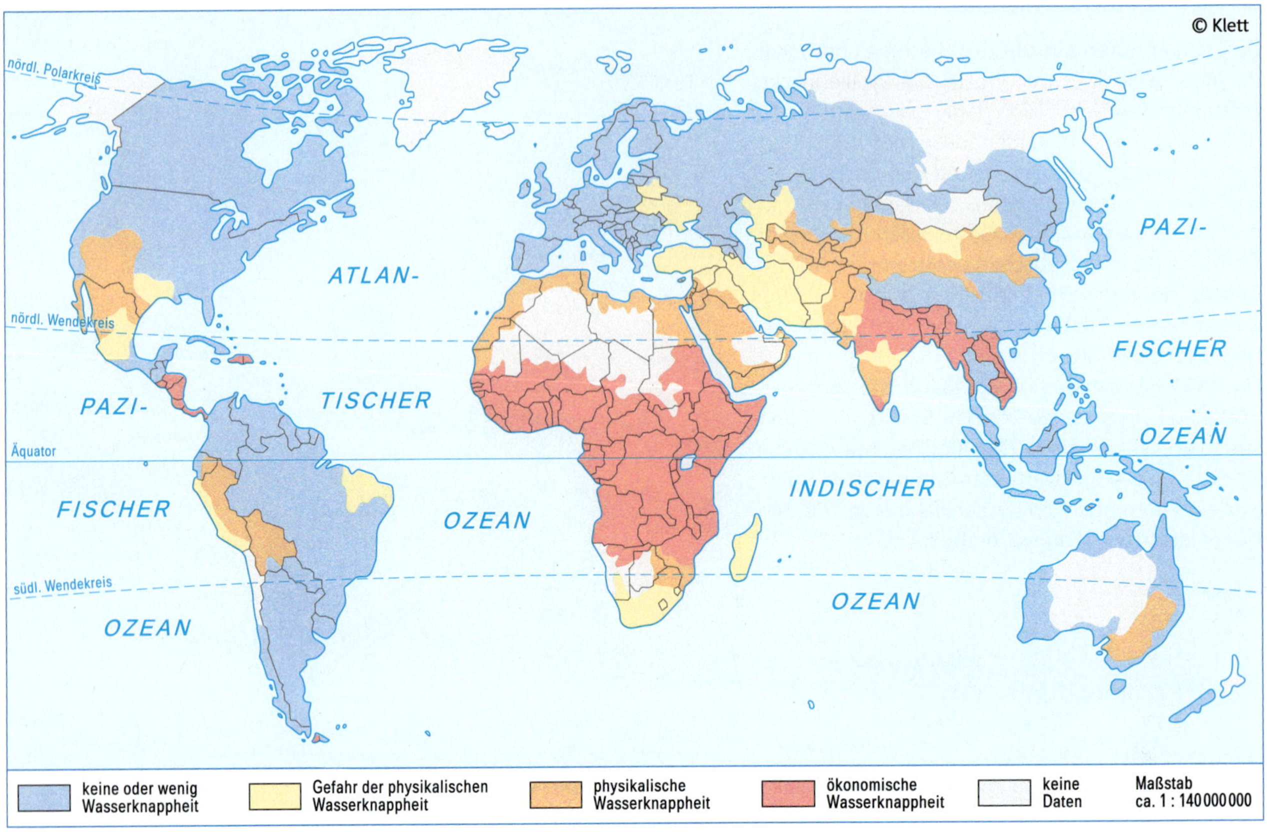

1 Wasserverfügbarkeit auf der Erde

Wasserverfügbarkeit als regionales Problem

Wasser ist auf der Erde unterschiedlich verfügbar. Mit dem Wachstum der Weltbevölkerung steigt der Bedarf kontinuierlich an und in vielen Regionen der Erde sind Konflikte um Wasser unvermeidlich.

Kaum zu glauben

71 % der Erdoberfläche sind von Ozeanen bedeckt. In diesen sind 97 % des gesamten Wassers enthalten. Dabei handelt es sich um Salzwasser, das für viele Landlebewesen nicht verwertbar ist. Der Großteil des Süßwassers ist im Inland- und Gletschereis gebunden, nur 0,019 % befinden sich in Seen und Flüssen.

Weltweit steigt der Wasserbedarf. Gut 10 Prozent fließen heute in private Haushalte, 20 Prozent verbraucht die Industrie und fast 70 Prozent die Landwirtschaft. Dabei gibt es immense regionale Unterschiede. In Europa entfällt mehr als die Hälfte der Wasserentnahme auf die Industrie. In Asien und Afrika werden über 85 Prozent des Wassers für die Landwirtschaft gebraucht.
In trockenen Räumen greift der Mensch auf Bewässerung zurück, um die Landwirtschaft ausreichend mit Süßwasser zu versorgen. Flüsse werden dafür umgelenkt, Grundwasser und Seen angezapft. Vor allem für die Nahrungsproduktion wird immer mehr Wasser gebraucht.
Der sorglose Umgang mit der Ressource Wasser könnte bereits ab der Mitte dieses Jahrhunderts dazu führen, dass Milliarden Menschen unter

1 Kategorisieren Sie die Regionen der Welt nach der Wasserverfügbarkeit mithilfe einer Tabelle (Karte 1).

2 Nennen Sie wesentliche Ursachen der geringen Wasserverfügbarkeit im Nahen Osten und erläutern Sie die regionalen Unterschiede (Karte 2).

3 Recherchieren Sie mithilfe des Internets (siehe Methode S. 154/155) zum Südostanatolien-Projekt und erläutern Sie, warum es sich hierbei um ein Projekt mit besonders hohem Konfliktpotenzial handelt.

4 Beurteilen Sie, inwieweit eine Reduzierung des Pro-Kopf-Verbrauchs von Wasser möglich ist.

Wassermangel leiden. Darüber hinaus können sich bei der hohen Verdunstung und bei falscher Bewässerungstechnik Salzkrusten auf der Bodenoberfläche bilden, weil das Wasser Salze in tieferen Bodenschichten löst und nach oben transportiert.

Wasserverfügbarkeit als regionales Problem

Wasserverfügbarkeit bezeichnet nach der UNESCO diejenige Menge an Süßwasser, die einer Person in einem Jahr zur Verfügung steht. Nicht hinreichende Mengen werden als Wasserknappheit (< 1700 m³/a) bzw. -mangel (< 1000 m³/a), in extremeren Fällen als Wassernotstand (< 500 m³/a) bzw. Wasserkrise klassifiziert. Ist der Wasserbedarf einer Region höher als die natürlich vorhandenen Ressourcen, spricht man von physikalischer Wasserknappheit. Verhindern Missmanagement oder eine ungenügende Infrastruktur eine effektive Wassernutzung, wird von ökonomischer Wasserknappheit gesprochen (siehe Karte 1).
Der Nahe Osten gilt als Region geringer Jahresniederschläge wie auch steigender Bevölkerungszahlen. Aktuelle Prognosen gehen daher davon aus, dass Wasserkrisen in der Region unausweichlich sind. Lösungsansätze bietet vor allem ein transnationales Wassermanagement, das eine Reduktion des Pro-Kopf-Verbrauchs, eine gerechte Wasserverteilung sowie eine effiziente, ressourcenschonende Wassernutzung verfolgen muss.

Konfliktfelder der Wasserverteilung im Nahen Osten

Um die Wasserversorgung ihrer Bevölkerung sicherzustellen, bedienen sich Staaten, wie beispielsweise die Türkei, Israel und Syrien, bei Flüssen und Aquiferen (Gesteinskörper, die Grundwasser enthalten). Damit ergeben sich Konfliktpotenziale, etwa wenn flussabwärts gelegene Regionen durch abnehmende Wasserführungen der Flüsse benachteiligt werden oder wenn moderne Pumpanlagen die Grundwasserspiegel so weit sinken lassen, dass sie durch traditionelle Brunnenanlagen nicht mehr erschließbar sind.
Als besonders konflikttrachtige Regionen im Nahen Osten gelten die Euphrat-Unterlieger in Südost-Anatolien (GAP-Projekt der Türkei), das Jordan-Becken sowie das Disi-Aquifer (siehe Karte 3). Hier konkurrieren mehrere Staaten um das knappe Gut Wasser, und der Mangel spitzt sich immer weiter zu.

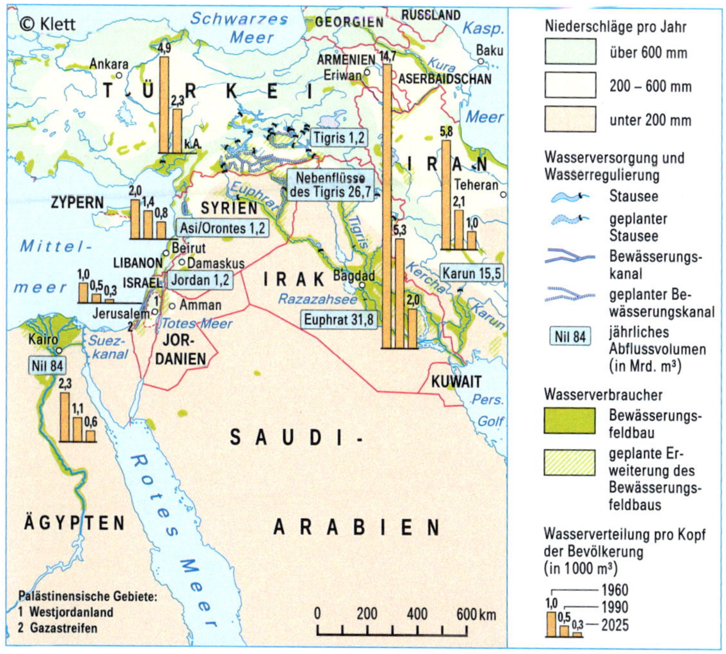

2 Veränderungen der Wasserverfügbarkeit pro Kopf der Bevölkerung in den Ländern des Nahen Ostens 1960 – 2025

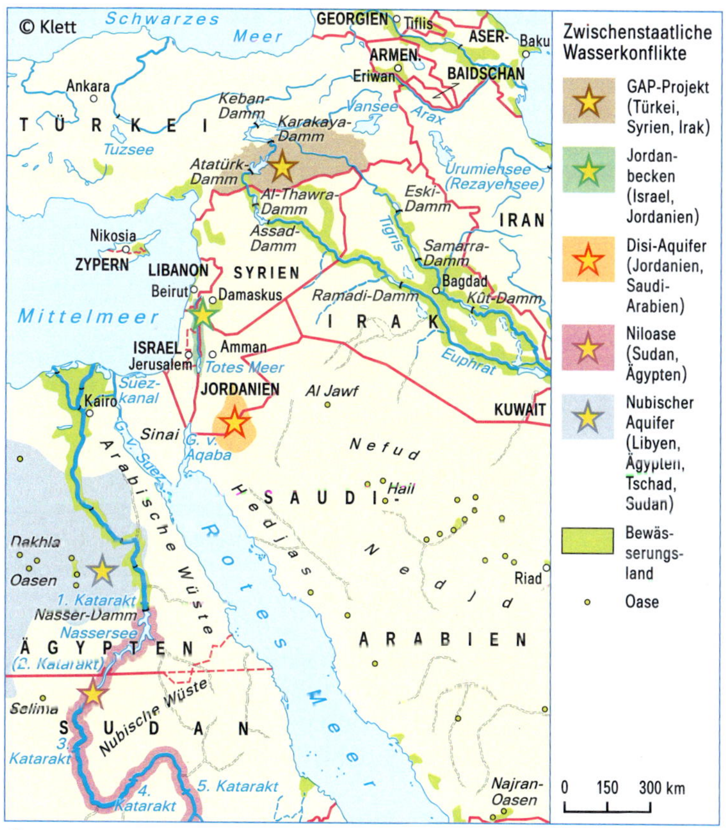

3 Räumliche Konfliktfelder um zwischenstaatliche Wasserverteilung im Nahen Osten

1 Der vom Jordan durchflossene See Genezareth

3 Karussellbewässerung

4 Tröpfchenbewässerung

Wassermangel als Entwicklungshemmnis?

Die Frage der gerechten Verteilung von Wasser im Nahen Osten führt immer wieder zu Konflikten, denn Wasser ist ein rares Gut. Lediglich im türkischen Taurus-Gebirge sowie in den Bergen des Libanon fallen hohe Niederschläge. Die Versorgung mit Wasser wird daher zum Problem. Das gilt vor allem für Israel und seine Anrainer.

2

Der Nahe Osten ist eine der niederschlagsärmsten Regionen der Welt. So hat der 251 km lange Jordan neben einigen wenigen Grundwasserreservoirs eine zentrale Bedeutung für die Wasserversorgung Israels und seiner Nachbarregionen. Allerdings ist der Bedarf an Wasser deutlich höher, als dem relativ kleinen Fluss entnommen werden kann.

1967 besetzte Israel das Westjordanland. Hier befinden sich die drei Hauptquellen und die wichtigsten Tributäre des Jordans (Karten 2 und 8). Seitdem werden etwa 90 % des Jordanwassers nach Israel geleitet, wo es vor allem für die exportorientierte **Bewässerungslandwirtschaft*** in der Negev-Wüste verwendet wird. Für die Anrainerstaaten stehen damit nur die relativ kargen Grundwasserreserven sowie ein geringer Teil des Jordanwassers zur Verfügung.

Jordanien benötigt vor allem Wasser aus dem See Genezareth (Foto 1), durch den der Jordan fließt. Ein 1994 abgeschlossener Vertrag zwischen Israel und Jordanien regelt die Wasserentnahme. Doch der See führt nur in den oberen Schichten Süßwasser; darunter steigt der Salzgehalt stark an. Wird zu viel Oberflächenwasser entnommen, droht der See umzukippen und dauerhaft zu versalzen. Während Israel vor allem die Süßwasserschicht ableitet, kann Jordanien oft nur die tiefergelegenen Reservoirs abpumpen, die wiederum erst durch teure Entsalzungsanlagen nutzbar gemacht werden können.

Beide Länder bemühen sich darum, den Wasserverbrauch in der Landwirtschaft einzuschränken. Sie arbeiten dabei vor allem mit der Karussellbewässerung, bei der das kostbare Nass über drehbare Sprinkleranlagen ausgebracht wird (Foto 3) oder mit der kostenintensiveren, jedoch effizienteren Tröpfchenbewässerung, bei der die exakt benötigten Wassermengen über Auslässe an Schläuchen direkt an die Pflanzen abgegeben werden (Foto 4).

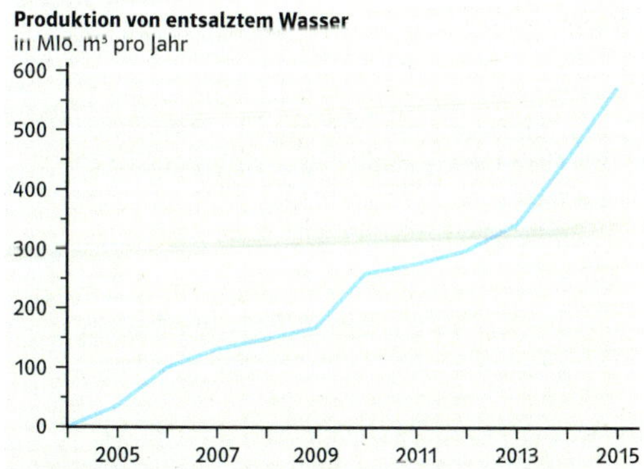

5 Produktion von entsalztem Wasser in Israel

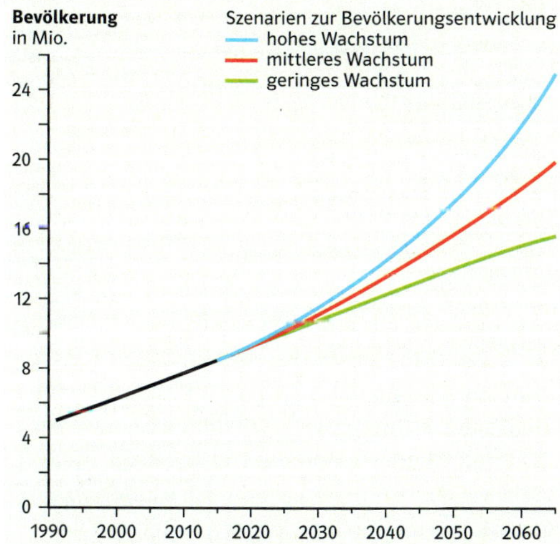

6 Israel: Prognosen zur Bevölkerungsentwicklung

8 Wasserversorgung in Israel und in den palästinensischen Gebieten

Wasseraufbereitung, -einsparung und -entsalzung als Lösung?

Um den Wassermangel in der Region zu entschärfen, verfolgt Israel im Wesentlichen vier Strategien: den Ausbau der Meereswasserentsalzung, die Wiederaufbereitung von Wasser, die Optimierung des Wassereinsatzes in der Landwirtschaft und Industrie sowie die Reduzierung des Konsums in den Privathaushalten. Dabei werden erste Erfolge ersichtlich. So hat sich der Verbrauch an Fluss- und Grundwasser seit 1967 um 80 Prozent verringert, die Produktion von entsalztem Meerwasser wurde deutlich ausgebaut und knapp 90 Prozent des Wassers werden heute recycelt. Andererseits liegt der Wasserverbrauch israelischer Haushalte über dem vieler Industriestaaten und deutlich über dem der Nachbarregionen. Zudem führt die Entsorgung der Reste der Meerwasserentsalzung durch den damit verbundenen Anstieg des Salzgehaltes zu ökologischen Belastungen in den Küstenregionen. Problematisch ist weiterhin der hohe Energieverbrauch der Entsalzungsanlagen. Solarstrom könnte hierfür in Zukunft eine Lösung sein.

7

1 Arbeiten Sie mit Karte 8 und dem Atlas:
a) Verorten Sie Israel, Jordanien und das Westjordanland.
b) Beschreiben Sie den Jordanverlauf. Berücksichtigen Sie angrenzende Regionen und die landwirtschaftliche Nutzung.

2 Erläutern Sie anhand der Karte 8 die Wasserversorgung in Israel.

3 Beurteilen Sie die Maßnahmen Israels zur Verringerung des Wassermangels (Haupttext, Materialien 3 bis 7).

4 Diskutieren Sie, inwieweit der Konflikt um die Wassernutzung des Jordan lösbar ist.

Oasen im Wandel

Lernaufgabe

In Trockenwüsten ist das Wasser knapp. Große Ausnahmen bilden seit Jahrhunderten Oasen, grüne Inseln mit Siedlungen, Gärten, Obstbäumen und Palmen. Aber wie werden die Oasen heute genutzt und wie bedeutend ist Nachhaltigkeit dabei? Fassen Sie Ihre Antworten übersichtlich zusammen.

←
Oasen
Seite 44/45

→
Informationen finden
Seiten 154/155

1 Fertigen Sie eine Skizze an, in der Sie den Wandel der traditionellen Oasen abbilden (Seiten 44/45 und 86/87).

2 Stellen Sie mithilfe von Text 2 den Stockwerkbau in einem Oasengarten grafisch dar.

3 Erörtern Sie, warum die Dattelpalme eine „ideale" Oasenpflanze ist (Text 2, Grafik 1).

4 Werten Sie das Satellitenbild 4 aus (siehe Methode auf S. 167).

5 Diskutieren Sie das Für und Wider einer zunehmenden Intensivierung der Landwirtschaft in Oasen.

6 Recherchieren Sie im Internet und im Atlas: Beschreiben Sie die Lage der touristisch erschlossenen Oasen Ägyptens und begründen Sie, warum es sich bei den meisten Oasen um touristisch nur schwer zu erschließende Orte handelt.

7 Diskutieren Sie das touristische Angebote der Oase Siwa vor dem Hintergrund der touristischen Nachhaltigkeit (Material 3).

Erzeugnisse aus der Dattelpalme

- Aus den getrockneten Blättern werden Matten und Körbe hergestellt.
- Der Stamm der Palme liefert Holz.
- Reife Datteln werden frisch gegessen oder zu „Dattelbrot" gepresst.
- Von dem Saft aus dem Stamm oder aus den „Palmherzen" können Erfrischungsgetränke hergestellt werden.

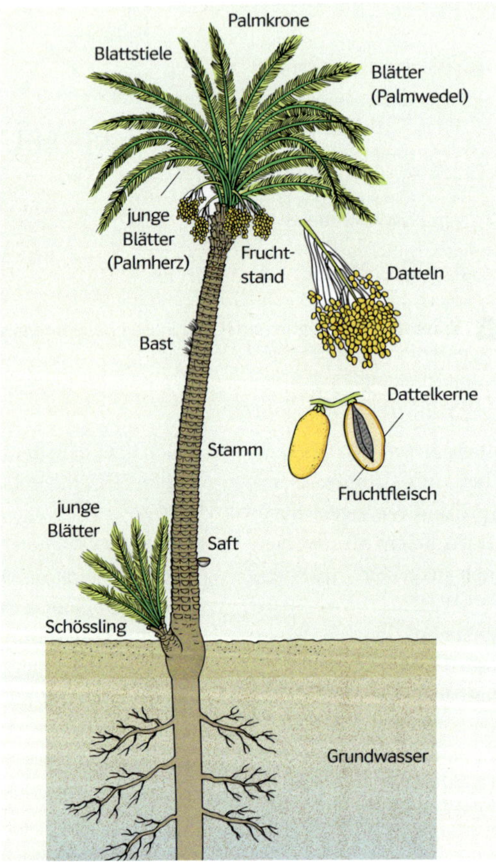

1 **Bestandteile der Dattelpalme**

Im Oasengarten

Fast alles, was die Bauern in einer **Oase** zum Leben brauchen, können sie selbst erzeugen. Die Bepflanzung in den Oasengärten ist stockwerkartig angelegt. Die unterste Schicht bilden Gemüse wie Tomaten, Melonen, Bohnen und Zwiebeln. Auch Weizen, Gerste und Futterpflanzen werden angebaut. Denn viele Oasenbauern halten zudem Schafe, Ziegen und Rinder.
Alle diese Pflanzen erhalten Schatten von den Obstbäumen. Diese liefern Granatäpfel, Feigen, Orangen und Zitronen. Die Dattelpalme überragt alles und spendet zusätzlich Schatten. Die Anbauflächen sind klein und werden daher intensiv bearbeitet. Für den Bewässerungsfeldbau steht nur eine begrenzte Menge Wasser zur Verfügung. Vielfach verzweigte größere und kleine Kanäle sorgen für eine sparsame und gerechte Wasserverteilung. Da der Oasengarten sehr kostbar ist, befindet sich die Siedlung meist am Rand der Oase zur Wüste hin.

2

Die nordafrikanischen **Oasen** weisen eine jahrhundertelange Tradition auf und sind eng mit dem historischen Netzwerk von Karawanenstraßen verknüpft. In den Oasen konnten sich **Nomaden** mit ihren Kamelen mit Nahrung und Wasser versorgen. Im Gegenzug verkauften und tauschten die ansässigen Bauern ihre Agrarprodukte, vor allem Datteln, gegen Handelsgüter aus Zentralafrika und dem Mittelmeerraum.

Mit der zunehmenden Industrialisierung und Motorisierung des Güterverkehrs, dem Rückgang des Karawanenhandels und der rückläufigen Nachfrage nach Datteln verloren die Oasen im 20. Jahrhundert ihre traditionelle Bedeutung. Neuen Aufschwung bringt vor allem der **Tourismus***, der zu einer deutlichen Verbesserung des Einkommens beitragen kann, aber zusätzlich Wasser verbraucht (z.B. für Pools).

Steht genügend Wasser zur Verfügung und werden moderne Bewässerungsmethoden eingesetzt, so können ganzjährig hohe agrarische Erträge erzielt werden. Die Anbauprodukte sind dabei zunehmend auf den Weltmarkt ausgerichtet.

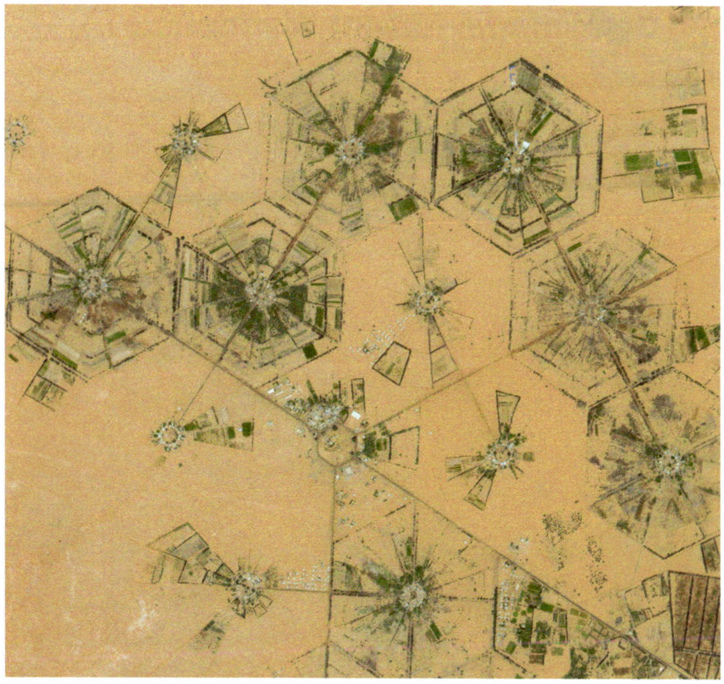

4 **Bewässerungstechniken in den Kufra-Oasen (Libyen)**

Oase Siwa

Unterkünfte für Touristen

Tourismusziel Oase Siwa (Ägypten)

Die Oase Siwa ist die westlichste Oasengruppe Ägyptens. Bei einer Länge von etwa 80 Kilometern und einer Breite von 2 bis 20 Kilometern ist sie von ca. 23 000 Menschen, vorwiegend Berbern, bewohnt. Neben üppigen Grundwasserreservoirs sind vor allem mineralhaltige Quellen sowie kleine Salzseen typisch.

Die Oase Siwa weist eine bewegte Geschichte auf, die bis in die Zeit der Pharaonen zurückreicht. In der Antike gab es hier ein im ganzen Mittelmeerraum bekanntes Orakel, das angeblich in die Zukunft blicken konnte. Traditionell wird in der Oase Siwa Landwirtschaft betrieben. Heute findet man dort mehr als 300 000 Dattelpalmen sowie 70 000 Olivenbäume, die überwiegend für den Export genutzt werden, sowie Obst- und Gemüseanbau für den lokalen Markt.

In den vergangenen Jahren ist die touristische Bedeutung stark gestiegen.

Touristische Ausflugsziele in der Oase Siwa (Auswahl):

- „Berg der Toten“ mit etwa 1 500 Gräbern aus der Zeit der Pharaonen
- „Cleopatras Pool“, ein Naturbadesee mit kristallklarem Wasser
- „Shali“, die historische Altstadt mit Basaren und Moscheen
- „Tempel des Orakels“, die Ruine der Heimat des Orakels von Siwa aus dem 6. Jahrhundert vor Christus
- „Fatnas Island“, eine Palmeninsel mit Bademöglichkeiten inmitten des Oasensees Siwa
- „Siwa Museum“, ein volkskundlich-historisches Museum
- die Oasengärten von Siwa

3

Nomadismus im Wandel

Wählen Sie aus!

Modern oder doch eher traditionell?
In Europa gibt es kaum mehr Menschen ohne festen Wohnsitz. Ganz anders aber in Teilen Afrikas und im Orient. Hier ist der Nomadismus kulturell verankert. Aber wie hat er sich in der Moderne verändert? Wählen Sie nach Ihrem Interesse eine Aufgabe aus (Aufgabe 1 oder Aufgabe 2).

Sie interessieren sich für traditionelle Formen des Nomadismus.

1 Charakterisieren Sie die traditionelle Form des Nomadismus auf Grundlage von Text 1, den Fotos 2 und 6 sowie Grafik 8 auf S. 45.

Sie möchten sich mit modernen Formen des Nomadismus auseinandersetzen.

2 Stellen Sie die moderne Form des Nomadismus dar, indem Sie die Texte 1 und 3 auswerten.

Gemeinsame Aufgaben

3 Nomadismus tritt nicht nur in Nordafrika und im Nahen Osten auf, sondern im gesamten altweltlichen Trockengürtel Nordafrikas, Osteuropas, Vorder- und Zentralasiens sowie in den Tundren Nordeurasiens und in den Bergregionen vieler Kontinente. Diskutieren Sie Gemeinsamkeiten, die zur Verbreitung in diesen Regionen geführt haben.

4 Erörtern Sie das Schicksal der Tuareg seit deren Rückzug vom Vollnomadismus (Text 5).

5 Diskutieren Sie anhand der Aussage Gruschkes in Text 4, inwieweit Nomadismus in einer modernen Form als weltweites Phänomen bezeichnet werden kann.

← **Nomadismus** Seite 45

2 Traditionelle Karawane in Marokko

Charakteristika des Nomadismus

Die nomadischen Völker in den Trockenräumen Nordafrikas und Vorderasiens waren über Jahrhunderte die „Herren der Wüste". Ihre mobile Wirtschafts- und Lebensweise stellt eine gelungene Anpassung an den lebensfeindlichen Raum Wüste dar: Dem Sonnenstand und der Verfügbarkeit von Wasser folgend, suchen sie ihre Weidegründe und können so den Lebensunterhalt für sich und ihre Familien sichern. Nomaden haben keinen individuellen Bodenbesitz, sondern nur einzelne Nutzungsrechte. Die Viehhaltung bildet für die Nomaden die Wirtschaftsgrundlage. Entsprechend den naturräumlichen Voraussetzungen werden Kamele, Dromedare, Pferde, Rinder, Yaks, Schafe oder Ziegen gehalten. Beim Vollnomadismus bestimmt der Zwang zur Wasser- und Futtersuche den Wechsel der Wohnplätze. Er kann mit saisonalen oder mit episodisch ungerichteten Wanderungen einhergehen. Allen Bewegungen gemein ist die dauerhafte Mobilität der gesamten sozialen Gruppe. Die Art der Behausungen und die Lebensweise in den zugehörigen Großfamilien, Sippen oder Stämmen sind diesen Wanderungen angepasst. Heute ist Halbnomadismus am weitesten verbreitet. Bei dieser Wirtschaftsform wandert nur ein Teil der Sippe mit den Herden mit, während oftmals Frauen, Kinder und ältere Familienmitglieder in Dauersiedlungen wohnhaft bleiben. Neben der Viehhaltung werden Ackerbau, Handel und Transport betrieben.
Nomadismus lässt sich auch nach den Räumen, in denen die Gruppen unterwegs sind, unterscheiden: In den Wüsten sind es häufig sehr weite, horizontale Wanderungen. In den Gebirgsregionen wie im Atlas oder im Hochland von Iran sind es eher kürzere, vertikale Wanderbewegungen. Bei kurzen Distanzen von wenigen Kilometern im Jahr spricht man zudem vom Nahwanderer-Nomadismus, bei größeren vom Fernwanderer-Nomadismus.

1

Nomadismus im Wandel

Die heutige, völlig veränderte Situation der Nomadenvölker in Nordafrika und im Vorderen Orient entstand als Ergebnis der politischen Veränderungen seit der **Kolonialisierung** durch die Europäer. Die willkürliche Landnahme und Grenzziehungen mit dem Lineal auf der Karte (z. B. zwischen Mali und Algerien) schränkten die Bewegungsräume der Nomaden ein. Die traditionellen Weidegebiete wurden zu Ackerflächen, **Nationalparks*** oder militärischen Sperrgebieten. Auf der Arabischen Halbinsel waren es vor allem die Erdölfunde, die zur Vertreibung der traditionellen Nomadenwirtschaft führten; die Weideflächen wurden zu Erdölförderflächen. Durch die Anlage von Straßen und die Nutzung moderner Transportmittel wurde der traditionelle Karawanenhandel verdrängt. Die mit der wachsenden Bevölkerung verbundene Übernutzung der Räume vor dem Hintergrund der Auswirkungen des gegenwärtigen Klimawandels bedingte eine weitere Einschränkung des Lebensraums der Nomaden durch Desertifikation. Darüber hinaus haben die Regierungen der neu gegründeten Nationalstaaten in der 2. Hälfte des 20. Jh. Anstrengungen auf die Sesshaftmachung der Nomaden verwandt. Das wurde sogar in den Verfassungen einiger Länder festgeschrieben. So ist der Niedergang des Nomadentums oft eine Folge des Konflikts zwischen der Macht des Staates und der Macht der Nomaden. Für die Regierungen galten umherziehende Bevölkerungsgruppen häufig als Unsicherheitsfaktor. Die Nomaden waren für die Länder statistisch nicht zählbar, nicht fassbar; sie zahlten keine Steuern, konnten nicht für den Militärdienst herangezogen werden und wurden so eher als „Störfaktoren" eingeordnet. Für die Nomaden bedeutet jedoch das Sesshaftwerden nicht Sicherheit und Verbesserung, für sie ist es ein sozialer Abstieg.

3

Nomadische Lebensformen

„[...] ‚Nomadisch sind Organisationsformen von Arbeit und Leben, die in Person, Arbeitsmitteln, Arbeitsplatz und Wohnungen beweglich sind, die es erlauben, geo- oder sozialklimatischen Unbilden auszuweichen.' [...]"

Andreas Gruschke. Nomaden ohne Weide? In: Eurasisches Magazin vom 30. Mai 2006; unter https://www.eurasischesmagazin.de/artikel/Nomaden-ohne-Weide/20060510

4

Die Tuareg

Bei den Angehörigen des Volkes der Tuareg sind strenge Hierarchien und feste soziale Strukturen ein wichtiger Bestandteil ihres Traditionsbewusstseins. Das traditionelle Wander- und Weidegebiet dieses Nomadenvolkes verteilt sich über Algerien, Libyen, Burkina Faso, Mali und Niger (Karte 7). Doch Landnutzungskonflikte mit sesshaften Bauern, die Militarisierung der Sahara und die Dürrekatastrophen in den 1970er-Jahren schränkten ihren Wirtschafts- und Lebensraum immer mehr ein. So wurden junge Tuareg in die Städte getrieben, um Arbeit zu finden, wo sie aber aufgrund ihrer schlechten Ausbildung oft benachteiligt und diskriminiert sind. Sie leben in den Elendsvierteln der Städte und in Lagern oder sie wurden von Machthabern wie Muammar al-Gaddafi für militärische Einsätze ausgebildet und instrumentalisiert. Auch bei den letzten politischen und militärischen Auseinandersetzungen in den Staaten Nordafrikas, wie Libyen, wurden die Tuareg wieder Spielball der Machthaber. In ihrem Kampf um Gründung eines eigenen Staates in der Wüste stehen sie allein: Alle seit 1991 geführten Kämpfe und Rebellionen der Tuareg in Libyen, Niger und Mali wurden niedergeschlagen, kosteten viele Opfer und schränkten sie in ihrem Lebensraum weiter ein.

5

7 Lebensraum der Tuareg

← Klimawandel Seite 50 – 61

→ Desertifikation Seite 106 – 117

6 Tuareg-Familie vor typischer Zeltunterkunft aus Palmenblättern

Anlässe für Aufenthaltstitel in der EU	
Arbeit	41 %
Familie	27 %
Bildung	14 %
Asyl	9 %
Sonstige	9 %

Quelle: Europäische Kommission: Statistik zur Migration nach Europa; unter https://ec.europa.eu/info/strategy/priorities-2019-2024/promoting-our-european-way-life/statistics-migration-europe_de (Zugriff am 17.06.2021)

1

3 Migranten auf dem Mittelmeer

4 Flüchtlinge auf dem Weg aus Syrien

Migration

Fast vier Prozent der Menschen auf der Erde leben in Ländern, in denen sie nicht geboren wurden. Was sind die Gründe hierfür und welche Zusammenhänge zwischen dem Orient und Europa bestehen dabei?

Erstmalige Asylanträge in der EU im Jahr 2019 nach Herkunftsregion	
Asien*	23 %
Afrika	23 %
Lateinamerika	21 %
Mittlerer Osten	21 %
Europa	10 %
Sonstige	2 %

*ohne Mittleren Osten
Europäische Kommission: Statistik zur Migration nach Europa; unter https://ec.europa.eu/info/strategy/priorities-2019-2024/promoting-our-european-way-life/statistics-migration-europe_de (Zugriff am 17.06.2021)

2

Unter **Migration** versteht man die relativ dauerhafte räumliche Verlagerung des Lebensmittelpunktes. Die internationale Migration zwischen zwei Ländern wird dabei von der Binnenmigration innerhalb eines Landes abgegrenzt.
Bereits seit der Steinzeit wandern Menschen massenhaft. Beispielsweise wurden durch die sogenannte Griechische Kolonisation vor etwa 3 000 Jahren der südöstliche Mittelmeerraum sowie Teile der Küsten des Schwarzen Meeres bevölkert. Mit dem Einbruch der Hunnen in Europa kam es zwischen dem 4. und 6. Jahrhundert zur Hochphase der europäischen Völkerwanderung, während der vor allem germanische Stämme in erheblichem Umfang umsiedelten. Mit der Entdeckung Amerikas wurde die Phase der Europäischen Expansion eingeleitet, wobei große Teile Nord-, Mittel- und Südamerikas, später auch Afrikas und Asiens weitestgehend gegen den Willen der indigenen Bevölkerung besiedelt wurden.
Heute immigrieren mehr Menschen nach Europa als emigrieren. Die **Push-Faktoren** und **Pull-Faktoren** hierfür sind vielfältig. Ein Teil der Immigranten kommt unfreiwillig, zum Beispiel als Flüchtlinge aufgrund von Kriegen, religiöser oder politischer Verfolgung oder Natur- bzw. humanitären Katastrophen.

Die **EU*** verfolgt eine gemeinsame Immigrationspolitik. Um nach Europa einreisen und sich dort aufhalten zu können, benötigen alle Immigranten einen Aufenthaltstitel, der offiziell genehmigt werden muss. Politisch Verfolgte können in den Staaten der EU zudem Asyl beantragen, um so vor Gefahr für Leib und Leben geschützt zu werden. Ab 2015 kam es zu einer großen Einwanderungswelle nach Europa, bei der rund eine Million syrische Kriegsflüchtlinge Schutz in Deutschland suchten.
Immigration wird in den Aufnahmeländern oftmals kontrovers diskutiert. Als besonders problematisch wird dabei vor allem die illegale Immigration mittels Menschenschmuggel gesehen, bei der Fremde außerhalb der Kontrolle und ohne Wissen der Behörden in ein Land einwandern.

1 Fertigen Sie eine Übersicht der historischen Phasen der Migration nach/aus Europa mithilfe des Atlas an.

2 Erläutern Sie die Anlässe für Aufenthaltstitel in der EU (Tabelle 1). Unterscheiden Sie zwischen freiwilliger und unfreiwilliger Migration.

5 Hauptrouten der Migration nach Europa

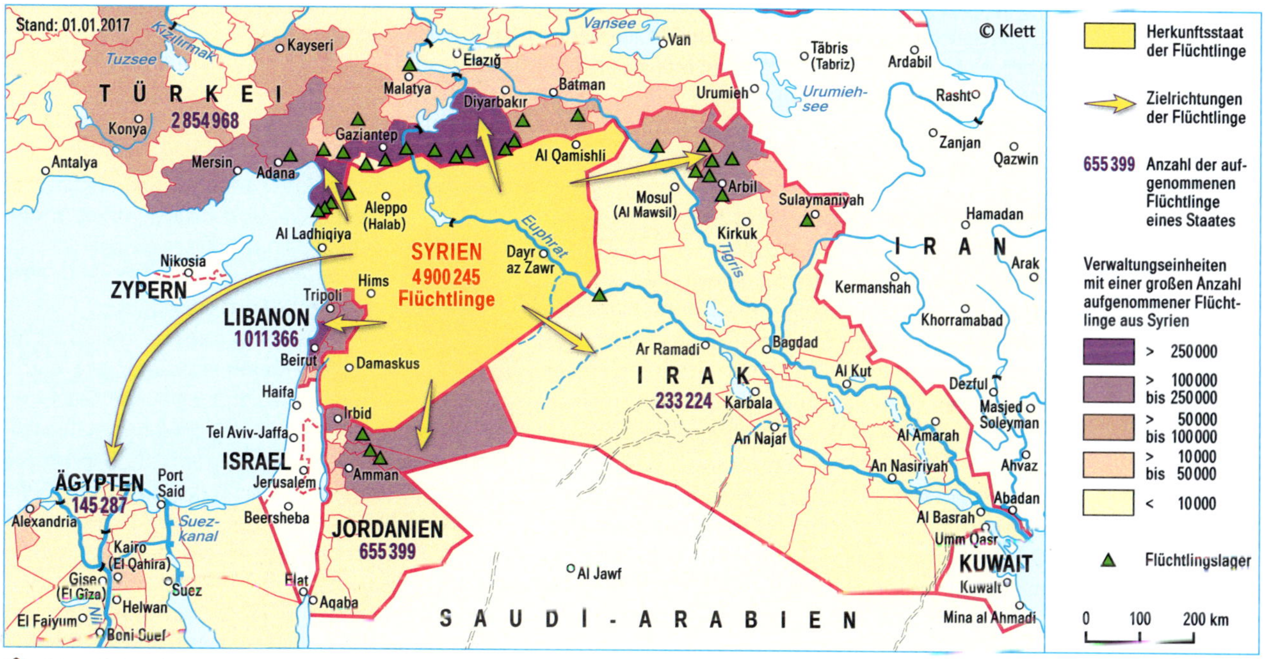

6 Bürgerkriegsflüchtlinge aus Syrien (2017)

3 Beschreiben Sie die Herkunftsregionen der Asylanträge in die EU (Tabelle 2) und überlegen Sie sich mögliche Ursachen.

4 Erörtern Sie den Zusammenhang von Entwicklungsstand und Migration in die EU anhand von Karte 5.

5 Während des syrischen Bürgerkrieges mussten mehrere Millionen Menschen ihr Land verlassen und fanden in Flüchtlingslagern Schutz. Beschreiben Sie die Fluchtwege zu diesen Lagern mithilfe von Karte 6.

6 Aufgrund des gegenwärtigen Klimawandels ist eine Zunahme des Wassermangels im Orient zu befürchten. Beurteilen Sie, inwieweit hieraus Migrationsbewegungen nach Europa entstehen können.

1 Erdölraffinerie am Persischen Golf

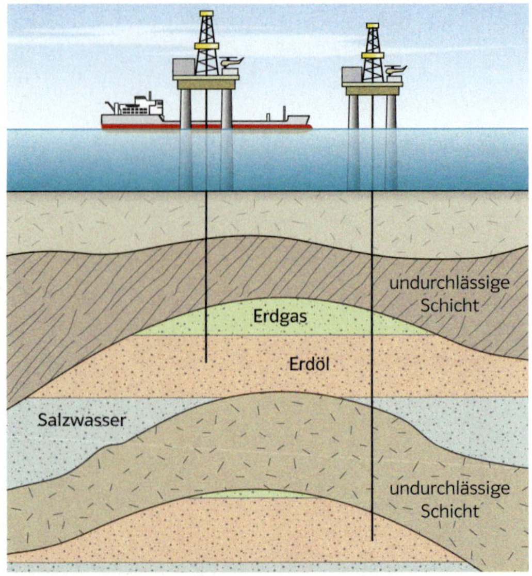

2 Konventionelle Erdgas- und Erdölförderung

Erdöl – „schwarzes Gold" der Golfstaaten

Jeden Tag werden auf der Erde rund 15 Milliarden Liter Erdöl verbraucht. Als Rohstoff ist es unverzichtbar und beschert den Staaten am Persischen Golf in hohem Maße Einnahmen. Wie ist dieser Rohstoff entstanden und welche Wege gibt es aus der weltweiten Abhängigkeit vom Erdöl?

Schon gewusst?
Traditionell wird die Ölmenge in Barrel (bbl. oder bl.) angegeben, wobei ein Barrel 159 Litern entspricht.

Industrieland
Staat mit hohem technologischen Entwicklungsstand und einem ausgeprägten sekundären Sektor sowie einem damit einhergehenden Bedarf an Rohstoffen.

←
Industrieland
Seite 6

Die Entstehung von Erdöl

Bezüglich der Entstehung von **Erdöl** gibt es unterschiedliche Auffassungen. Während die „abiotischen Thesen", wonach der **Rohstoff*** durch die Umwandlung von Kohlenwasserstoffen in der Erdkruste entstanden sei, heute kritisch betrachtet werden, erfährt die „biotische These" größere wissenschaftliche Akzeptanz. Demnach stellen **Plankton*** und Algen in flachen Meeren den Ausgangspunkt dar. Nach deren Absterben sanken sie auf den Meeresgrund und bildeten mit Tonen, Sanden und Kalken mächtige Faulschlammschichten. Durch Druck, Wärme und Bakterien wandelten sich diese Schichten über lange Zeiträume hinweg in **Erdgas** und Erdöl um. Entlang von Poren, Spalten und Hohlräumen wanderten Erdöltröpfchen und Erdgas in darüberliegende Gesteinsschichten. Undurchlässige Sperrschichten sorgten schließlich dafür, dass sich relativ leicht abbaubare **Lagerstätten** von Erdöl und Erdgas bilden konnten.

Erdöl vom Persischen Gold

Nirgendwo auf der Welt gibt es so riesige Erdölvorräte wie im Persischen Golf. Auch aufgrund ihrer deshalb geopolitischen und wirtschaftlichen Bedeutung ist die Region geprägt von Konflikten und Grenzstreitigkeiten, die sich insbesondere in den Golfkriegen 1980, 1990 und 2003 entluden.
1960 gründeten unter anderem Saudi-Arabien, Iran, Irak und Kuwait die OPEC (Organization of Petroleum Exporting Countries), welche die jährliche Fördermenge in der Region festlegt und damit auch einen erheblichen Einfluss auf den Weltmarkt im Allgemeinen und Industrieländer wie Deutschland im Speziellen ausüben kann. So können die Preise bei steigender Nachfrage durch die OPEC erhöht werden. Sinkt die Nachfrage, so kann darauf mit verringerten Fördermengen reagiert werden, um das Preisniveau zu stabilisieren.
Durch Raffinierung (Foto 1) wird Erdöl in den **Industrieländern** zu leichtem und schwerem Heizöl sowie zu Kerosin und Benzin weiterverarbeitet.

1 Golfstaaten
a) Erklären Sie den Begriff „Golfstaaten".
b) Benennen und verorten Sie die Golfstaaten mithilfe von Karte 3 und Ihrem Atlas.

Material
Erdölentstehung
da4279

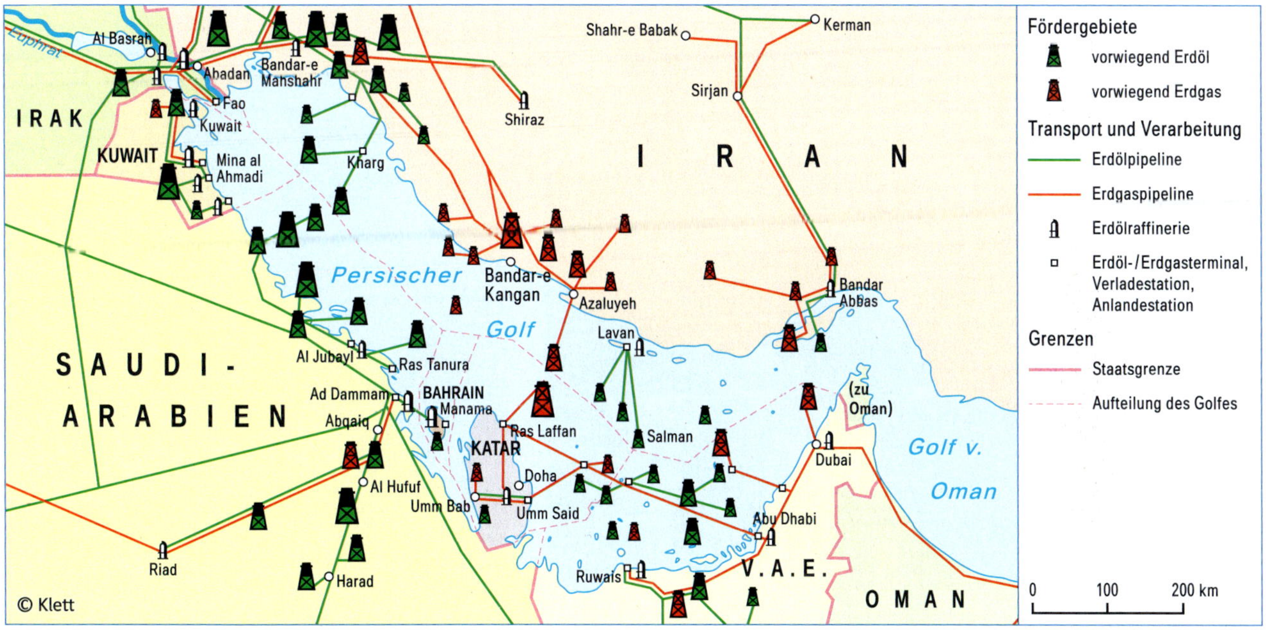

3 Erdölvorkommen und Förderung

Wege aus der Erdölabhängigkeit

Um die Abhängigkeit vom raren Rohstoff Erdöl aus der politisch instabilen Golfregion zu verringern, verfolgen die Industrieländer unterschiedliche Maßnahmen:

- Verringerung des Erdölverbrauchs, beispielsweise durch Umstellung auf erneuerbare Energieträger wie Wasser, Wind und Sonnenstrahlung, durch die verstärkte Nutzung von Erdgas als Energieträger, durch Energieeinsparung (z. B. Energiesparlampen oder effizientere Verbrennungsmotoren) sowie durch eine Ausweitung der E-Mobilität;
- Import von Erdöl und vor allem Erdgas aus anderen Weltregionen;
- Erhöhung der Eigenförderung durch Erschließung eigener Reserven, unter anderem mittels *Fracking*, also der Förderung aus unkonventionellen Lagerstätten mithilfe (umweltbelastender) chemischer und physikalischer Prozesse;
- Produktion von synthetischen Kraftstoffen mittels chemischer Prozesse, beispielsweise durch Herstellung von Benzin aus Biomasse.

4

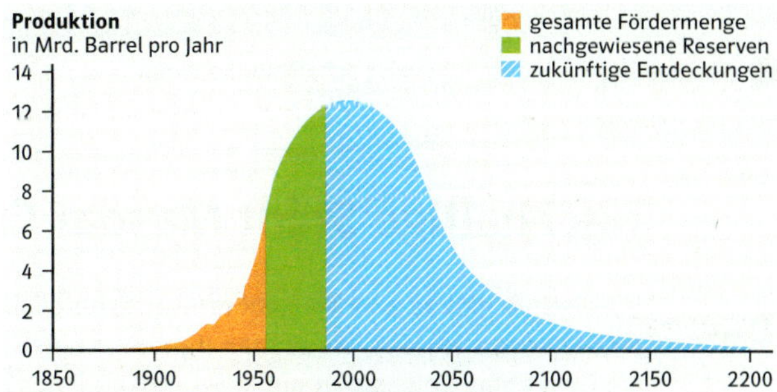

5 Erdölförderungspotenziale (Prognose), Modell von Hubbert 1956

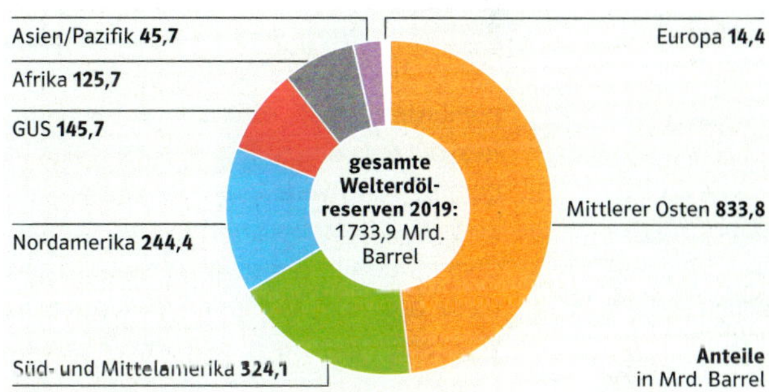

6 Welterdölreserven 2019 nach Regionen

2 Beschreiben Sie, wie Erdöllagerstätten entstehen und erschlossen werden (Grafik 2).

3 Beschreiben Sie anhand von Karte 3 die Verteilung der Erdölvorkommen und Raffinerien am Persischen Golf.

4 Begründen Sie die Abhängigkeit der Industriestaaten von der Golfregion. Bewerten Sie mögliche Lösungsansätze (M 4 – 6).

5 Entwickeln Sie Szenarien (siehe Methode S. 58/59) für die Golfregion vor dem Hintergrund der abnehmenden Erdölreserven in absehbarer Zukunft.

6 Das Hubbert-Modell (Diagramm 5) gilt mittlerweile als überholt, da es die Erschließung unkonventioneller Lagerstätten, z. B. mittels *Fracking*, noch nicht berücksichtigt. Beurteilen Sie, inwieweit es dennoch auch heute geeignet ist, um die Verfügbarkeit von Erdöl prognostisch abzubilden.

1 Masdarcity: kompakte Bauweise schafft kurze Wege

2 Plan des Projekts Masdar City (Animation)

Nachhaltige Stadt Masdar City

Inzwischen gibt es eine Vielzahl umweltfreundlicher Technologien. Wie könnten diese genutzt werden, wenn man irgendwo eine völlig neue Stadt gründen würde, wo Geld keine Rolle spielt und alles maximal auf Umweltfreundlichkeit ausgerichtet wäre?

Monostruktur
Dominanz einer einzelnen Wirtschaftsbranche

Die Vereinigten Arabischen Emirate (VAE) sind durch die Förderung von Öl und Gas sehr reich geworden. Doch es steht außer Frage, dass die Ressourcen eines Tages aufgebraucht sein werden. Deshalb versuchen die VAE schon seit einiger Zeit, diese **Monostruktur** der Vergangenheit zu überwinden und ihre Wirtschaft zu **diversifizieren**, diese also auf mehrere Standbeine auszurichten. Während 1981 noch über 50 Prozent des Bruttoinlandsprodukts durch den Export von Öl und Gas erwirtschaftet wurden, war es 2019 weniger als ein Viertel, obwohl sich die Wirtschaftsleistung in dieser Zeit insgesamt mehr als verzehnfacht hat.
Doch die Herrscherfamilie hat sich noch höhere Ziele gesteckt. Sie will nicht nur gut gerüstet sein für die Zeit nach dem Öl, sondern die Zukunft des Städtebaus mitgestalten. So wurde im Jahr 2006 der Plan gefasst, eine Stadt nach den Grundsätzen *zero emission* und *zero waste* zu errichten. Knappe 30 Kilometer entfernt vom Zentrum der Hauptstadt Abu Dhabi entsteht seit 2008 das Vorzeigeprojekt auf einer Fläche von sechs Quadratkilometern (vgl. Foto 2 und Karte 4). Knappe 50 000 Einwohner soll der Ort bei Fertigstellung beherbergen. Die Hochschule für **erneuerbare Energien*** hat ihren Betrieb bereits mit 500 Studierenden aufgenommen.
Das Konzept ist auf maximale Umweltverträglichkeit ausgerichtet: Die Solarpanele auf den Dächern stehen seitlich über und die Häuser so dicht beieinander, dass in den engen Gassen vielerorts Schatten herrscht (vgl. Foto 1). Die Häuserform und -position wurde so geplant, dass möglichst Zugluft entsteht. Die benötigte Energie stammt ausschließlich aus erneuerbaren Quellen (Sonne, Wind und Geothermie). Autos mit Verbrennungsmotor sind nicht erlaubt. Mobilität wird durch fahrerlose Elektro-Shuttles gewährleistet, Windtürme (siehe Foto 5) kühlen die Luft am Boden. Durch die dichte Bauweise können außerdem die Wege kurz gehalten werden: Nirgendwo soll man weiter als

3 Satellitenbild von Masdar City: Baufortschritt 2020

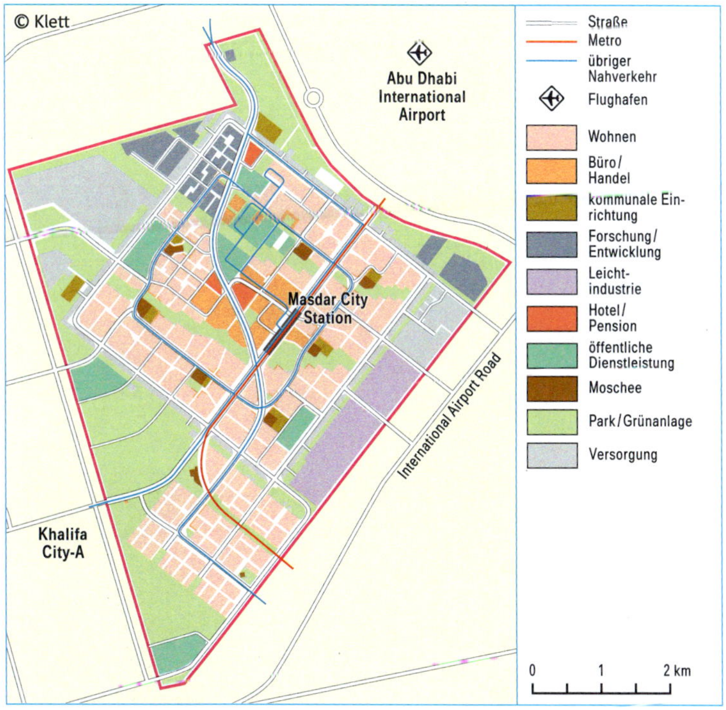

4 Masdar City: geplante Nutzung

200 Meter von einer Haltestelle der öffentlichen Verkehrsmittel, u.a. einer unterirdischen Elektrobahn, entfernt sein. Wasser wird mit Entsalzungsanlagen gewonnen. Für weitere Kühlung sorgt die Verdunstungskälte in den zahlreichen Grünanlagen und den unzähligen kleinen Wasserspielen. Damit soll die Temperatur innen und außen niedriger liegen als in Abu Dhabi – auch ohne Klimaanlagen. Doch musste die Fertigstellung des anfangs auf 15 Milliarden Euro geschätzten Projekts aufgrund der Weltfinanzkrise in den Jahren nach 2007 und des damit verbundenen Rückzugs etlicher Investoren sowie des zwischenzeitlich wieder gesunkenen Ölpreises auf 2030 verschoben werden und auch das Ziel der Null-Emissionen ist wohl auf absehbare Zeit nicht erreichbar. Im Jahr 2019 hatte die Stadt erst 1300 Einwohner und 4000 Arbeitsplätze. Trotz aller Probleme bei der Realisierung ist Masdar schon heute ein inspirierendes Beispiel für zukunftsorientierten Städtebau.

5 Windturm zur Kühlung der Außenluft

Windturm

Oben im Windturm verfangen sich die höheren und damit ohnehin etwas kühleren Luftschichten, die dann mit einem feinen Wassernebel zusätzlich gekühlt werden. Die Luft wird dadurch etwas schwerer, sinkt nach unten und senkt am Boden die Temperatur.

←
Nachhaltige Entwicklung
Seite 6/7

1 Verorten Sie die Vereinigten Arabischen Emirate mithilfe des Atlas.

2 Überprüfen Sie den Baufortschritt von Masdar City, indem Sie das Satellitenbild 3 mit einem aktuellen Foto aus dem Internet vergleichen.

3 Erläutern Sie mithilfe des Textes und Foto 5, welche Maßnahmen Masdar City zu einem ökologischen Vorzeigeobjekt werden lassen.

4 „Mit Masdar City betreibt die Herrscherfamilie nur „Grünfärberei" ihrer auf Ölförderung basierenden Wirtschaft." Nehmen Sie kritisch Stellung zu dieser Aussage.

5 Bewerten Sie die Übertragbarkeit des Plans von Masdar City auf andere Städte in der Welt.

TERRA TRAINING

Auswahl wichtiger Begriffe

Bewässerungslandwirtschaft
Erdöl
Erdgas
Erg
Hamada
Industrieland
Kulturraum
Lagerstätte

1 In der Wüste

Frischwasserbilanzen ausgewählter Länder		
Land	Wasserentnahme	Wassererneuerung
Kuwait	447	5
Ägypten	911	637
Deutschland	411	1909

jeweils pro EW in m³/a
Bundeszentrale für politische Bildung; unter: www.bpb.de/nachschlagen/zahlen-und-fakten/globalisierung/52730/wasserverbrauch (Zugriff am 15.06.2021)

2

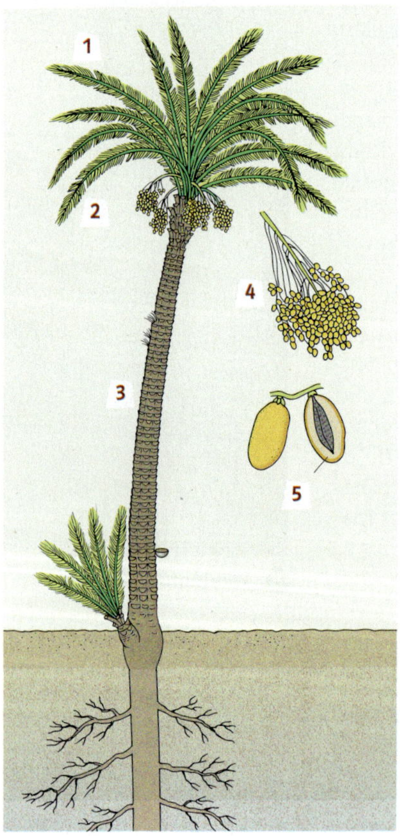

3 Dattelpalme

F = in Fachkonzepten denken;
O = räumlich orientieren;
M = Methoden anwenden;
B = beurteilen und bewerten;
H = raumgerecht handeln;
K = kommunizieren.*

*Die einzelnen Kompetenzbereiche werden auf den Seiten 192/193 erläutert.

1 Fachbegriffe anwenden (F)
Erklären Sie unter Verwendung entsprechender Fachbegriffe:
a) die Unterschiede im Aufbau einer typisch orientalischen und einer typisch deutschen Stadt.
b) die Wüstenformen, die auf Foto 1 erkennbar sind,
c) die Prozesse des Wandels der Lebensweise nomadisch lebender Menschen,
d) die Entstehung von Erdöl.

2 Orientierung im Orient (O)
Arbeiten Sie mit dem Atlas:
a) Ordnen Sie die folgenden Staaten dem Kontinent Afrika oder der Arabischen Halbinsel zu: Ägypten, Algerien, Kuwait, Libyen, Mauretanien, Oman, Saudi-Arabien, Sudan, Tunesien.
b) Nennen Sie die am Persischen Golf liegenden Staaten. Mit welchem Begriff werden sie zusammengefasst?

3 Eine Kartenskizze anfertigen (M)
Arbeiten Sie mit Satellitenbild 4:
a) Interpretieren Sie das Bild (siehe Methode S. 167).
b) Fertigen Sie mithilfe des Bildes eine Kartenskizze (siehe Methode S. 163) der Medina von Tunis an.

4 Ein Diagramm erstellen (M)
Stellen Sie die Wasserbilanzen aus Tabelle 2 in einem Säulendiagramm anschaulich dar (siehe Methode S. 164). Erklären Sie die Unterschiede zwischen den einzelnen Ländern.

5 Ertrinken in der Wüste? (F, B)
„Eine große Gefahr in der Wüste ist, dort zu ertrinken." Beurteilen Sie.

6 Wüstenformen gegenüberstellen (F, M)
Stellen Sie die drei Wüstenformen in Form von Skizzen gegenüber.

Üben interaktiv
Kulturraum Nordafrika, Naher und Mittlerer Osten
da4279

Medina	Oase	Ressourcen	Wadi
Migration	Orient	Rohstoff	Wüste
Nomadismus	Serir		

4 Ausschnitt der Medina von Tunis

7 Orientalischer Nomadismus (F, M, K)

Übertragen Sie die Mindmap 5 in Ihre Unterlagen und vervollständigen Sie diese. Bereiten Sie einen Kurzvortrag (2–3 min) vor, indem Sie die Entwicklung und mögliche Zukunft des orientalischen Nomadismus kurz darstellen.

8 Nutzpflanze Dattelpalme (F, K)

Fertigen Sie in Ihren Unterlagen eine Skizze der Grafik 3 an und beschriften Sie diese. Begründen Sie den besonderen Nutzen von Dattelpalmen.

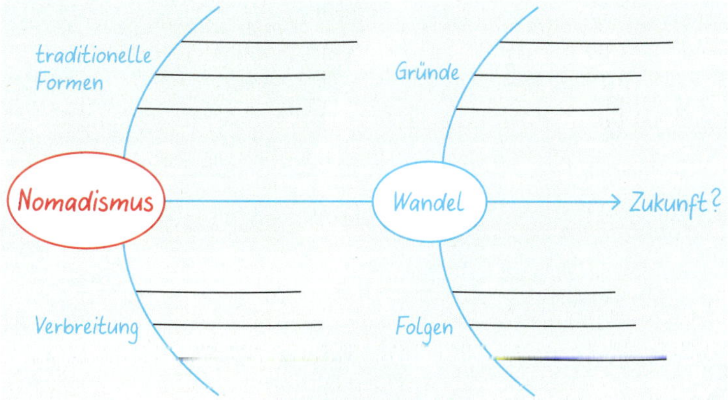

5 Mindmap zum Thema Nomadismus im Orient

Hier trainieren Sie ...

- mit Fachbegriffen zu arbeiten,
- sich im Orient mittels des Atlas zu orientieren,
- ein Satellitenbild einer orientalischen Stadt zu interpretieren und daraus eine Kartenskizze anzufertigen,
- die Wasserbilanzen ausgewählter Staaten in einem Säulendiagramm grafisch abzubilden,
- die Gefahr von Regenereignissen in der Wüste zu bewerten,
- Wüstenformen hinsichtlich ihrer Merkmale zu unterscheiden,
- einen Kurzvortrag mittels einer Mindmap vorzustrukturieren,
- die Nutzpflanze Dattelpalme hinsichtlich ihrer Bedeutung für die regionale Landwirtschaft zu charakterisieren.

5

Entwicklungsperspektiven in den Tropen: Afrika südlich der Sahara

1 Satellitenbild des Kontinents Afrika

Die Sahara bildet eine natürliche Grenze zwischen dem Norden Afrikas, der dem arabisch geprägten Raum angehört und der seit Jahrtausenden enge Handelsbeziehungen mit Europa hat, und dem südlichen Teil, dem die meisten der über fünfzig afrikanischen Staaten angehören. Subsahara-Afrika ist durch eine große natürliche und kulturelle Vielfalt gekennzeichnet, die Fluch und Segen zugleich sein kann.

2 **Ostafrikanischer Grabenbruch, Kenia**

Das erwartet Sie:

- Sie werden den Verlauf der Klima- und Vegetationszonen Afrikas erläutern.
- Sie werden am Beispiel der Desertifikation die Fragilität von Ökosystemen im Zusammenwirken natur- und humangeographischer Faktoren darstellen und nachhaltige Nutzungs- und Entwicklungskonzepte erörtern.
- Sie werden an einem Raumbeispiel die Auswirkungen endogener Entwicklungshemmnisse erläutern.
- Sie werden geopolitische Zusammenhänge in einer globalisierten Weltwirtschaft erschließen und erörtern.
- Sie werden Möglichkeiten nachhaltiger und zukunftsorientierter Entwicklung bewerten.

3 **Kigali, Hauptstadt Ruandas**

Vegetationszonen Afrikas

Lernaufgabe

Wie Sie bereits wissen, sind Temperatur und Niederschlag auf der Erde ungleich verteilt, sodass es zur Ausprägung zonaler, also breitenkreisparalleler Klimazonen kommt. Da Klima und Vegetation in enger Wechselwirkung zueinander stehen, kommt es auch zur Herausbildung von Vegetationszonen, die ebenfalls in etwa breitenkreisparallel verlaufen. Wie sich die Klimazonen speziell in Afrika ausgeprägt haben, können Sie sich anhand der Materialien auf dieser Doppelseite erschließen.

←
Klima- und Vegetationszonen
Seite 30 - 33

1 Arbeiten Sie mit der Karte 4:
a) Beschreiben Sie, ausgehend vom Äquator, die Verbreitung der Vegetationszonen.
b) Begründen Sie diese diese Verteilung.

2 Ordnen Sie die Fotos 1 bis 3 begründet den richtigen Vegetationszonen zu.

3 Schnee auf dem Kilimandscharo:
a) Lokalisieren Sie den Kilimandscharo.
b) Begründen Sie, warum der Kilimandscharo trotz seiner geographischen Breite ganzjährig mit Schnee bedeckt ist.

1 Kongo (Demokratische Republik Kongo)

2 Kilimandscharo (Tansania)

3 Großer Erg von Bilma (Niger)

Vegetationszonen sind Räume, die sich in Bezug auf ihre natürlich vorkommenden Pflanzengesellschaften von anderen Räumen abgrenzen lassen. Jede Vegetationszone hat demzufolge eine charakteristische Pflanzenbedeckung, die wiederum maßgeblich von den vorhandenen klimatischen Bedingungen, insbesondere den Klimaelementen Temperatur und Niederschlag, abhängt.
Von besonderer Bedeutung für die Ausprägung der Vegetation ist auch das Relief: Mit zunehmender Höhe verändert sich die Vegetation so stark, dass in Räumen mit hohen Erhebungen die zonale Anordnung gestört wird (Hochgebirgsvegetation).
Erheblichen Einfluss auf die Vegetation hat auch der Mensch, der in die natürliche Ausstattung stark eingreift: So muss z. B. der Regenwald weichen, um Ackerflächen zu schaffen, oder es werden Grasländer als Weideflächen genutzt. Wie in den meisten Räumen der Erde ist auch in den Savannen die potenzielle natürliche Vegetation infolge anthropogener Eingriffe durch Besiedelung oder landwirtschaftliche Nutzung stark überformt. In jüngerer Zeit findet daher zunehmend der Begriff der Ökozone Verwendung, da hier dem Zusammenwirken von Vegetation, Klima, Boden, aber auch Tier und Mensch stärker Rechnung getragen wird.

4 Die Vegetationszonen Afrikas (Gliederung nach C. Troll und K. Paffen)

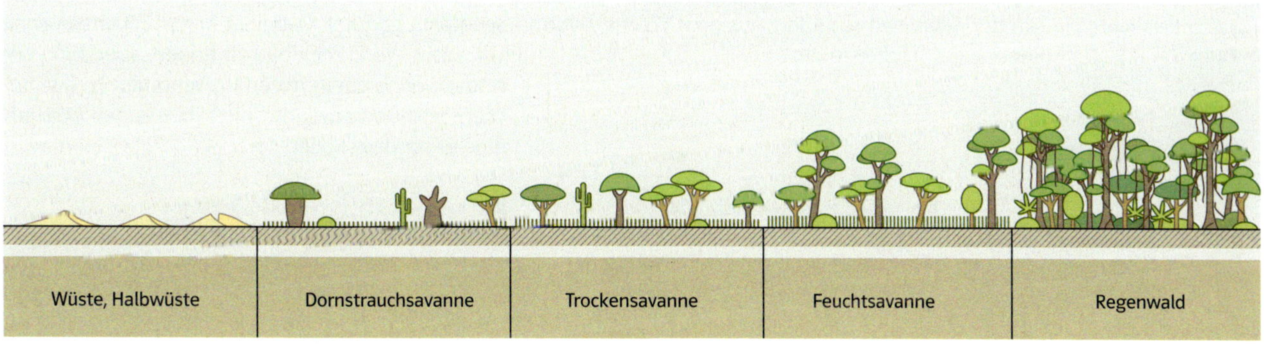

5 Von der Wüste zum Tropischen Regenwald: Vegetationszonen Afrikas

1 Affenbrotbaum (Baobab): Er kann in seinem Stamm Wasser speichern, um die Trockenzeit zu überstehen.

In den Savannen

Ausflug in eine fremde Welt: Eine Safari in Afrika ermöglicht nicht nur einen Einblick in eine uns fremde Tierwelt; typisch für unser Bild von Afrika ist auch die Pflanzenwelt, vor allem die Savannen.

→ Informationen finden Seiten 154/155

← Wanderfeldbau Seiten 42/43

← Passatzirkulation Seiten 36/37

Savannen

Der Ausdruck **Savanne** leitet sich vom spanischen *sabana*, auf Deutsch „Grasebene", ab und bezeichnet die Vegetationsformen des Übergangsgebiets zwischen dem Tropischen Regenwald und der Wüste, also der Wechselfeuchten Tropen. Sie treten vor allem in Afrika auf, aber auch in Süd- und Mittelamerika, in Australien, in Indien sowie in Südostasien.

Die Savannen sind charakterisiert durch eine geschlossene Grasdecke und einen Bestand von Gehölzen, der je nach Art der Savanne dichter oder weniger dicht ausfällt: Die Zone der Savannen wird nach der Dauer der Regenzeit in Dorn-, Trocken- und Feuchtsavanne untergliedert (Materialien 2–10). Die in der Regel karge Vegetationsdecke der Savannen resultiert aus dem Wechsel von Regen- und Trockenzeiten.

Aufgrund der oft kurzen, aber durchaus starken Niederschläge ist der Boden in der Dornsavanne oft ausgelaugt und nährstoffarm. Savannengebiete sind häufig von **Erosion*** bedroht. Das Klima der Savannen ist geprägt von der Passatzirkulation und der Wanderung der Innertropischen Konvergenzzone (ITC), die sich mit dem Zenitstand der Sonne verschiebt und für den Wechsel der Trocken- und Regenzeiten verantwortlich ist. Je weiter man sich von den Inneren Tropen entfernt, umso stärker reduziert sich die Anzahl der **humiden*** Monate zugunsten der **ariden*** Monate. Dadurch verändern sich Art und Wuchshöhe der Vegetation, sodass man die oben genannten Savannenarten unterscheiden kann, deren Grenzen jedoch fließend sind. Seit Jahrtausenden werden die Savannen landwirtschaftlich genutzt. Dabei ist in der Feuchtsavanne vor allem Wanderfeldbau zu finden, aber auch der Anbau von Exportkulturen in Plantagen. In der Trocken- und Dornsavanne spielt die Weidewirtschaft eine besondere Rolle.

1 Charakterisieren Sie mithilfe der Materialien 1–10 die drei unterschiedlichen Savannenarten, indem Sie Gemeinsamkeiten und Unterschiede herausstellen.

2 Landwirtschaft in den Savannen
a) Erstellen Sie mithilfe des Atlas oder einer Internetrecherche eine Übersicht zur landwirtschaftlichen Nutzung der Savannen.

Video
Flug über die Savanne
3q2jh5

2 Feuchtsavanne

5 Trockensavanne

8 Dornsavanne

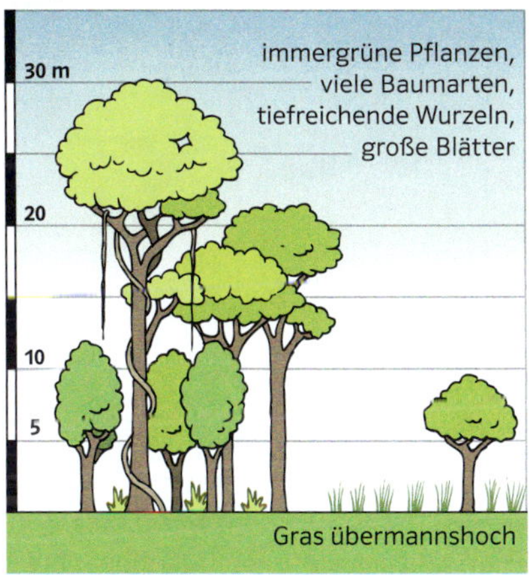

3 Feuchtsavanne

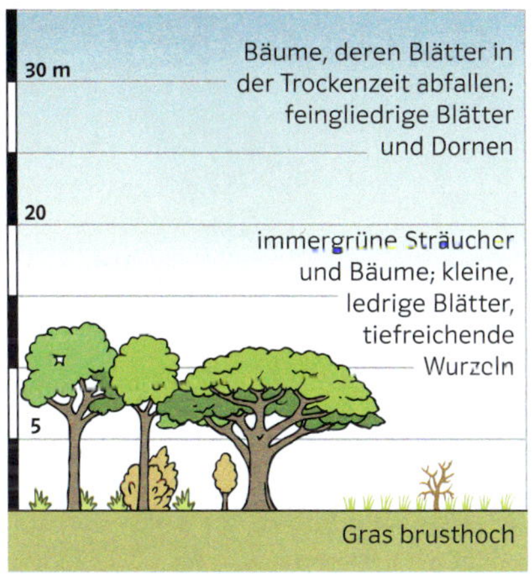

6 Trockensavanne

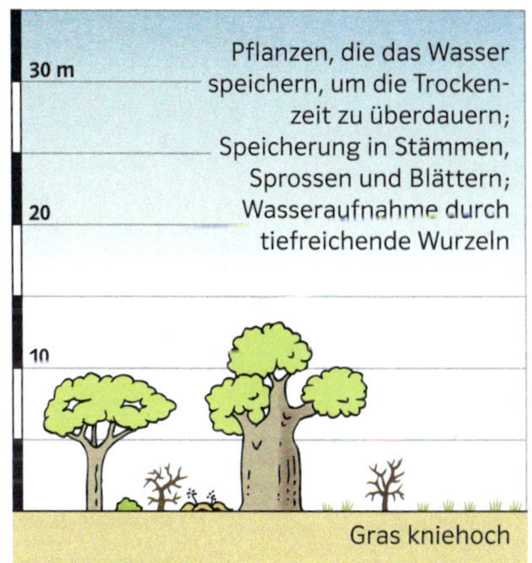

9 Dornsavanne

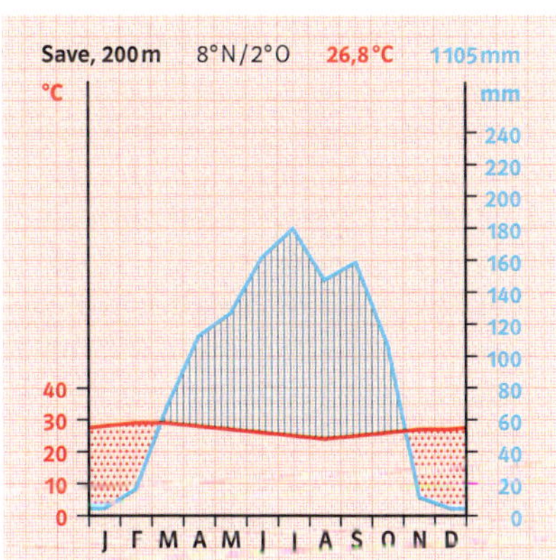

4 Feuchtsavanne
7–9½ Monate feucht
Niederschlag 1000–2000 mm

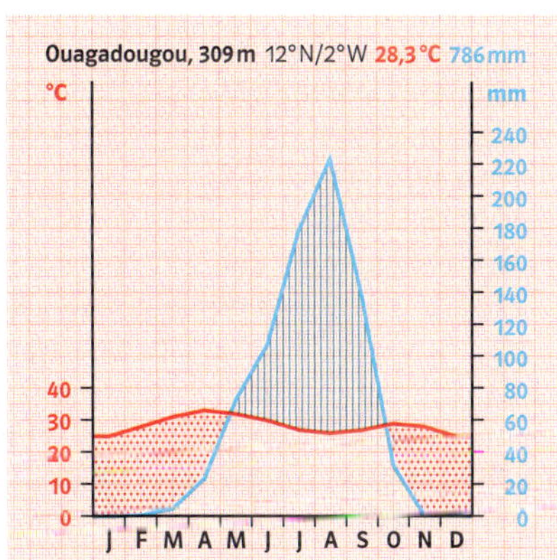

7 Trockensavanne
4½–7 Monate feucht
Niederschlag 500–1000 mm

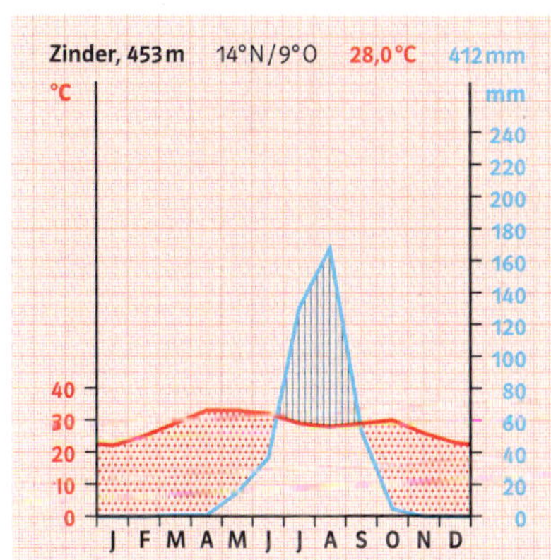

10 Dornsavanne
2–4½ Monate feucht
Niederschlag 200–500 mm

b) Erläutern Sie, inwiefern die naturräumlichen Verhältnisse die landwirtschaftliche Nutzung in den einzelnen Savannentypen einschränken können.

3 Regen- und Trockenzeiten

a) Erklären Sie die Entstehung von Regen- und Trockenzeiten (siehe auch S. 36/37).

b) Begründen Sie die unterschiedlichen Niederschläge bzw. die unterschiedliche Niederschlagsverteilung in Save, Ouagadougou und Zinder (Diagramme 4, 7 und 10).

c) Erläutern Sie mithilfe des Textes und der Materialien 1–10 die Auswirkungen der unterschiedlichen Niederschlagsmengen auf die Vegetation.

TERRA
METHODE

Häufig sind geographische Zusammenhänge sehr komplex und daher anhand von Texten schwer zu erklären oder zu durchschauen. Hilfreich kann die Visualisierung von Zusammenhängen sein: Ein Wirkungsgefüge veranschaulicht komplexe Zusammenhänge von Ursache und Wirkung anhand von Schlüsselbegriffen, die mit Pfeilen gemäß ihrem Zusammenwirkens verbunden werden.

Ein Wirkungsgefüge erstellen

1 Ausbreitung der Wüste

Desertifikation

Die **Desertifikation** stellt eine Extremform der Veränderung der Bodeneigenschaften dar. Es handelt sich um die Verwüstung von Landschaften. Das führt häufig dazu, dass das Land dauerhaft nicht mehr für die landwirtschaftliche Nutzung verwendet werden kann. Das Wort stammt von den lateinischen Wörtern „desertus" („öde, verlassen") und „facere" („machen") ab, und bezieht so den Menschen als Urheber der Desertifikation mit ein. Die Ursache der Desertifikation ist die Überbeanspruchung des Gebietes durch Land- und Weidewirtschaft.

Starkes Bevölkerungswachstum verstärkt das Problem. Die Überweidung, also die Überbeanspruchung der Flächen aufgrund zu großer Viehherden, stellt einen gravierenden Eingriff dar.

Um die Nutzpflanzen und Nutztiere mit ausreichend Wasser zu versorgen, bedient man sich mittlerweile moderner Tiefbrunnen, die Wasser aus großer Tiefe hervorbringen können, allerdings den Nachteil haben, dass daraus mit der Zeit ein starkes Absinken des Grundwasserspiegels resultiert.

Darüber hinaus ist die Beschaffung von Brennholz ein großes Problem: In Teilen von Afrika südlich der Sahara gibt es Städte, deren umgebende Flächen in einem Umkreis von mehr als 100 Kilometern vollständig gerodet sind. Die Folge ist eine flächenhafte Zerstörung der Vegetationsdecke (vgl. Foto 1). Da das fehlende Wurzelwerk der Pflanzen den fruchtbaren Bodenschichten keinen Halt mehr gibt, können diese leicht abgespült (Erosion und Denudation) oder verweht werden (Deflation). Es können daher Wanderdünen entstehen, die Weidegründe, Anbauflächen und Siedlungen bedrohen.

2

1 Bearbeiten Sie das Gruppenpuzzle ab S. 106. Erstellen Sie dann in den Stammgruppen ein Wirkungsgefüge zu den Ursachen und Folgen der Desertifikation in der Sahelzone. Nutzen Sie hierzu die Informationen der vier Expertengruppen (Seiten 108 - 115).

a) Bearbeiten Sie die Methodenschritte 1 bis 4.
b) Präsentieren und diskutieren Sie Ihr Wirkungsgefüge in der Klasse (Schritt 5).
c) Überarbeiten Sie Ihr Wirkungsgefüge, indem Sie abschließend Schritt 6 durchführen.

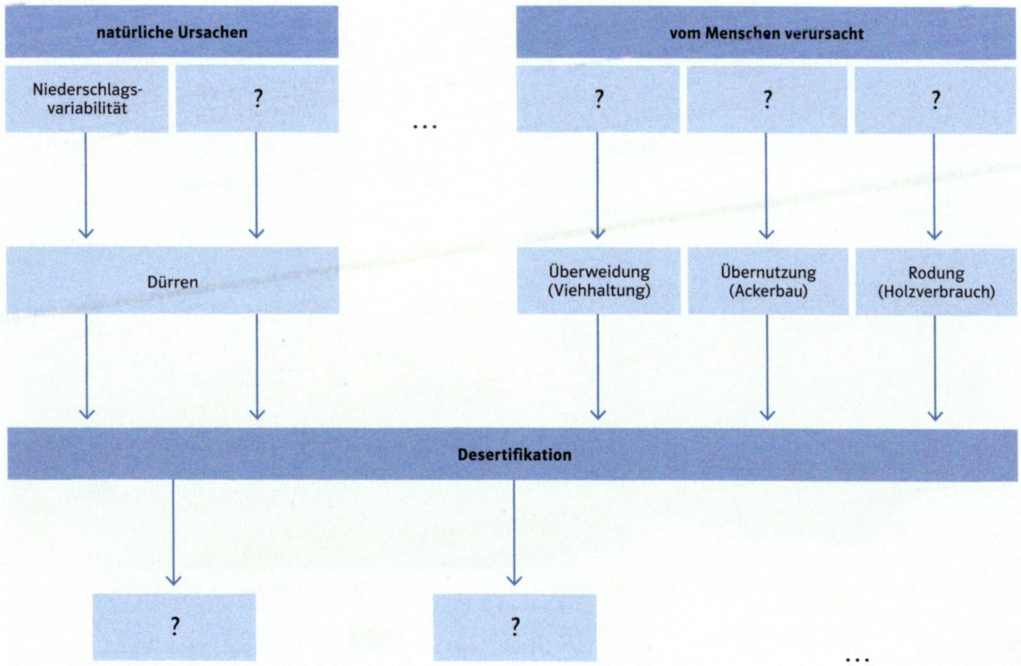

3 **Wirkungsgefüge zur Desertifikation**

Ein Wirkungsgefüge erstellen

1. Schritt: Analyse und Formulierung des Problems
Grenzen Sie das Thema ab beziehungsweise ein: Wie eng bzw. weit soll das Thema gefasst werden? Soll ein Gesamtphänomen, beispielsweise Desertifikation, oder ein Teilaspekt dargestellt werden, z. B. anthropogene Verstärkung?

2. Schritt: Sammlung zentraler Begriffe
Notieren Sie für das Thema bedeutsame Begriffe, z. B. zu den anthropogenen Einflüssen der Desertifikation die Begriffe „Überweidung", „Übernutzung", „Rodung". Das kann z. B. mithilfe eines einfachen Clusters, mittels Karteikarten oder aber auch mittels Haftnotizzetteln geschehen.

3. Schritt: Prüfung und Kennzeichnung von Zusammenhängen
Prüfen Sie, in welcher Beziehung die Teilaspekte zueinander stehen. Ist ein Aspekt Ursache eines anderen Aspektes? Können einzelne Aspekte zu Gruppen zusammengefasst und gegebenenfalls mit einem Oberbegriff versehen werden? Besteht ein Aspekt aus mehreren Teilaspekten, sodass er weiter untergliedert werden muss?

4. Schritt: Veranschaulichung und grafische Umsetzung von Zusammenhängen
Ordnen Sie die Aspekte nun auf einem Blatt und kennzeichnen Sie ihre Beziehungen. Dies kann z. B. mithilfe von Pfeilen geschehen, die eine Folgebeziehung ausdrücken (vgl. Schema 3). Die Dicke der Pfeile kann je nach Stärke eines Prozesses variieren, d. h., die Dicke eines Pfeiles drückt den Grad der Verstärkung bzw. Abschwächung eines Prozesses aus. Gestrichelte oder gepunktete Linien können z. B. unbewiesene Zusammenhänge ausdrücken.

5. Schritt: Präsentation der Ergebnisse
Präsentieren Sie das Wirkungsgefüge in der Klasse, z. B. mithilfe der Dokumentenkamera. Bei der Präsentation sollte nicht nur abgelesen werden, sondern es sollten auch wichtige Zusammenhänge erklärt bzw. hervorgehoben werden, die sich einem fachfremden Betrachter sonst eventuell nicht sofort erschließen.

6. Schritt: Reflexion und Kritik
Bereits beim Präsentieren können einem selbst Punkte auffallen, die man noch verbessern sollte. Darüber hinaus können von den außenstehenden Betrachtern Unklarheiten formuliert und/oder Verbesserungsvorschläge eingebracht werden. Anhand dieser Vorschläge kann dem Wirkungsgefüge der letzte Feinschliff gegeben werden.

Gruppen-
puzzle

→
Material für die Expertengruppen

Natürliche Voraussetzungen
Seite 108/109

Viehhaltung
Seite 110/111

Holzverbrauch
Seite 112/113

Ackerbau
Seite 114/115

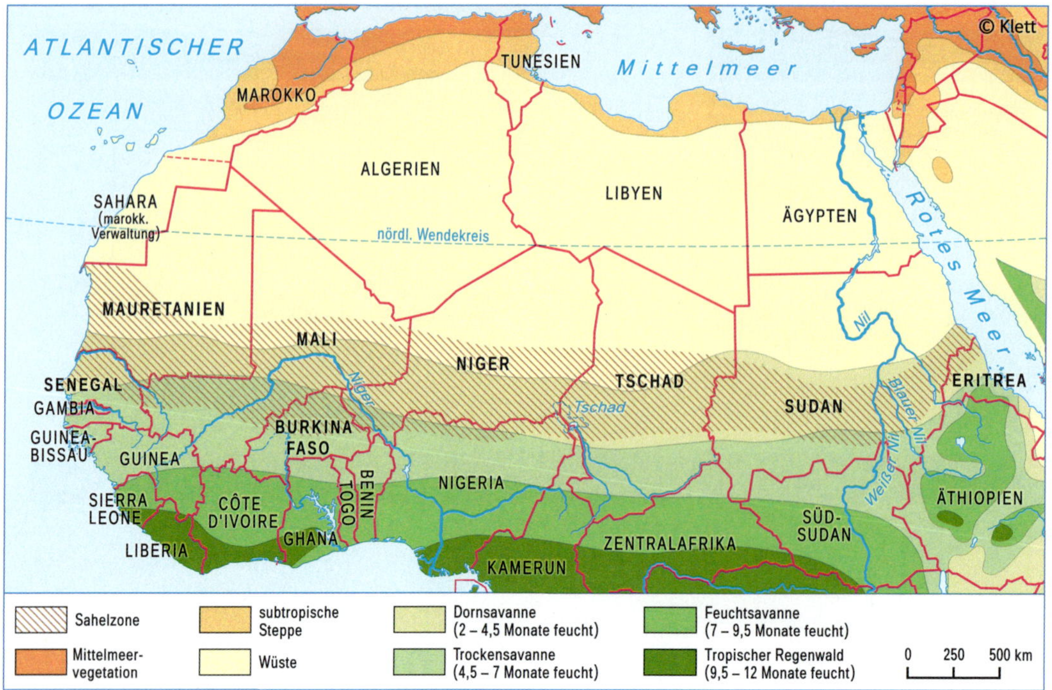

1 Sahelzone

Im Sahel wächst die Wüste

Das rettende Ufer nach dem Meer der Wüste: Der Name Sahel kommt mutmaßlich aus dem arabischen *As-Sahil*, was so viel wie Ufer oder Küste bedeutet. Im Sahel mit seiner vergleichsweise üppigen Vegetation konnten sich bereits im 7. Jahrhundert die Karawanenhandel betreibenden Nomaden nach einer langen Wüstenwanderung mit Wasser und Nahrung versorgen. Doch der Raum verändert sich. Was ist für diese Veränderungen verantwortlich?

Als **Sahelzone** wird eine in Afrika gelegene schwer abzugrenzende Übergangszone bezeichnet, die im Norden an die Wüste (Sahara) und im Süden an die Feuchtsavanne anschließt. Sie erstreckt sich auf einer Länge von etwa 7000 Kilometern vom Atlantik zum Roten Meer.

Die relativ geringen Niederschläge konzentrieren sich auf die Regenzeit, in der sie häufig als Starkregen auftreten. Problematisch ist vor allem die zeitliche und lokale Variabilität der Niederschläge.

Früher war der Sahel das kulturelle und wirtschaftliche Zentrum zwischen Nordafrika und Subsahara-Afrika. Heute kommt es in Verbindung mit unangepasster Nutzung und Übernutzung zu einem vom Menschen verursachten beziehungsweise verstärkten Prozess der Wüstenbildung, der Desertifikation, der das Leben und Wirtschaften der Menschen erschwert. Daraus resultiert das Erfordernis, mit diesem Raum besonders verantwortungsbewusst umzugehen: Wie unangepasste Landnutzung zur Ausbreitung der Wüste beiträgt, kann angepasste, nachhaltige land- und forstwirtschaftliche Nutzung eine Verlangsamung dieses Prozesses bewirken oder gar im Idealfall die Entwicklung einer den Menschen ernährenden Kulturlandschaft ermöglichen.

Krise im Sahel

„[...] Im Sahel verschärfen und überlagern sich zunehmend verschiedene Konfliktursachen. Die Region könnte zu einem Pulverfass werden, dessen Auswirkungen bis nach Europa zu spüren sind, wird nicht rasch gehandelt. So macht sich hier der Klimawandel auf dramatische Weise bemerkbar: Nach Einschätzung des Igarapé-Instituts kann die Erwärmung im Sahel, die eineinhalb mal höher ist als im globalen Durchschnitt, bis zum Jahr 2050 zu bis zu fünf Grad höheren Temperaturen führen. Dies wäre ein Desaster für eine Region, die bereits jetzt mit wachsender Wüstenbildung und schwindenden Ackerflächen kämpft.
Auch wird sich die Bevölkerung bis dahin voraussichtlich verdoppeln. Bereits jetzt streiten sich halbnomadisch lebende Viehzüchter*innen und sesshafte Ackerbau Betreibende um immer knappere Ressourcen. 30 Millionen Menschen könnten als Klimaflüchtlinge versuchen, in benachbarte Küstenstaaten [...] auszuwandern und so auch dort zu einer politischen Destabilisierung beitragen. [...] Konkret geht es um die Schaffung menschenwürdiger Einkommensmöglichkeiten.
Eine Schlüsselfunktion kommt hier der Landwirtschaft zu: Es braucht nachhaltige Anbaumethoden, zumal Dürren und Überschwemmungen im Zuge des Klimawandels zunehmen.
[...] In diesem Zusammenhang relevant ist ebenfalls die neue und gemeinsam von der EU, FAO und Afrikanischen Union getragene Sahel-Vert-Initiative („Große Grüne Mauer") zur Bekämpfung der Wüstenbildung. [...]
Bei der Schaffung von Zukunftsperspektiven für junge Menschen steht Europa als Nachbarkontinent in einer besonderen Verantwortung. Wir müssen langfristig und verlässlich für eine faire Partnerschaft sorgen, indem wir die Kräfte vor Ort unterstützen, die sich der gesamten Bevölkerung verpflichtet fühlen. Die dafür sorgen, dass in der Sahel-Region Hunger und Armut bekämpft werden, dass neue Arbeitsplätze entstehen und junge Menschen nicht in der Folge von Frust und Verzweiflung in den Armen von Extremisten landen."

Daphne Lucas und Iris Schöninger: Krise im Sahel: Militär allein reicht nicht, vom 13.05.2019, unter: www.welthungerhilfe.de/aktuelles/blog/2019/hintergrund-krise-im-sahel/ (Zugriff am 12.04.2021)

2 Sahelzone

FAO
Ernährungs- und Landwirtschaftsorganisation der Vereinten Nationen

← **Klimawandel** Seite 50 – 63

Sahel-Vert-Initiative (Afrikas Grüne Mauer)
Aufforstungsprojekt mehrerer Staaten der Sahelzone, mit dem Ziel, die Effekte des gegenwärtigen Klimawandels und der Desertifikation abzumildern

→ **Afrikas Grüne Mauer** Seite 116/117

→ **Gruppenpuzzle** Seite 164

Bevölkerungsentwicklung in ausgewählten Staaten der Sahelzone (Einwohner in Mio.)

	1970	1990	2010	2021
Mauretanien	1,22	1,99	3,49	4,08
Burkina Faso	5,63	8,88	15, 61	21,38
Senegal	4,16	7,33	12, 68	16,08
Tschad	3,65	5,75	11,95	17,41

Nach CIA: The World Fact Book; unter: www.cia.gov und anderen Quellen

3

← **Ein Wirkungsgefüge erstellen** Seiten 104/105

Arbeitsaufträge

1 Orientierung

a) Lokalisieren Sie die Sahelzone und erstellen Sie eine Liste der Länder, die Anteil an ihr haben (Karte 1, Atlas).

b) Die Sahelzone gilt als verwundbarer Raum. Ermitteln Sie anhand des Textes 2 und der Tabelle 3 Problemfelder sowie die damit einhergehenden Herausforderungen.

2 Gruppenpuzzle zu den Ursachen der Desertifikation

Ermitteln Sie in einem Gruppenpuzzle mithilfe der Materialien auf den S. 108 – 115 die vielfältigen Ursachen für die Wüstenausbreitung in der Sahelzone.
Bilden Sie dazu Stammgruppen, aus denen sich jeweils ein bis zwei Mitglieder Spezialwissen in vier Expertengruppen aneignen. Die Experten vermitteln ihr Wissen anschließend in den Stammgruppen.
Die Ergebnisse der Stammgruppen werden anschließend vor der Klasse präsentiert und diskutiert.

3 Ergebnissicherung

Erstellen Sie in den Stammgruppen ein Wirkungsgefüge (vgl. Seite 104 f.) und präsentieren Sie es der Klasse.

Experten-gruppe Natürliche Voraus-setzungen

1 Feldarbeit während der Trockenzeit

3 Feldarbeit während der Regenzeit

Faktor natürliche Voraussetzungen

Das Klima in der Sahelzone ist geprägt von der fast das ganze Jahr andauernden Trockenzeit, die nur von einer kurzen Regenzeit unterbrochen ist. Regional unterschiedlich verteilt kommt es dabei teilweise zu heftigen Gewittern. Und auch zeitlich schwanken die Niederschläge stark. Mit dieser Niederschlagsvariabilität zu leben, stellt die Menschen in der Sahelzone vor große Herausforderungen.

← **Passatzirkulation** Seiten 36/37

→ **Klimadiagramme auswerten** Seiten 166

Niederschlagsmenge und Niederschlagsverteilung

Ein klimatisches Merkmal der Sahelzone ist die lange, fast ganzjährig andauernde Trockenzeit. Niederschläge gehen häufig räumlich begrenzt in Form von heftigen Gewittern als Starkregen nieder. Sie sind regional ungleich verteilt, Richtung Norden nehmen sie ab (vgl. Passatzirkulation).
Aber die Niederschläge variieren nicht nur räumlich, sondern auch zeitlich (**Niederschlagsvariabilität**). Folgen mehrere Jahre mit unterdurchschnittlichen Niederschlagsmengen aufeinander, kommt es zu Dürreperioden. Während sie früher auf relativ kleine Regionen begrenzt waren und oft nur kurz andauerten, häuften und verlängerten sich die Dürrezeiten im Verlauf der letzten einhundert Jahre. So treten Dürren bereits alle zwei bis fünf Jahre auf, womit eine Ausdehnung der wüstenähnlichen Gebiete einhergeht.

Niederschlag und Pflanzenwachstum

Aufgrund der intensiven Sonneneinstrahlung und der hohen Temperaturen in der Sahelzone verdunstet ein Großteil des Niederschlags, bevor er auf den Boden trifft und den Pflanzen zur Verfügung steht. Dadurch kann sich nur eine spärliche Vegetation entwickeln, deren Wurzeln keine großen Wassermengen im Boden speichern können. Sind die Niederschläge zu gering oder bleiben sie ganz aus, nimmt die Pflanzenbedeckung weiter ab.

Klima und Boden

Während der kurzen Regenzeit (Foto 3) kann der oft stark ausgetrocknete Boden die kräftigen Niederschläge nicht so schnell aufnehmen, sodass sie größtenteils an der Oberfläche abfließen. Dabei spülen sie fruchtbaren Boden ab. Außerdem dringt aufgrund des oberflächlichen Abflusses weniger

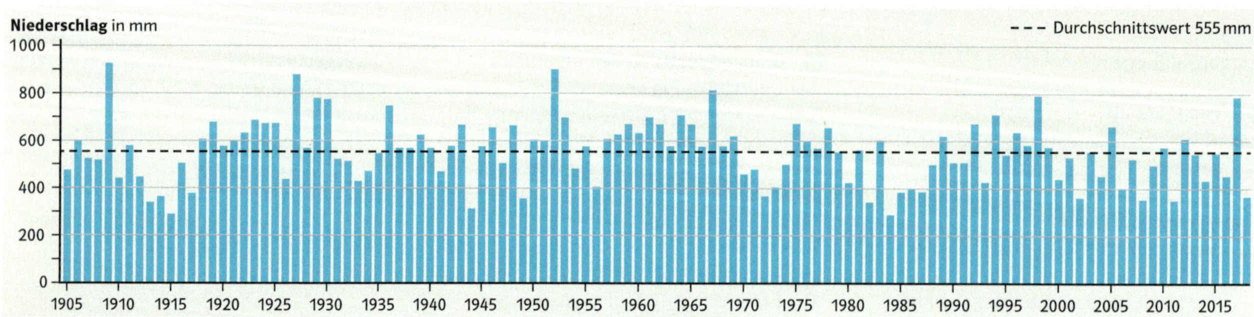

2 Entwicklung der Jahresniederschläge der Station Niamey (Niger; nach Institut National de la Statistique – Niger)

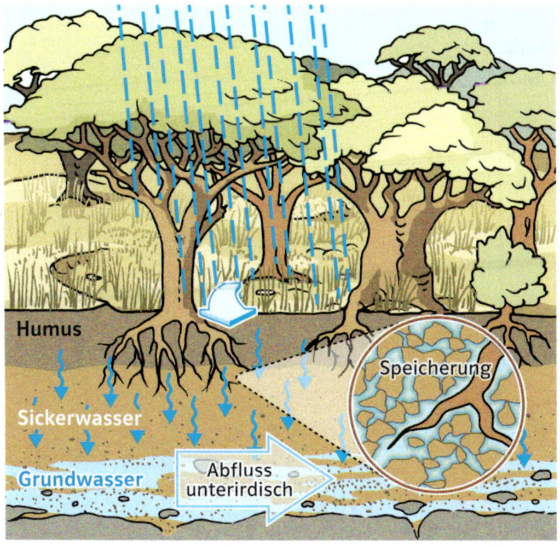

4 Wasserhaushalt bei natürlicher Vegetation

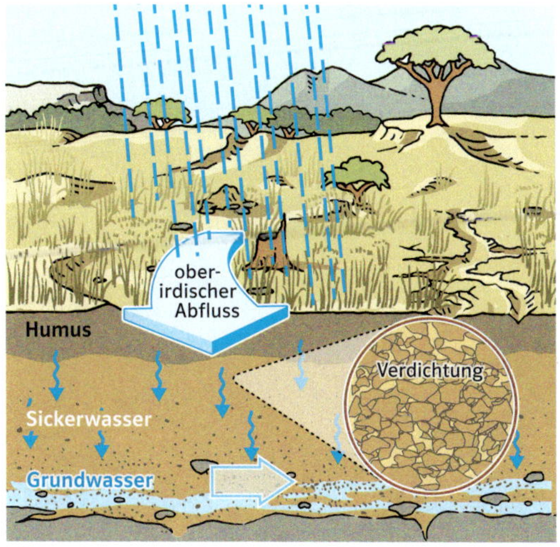

6 Wasserhaushalt bei gestörter Vegetation

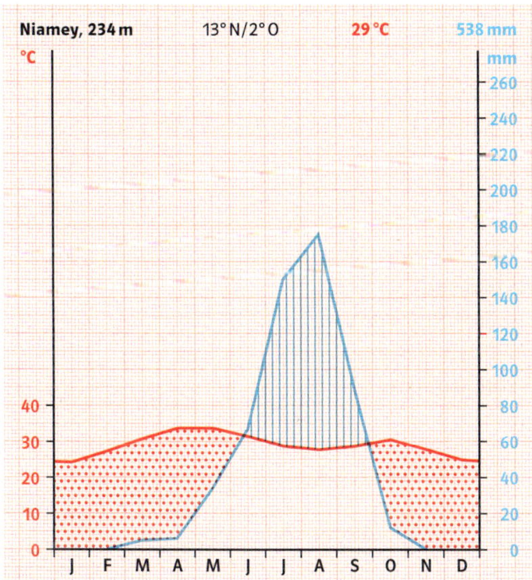

5 Klimadiagramm von Niamey (Niger)

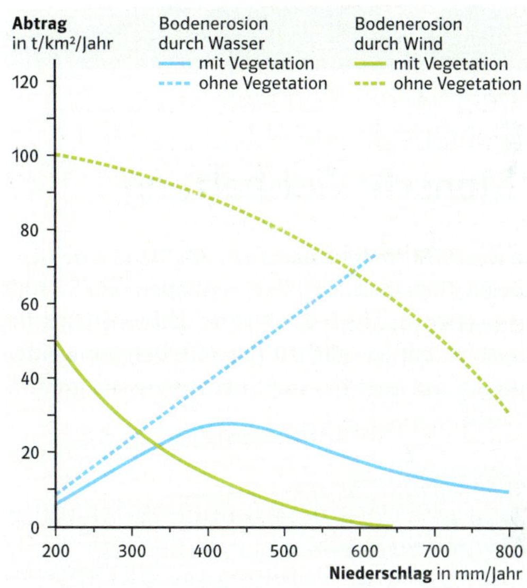

7 Bodenabtragung und Vegetation

← **Klimawandel** Seite 50 – 63

Wasser in den Boden ein, es kommt zu verlangsamter Grundwasserneubildung, wodurch der Grundwasserspiegel sinkt und die Brunnen versiegen. Während der Trockenzeit (Foto 1) wird der fruchtbare Oberboden vom Wind abgetragen. Andernorts werden Felder mit Sand und Staub überdeckt und dadurch unfruchtbar.

Einige Wissenschaftler befürchten sogar, dass Afrika von der allgemeinen vom Menschen verursachten Erwärmung der Atmosphäre besonders betroffen sein wird. Langfristig könnten die Dürreperioden in der Sahelzone an Häufigkeit und Länge zunehmen – mit katastrophalen Folgen für Mensch und Tier.

← **Wirkungsgefüge erstellen** Seite 104/105

Arbeitsaufträge der Expertengruppe „Natürliche Voraussetzungen"
Bearbeiten Sie die nachfolgenden Aufgaben. Entwickeln Sie auf Grundlage Ihrer Ergebnisse ein Wirkungsgefüge, mit dessen Hilfe Sie Ihren Stammgruppen veranschaulichen können, inwiefern die naturräumlichen Voraussetzungen in der Sahelzone zur Ausbreitung der Wüste beitragen.

1 Erläutern Sie die Auswirkungen der Niederschlagsvariabilität im Sahel auf das Pflanzenwachstum. Werten Sie dazu die Diagramme 2 und 5 aus.

2 Beschreiben Sie mithilfe der Grafiken 4 und 6 den Wasserhaushalt bei natürlicher und bei gestörter Vegetation.

3 Erklären Sie die Zusammenhänge zwischen Niederschlägen, Vegetation und Bodenabtragung (Diagramm 7).

4 Stellen Sie mithilfe des Textes sowie der Grafiken 4 und 6 die Ursachen für die voranschreitende Wasserknappheit dar und diskutieren Sie die damit einhergehenden Auswirkungen.

Experten-
gruppe
Vieh

1 Weidewirtschaft im Sahel

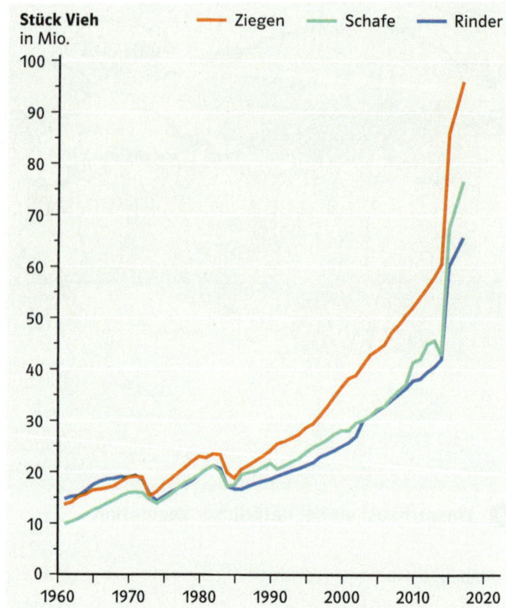

2 Entwicklung der Tierbestände in Senegal, Mali, Burkina Faso, Niger und Tschad (nach FAO)

Faktor Mensch: Viehhaltung

In der Antike waren Nordafrika und auch der Sahel eine tierreiche Region mit Elefanten, Löwen, Geparden, Gazellen, Antilopen und Straußen. Klimatische Veränderungen, aber vor allem das Wirken des Menschen führten später zu einer extremen Abnahme der natürlichen Tierwelt. Den nur wenigen verbliebenen Kleinsäugern, Reptilien und Gazellen steht heute eine viel größere Zahl von Nutztieren gegenüber.

← **Nomadismus**
Seiten 45, 88/89

Traditionell lebten die Bewohner der besonders trockenen Nordsahelzone am Südrand der Sahara als Nomaden, das heißt, sie wechselten mit ihren Kamel-, Rinder- und Ziegenherden (Foto 1) regelmäßig die Weideplätze (**Nomadismus**). Mit dem Beginn der Trockenzeit zogen sie in den feuchteren Süden, wo sie die abgeernteten Felder der sesshaften Bauern als Weide nutzen konnten. Die Bauern profitierten davon, weil die Tiere die Felder auf natürliche Weise düngten. Die Menschen hielten nur so viele Tiere, wie Futter auf den vorhandenen Weideflächen zur Verfügung stand. Daher gab es auch in trockenen Jahren genügend Weideflächen und Wasserstellen für die Herden der Nomaden, und das System schonte die natürlichen Ressourcen. Das Vieh bildete die Lebensgrundlage der Nomaden. Es wurde gegen alles getauscht, was man benötigte.

Vergrößerung der Herden

Seit der Kolonialzeit verkaufen die Nomaden ihr Vieh auf den Märkten und erhalten dafür Geld, von dem sie Hirse und andere lebensnotwendige Dinge kaufen. Allerdings schwanken die Preise für Vieh sehr stark: In Dürrezeiten sinken sie, weil viele ihre Tiere verkaufen, um die steigenden Hirsepreise bezahlen zu können. Dazu kommt, dass Fleisch von Viehhändlern aus dem Süden die Preise drückt. Um in den Dürrezeiten überleben zu können, sind die Nomaden daher gezwungen, ihre Herden zu vergrößern. Dadurch werden die natürlichen Ressourcen in den betroffenen Räumen stark beansprucht.

Die Folgen

Zu hoher Viehbestand führt zu Überweidung: Die große Anzahl der Tiere beansprucht mehr Futter und Wasser als zur Verfügung steht. Somit steht der ohnehin spärlichen Vegetation nicht genügend Zeit zur Regeneration zur Verfügung. Da Ziegen bei schwierigen Bedingungen leichter überleben können als Rinder oder Kamele, werden sie bevorzugt gehalten. Sie richten aber auch den größten Schaden an: Oft reißen sie beim Fressen ganze Büschel

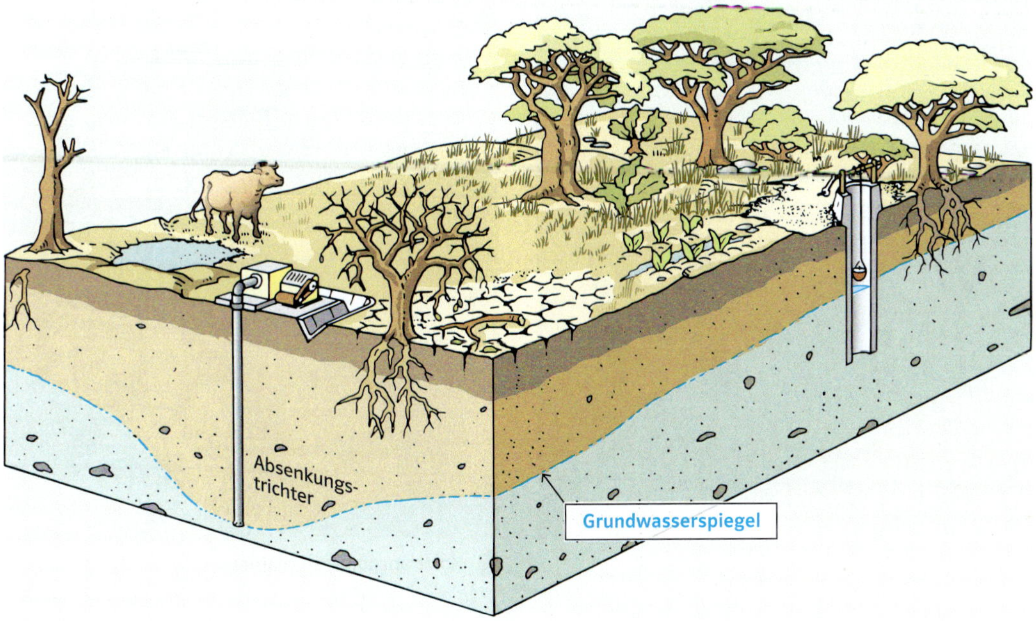

3 **Grundwasserabsenkung durch Tiefbrunnen**

mit Wurzeln aus der Grasnarbe, sodass diese dauerhaft geschädigt wird. Mit ihren Hufen verdichten und zerstören sie die oberste Bodenschicht. Und da Ziegen klettern können, erreichen sie auch die hohen Teile der Bäume (Foto 4).

Veränderung der Lebensweise

Doch nicht nur Überweidung, sondern auch intensiver Ackerbau zerstört die Böden. Viele Nomaden werden sesshaft. Es werden neue Tiefbrunnen errichtet, sodass die Herden vergrößert werden können. Und während früher die Regenfeldbaugrenze mit ca. 500 mm Jahresniederschlag eingehalten wurde, in der die Pflanzen ihren Wasserbedarf vollständig mit Regenwasser decken können, werden heute die landwirtschaftlichen Nutzflächen bis in Gebiete mit nur noch 250 mm Jahresniederschlag ausgedehnt, sodass sich die Wasserreserven oft nicht mehr erneuern können. Als Folge davon sinkt der Grundwasserspiegel ab, viele Brunnen versiegen und die Zukunft der betroffenen Viehhalter wird unsicher.

4 **Ziegen fressen junge Triebe ab**

Arbeitsaufträge der Expertengruppe „Vieh"
Bearbeiten Sie die nachfolgenden Aufgaben: Entwickeln Sie auf der Grundlage Ihrer Ergebnisse ein Wirkungsgefüge, mit dessen Hilfe Sie Ihren Stammgruppen veranschaulichen können, inwiefern die Viehhaltung in der Sahelzone zur Ausbreitung der Wüste beiträgt.

1 Beschreiben Sie anhand von Diagramm 2 die Tierbestandsentwicklung in den Sahelstaaten.

2 Stellen Sie mithilfe des Textes und der Materialien 1 – 4 die Gründe für die Veränderung der Viehbestände dar und erläutern Sie die damit einhergehenden Auswirkungen.

3 Tiefbrunnen im Sahel
a) Beschreiben Sie das Blockbild 3.
b) Erläutern Sie die Auswirkungen von Tiefbrunnenbohrungen im Sahel.

4 Diskutieren Sie, welche Maßnahmen die Regierungen der Staaten im Sahel ergreifen könnten, um den nachhaltigen Umgang der sesshaften und nomadischen Bewohner mit den natürlichen Ressourcen Wasser und Boden zu fördern.

Experten-
gruppe
Holz

1 Brennholzsammler

2 Holztransporter in Niamey

Faktor Mensch: Holzverbrauch

Ob große Stapel am Straßenrand oder vollbeladene Esel, Kamele oder Lastwagen: Holz ist in der Sahelzone allgegenwärtig. Es wird als Brennmaterial benötigt, aber auch als Bauholz. Und da die Zahl der sesshaften Bauern steigt, bleibt das nicht ohne Folgen.

← Wirkungsgefüge erstellen Seite 104/105

Kein Leben ohne Holz

In der Sahelzone werden das meiste Holz und die Holzkohle als Brennmaterial benötigt. Ungefähr 98 Prozent der ländlichen und 90 Prozent der städtischen Bevölkerung nutzen Holz als Energiequelle. Große Mengen werden auch als Baumaterial für Hütten, Dächer, Türen und Fenster benötigt. Darüber hinaus wird es eingesetzt zum Bau von Viehtränken, für die künstlerische Bearbeitung sowie zum Bau von Musikinstrumenten. Daneben dienen Bäume bzw. ihre Bestandteile auch medizinischen Zwecken und als Nahrung, und sie spielen bei Opferritualen eine Rolle. Mit der wachsenden Bevölkerung geht ein größerer Holzbedarf einher.

Handel mit Brennholz

Für viele Menschen im Sahel ist der Verkauf von Holz oder Holzkohle auf dem Markt eine unentbehrliche, häufig gar die einzige Einnahmequelle. Der Holzeinschlag sowie der Brennholzhandel sind vor allem Tätigkeiten der Frauen. In Dürrejahren steigen die Preise für Grundnahrungsmittel und Gebrauchsgüter, sodass noch mehr Holz zum Verkauf benötigt wird.

Aufgrund der hohen Nachfrage ist der Holzverkauf eine lukrative Einnahmequelle. Besonders in den Bereichen um die Siedlungen kommt es häufig zum Kahlschlag. Wenn die Baumbestände der Umgebung zur Holzgewinnung nicht mehr ausreichen, wird Holz aus weit entfernten Gebieten per Lastwagen auf die Märkte gebracht. Die Transportwege werden so immer länger.

Infolge der Vergrößerung der Tierbestände reicht das Weideland oft nicht mehr aus. Besonders Ziegen fressen die Blätter von den Bäumen, die dann nicht weiterwachsen können oder gar absterben. Die Vegetation fungiert als Wasserspeicher und gibt dem Boden Halt. Wenn jedoch stets mehr Vegetation verlorengeht als nachwachsen kann, ist eine Regeneration nicht mehr möglich.

Lücken in der Vegetationsbedeckung führen dazu, dass der Boden der Einwirkung von Regen und Wind schutzlos ausgeliefert ist und schnell abgetragen wird (**Bodenerosion**). Das Wasser sickert nicht in tiefere Bodenschichten, sondern fließt oberflächlich ab. Der Grundwasserspiegel sinkt. Durch diese nicht nachhaltige Nutzung des verwundbaren Raumes tragen die Menschen entscheidend zur Wüstenausbreitung bei.

3 Energiesparende Herde für Holz und Holzkohle

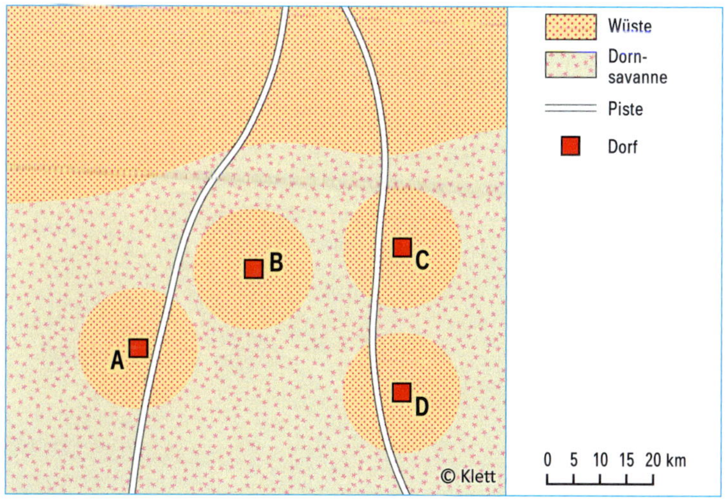

5 Brennholzringe

Nutzungskonflikte

Selbst wenn zum Beispiel von staatlicher Seite das Erfordernis der **nachhaltigen Nutzung** erkannt wird, ist entsprechendes Handeln oft schwierig, weil unter den Menschen in der Sahelzone völlig unterschiedliche Interessen bzw. Vorstellungen vorherrschen: Die vermehrte Zahl sesshafter Bauern lagert zum Beispiel viele Zweige mit Blättern ein, um das Vieh gut durch die dürftige Trockenzeit zu bringen. Dieses Holz fehlt jedoch den Nomaden, die dann z. B. trotz entsprechender Verbote Bäume beschneiden, um ihre Tiere versorgen zu können. Das führt wiederum zu Konflikten mit staatlichen Stellen, die die Gesetze zum Schutz der Ressource Holz überwachen. Oft fehlt auch das Verständnis für derartige Maßnahmen: So ist es beispielsweise, basierend auf ihren Traditionen, für Nomaden oft eine Selbstverständlichkeit, einen Baum zu fällen, nur um daraus ein Seil zum Bau von Zelten zu gewinnen.

4

Nachhaltiges Kochen

Um den Holzbedarf einzuschränken, haben Menschen im Sahel eine Firma gegründet, die energiesparende Herde produziert. In Burkina Faso sind damit beispielsweise bereits über eine Million Menschen ausgestattet. Um den Bekanntheitsgrad der Herde zu steigern, werden diese bei Massenhochzeiten, Festivals, Verkaufsmessen, Handwerksmessen und ähnlichen Veranstaltungen vorgestellt. Die Produktion erfolgt vor Ort und schafft damit Arbeitsplätze im Land, die Qualität wird gut überwacht, und es werden angemessene Preise festgelegt, sodass sich die Bevölkerung diese Herde auch leisten kann. Die Nachhaltigkeit soll weiter gesteigert werden, indem zum einen schnellwachsende Bäume gepflanzt, zum anderen Brennstoffe aus landwirtschaftlichen Abfällen gewonnen werden, um den Holzverbrauch langfristig zu senken. Was in Burkina Faso begonnen hat, wird mittlerweile auch auf weitere Länder ausgeweitet, wie z. B. Benin, Mauretanien und den Senegal. Auch gibt es Versuche mit Solarkochern: Neben der Einsparung von Brennholz, was auch zur Arbeitsentlastung der Frauen führt, können damit Kohlendioxid- und sonstige Emissionen vermieden werden. Nachteilig sind jedoch die vollständige Abhängigkeit von der Sonne, was das Brennstoffeinsparpotenzial und die Anwendungsbereiche reduziert, je nach Modell relativ hohe Kosten und dass mit Solarkochern manche traditionelle Gerichte nicht gekocht werden können, was die Akzeptanz bzw. die Motivation zu einem Umstieg mindert.

6

Arbeitsaufträge der Expertengruppe „Holz"
Bearbeiten Sie die nachfolgenden Aufgaben: Entwickeln Sie auf der Grundlage Ihrer Ergebnisse ein Wirkungsgefüge, mit dessen Hilfe Sie Ihren Stammgruppen veranschaulichen können, inwiefern der Holzverbrauch in der Sahelzone zur Ausbreitung der Wüste beiträgt.

1. Ermitteln Sie mithilfe des Textes sowie der Fotos 1 und 2, wofür die Menschen in der Sahelzone Holz verwenden.
2. Begründen Sie mithilfe der Materialien 3, 4 und 6, warum viele Ansätze zu mehr Nachhaltigkeit in der Sahelzone schwer zu verwirklichen sind.
3. Erläutern Sie mithilfe des Textes und der Karte 5, wie es durch vermehrten Holzeinschlag zur Ausbreitung der Wüste kommt.
4. Erläutern Sie, welchen Beitrag modernere Kochtechnologien zu mehr Nachhaltigkeit leisten können.

Experten-
gruppe
Ackerbau

1 Traditioneller Hackbau

2 Baumwolltransport in Westafrika

Faktor Mensch: Ackerbau

Die Menschen, die in der Sahelzone leben, müssen sich seit jeher auf die naturräumlichen Bedingungen einstellen. Ihre traditionelle Weise zu wirtschaften ermöglichte auch nach langen Dürrezeiten die Erholung von Vegetation und Tierbeständen. Mit der Zunahme der Bevölkerung und veränderter Lebensweisen mussten neue Einnahmequellen geschaffen werden. Das hat Folgen für Mensch und Natur.

Hirse
Man unterscheidet Rispenhirse und Kolbenhirse. Die Körner werden zu Brei und Fladen verarbeitet. Anbaubedingungen:

optimale Temperatur: 25 – 30 °C

Niederschläge im Jahr: 180 – 700 mm

←
Wirkungsgefüge erstellen
Seite 104/105

Anbau von heimischen Feldfrüchten

Die Bevölkerungszunahme im Sahel beträgt ungefähr drei Prozent jährlich. Damit wird die Nahrungsmittelversorgung in der traditionell auf **Subsistenzwirtschaft** ausgerichteten Region immer schwieriger. Die Ackerflächen werden in weiter nördlich gelegene Gebiete mit starken Niederschlagsschwankungen ausgeweitet. Politische und religiöse Unruhen, die häufig in kriegerischen Auseinandersetzungen münden, verwehren vielen Menschen den Zugang zu fruchtbaren Gebieten. Viele Viehzüchter vergrößerten ihre Herden. Problematisch ist die Situation in den Trockenjahren: Es kommt zu einem deutlichen Rückgang der Ernteerträge der ***Food-Crops***, und um eine Versorgung der weiter ansteigenden Bevölkerungszahl zu ermöglichen, werden die Felder immer intensiver genutzt (Foto 1). Vor allem der Anbau von Hirse wird sehr stark ausgeweitet.
Die zur Regeneration der Böden notwendigen Brachezeiten können nicht mehr eingehalten werden, sodass die Grasvegetation fehlt, die sich traditionell während einer längeren Brache ausgebreitet und den Boden vor **Abtragung*** und Austrocknung sowie vor einseitiger Auslaugung bewahrt hat. Dies führt schon nach wenigen Jahren zum Rückgang der Erträge. Infolge dieser Übernutzung können viele Flächen nicht mehr bewirtschaftet werden, und die Bauern müssen sich neue Anbauflächen erschließen, wobei die Anbaugrenzen immer weiter in Gebiete verlagert werden, die aufgrund der zu geringen und unregelmäßigen Niederschläge für eine landwirtschaftliche Nutzung wenig geeignet sind. Um überhaupt anbauen zu können oder zumindest die Ernteausfälle gering zu halten, müssen die neu erschlossenen Felder bewässert und gedüngt werden. Dies führt einerseits zu einer Verteuerung der Produkte, andererseits zum Rückgang lebenswichtiger Wasserreserven. Wegen des sinkenden Grundwasserspiegels versiegen die Brunnen, die Böden trocknen aus, die Vegetation wird geschwächt, sodass Wind und Wasser leichtes Spiel bei der Abtragung des Bodens haben. Aufgrund der gestiegenen Preise können sich viele Menschen die Nahrungsmittel nicht mehr leisten. Infolge der Ausweitung der Ackerflächen stehen auch immer weniger Weideflächen zur Verfügung – gleichzeitig werden Viehherden stets vergrößert.

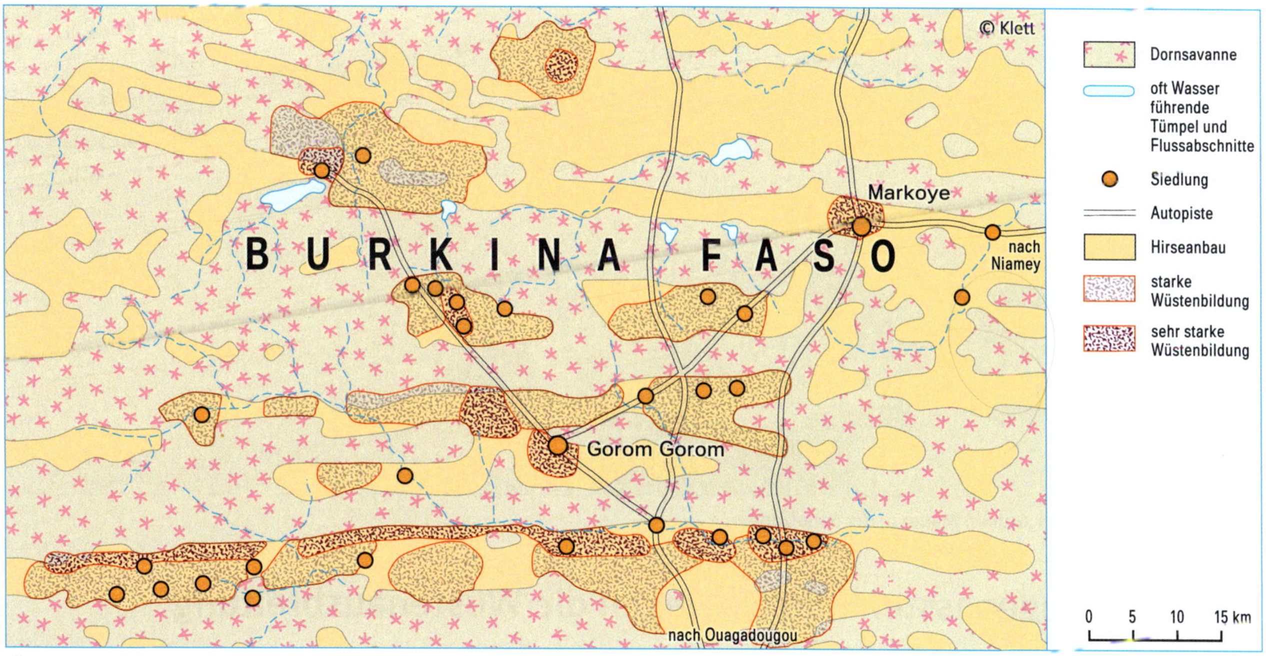

3 **Ackerbau und Wüstenausbreitung in der Provinz Oudalan (Burkina Faso)**

Anbau von Exportkulturen

Mittlerweile werden im Sahel auch zuvor kaum bekannte Feldfrüchte wie Erdnüsse oder Baumwolle (Foto 2) als ***Cash-Crops*** angebaut.
Die Regierungen wollen mithilfe dieser Exportgüter Gewinne auf dem Weltmarkt erzielen. Dafür werden Flächen ausgewiesen und manchmal auch das Landrecht verändert: Anstelle der einheimischen Bauern erhalten jetzt Unternehmen Zugang zu Boden und Weiden. Es entstehen spezialisierte Großbetriebe. Diese bauen auf großen Flächen an, und zwar auch dort, wo die heimische Hirse vorher zuverlässige Ernten eingebracht hat. Mali und Burkina Faso gehören heute zu den zwölf größten Baumwollausfuhrländern der Welt. Wichtige Abnehmer dieser Erzeugnisse sind die EU-Staaten.
Baumwolle benötigt sehr viel Wasser, sodass eine Absenkung des Grundwasserspiegels droht und damit die Austrocknung des Bodens.

Wandel der Lebensformen

Neben der Armut gibt es zunehmend auch viele Bewohner der Sahelzone, die ihre bisherige Lebensweise aufgeben und allmählich den aufwendigen westlichen Lebensstil annehmen. Fernsehen und Internet lassen neue Bedürfnisse und eine Nachfrage nach bisher unbekannten Produkten entstehen, beispielsweise nach westlicher Kleidung oder bisher nicht konsumierten Nahrungsmitteln.
Insbesondere junge Männer sehen ihre Zukunft eher in den Städten, wo sie im Handel und im Dienstleistungssektor Geld verdienen wollen. Viele scheitern und versuchen in der Hoffnung auf ein besseres Leben für sich und ihre Familien, nach Europa zu kommen. Die zurückbleibenden Dorfbewohner versuchen, durch vermehrten Arbeitseinsatz Gewinne zu erwirtschaften. Dies beansprucht wiederum die knappen landwirtschaftlich nutzbaren Flächen und Wasserreserven immer stärker.

?!

Kaum zu glauben

Besonders in den niederschlagsreichen Jahren werden Länder der Sahelzone von Heuschreckenschwärmen heimgesucht. In der Regenzeit 2004 kam es zu einer Heuschreckeninvasion, die vom Senegal bis in den Sudan reichte und katastrophale Schäden im Getreideanbau – bis hin zum Totalausfall der Ernte – verursachte.

Arbeitsaufträge der Expertengruppe „Ackerbau"

Bearbeiten Sie die nachfolgenden Aufgaben. Entwickeln Sie auf der Grundlage Ihrer Ergebnisse ein Wirkungsgefüge, mit dessen Hilfe Sie in Ihren Stammgruppen veranschaulichen können, inwiefern der Ackerbau in der Sahelzone zur Ausbreitung der Wüste beiträgt.

1 Arbeiten Sie mit dem Text: Erläutern Sie
a) Ursachen für die Erweiterung der Ackerflächen,
b) Maßnahmen zur Erweiterung und intensiveren Nutzung der Ackerflächen,
c) Folgen für Boden und Wasserangebot.

2 Werten Sie die Karte 3 aus. Finden Sie mithilfe der Karte drei Zusammenhänge, die mit der Wüstenausbreitung in Verbindung stehen.

3 Beschreiben Sie mithilfe des Textes sowie der Fotos 1 und 2, wie
a) der Anbau von Exportkulturen,
b) der Wandel der Lebensformen
zur Wüstenausbreitung führen kann.

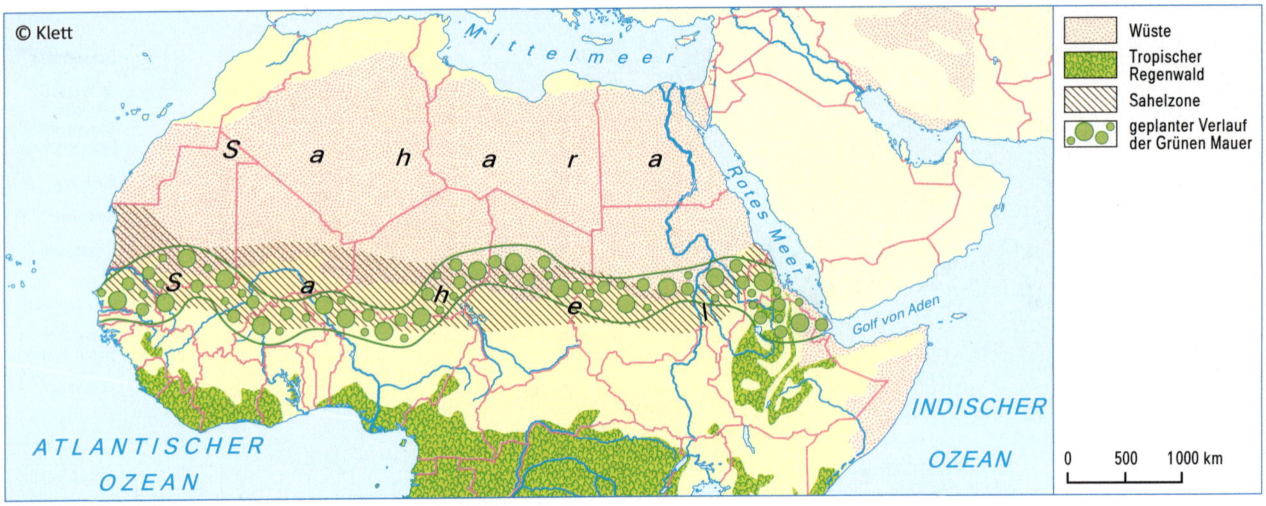

1 Geplanter Verlauf der Grünen Mauer in der Sahelzone

Mit angepassten Mitteln gegen die Wüstenausbreitung

An der Ausbreitung der Wüste in der Sahelzone ist der Mensch beteiligt. Und er ist es auch, der zur Lösung beitragen kann. Dazu kann internationale Unterstützung hilfreich sein, besonders nachhaltig ist es aber, wenn sich die Menschen vor Ort selbst helfen. Vielversprechend sind einfache, der Region angepasste Mittel.

← **Desertifikation** Seite 104 – 115

Veränderte Lebensweisen und Nutzungsformen haben dazu beigetragen, dass traditionelle, nachhaltigere Wirtschaftsweisen in der Sahelzone verdrängt wurden und es zu einer Übernutzung des Raumes und damit zur Desertifikation kam.

Zusammenschlüsse und Maßnahmen

← **Hilfe zur Selbsthilfe** Seite 16/17

Um den Prozess der Desertifikation aufzuhalten, müssen geeignete und auf lange Sicht wirkende Maßnahmen gefunden werden. Dafür benötigen die Menschen im Sahel auch internationale Hilfe, die aber unbedingt der Situation vor Ort angepasst sein muss. So kann ausländische Nahrungsmittelhilfe zwar als Soforthilfe kurzfristig Not lindern, ist aber keine nachhaltige Unterstützung; vielmehr schafft sie weitere Probleme: Es entstehen Abhängigkeiten, und Motivation und Ideen zur Selbsthilfe werden reduziert. Daher sind kleine Schritte mit einfachen Mitteln oft am besten. Die Hilfe muss dabei vor allem geeignet sein, die Eigenständigkeit und das Selbstbewusstsein der Menschen zu fördern, um sich auf Dauer selbst zu helfen. Mithilfe passender Bildungsmaßnahmen, des Baus von Straßen, Wasserleitungen oder anderen Versorgungseinrichtungen kann die Lebenssituation der Menschen vor Ort nachhaltig verbessert werden.

Dem entgegen wirken die zum Teil schon jahrelangen kriegerischen Auseinandersetzungen bewaffneter Milizen, in denen es um die Vorherrschaft in bestimmten Regionen geht. Oftmals sind die Regierungen der Länder zu schwach, die Auseinandersetzungen beizulegen bzw. zumindest Waffenstillstände zu verhandeln.

Afrikas Grüne Mauer

Afrikas Grüne Mauer *(Great Green Wall)* ist eine Initiative der Afrikanischen Union, um die Desertifikation zu bekämpfen (vgl. Karte 1). Ausgehend von der Idee, ein fast 8 000 km langes und 15 km breites Band aus Bäumen von Dakar im Westen bis nach Dschibuti im Osten zu ziehen, entwickelte sich das Konzept zu einem Mosaik aus vielen kleinen Maßnahmen. Dabei werden die Anstrengungen lokaler Gemeinden zu angepasster Bewirtschaftung und Nutzung von Wald, Acker- und Weideland in Trockengebieten unterstützt, weil sich gezeigt hat, dass der Erfolg maßgeblich davon abhängt, dass die Dorfgemeinschaften eingebunden werden. Damit der Projektplan aufgeht, müssen jedes Jahr zehn Millionen Hektar Land wieder fruchtbar gemacht werden. Wichtige Erfolge hat das Projekt bereits erzielt: Im Senegal wurden 12 Millionen Bäume gepflanzt, die langen Dürreperioden standhalten

2 Zaï-Methode

3 Getreidemühle

können. In Äthiopien wurden 15 Millionen Hektar unfruchtbares Land wieder fruchtbar gemacht und neu bepflanzt. Im Niger wurden fünf Millionen Hektar Land wieder gesund gepflegt. Dank der guten Bewirtschaftung des Landes unter Einbeziehung der kleinsten Dörfer können jetzt zweieinhalb Millionen Menschen mehr mit Nahrung versorgt werden. In Burkina Faso wurden drei Millionen Hektar Land mithilfe der Zaï-Technik (vgl. Foto 2 und Textabschnitt unten) wieder nutzbar gemacht.
Trotz dieser Erfolge konnte allerdings bisher weniger als ein Fünftel des Ziels erreicht werden, auch aufgrund fehlender finanzieller Mittel. Eine Finanzspritze soll für die nächsten Jahre neue Triebkraft geben: Beim Pariser Umweltgipfel *One Planet Summit* im Jahr 2021 kamen etwa 11,8 Milliarden Euro für das Projekt zusammen.

Mit Zaï gegen die Wüste

Ein erfolgversprechender Ansatz für bereits völlig vegetationslose und verkrustete Böden ist Zaï. Die Zaï-Methode wurde von Bauern in Burkina Faso entwickelt und gelangte von dort in die Nachbarländer. Das Zaï ist ein Loch im Boden mit einem Durchmesser von etwa 30 Zentimetern und einer Tiefe von 20 Zentimetern. Die Zaï werden versetzt in Reihen gegraben. An Hängen wird der Aushub auf der talwärts gerichteten Seite aufgehäuft. Auf den Boden der Vertiefung legen die Bäuerinnen und Bauern etwas Mist oder Kompost und füllen sie mit dem Aushub auf. Sobald es regnet, werden die Zaï mit Hirse bepflanzt.
Obwohl die Zaï-Anlage im harten Boden sehr anstrengend und arbeitsintensiv ist, hat sich das Verfahren als erfolgreich erwiesen. Kompost und kostbares Wasser werden gezielt an die Pflanzen gebracht, sodass die Menschen auch auf zerstörten Flächen wieder etwas anbauen können.

Hilfe mit einfacher Technik

Maimounata Sandwidi betreibt in Donsin, einem Dorf in Burkina Faso, eine Getreidemühle, die sie mithilfe eines Kleinkredits der PAD gekauft hat. [vgl. Foto 3] Sie berichtet: „Früher mussten die Frauen weite Fußmärsche auf sich nehmen, um das Getreide mahlen zu lassen. Diese Zeit fehlte ihnen für die oftmals schwierige Bewirtschaftung der Felder. Zwar muss das Getreide immer noch per Hand geerntet und gedroschen werden, aber die stundenlangen Fußmärsche zu der entfernt liegenden Getreidemühle sind nun nicht mehr notwendig. Die Frauen zahlen für das Mahlen des Getreides. Mit den Einnahmen kann ich den Kredit in zwei oder drei Jahren abbezahlen."
Birgit Henökl-Mbwisi: Ferne Nachbarn, 2004

4

PAD
(Project Agriculture Durable) hat das Ziel der Förderung einer standortgerechten nachhaltigen Landwirtschaft – insbesondere in Burkina Faso. Es wird gefördert durch die ÖEZA, die Österreichische Entwicklungszusammenarbeit.

←
Klimawandel
Seite 50 – 63

→
Informationen finden
Seite 154/155

1 Der Begriff Desertifikation umfasst mehr als die natürliche Ausbreitung der Wüste. Erklären Sie

2 Hilfe zur Selbsthilfe
a) Erläutern Sie anhand der Materialien 3 und 4 das Prinzip der Entwicklungszusammenarbeit als Hilfe zur Selbsthilfe.
b) Vergleichen Sie Zielstellung und Erfolgsaussichten der Soforthilfe und der Hilfe zur Selbsthilfe.

3 „Es geht nicht nur darum, Bäume in der Sahelregion zu pflanzen, sondern auch darum, Themen wie Klimawandel, Dürre, Hungersnot, Konflikte, Migration und die Landverödung anzugehen." Erklären Sie diese Aussage der Beraterin für Klimawandel Janani Vivekananda.

4 Grüne Mauer Afrikas
Recherchieren Sie im Internet nach weiteren erfolgreichen Maßnahmen im Rahmen des Projektes.

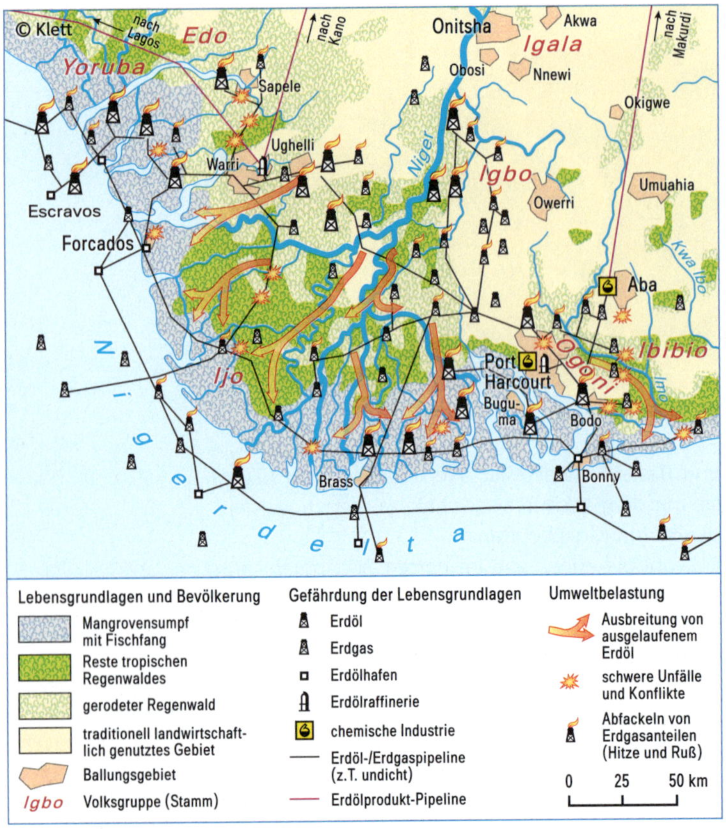

1 Erdölvorkommen und Fördergebiete in Nigeria

2 Pipelines als Fußweg

3 Gefahren durch auslaufendes Erdöl im Nigerdelta

Hemmnisse der Entwicklung: Ressourcenfluch

Afrika ist reich. Reich an Bodenschätzen. Westafrikas Erdöl zum Beispiel ist auf dem Weltmarkt heiß begehrt. Der Reichtum an Bodenschätzen führt jedoch nicht zwangsläufig zum Reichtum des Landes und der Bevölkerung. Oft ist das Gegenteil der Fall – wie das Beispiel Nigeria deutlich zeigt.

←
Erdöl
Seite 92/93

Schwarzes Gold, aber ohne Glanz

Während des ersten Erdölbooms der 1970er-Jahre prophezeite Präsident Olusegun Obasanjo, dass Nigeria bis zum Ende des Jahrhunderts zu den zehn führenden Staaten der Welt gehören werde. Es kam anders: Zwar bringt das Erdöl jedes Jahr Milliardeneinnahmen, trotzdem gehört Nigeria weiterhin zu den ärmsten Ländern der Welt mit den höchsten Schulden, Menschenrechte werden verletzt, grausame Bürgerkriege lodern, die Terrorgruppe Boko Haram verübt Anschläge, Korruption grassiert, und die Armut wächst. Nigeria ist hier kein Einzelfall.

Bereits in den 1980er-Jahren wurde beobachtet, dass es rohstoffreichen weniger entwickelten Staaten meist nicht gelang, auf der Basis ihrer Rohstoffe die eigene Entwicklung voranzutreiben. Studien des Internationalen Währungsfonds haben sogar ergeben, dass Länder ohne **Rohstoffe*** zwischen 1970 und 2000 viermal rascher wuchsen als Länder, die Erdöl fördern. Dieses Phänomen wird auch als „Ressourcenfluch“ oder „Ressourcenfalle“ bezeichnet.

Schwächung der Wirtschaft

Die hohen Einnahmen aus dem Rohstoffexport führen zur Aufwertung der Währung, wodurch exportorientierte Branchen außerhalb des Rohstoffsektors leiden, weil sich ihre Produkte auf dem Weltmarkt verteuern. Die Folge ist der Niedergang der nationalen Landwirtschaft und des Unternehmertums. Verliererinnen und Verlierer sind die lokalen Produzenten und insbesondere Frauen, die vor allem in der Landwirtschaft tätig sind.

Menschenrechtsverletzungen

Militär und Polizei sichern gewaltsam die Interessen von Petro-Unternehmen über ihr Konzessionsgebiet. Bei Konflikten zwischen Unternehmen und Bevölkerung kommt es oft zu Einschüchterungsmaßnahmen, Entführungen und Mord. Viele Erdölvorkommen liegen im Bereich von Siedlungen und Landwirtschaftsflächen, die Bohrtürmen und Pipelines weichen müssen. Verträge zwischen Erdölfirmen und der ansässigen Bevölkerung sind selten oder werden oft nicht eingehalten. Deswegen werden viele Menschen entweder enteignet oder ohne Kompensation umgesiedelt.

Beeinträchtigung der Umwelt

Förderung und Abtransport des Erdöls benötigen den Bau von Straßen, Flusswegen und Hafenanlagen. Infolge auslaufenden Erdöls werden Böden, Trinkwasser und Gewässer verseucht, was die Landwirtschaft und die Fischereiwirtschaft erheblich beeinträchtigt. Zudem kommt es beim Abfackeln von Gas zu enormer Luftverschmutzung. Die langfristigen Folgen sind nicht absehbar.

Schlechte Regierungsführung

Korruption und **schlechte Regierungsführung** *(bad governance)* tragen zu Armut und mangelnder Entwicklung im Land bei: Von den hohen Erdöleinnahmen profitieren nur wenige, und große Teile der Einnahmen verschwinden in privaten Taschen. Für nachhaltige Investitionen, von der die Wirtschaft und die gesamte Bevölkerung profitieren könnten, fehlt dann das Geld. Die Schulden müssen dennoch zurückgezahlt werden. Hierfür muss dann die einfache Bevölkerung geradestehen, obwohl sie selbst keinen Vorteil aus den Mitteln gezogen hat. Korruption schwächt auch das Vertrauen der Bevölkerung in die Regierung. Im Korruptionswahrnehmungsindex liegt Nigeria im Jahr 2020 auf Platz 149 von 179, Deutschland auf dem neunten, Dänemark auf dem ersten, dem besten Platz.

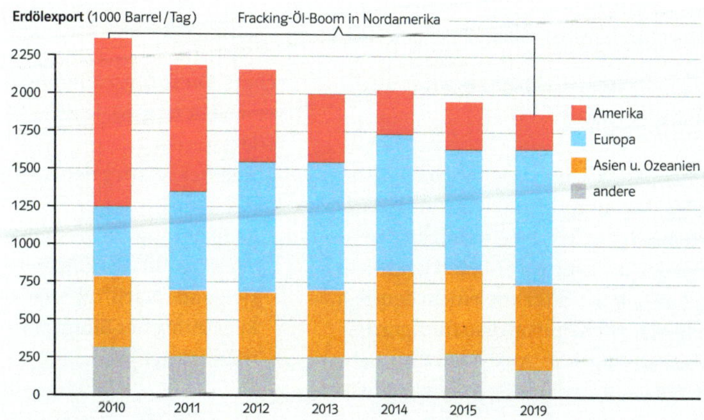

4 **Entwicklung der Erdölexporte Nigerias nach Zielregionen**

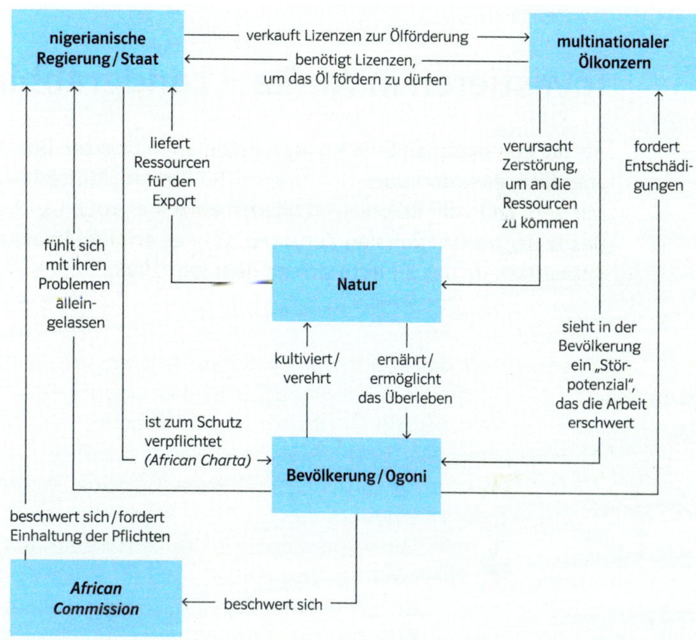

5 **Wirkungsgefüge zur Erdölproduktion in Nigeria**

Den Index gibt die internationale Nichtregierungsorganisation Transparency International heraus, indem sie eine Rangfolge nach dem wahrgenommenen Grad der Korruption in einem Land aufstellt.

1 Verorten Sie den Staat Nigeria mithilfe des Atlas.

2 Beschreiben Sie mithilfe des Textes sowie der Materialien 1 und 4 die Bedeutung der Erdöl- und Erdgasexporte für Nigeria.

3 Erläutern Sie mithilfe des Wirkungsgefüges 5 bestehende Abhängigkeiten.

4 „Unter dem Erdölreichtum leiden am meisten die Frauen." Nehmen Sie mithilfe des Textes und der Materialien 1 bis 3 Stellung zu der Aussage.

5 „Nigerias milliardenschwere Erdöleinnahmen machen das Land arm." Erläutern Sie mithilfe des Textes und der Grafik 5 diesen scheinbaren Widerspruch.

6 Diskutieren Sie mithilfe des Textes die Rahmenbedingungen, unter denen eine nachhaltige Entwicklung durch den Erdölboom in Nigeria möglich wäre.

Aus einem Informationsprospekt für Wertpapieranleger

„Agrarsektor – Geldspeicher mit Wachstumsperspektive:

Unabhängig von einem möglichen Anstieg der Inflationsraten und dem damit verbundenen Wertsteigerungspotenzial der Sachwerte ist für den landwirtschaftlichen Sektor von einem deutlich ansteigenden Preisniveau für Agrarflächen auszugehen. Analysten sprechen bereits von einem ‚Megatrend Landwirtschaft'. Diese Einschätzung kann durch verschiedene globale Entwicklungen unterlegt werden:

- weiterer Anstieg der Weltbevölkerung [...],
- Reduzierung der verfügbaren landwirtschaftlichen Flächen [...],
- steigende Nachfrage nach Fleisch [...],
- Bedeutung der Biomasse als Energieträger steigt [...].

Deutlicher Wertzuwachs erwartet: Angesichts der steigenden Nachfrage nach Ackerflächen bei gleichzeitig abnehmendem Angebot ist von einer hohen Preisstabilität landwirtschaftlicher Flächen auszugehen. Agrarspezialisten prognostizieren aufgrund der vorgenannten Rahmenbedingungen überproportionale Wachstumsperspektiven. [...]"

Realkapital KGaA: Reale Werte für reales Wachstum. Braunschweig: Realkapital KGaA o. J., S. 10

1

Investieren in Afrika – Landgrabbing

Als die europäischen Staaten noch Kolonien in Übersee besaßen, war es selbstverständlich, dass dort auch Nahrungsmittel für das „Mutterland" produziert werden. Mit dem Ende der Kolonialzeit blieben einzelne große Landwirtschaftsbetriebe im Besitz der transnationalen Konzerne, aber es erfolgte kaum eine Ausweitung der Anbauflächen. Das änderte sich ab dem Jahr 2008.

Kolonialismus
oft gewaltsame Unterwerfung auswärtiger, meist überseeischer Territorien, mit dem Ziel der Schaffung von politisch, ökonomisch und kulturell von der Kolonialherrschaft abhängigen Einflusssphären

Ausländische Direktinvestitionen
Unternehmen investieren im Ausland, indem sie Eigentumsrecht, z. B. an Gebäuden oder Unternehmen, erwerben.

← FAO Seite 107

Seit der Finanzkrise 2008 interessieren sich Investoren, ausländische Unternehmen und lokale Eliten verstärkt für neue Geschäftsfelder.
Einerseits haben steigende Nahrungspreise und der Anbau von Energiepflanzen, Getreide, Kaffee oder Nutzhölzern den Landkauf begünstigt, andererseits sehen Spekulanten in den Landwirtschaftsflächen lukrative Anlagemöglichkeiten.
Eine Studie der Weltbank geht davon aus, dass allein in Afrika fast fünf Prozent der landwirtschaftlichen Nutzfläche durch **ausländische Direktinvestitionen** aufgekauft worden ist, was der Fläche Kenias entspricht. Allerdings ist das wahre Ausmaß nur schwer einzuschätzen.

2 Investition mit Wertsteigerungspotenzial?

Die Verträge werden über die Köpfe der Dorfbewohner hinweg mit den staatlichen Behörden geschlossen.
Landgrabbing verursacht ökonomische, soziale und ökologische Probleme. Industrialisierte, auf **Monokulturen** ausgerichtete landwirtschaftliche Produktionsformen führen zur Rodung von Wäldern, zu einem erhöhten Wasserverbrauch, dem Einsatz von Chemikalien sowie oft auch dem Einsatz gentechnisch veränderten Saatguts. Neben den kritischen Stimmen, die Landgrabbing als neue Form des **Kolonialismus** bezeichnen, gibt es aber auch Fürsprecher sogenannter Landinvestitionen. Diese verweisen auf mögliche Vorteile, wie z. B. die Schaffung von Arbeitsplätzen für die lokale Bevölkerung, was zur Reduzierung der Armut führen könnte.
Durch einen Know-how-Transfer sowie die Einführung neuer Technologien gäbe es Verbesserungen in der Qualität der landwirtschaftlichen Produktion und damit könnte die Nahrungsmittelversorgung gewährleistet werden. Innovationen ermöglichten eine höherwertige Verarbeitung der Produkte. Die Regierungen erhielten Einnahmen, die sie reinvestieren könnten. Befürworter sprechen somit von einer Win-win-Situation, nämlich für die Investoren wie auch für die Bevölkerung.

Sambia: Landraub als Entwicklungshilfe

„[...] Sambias Regierung vergibt seit Jahren große Stücke Ackerland an einheimische und ausländische Investoren, um die Exporteinnahmen zu erhöhen. Als Folge davon werden Bewohner von ihrem Land vertrieben [...] Oft ohne Kompensation, wie es das Gesetz vorsieht, gelegentlich sogar ohne Vorwarnung. Europäische Organisationen und Konzerne beteiligen sich an diesem Landraub, hat die Non-Profit-Organisation FIAN dokumentiert.
Die Kleinbauern werden obdachlos, leben in Zelten oder bekommen ein minderwertiges Stück Land zugewiesen. Einige wandern sogar ins Gefängnis, weil sie weiter auf dem Land leben, auf dem schon ihre Eltern gewirtschaftet haben.
Neben Bergbau ist die Landwirtschaft der wichtigste wirtschaftliche Pfeiler Sambias. Ein Großteil der Bevölkerung lebt vom und auf dem Land. 60 Prozent der landwirtschaftlichen Betriebe sind Klein- und Kleinstbetriebe. Zusammen produzieren sie 85 Prozent der Nahrungsmittel, vor allem Hirse und Mais, aus dem das Nationalgericht Nshima hergestellt wird. Der Maisbrei ist die Grundlage der meisten Mahlzeiten. Tabak, Zuckerrohr, Erdnüsse und Baumwolle werden zum Verkauf angebaut, Gemüse wird auf dem Markt verkauft, wenn es Überschüsse gibt. Traditionell wird das Land kollektiv bewirtschaftet.
Um konkurrenzfähig zu werden, will das Land mechanisierte Landwirtschaft im großen Stil. Die Entwicklung großer Farmen mit mehreren Hundert oder Tausend Hektar wird massiv gefördert. Im Zuge einer Landreform werden große Gebiete in Staatseigentum überführt und an einheimische wie ausländische Investoren verkauft. Der Käufer verpflichtet sich im Gegenzug die Übernahme einvernehmlich zu regeln und die Bewohner zu entschädigen. [...]“

Infosperber: Sambia: Landraub als Entwicklungshilfe. In: Infosperber vom 06.11.2017, auf www.infosperber.ch/Wirtschaft/Sambia-Landraub-als-Entwicklungshilfe, Okt. 2018

3

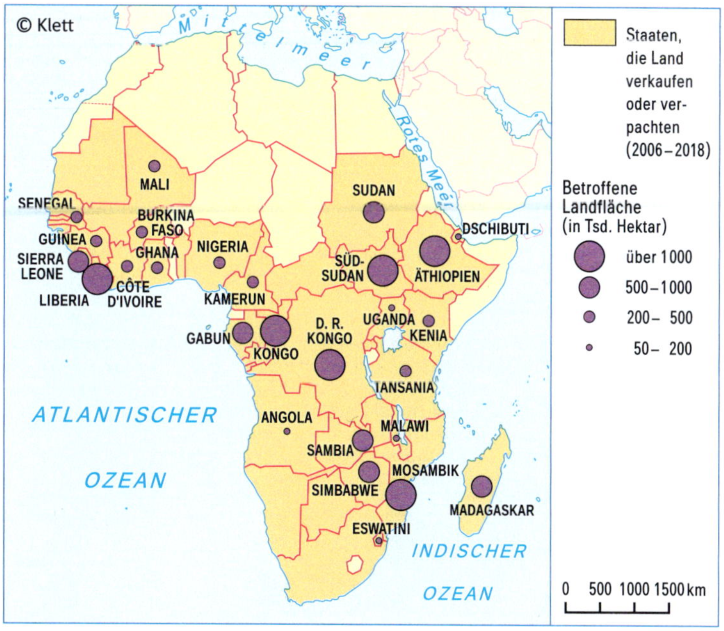

4 Landgrabbing in Subsahara-Afrika

FAO bekämpft Landgrabbing

„[...] Die „Freiwilligen Richtlinien“ behandeln u. a. folgende Bereiche:
- die Anerkennung und den Schutz von legitimen Bodenrechten [...];
- die Gewährleistung, dass die Landverwaltungssysteme für alle wirtschaftlich leistbar und faktisch zugänglich sind;
- die Behandlung von Enteignungen und die Rückgabe von Land an Personen, die [...] unrechtmäßig enteignet worden sind;
- die Sicherung der Rechte der indigenen Bevölkerung sowie
- die Sicherstellung, dass Investitionen in Land und Boden auf eine verantwortungsvolle und transparente Weise erfolgen;
- Streitbeilegungsmechanismen und
- den Umgang mit der Ausdehnung der Städte in [...] ländliche Gebiete.

Im Rahmen der Freiwilligen Richtlinien wird auch explizit auf die Rolle der Frauen [...] eingegangen, da sie einerseits mit vermehrten Hindernissen bei der Erlangung von Landrechten zu kämpfen haben und andererseits eine zentrale Rolle für die Ernährungssicherung im ländlichen Raum ausüben. [...]“

Bundesministerium für Nachhaltigkeit und Tourismus: FAO bekämpft Landgrabbing, 15.10.2014, auf www.bmnt.gv.at/land/eu-international/fao/guidelineslandtenure.html, Nov. 2016

5

1 Verorten Sie den Staat Sambia (Text 3) mithilfe des Atlas.

2 Statt dem Ausdruck „Landhandel“ oder „Landerwerb“ wird in der internationalen Literatur oft der Ausdruck „Landgrabbing“ gebraucht, was so viel wie „Landgrapscherei“ oder „Landraub“ bedeutet. Begründen Sie, welcher Ausdruck das vorliegende Phänomen aus Ihrer Sicht am besten beschreibt (Haupttext, Texte 1 und 3).

3 Analysieren Sie die Folgen des Landgrabbings (Text, Materialien 1–4).

4 Erörtern Sie, unter welchen Bedingungen die „Freiwilligen Richtlinien“ (Text 5) umsetzbar sind.

5 Nehmen Sie Stellung zu der Behauptung, Landgrabbing könne die Sicherung der Welternährung ermöglichen (Haupttext, Texte 1 und 3).

6 Beurteilen Sie, inwiefern die Karikatur 2 das Problem des Landgrabbings treffend widerspiegelt.

Plantage
Landwirtschaftlicher Großbetrieb in den Tropen und Subtropen, in dem auf großen Flächen nur eine Pflanzenart angebaut wird (Monokultur), z. B. Bananen oder Kakao. Zur Plantage gehören auch die technischen Anlagen zur Aufbereitung der Produkte, Verwaltungsgebäude und Wohnsiedlungen für die Arbeiter. Viele Plantagen Afrikas und Südamerikas gehen auf noch auf koloniale Einrichtungen zurück, in denen einst Sklaven zur Arbeit gezwungen wurden.

Wie soll man sein Erspartes sichern?
Ein einfacher Arbeiter auf einer **Plantage** in Kenia hat am Ende des Jahres 30 US-$ übrig. Dieses Geld möchte er für die spätere Ausbildung seiner Kinder zurücklegen. Welche Möglichkeiten hat er?

Er könnte das Geld in seiner Matratze oder an einer anderen Stelle seiner kleinen Wohnung verstecken. Allerdings würde das aufbewahrte Geld durch die Inflation über die Jahre langsam an Kaufkraft verlieren. Auch ist es in der Wohnung nicht sicher. So könnte das Geld die Begehrlichkeiten der anderen Familienangehörigen wecken, die sich davon gerne etwas kaufen möchten.

Er könnte für das Geld eine Ziege kaufen. Diese könnte die Familie mit frischer Milch versorgen und später wieder verkauft werden. Die Ziege benötigt aber Wasser und Futter. Auch ist es nicht sicher, dass sie später wieder ohne Verlust verkauft werden kann.

Er könnte bei einer Bank ein Konto eröffnen und das Geld einzahlen. Das Geld wäre hier sicher und würde über die Jahre auch noch Zinserträge erwirtschaften. Allerdings ist die nächste Bank eine Tagesreise entfernt. Er müsste sich eine Mitfahrgelegenheit suchen und von einem Teil des Geldes die Fahrtkosten bezahlen. Für die Reise würde er mindestens zwei Tage benötigen, an denen er nicht arbeiten und kein Geld verdienen kann. Weiterhin sind die Banken an Kleinsparern kaum interessiert. Oft beträgt die Mindesteinlagesumme 50 US-$ und mehr.

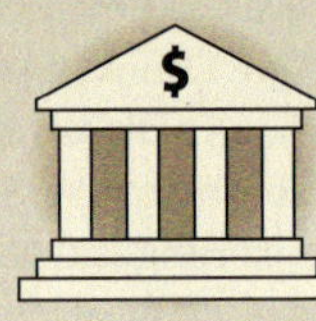

2 Schwierigkeiten der Armen im Umgang mit Banken

Internetwirtschaft als Wachstumsfaktor

In einigen Ländern Afrikas zahlt man mit dem Handy: unkompliziert, für alle zugänglich und mit einfachstem technischen Gerät möglich. Ein mobiler Dienst für Geldtransaktionen hat, ausgehend vom Land Kenia, Erfolgsgeschichte geschrieben.

→ **Plantagenwirtschaft** Seite 142/143

Entwicklung der Anzahl der Transaktionen über einen mobilen Bezahldienst in Afrika in Mrd.

2016/17	6,4
2017/18	8,9
2018/19	11
2019/20	12,2

Vodafone Group PLC – Annual Report 2020, Seite 2 (Zugriff am 15.01.2021)

1

Mobile Geldtransaktionen in Kenia

„Die Idee, die Kenias Wirtschaft auf den Kopf stellen sollte, kam Nick Hughes in einem sterilen Konferenzsaal in Südafrika. Der Brite war 2003 zu dem Treffen von Entwicklungsexperten gereist, um nach neuen Geschäftsideen für seinen Arbeitgeber [...] Ausschau zu halten. Ihm fiel auf, dass man zwar wiederholt von der Schwierigkeit sprach, Finanzdienstleistungen in Entwicklungsländern anzubieten, dass aber niemand auf die Idee kam, hierfür auf Handys zu setzen, die sich bereits damals auch in den abgelegensten Winkeln der Welt auszubreiten begannen.
Wenig später machte sich der umtriebige Hughes in Kenia daran, eine mobile Plattform für Kleinkredite zu etablieren. Das ostafrikanische Land bot sich dafür an, weil es im Handymarkt besonders hohe Wachstumsraten auswies [...]. Einfach war das Vorhaben gleichwohl nicht. ‚Es gab zu jener Zeit weltweit nichts Vergleichbares‘, erzählt der promovierte Umweltwissenschaftler. ‚Wir schufen einen Prototypen – und mussten ihn schon nach kurzer Zeit überarbeiten.‘ Bald merkten Hughes und sein Team nämlich, dass die 600 Testteilnehmer die Plattform nicht primär für Kreditgeschäfte nutzten, sondern für einfache Geldüberweisungen. Also passten sie die Plattform an und lancierten 2007 den mobilen Bezahl- und Geldtransferdienst [...].
Der Rest ist eine beispiellose Erfolgsgeschichte [...]“

Fabian Urech: Weltweit findet heute jede zweite mobile Geldtransaktion in Kenia statt. In: Neue Zürcher Zeitung vom 16.01.2018, auf www.nzz.ch/international/der-weltmarktfuehrer-aus-afrika-ld.1338079 (Zugriff am 24.11.2018)

3

4 **Schalter für Mobilfunk- und Internetdienstleistungen in Nairobi (Kenia)**

Kaum zu glauben
Ein Gigabyte Datenvolumen im Mobilfunk kostet in Malawi 87 Prozent des Bruttonationaleinkommens pro Kopf – in Ruanda nur 2 Prozent!

Anfang der 2020er-Jahre kommt das Bezahlen mit dem Handy in Deutschland und Europa langsam in Schwung. In Kenia ist es bereits seit 2007 möglich und seit Langem nicht mehr wegzudenken. Es basiert auf einfachster Technik: Ein ortsansässiger Mobilfunkbetreiber bot seinen Kunden die Möglichkeit, Geldgeschäfte per SMS abzuwickeln, was kein Bankkonto voraussetzte und billiger, schneller, dabei aber ebenso sicher wie ein gewöhnlicher Banktransfer war. Ein Smartphone mit hohem Stromverbrauch und geringer Akkulaufzeit ist bis heute nicht notwendig. Nicht zuletzt dank geringer Einstiegshürden gilt der mobile Bezahldienst heute als die erfolgreichste Handy-Anwendung auf dem afrikanischen Kontinent (vgl. Tabelle 1).
Damit ist es möglich, Geldbeträge auf dem Handy in einer sogenannten Mobilewallet zu hinterlegen, per SMS Geld an andere Handynutzer zu übertragen und Güter sowie Dienstleistungen per Handy zu kaufen oder zu verkaufen. Dies bietet vor allem auch schwach erschlossenen Gebieten neue Chancen, in denen ein geringes Lohnniveau herrscht.
Bei jeder Transaktion wird eine von verschiedenen Faktoren abhängige Nutzungsgebühr erhoben, an der der Bezahldienst und der Mobilfunkanbieter mitverdienen.

Im Vergleich zu anderen Möglichkeiten, Geld von A nach B zu transferieren, ist diese in vielen Fällen die günstigste.
Das mit dem Handy verwaltete Geld kann man sich nicht nur bar auszahlen lassen: Seit 2016 kooperiert der mobile Bezahldienst auch mit einem großen internationalen Internetbezahldienstleister, sodass auch kleine Händler ihre Produkte bei Bedarf auf dem globalen Markt anbieten können. Die neue Form der Kommunikation hat vielen Afrikanern eine ganz neue Welt geöffnet: Mit dem billigen Erwerb einer eigenen Telefonnummer kann der Kunde ohne eine feste Adresse oder finanzielle Sicherheiten Finanzdienstleistungen in Anspruch nehmen. Dadurch trauen sich mehr Menschen, kleine Beträge zu sparen und ein Unternehmen zu gründen. Da man für die Anwendung lesen können muss, wurde die Alphabetisierung vorangetrieben. Weit über 90 Prozent der Kenianer haben mittlerweile die Möglichkeit, mobil zu bezahlen. Und seit vielen Jahren gibt es den Dienst nicht mehr nur in Kenia, sondern mehrere Staaten, auch außerhalb Afrikas, haben das Bezahlsystem übernommen beziehungsweise adaptiert.

Anzahl der Mobiltelefonanschlüsse in Afrika (in Mio.)

2005	87,3
2010	366,3
2015	714,2
2020	881,7

International Telecommunication Union (ITU) 2020, unter: https://www.itu.int/itu-d/sites/statistics/ (Zugriff vom 30.12.2020)

5

→ Informationen finden Seite 154/155

1 Stellen Sie Ihre eigene Abhängigkeit von Bankverbindung und Kommunikationsmitteln dar.

2 Erfolgsmodell mobiler Bezahldienst
a) Erläutern Sie mithilfe der Materialien 1 – 5 sowie des Textes die Rahmenbedingungen, die den Erfolg des mobilen Bezahldienstes ausmachen.
b) Begründen Sie, warum das mobile Bezahlen gerade in Afrika zum Erfolgsmodell werden konnte.

3 „Das Handy ist heute aus dem Leben vieler Menschen in Afrika nicht mehr wegzudenken." Erläutern Sie diese These mithilfe der Materialien 3 – 5 sowie des Textes.

4 „Die Möglichkeiten mobiler Geldtransaktionen haben die Armen Kenias reich gemacht." Nehmen Sie mithilfe der Materialien 1 – 4 sowie des Textes Stellung zu dieser Aussage.

5 Recherchieren Sie Kritikpunkte an mobilen Bezahldiensten auf dem afrikanischen Kontinent und erläutern Sie diese.

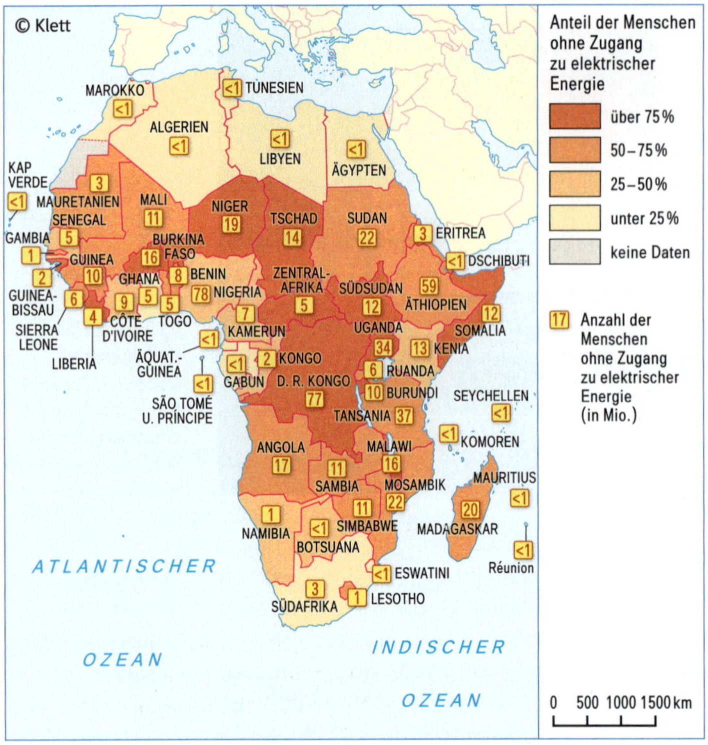

1 Anteil der Menschen ohne Zugang zu elektrischer Energie in Afrika nach Staaten 2019

2 Staudämme Inga I (im Vordergrund) und Inga II (im Hintergrund) am Kongo

3 Der Kiosk in Soweto (Südafrika) wird mit vor Ort erzeugtem Solarstrom versorgt.

Strom für Afrika

Großprojekte der Stromerzeugung haben vor allem Städte und Industriekomplexe mit elektrischer Energie erreicht. Viele Menschen in den Dörfern blieben buchstäblich im Dunkeln sitzen. Können erneuerbare Energien hier eine Lösung sein und Energie für alle bereitstellen?

1,1 Milliarden Menschen leben ohne Zugang zu Strom allein im ländlichen Afrika. Elektrizität auch in diesen Regionen bereitzustellen, hat sich die *Sustainable-Energy-for-all-Initiative* der Vereinten Nationen vorgenommen.

Zeit online vom 18.05.2017; unter: www.zeit.de/wirtschaft/2017-05/entwicklungshilfe-afrika-strom-energie-stromnetz

„Der fehlende Zugang zu Energie und Wasser ist zugleich Ursache und Folge von Armut." Für Donald Kaberuka, von 2005 bis 2015 Präsident der Afrikanischen Entwicklungsbank, ist deshalb der Ausbau der Energieversorgung Afrikas vorrangig. Ein Großteil der Stromversorgung wird mit Dieselaggregaten bereitgestellt. Das ist teuer und belastet die Umwelt. Nur etwa 20 Prozent der Stromversorgung Afrikas südlich der Sahara stammen heute aus Wasserkraft. Damit nutzt die Region nur einen Bruchteil ihres Potenzials. Entsprechend sollen neue Staudammprojekte in der Demokratischen Republik Kongo, in Äthiopien, in Mosambik und in Guinea die Stromversorgung verbessern. Noch 2013 hatte die DR Kongo große Pläne: Mit dem Staudammprojekt Inga III am Kongo sollte nicht nur das Energieproblem des Landes gelöst werden, sondern durch den Stromexport nach Südafrika schien auch die Finanzierung gesichert zu sein. Die Bauarbeiten sollten 2015 beginnen, der Strom ab 2021 fließen. Selbst die Weltbank hatte finanzielle Unterstützung zugesagt. Die drei Grand-Inga-Staudämme sollten alles bisher Dagewesene in den Schatten stellen:
Mit einer Leistung von 40 000 Megawatt wäre der Staudammkomplex fast doppelt so groß wie der gigantische Drei-Schluchten-Staudamm in der Volksrepublik China. Die Baukosten sollten bei rund 60 Milliarden Euro liegen. Weltbank und Investoren schwärmten von den großen Chancen: Halb Afrika – insgesamt 500 Millionen Menschen – könnte mit Elektrizität versorgt werden. Doch dann kam das Projekt ins Stocken. Umweltschützer und NGOs übten massive Kritik an den notwendigen Eingriffen in die Natur. Unabhängige Umweltverträglichkeitsstudien zweifelten an der Umsetzbarkeit. 2016 stieg die Weltbank aus, weil Aufträge ohne

Ausschreibung und ohne fertige Machbarkeitsstudien erteilt worden waren und Präsident Kabila die Oberhoheit über das Projekt beanspruchte. Im Jahr 2018 kam der Oppositionsführer Felix Tshisekedi an die Macht. Der neue Präsident hat ein Problem: Von den 11 000 MW sollen nur 3 000 für den Kongo selbst bestimmt sein, obwohl 80 Prozent der 80 Millionen Kongolesen keinen Strom haben. Zivilgesellschaftliche Gruppen verlangen eine Neukonzeption des Projektes.

Light Up and Power Africa

„Africa is simply tired of being in the dark. It is time to take decisive action and turn around this narrative: to light up and power Africa – and accelerate the pace of economic transformation, unlock the potential of businesses, and drive much needed industrialization to create jobs.“, so Akinwumi Adesina, seit 2015 Präsident der Afrikanischen Entwicklungsbank. Diese Forderung ist eine der neuen *Big Five* zur Entwicklung Afrikas. Der Energieverbrauch pro Einwohner liegt in Subsahara-Afrika (ohne Südafrika) bei 180 kWh pro Jahr – im Vergleich zu 13 000 kWh in den USA oder rund 6 500 kWh in Europa. Millionen Afrikaner können nicht warten, bis die Stromnetze des Kontinents gebaut sind. Anstelle von großen Stromnetzen sollen kleine Regionalnetze, sogenannte *Mini-Grids*, entwickelt werden, die lokal erzeugte Solarenergie verwerten können. Dafür müsste eine Entwicklung in drei Phasen erfolgen: Zunächst müssten einfache Solarlampen für Licht sorgen. Der Anschaffungspreis von unter fünf Dollar ist auch für die Armen lukrativ, die bislang ein Vielfaches im Jahr für Kerzen oder batteriebetriebene Taschenlampen ausgeben. In einem zweiten Schritt sollten die Häuser mit netzunabhängigen Solaranlagen ausgestattet werden, die den Betrieb einiger Endverbraucher erlauben – unter anderem auch das Aufladen der Handys. Schließlich sollen *Mini-Grids* geschaffen werden, mit denen man sogar Pumpen zur Bewässerung betreiben kann.

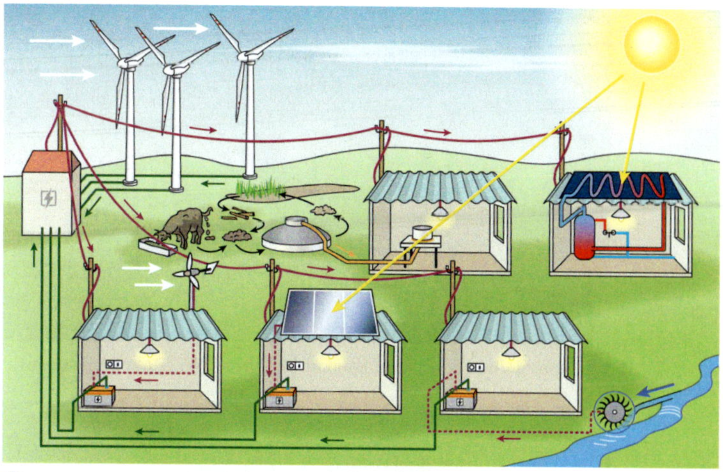

4 **Modell eines kleinen Regionalnetzes *(Mini-Grid)***

Schulung für eine ökologische und ökonomische Energieversorgung

Im Dezember 2018 flogen vier Dozenten aus Bayern in den Senegal und schulten senegalesische [Lehrkräfte] in der Konzeption und Montage von Photovoltaikanlagen. Mit im Gepäck hatten sie 50 vom bayerischen Staat finanzierte Solarkoffer für die Ausbildung an Schulen im Senegal. Der Startschuss zu diesem Projekt fiel im Dezember 2017 in dem Allgäuer „Energiedorf“ Wildpoldsried im Rahmen des Symposiums „Welt mit Zukunft durch Berufliche Bildung“. Dank der intensiven Zusammenarbeit aktiver [Berufsschullehrkräfte] konnten bereits 2018 zwei zweiwöchige Fortbildungsveranstaltungen in Wildpoldsried stattfinden, in der Anwendung der Solar-Funktionskoffer für die Ausbildung. Einer sehr erfolgreichen Schulung von englischsprachigen [Lehrkräften] aus Kenia, Uganda, Tansania, Ruanda und Sambia folgte der gleiche Kurs auf Französisch mit [Teilnehmenden] aus Senegal, Marokko, Burundi und Djibouti. Im Anschluss an die Schulungen in Wildpoldsried finden Kurse zur PV-Technik in Afrika statt. Sie werden von deutschen Mentoren begleitet. Den [Teilnehmenden] der Schulungen wird jeweils ein Bausatz des Solar-Funktionskoffers für die eigene Arbeit und zwei weitere für die entsprechende Schule übergeben. Die [Lehrkräfte] können mit den Materialien an ihren Schulen von jetzt an junge Menschen ausbilden, so dass diese die zukünftige Entwicklung der ökologischen und ökonomischen Energieversorgung übernehmen und verbreiten können.

Aus: Bericht des Projektleiters Wilhelm Kirchensteiner, In: Kreisbote Kempten vom 23.1.2019, S.8

5

1 Werten Sie die thematische Karte 1 aus.

2 Beschreiben Sie mithilfe des Textes und des Fotos 2 die Probleme der Realisierung des Staudammprojektes Inga III.

3 Erläutern Sie das Modell der *Mini-Grids* (Text, Foto 3, Grafik 4).

4 Stromversorgung für ländliche Räume:
a) Nehmen Sie Stellung zu der Ansicht, dass die Stromversorgung nicht durch Großprojekte erfolgen kann (Text).
b) Begründen Sie, dass die Stromversorgung rasch mit erneuerbarer Energie zu bewerkstelligen ist. Nutzen Sie die auf S. 26/27 erworbene Kenntnis der Beleuchtungszonen der Erde.

5 Diskutieren Sie die in Text 5 beschriebene Schulung von Berufsschullehrkräften, um mit deren Wissen die Nutzung von Photovoltaik in afrikanischen Ländern zu verbreiten.

1 Kolonialherren in Madagaskar im Jahre 1946 (Dokumentation)

2 „Die weiße Massai", Kinofilm (2005)

3 „Tarzan and the Jungle Queen", Kinofilm (1951)

Afrikabilder und ihre (De-)Konstruktion

Unsere Vorstellungen von Afrika sind geprägt durch Romane, Filme oder Reportagen und haben mitunter wenig mit der Realität vor Ort zu tun. Wie aber können wir solche Fehlvorstellungen erkennen und kritisch mit ihnen umgehen?

←
Entwicklungszusammenarbeit
Seite 16

Noch vor wenigen Jahren wurde Afrika oft als „der schwarze Kontinent" bezeichnet. Neben der Hautfarbe afrikanischer Bevölkerungsgruppen waren dabei immer auch Assoziationen herstellbar, die von „furchterregend" bis hin zu „rückständig" reichen. Dass solche Eindrücke über viele Jahre hinweg mitschwingen konnten, lag daran, dass unser Bild von Afrika medial durch Romane, Reportagen oder Filme beeinflusst ist. Diese sind vielfach durch Stereotype geprägt, also durch im Alltag präsente, verallgemeinerte Zuschreibungen eines als typisch behaupteten Sachverhalts:

- Afrika als „wilder Kontinent", den es zu entdecken, erobern und zivilisieren gilt;
- Afrika als „romantisch-exotische Wildnis" und Rahmen naiver Liebesgeschichten;
- Afrika als „Katastrophenkontinent", geprägt von Kriegen, Krankheiten, Naturkatastrophen, Hungersnöten und Korruption.

Der Konstruktivismus, eine philosophische Position der Erkenntnistheorie, kann uns dabei helfen, solche Stereotype zu hinterfragen und aufzulösen. Ein zentraler Ansatz des Konstruktivismus ist die Auffassung, dass wir alle jeweils subjektive Vorstellungen von Afrika konstruieren, die sich voneinander unterscheiden und die nicht der Realität entsprechen müssen. Über den Prozess der Dekonstruktion, in dem wir uns mit kulturellen und sozialen Aspekten genauer auseinandersetzen, können wir Fehlvorstellungen korrigieren und unser Bild von Afrika zunehmend präziser rekonstruieren (vgl. Übersicht 5). Dies wiederum kann Einfluss haben auf unseren Umgang mit dem Kontinent und seinen Bewohnern.

Der Film

„Black Panther" ist ein US-amerikanischer Actionfilm aus dem Marvel Cinematic Universe. Er wurde vielfach ausgezeichnet, u.a. mit drei Oscars, und gehört zu den umsatzstärksten Filmen aller Zeiten.
Der Film handelt vom Kronprinzen T'Challa, der sich in seine afrikanische Heimat Wakanda begibt, um sich dort auf die Übernahme des Throns vorzubereiten. Mit seinem Erbantritt setzt er eine geheime Familientradition fort und wird zum Black Panther, einem Superhelden mit übernatürlichen Kräften.
Ein Großteil des Filmes spielt im fiktiven afrikanischen Staat Wakanda, der von außen betrachtet rückständig und folkloristisch geprägt ist. Doch der Schein trügt, denn hinter einem schützenden Tarnschirm verbirgt sich eine Hochkultur mit überlegener Technologie und reichen, farbenprächtigen kulturellen Traditionen. Wakanda und seine Bewohner, so eine zentrale Botschaft des Filmes, verkörpern all das, was Afrika auch außerhalb des Kinosaals bereits ist – was aber vielfach hinter Schleiern von überholten Stereotypen nicht wahrgenommen wird.

Die Helden des Kinofilms Black Panther (2018)

Stimmen zum Film

„Eine unglaublich wichtige kulturelle Botschaft, genau zur richtigen Zeit."
„Großartig. Die Problemkreise von Rasse, Kolonialisierung, Ausbeutung, Rache und Gerechtigkeit werden alle ganz ungezwungen zur Sprache gebracht."
„Ein riesiger Sprung nach vorne für die Berücksichtigung Afrikas im Mainstream-Kino."
„Von Kindheit an hat man mich gezwungen zu glauben, dass die afrikanische Kultur unterlegen ist – das ist vorbei. Die Welt braucht diesen schwarzen Superhelden."
„Die richtige Antwort auf Jahrhunderte der Unterdrückung ... eine prächtige, freudvolle Feier Afrikas und seiner Kultur."

4 Kinofilm Black Panther

Konstruktion

„Wir sind die Erfinder unserer Wirklichkeit."
- Ich erschließe mir Vorstellungen selbst.
- Ich verdichte meine Vorstellungen durch Wahrnehmen, Interpretieren, Ausprobieren und Experimentieren.
- Meine Vorstellungen sind geprägt durch meine eigenen Interessen-, Motivations- und Gefühlslagen.

Dekonstruktion

„Wir sind die Enttarner unserer Wirklichkeit."
- Sind meine Vorstellungen vollständig und richtig?
- Welche Zweifel habe ich an meinen Vorstellungen?
- Sind meine Vorstellungen aus verschiedenen Blickwinkeln identisch?
- Welche Ergänzungen und Sichtweisen kann ich noch in meine Vorstellungen einbringen?

Rekonstruktion

„Wir sind die Entdecker unserer Wirklichkeit."
- Ich ergänze meine bisherigen Vorstellungen durch neu entdeckte Vorstellungen.
- Ich verändere meine Vorstellungen, indem ich kritisch nachdenke und hinterfrage und dabei falsche Aspekte durch zutreffende ersetze.
- Ich beziehe Fakten ein und werde mir meiner Motivation bewusst.

5 Grundlagen des sogenannten Interaktionistischen Konstruktivismus

1 Erläutern Sie die Afrikabilder, die sich aus den Abbildungen 1–3 ableiten lassen.

2 Diskutieren Sie anhand von Material 4 die Bedeutung des Kinofilms „Black Panther" für die Wahrnehmung Afrikas.

3 Stellen Sie einen Filmausschnitt aus Black Panther vor, in dem Sie die afrikanische Kultur besonders eindrucksvoll versinnbildlicht sehen, und beurteilen Sie, inwieweit diese Darstellung der Realität entsprechen kann.

4 Erörtern Sie mithilfe der Übersicht 5, welche Vorgehensweisen im Sinne des Konstruktivismus geeignet scheinen, um ein möglichst zutreffendes Afrikabild zu konstruieren.

5 Die Bundesregierung spricht heute von Entwicklungszusammenarbeit mit Afrika, während früher Entwicklungshilfe geleistet werden sollte. Stellen Sie dar, inwieweit sich hieraus ein verändertes Afrikabild ableiten lässt.

TERRA TRAINING

Auswahl wichtiger Begriffe

ausländische Direktinvestitionen
Bodenerosion
Cashcrops
Desertifikation
Foodcrops
Landgrabbing
Kolonialismus

1

2

1 Orientierung in der Sahelzone (O)
Übertragen Sie das Schema in Ihre Aufzeichnungen. Tragen Sie dort waagerecht Länder der Sahelzone so ein, dass sich senkrecht der Name eines der größten Länder Afrikas ergibt.

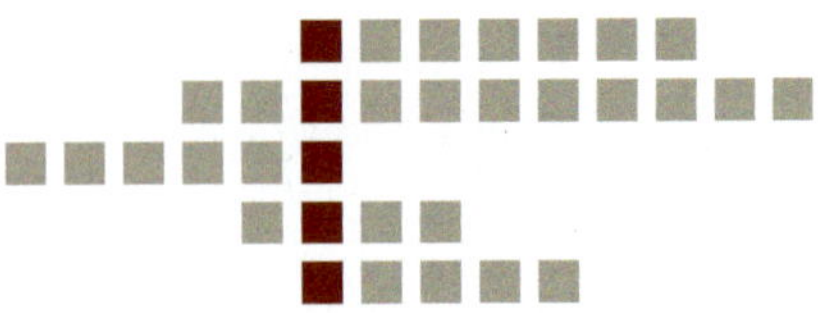

2 Klima- und Vegetationszonen (F, O)
Ordnen Sie den beiden Fotos 1 und 2 die jeweilige Klima- und Vegetationszone zu. Begründen Sie Ihre Entscheidung.

F = in Fachkonzepten denken;
O = räumlich orientieren;
M = Methoden anwenden;
B = beurteilen und bewerten;
H = raumgerecht handeln;
K = kommunizieren.*

*Die einzelnen Kompetenzbereiche werden auf den Seiten 192/193 erläutert.

3 Mit Fachbegriffen arbeiten (F)
Nennen Sie den jeweils unpassenden Begriff. Begründen Sie Ihre Entscheidung.

a) Monowirtschaft – Weltwirtschaft – Hackbau – Subsistenzwirtschaft
b) Natürliche Voraussetzungen – Viehhaltung – Holzverbrauch – Ackerbau
c) Ressourcenfluch – Korruption – Entwicklung – Rohstoffe
d) Sahel – Dürre – humid – Überweidung
e) Becken – Tafelberge – Schwellenland – Grabenbrüche
f) Innertropische Konvergenzzone – Nördlicher Wendekreis – Südlicher Polarkreis – Äquator

4 „Hilfe zur Selbsthilfe“ (F, K)
a) Erläutern Sie das Prinzip „Hilfe zur Selbsthilfe“.
b) Nennen Sie Einflussfaktoren, die sich positiv bzw. negativ auf das Gelingen solcher Projekte auswirken können.

5 Richtig oder falsch? (F, K, B)
Beurteilen Sie die Aussagen nach ihrem Wahrheitsgehalt. Korrigieren Sie die falschen Aussagen und notieren Sie die berichtigte Fassung.

a) Die Sahelzone ist der Übergangsbereich zwischen Savanne und Tropischem Regenwald.
b) In den Wüsten gibt es weder Pflanzen noch Tiere.
c) Die Passatluft ist im Bereich des subtropischen Hochdrucks heiß und trocken.
d) Eine Monowirtschaft ist günstig, weil dadurch sehr viel Geld verdient werden kann.
e) Desertifikation bedeutet die Ausbreitung der Wüste infolge des Klimawandels.
f) Beim Tageszeitenklima ist die jährliche Schwankung der Temperatur geringer als die tägliche Schwankung.

Üben interaktiv
Entwicklungsperspektiven in den Tropen: Afrika südlich der Sahara
3q2jh5

Rohstoffe
Savanne
Sahelzone
schlechte Regierungsführung
Subsistenzwirtschaft

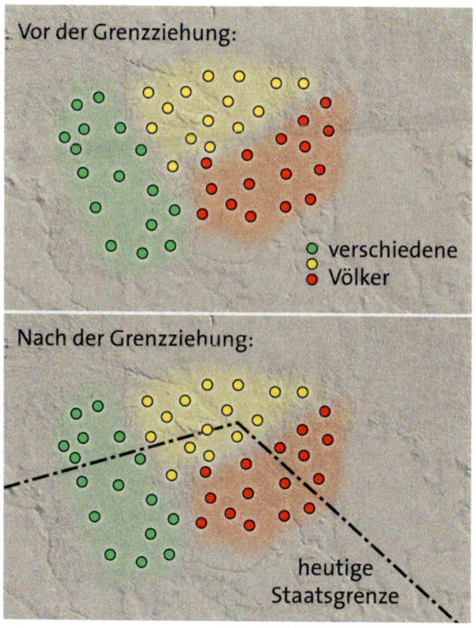

3

4 Kolonialgebiete und unabhängige Staaten vor dem Ersten Weltkrieg

6 „Armer, reicher Kontinent" (F, K)
Erläutern Sie die Aussage: „Afrika – ein armer reicher Kontinent".

7 Mobiltelefonie (F, K)
Die Gesamtzahl der Mobiltelefone in Afrika steigt seit vielen Jahren, während die Zunahme von Smartphones teilweise auch rückläufig ist. Begründen Sie.

8 Kolonialismus (F, M, K, B)
a) Vergleichen Sie die Karte 4 mit einer aktuellen politischen Karte im Atlas und beschreiben Sie die zentralen Unterschiede.
b) Beurteilen Sie, welche Probleme sich aus der in Grafik 3 dargestellten Grenzziehung ergeben können.

9 Nahrungsmittelhilfe und Entwicklung (F, B)
Beurteilen Sie die folgende Aussage: „Nahrungsmittelhilfe kann kurzzeitig Not lindern. Langfristig behindert sie die Entwicklung eines Landes".

10 Was kann ich tun? (F, H)
Überprüfen Sie, ob und wie Sie ohne sehr großen finanziellen Aufwand Entwicklungshilfeprojekte in Afrika unterstützen können. Greifen Sie auch auf Erfahrungen im Familien- und Freundeskreis zurück.

Hier trainieren Sie …
- die Zusammenhänge zwischen Klima- und Vegetationszonen zu begründen,
- Probleme von Staaten mit niedrigem Entwicklungsstand zu erläutern,
- anhand von Karten geopolitische Probleme zu beurteilen,
- Möglichkeiten der Entwicklungszusammenarbeit zu bewerten.

6

Herausforderung der Entwicklung: Mittel- und Südamerika, Karibik

A: Rio de Janeiro – Zeugnis gigantischen Städtewachstums; B: Landwirtschaft mit einfachen Mitteln – ein mexikanischer Campesino bei der Erdnussernte; C: Zeugnis einer industriellen Agrarwirtschaft – Rodung des Regenwaldes in Brasilien D: Machu Picchu – Zeugnis der peruanischen Inka-Hochkultur

Zerstörung und Nachhaltigkeit, Frieden und Unsicherheit, Überfluss und Mangel – Mittel- und Südamerika sind voller starker Gegensätze, lebendige Regionen in konstantem Wandel mit gigantischen Herausforderungen ...

Das erwartet Sie:

- Sie werden unterschiedliche Naturräume in Mittel- und Südamerika kennenlernen.
- Sie werden die Verwundbarkeit der Karibik durch Witterungsextreme verstehen lernen.
- Sie werden Ursachen und Folgen der Regenwaldzerstörung im Amazonasgebiet diskutieren.
- Sie werden Probleme der aktuellen Entwicklung in Metropolen Lateinamerikas erläutern.
- Sie werden Chancen und Probleme der Entwicklung lateinamerikanischer Räume erörtern und auf ihre Nachhaltigkeit hin überprüfen.

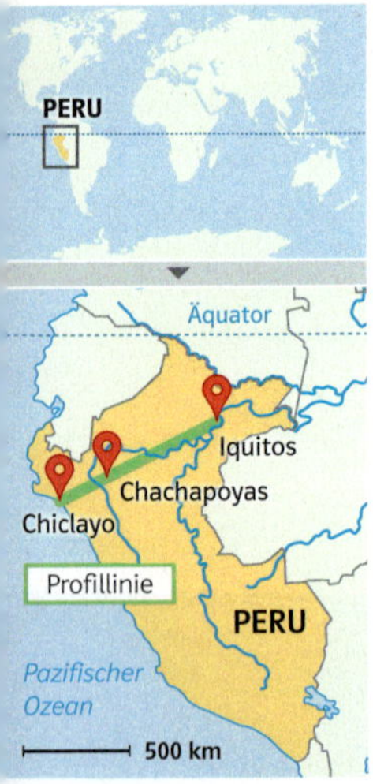

1

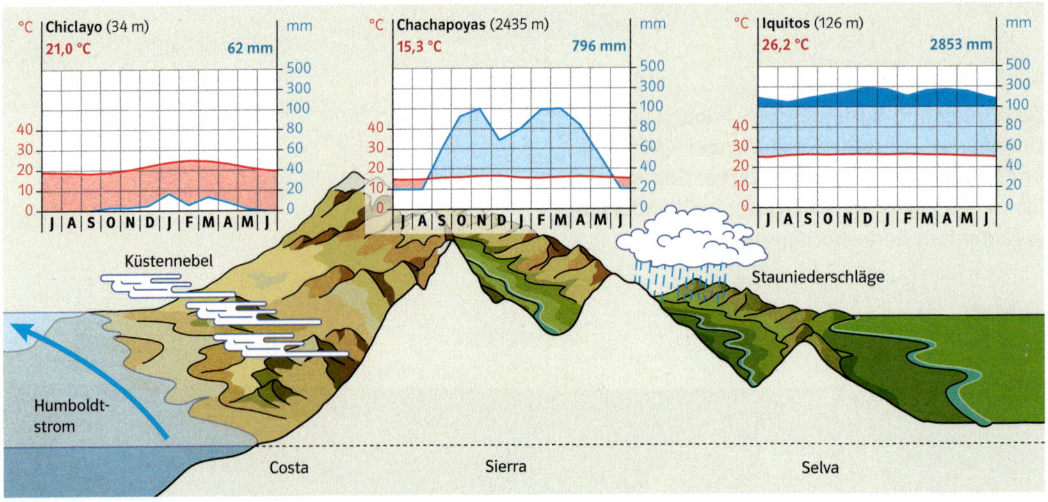

3 **Profil durch die Anden (Peru)**

Klima- und Vegetationszonen Mittel- und Südamerikas

Tropischer Regenwald, die trockensten Wüsten, schneebedeckte Vulkane und karge Grasländer. All das und viele weitere Landschaften findet man auf dem südamerikanischen Kontinent, dessen 17,8 Mio. km² Fläche sich zum Großteil auf der südlichen Halbkugel erstreckt. Diese immense Nord-Süd-Ausdehnung von fast 7 500 km und viele weitere Faktoren führen zu einem Mosaik verschiedener Landschaften …

←
Klima- und Vegetationszonen der Erde
Seite 30 – 33

Südamerika

Nach dem geologischen Bau und dem Relief gliedert sich Südamerika in drei Großräume:
- das **Hochgebirge*** der Anden im Westen,
- weite Berg- und Tafelländer im Norden, Osten und Süden (Bergland von Guayana, Brasilianisches Bergland, Patagonisches Tafelland),
- ausgedehnte Tiefländer in der Mitte, die durch die drei großen Flusssysteme von Orinoco, Amazonas und Paraná-La Plata ausgefüllt sind.

Südamerika, Mittelamerika und Karibik

Mittelamerika, die Inselstaaten der Karibik und Südamerika sind verschiedene Naturräume mit je eigenen Merkmalen. Eine genaue Abgrenzung ist oft schwierig, da beispielsweise geologische und geographische Grenzen nicht deckungsgleich sind. So gehört Mexikos Landfläche zum größten Teil zum nordamerikanischen Festlandsblock.
Oft werden die Großräume Mittel- und Südamerikas jedoch in kulturellem Zusammenhang unter dem Oberbegriff „Lateinamerika" zusammengefasst. Dieser Begriff bezieht sich auf die spanische und die portugiesische Sprache, die als koloniales Erbe in vielen Ländern dieser Räume gesprochen wird.

2

Dieses an sich einfache Muster erfährt durch das Klima eine starke Gliederung. Dadurch entsteht eine außerordentlich große Bandbreite in der naturräumlichen Ausstattung. Aufgrund der Ausdehnung über mehr als 80 Breitenkreise hat Südamerika Anteil an fast allen Klima- und Vegetationszonen. Durch die Anordnung der geologischen Bauelemente und die Reliefgestaltung sowie die Lage zu den großräumigen Windsystemen und Meeresströmungen werden diese Klimazonen stark beeinflusst. Es sind v.a. die Anden, die wie ein Sperrriegel zwischen Ost und West wirken und somit zu einer Vielfalt regionaler Klimate beitragen (siehe Grafik 3 und Karte 4).
An der Westküste Südamerikas bewirken ablandige Passatwinde einen Auftrieb von kühlem Tiefenwasser und die Entstehung der Küstenwüste Atacama.

Mittelamerika und Karibik

Die karibischen Inseln und die schmale Landbrücke Mittelamerikas werden überwiegend von immerfeuchten und wechselfeuchten tropischen Klimaten beeinflusst. Die Inseln bestehen teilweise aus Kalktafeln, teilweise aus vulkanischem Gestein und sind, wo der Mensch nicht eingreift, noch von Tropischen Regenwäldern und Bergwäldern bedeckt.

4 Südamerika, Mittelamerika und Karibik: Klima- und Vegetationszonen

1 Fertigen Sie mithilfe des Atlas und der Materialien dieser Doppelseite eine Kartenskizze Lateinamerikas an (siehe Methode S. 163).

2 Analysieren Sie mithilfe des Atlas, welche Gebiete aufgrund des Klimas und des Reliefs Gunsträume der Besiedlung und der Landwirtschaft sind.

3 Beurteilen Sie mithilfe geeigneter Atlaskarten, welche naturräumlichen Voraussetzungen sich günstig oder ungünstig auf den Tourismus Kubas und Mexikos auswirken.

4 Stellen Sie begründet dar, wie sich die Vegetation vom westlichen Fuß der Anden entlang des Profils bis zur Ostflanke verändert (M1, M3, M4, Atlas).

5 Vergleichen Sie Lage und Verbreitung der südamerikanischen mit den afrikanischen Klima- und Vegetationszonen.

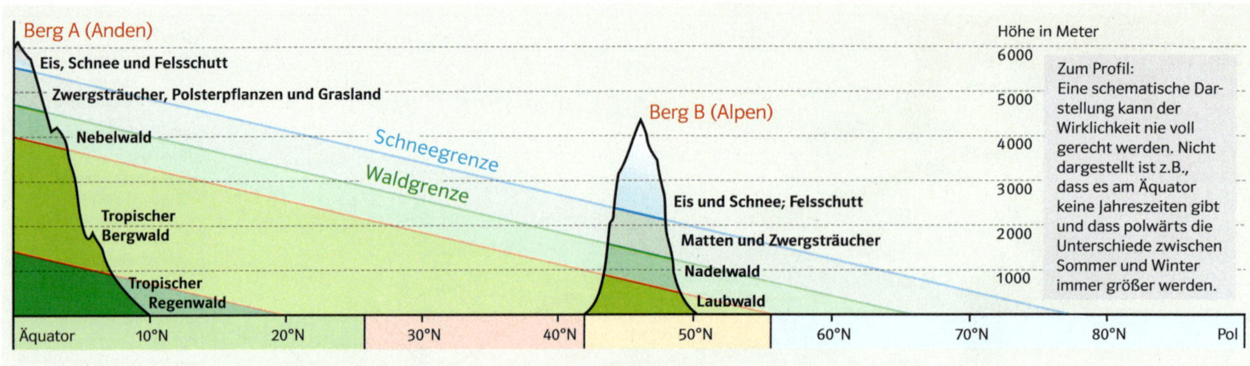

1 **Zusammenhang zwischen geographischer Breite und Höhenstufen der Vegetation**

Die Höhenstufung der Vegetation

Wenn Sie schon einmal einen Berg der Alpen bestiegen haben, ist Ihnen aufgefallen, dass Sie durch verschiedene Vegetationszonen gewandert sind. Eine solche Abstufung der Pflanzengesellschaften je nach Höhenlage findet man auch in den südamerikanischen Gebirgen, denn ihnen liegen dieselben Gesetzmäßigkeiten zugrunde ...

2 **Alexander von Humboldt (1769–1859):** Forschungsreisender und einer der Gründerväter der modernen Geographie

Der erste, der diese Gesetzmäßigkeiten wissenschaftlich untersuchte, war der Berliner Alexander von Humboldt. Er ahnte, dass in der Höhe andere natürliche Bedingungen herrschen mussten als im **Tiefland***. Darum wollte er die Veränderungen der Vegetation bei zunehmender Höhe untersuchen. Bei der Besteigung der Anden sammelte Humboldt Pflanzen und fertigte Skizzen zur Verbreitung der Vegetation an. „Die einzige Konstante in der Geographie Ecuadors ist seine Vielfalt", schrieb er daraufhin. Indem er feststellte, dass bestimmte Pflanzen nur in bestimmten Höhen vorkommen, konnte er den gesetzmäßigen Zusammenhang zwischen Höhe und Ausprägung der Vegetation nachweisen. Die Temperatur sinkt mit der Höhe um durchschnittlich 0,6 °C pro 100 m. In höheren Lagen ist daher weniger Wärme für das Pflanzenwachstum vorhanden. Wärmeliebende Arten können hier also mit zunehmender Höhe schlecht oder nicht mehr wachsen.

Durch die regelhafte Abkühlung bilden sich klimatische Grenzen, an denen sich bestimmte geographische Erscheinungen ändern, z.B. die **Schneegrenze***, die Waldgrenze oder die Anbaugrenze für bestimmte Kulturpflanzen. So liegt die höchste Grenze der landwirtschaftlichen Nutzung am Titicaca-See bei unglaublichen 4100 m – also gut 1100 m über dem Gipfelniveau der Zugspitze!

Zwischen den Höhengrenzen bilden sich **Höhenstufen*** aus, die sich voneinander in Klima, Pflanzengesellschaften und agrarischer Nutzung unterscheiden. In Mittel- und Südamerika werden sie als Tierra caliente (heißes Land), Tierra templada (mäßig warmes Land), Tierra fría (kaltes Land), Tierra

3 **Tierra helada und Tierra nevada am Vulkan Cotopaxi (5897 m, Ecuador)**

4 **Tierra templada: Bergregenwald in Ecuador**

5 **Tierra caliente: Tropischer Regenwald in Ecuador (Provinz Pastaza)**

helada (gefrorenes Land) und Tierra nevada (verschneites Land) bezeichnet (Grafik 6).

Die Bergregen- und Nebelwälder der Tierra templada in den Ost-Anden Ecuadors gehören zu den Megadiversitätszentren der Erde, also zu den Räumen mit der höchsten Artenvielfalt der Welt.

Zwischen 15° und 30° südl. Br. wird die Höhenstufung zusätzlich stark vom kalten Humboldt-Strom beeinflusst: Die Küstenwüste Atacama erstreckt sich hier bis an den Rand des 3000 m hohen Altiplano (Hochebene), auf dem sich eine Hochgebirgssteppe (Puna) entwickelt hat.

Im tropischen **Tageszeitenklima** tritt in großen Höhenlagen täglich Frostwechsel auf. Außerhalb der Tropen sowie in der Tierra fría und Tierra helada führt die Temperaturabnahme mit der Höhe zu einer Verkürzung der **Vegetationszeit***.

←
Tageszeitenklima
Seite 27

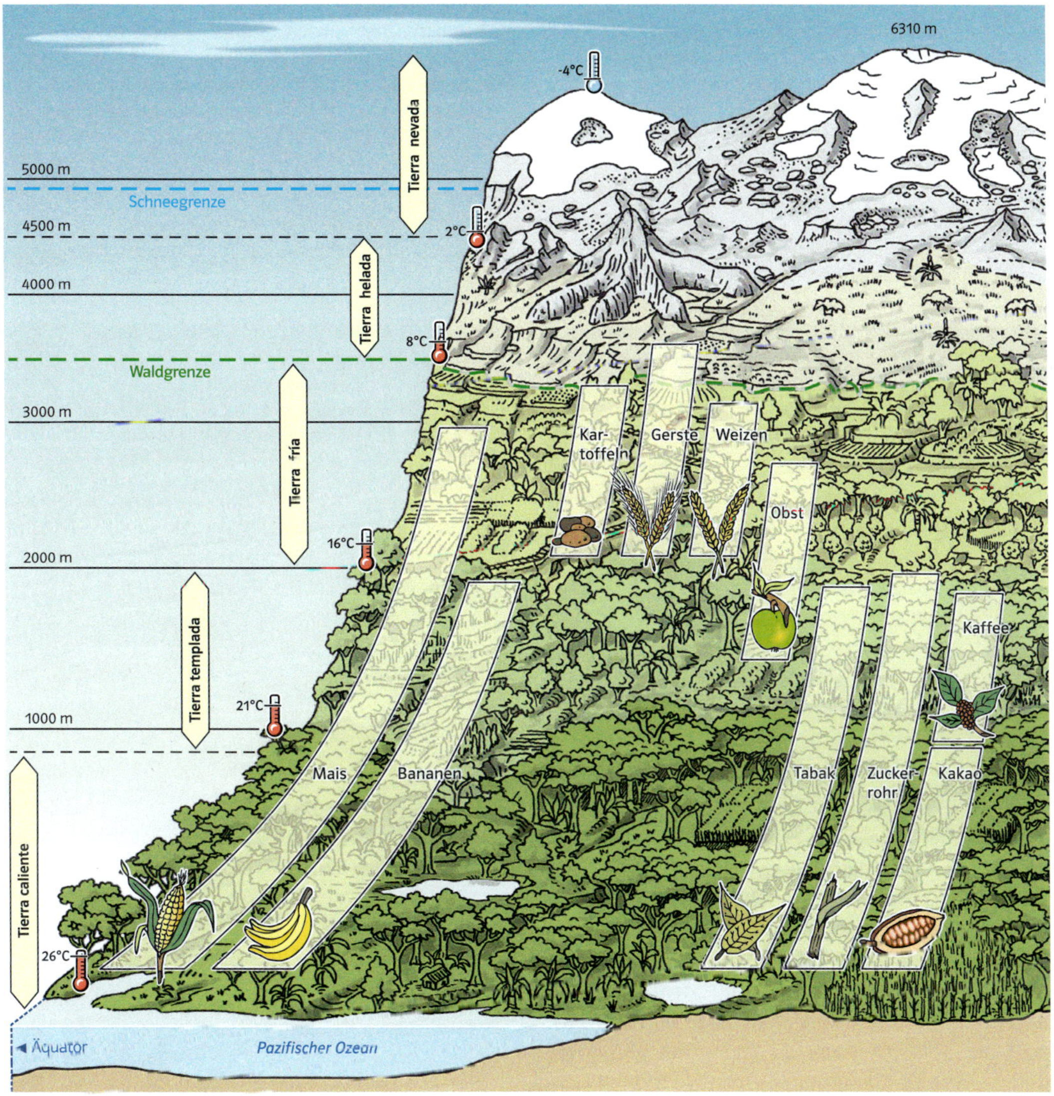

6 Höhenstufen in Südamerika

1 Beschreiben Sie mithilfe von Blockbild 6 und der Fotos 3 bis 5 die Veränderung der Vegetation von der Fuß- bis zur Gipfelregion der Anden.

2 Begründen Sie, warum die Tierra fría der Hauptsiedlungsraum der Anden ist.

3 Anden und Alpen im Vergleich:
a) Vergleichen Sie mithilfe von Modell 1 die Ausprägung von Höhenstufen und Höhengrenzen in den Anden und Alpen.
b) Begründen Sie die Unterschiede.

4 Stellen Sie dar, welche Auswirkungen die globale Klimaerwärmung auf die Höhenstufung haben kann.

Regenwaldzerstörung in Amazonien – die Ursachen

Lernaufgabe

Innerhalb einer Minute können Sie in einem Schnellrestaurant einen Burger bestellen. Gleichzeitig fällt im Amazonasgebiet (Karte 1) eine Regenwaldfläche von drei Fußballfeldern der Säge zum Opfer. Jede Minute drei Fußballfelder tropischer Wald, dessen Vernichtung kurz- und langfristig, lokal und global ungeheuren Schaden anrichten wird – was hat das mit Ihrem Burger zu tun?

→ Informationen finden Seiten 154/155

→ Satellitenbilder auswerten Seite 167

1 Vergleichen und interpretieren Sie die Satellitenbilder 3 und 4.

2 Arbeiten Sie mit den Wortboxen in Foto 6:
a) Erläutern Sie, welche Nutzung die einzelnen Interessensgruppen anstreben. Begründen Sie die unterschiedlichen Farben der Boxen.
b) Halten Sie Ihre Ergebnisse aus Aufg. a (Interessensgruppen und Nutzungsabsicht) in einer Tabelle fest.

3 Begründen Sie mithilfe des Textes und der Materialien 1–7, warum auch ein vegetarischer Burger zur Abholzung des Regenwaldes beitragen kann.

4 Diskutieren Sie mit Ihrer Lernpartnerin/Ihrem Lernpartner, ob manche Eingriffe eher zu rechtfertigen sind als andere (Text, Foto 6).

5 Recherchieren Sie im Internet weitere Raumbeispiele zur Regenwaldvernichtung. Nutzen Sie dazu Luft- oder Satellitenbilder, die beispielsweise in einem digitalen (virtuellen) Globus eingebunden sind. Stellen Sie die Ergebnisse angemessen dar.

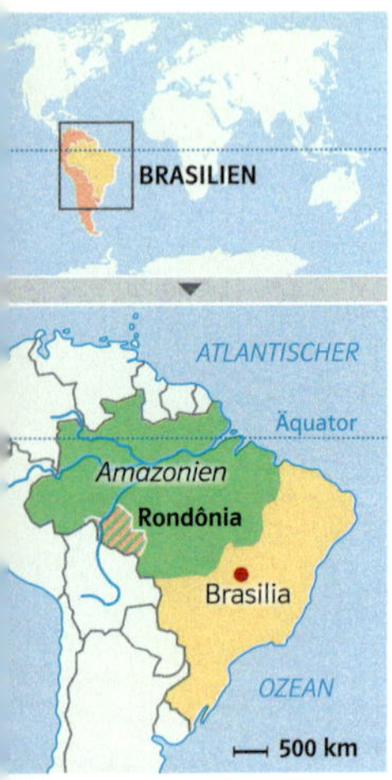

1

2 **Reifende Sojaschoten – die Bohnen im Inneren sind öl- und eiweißreich**

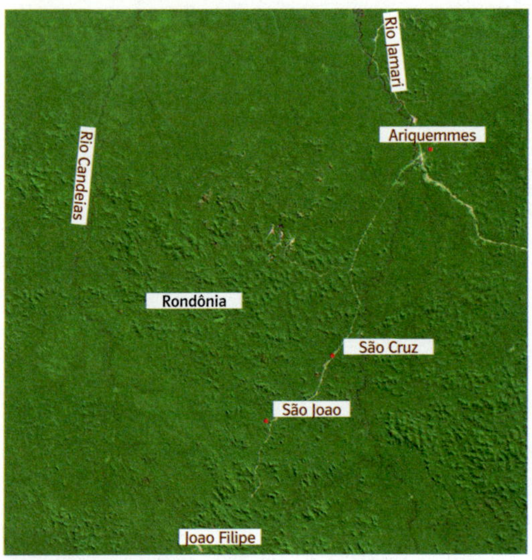

3 **Satellitenbild Rondônia/Brasilien, 1975**

4 **Satellitenbild Rondônia/Brasilien, 2020**

Große Areale des Regenwaldes werden gerodet (vgl. Satellitenbilder 3 und 4), um entweder direkt Platz für Rinderweiden zu schaffen oder darauf Soja anzubauen, das der Mast der Tiere dient. 75 Prozent der Sojaernte wird zu Sojaschrot gemahlen und zu Tierfutter verarbeitet. Doch wer nun glaubt, nur der Verzehr von Fleisch trüge zum Verschwinden des Regenwaldes bei, irrt. In vielen Produkten der Kosmetik- und Nahrungsmittelindustrie steckt Soja – selbst im „Veggie-Burger". Für Brasilien ist Soja eines der wichtigsten Exportgüter: Für das Erntejahr 2019/20 wird ihm ein Marktanteil an den weltweiten Sojaexporten von über 51 % zugerechnet. Die agroindustrielle Landwirtschaft ist

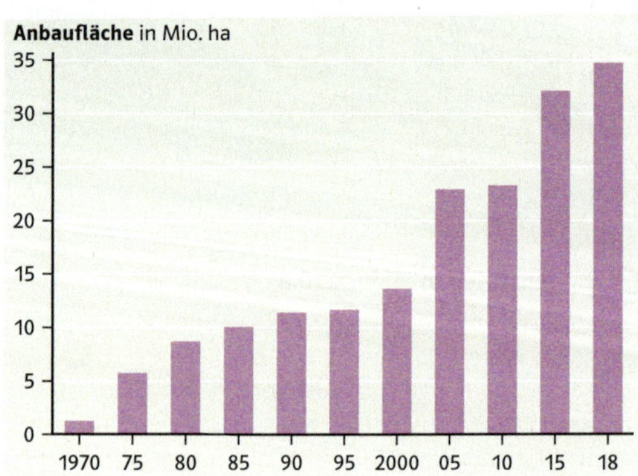

5 **Entwicklung der Anbaufläche von Sojabohnen in Brasilien**

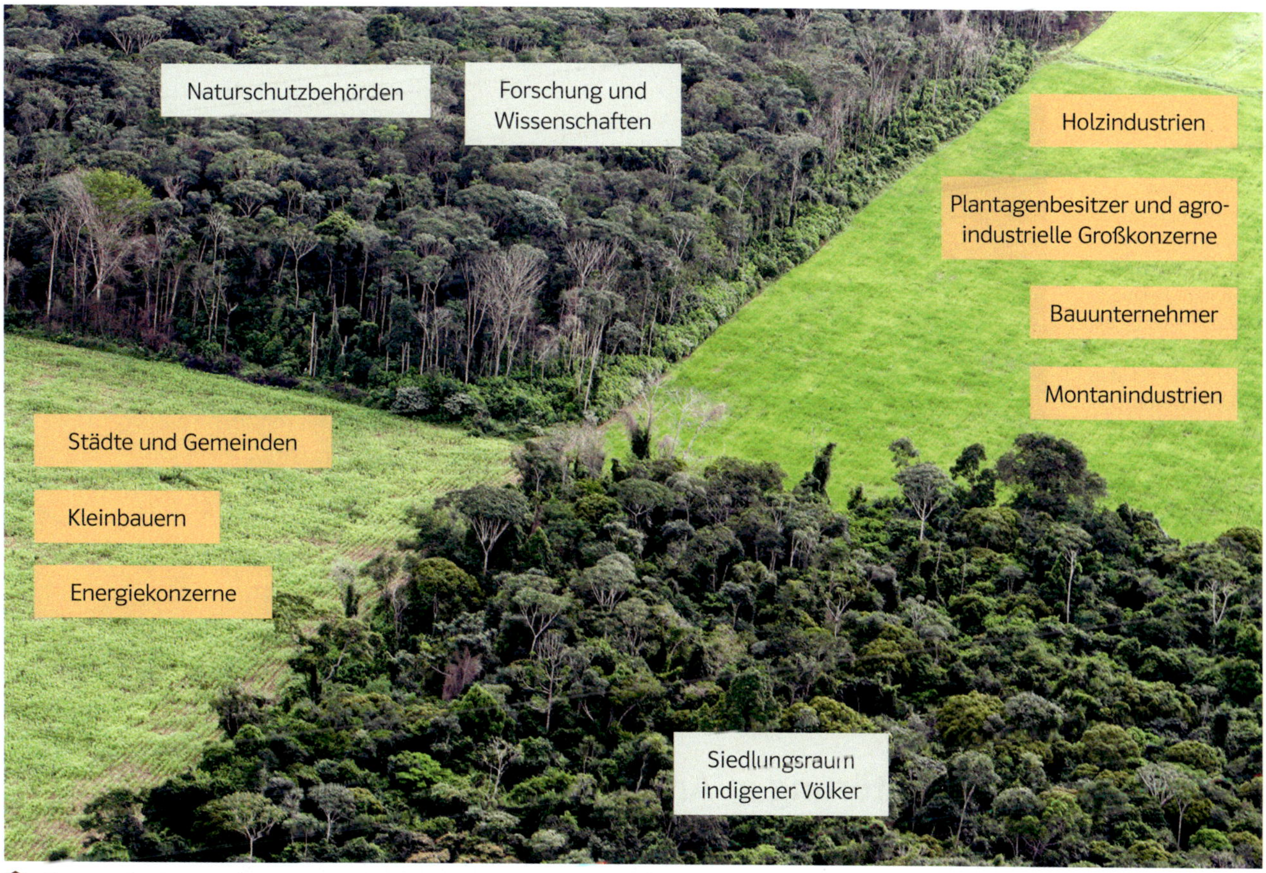

6 **Nutzungskonkurrenzen in Amazonien: Soja-Plantage im Amazonas Regenwald bei Santarem (Bundesstaat Pará, Brasilien)**

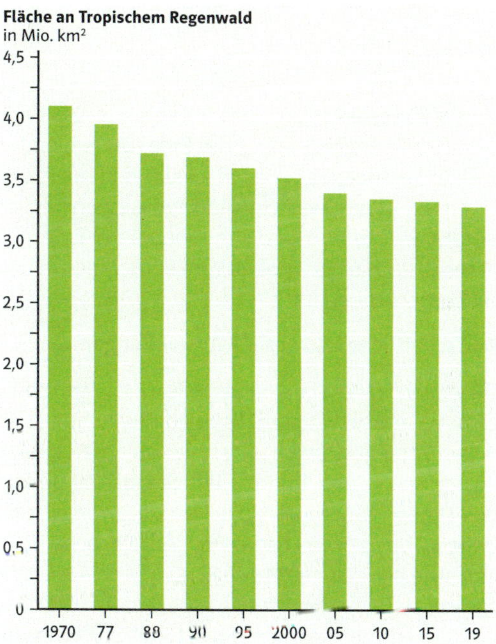

7 **Entwicklung der Fläche an Tropischem Regenwald in Amazonien (Brasilien)**

allerdings nicht die einzige Interessensgruppe, die den Regenwald roden will. Viele verschiedene Konkurrenten, deren Einfluss extrem unterschiedlich groß ist, erheben Anspruch auf Wald und Fläche (s. Foto 6).

Wie viel Regenwald verschwindet tatsächlich?

In den Medien werden – trotz eindeutiger Verfahren, wie des Abgleichs von Satellitenbildern – immer wieder unterschiedliche Zahlen zum Ausmaß der Zerstörung veröffentlicht. Das liegt u. a. an fehlenden Katastergrundlagen in verschiedenen Ländern, an fehlenden Erhebungen, aber auch an Regierungen, die Daten nicht preisgeben. So beruhen manche Zahlen auf Schätzungen. Es ist also immer die Vertrauenswürdigkeit der Quelle zu prüfen. Fakt ist jedoch – die Fläche des Tropischen Regenwalds wird dramatisch kleiner.

← **Tropischer Regenwald** Seite 40/41

Reliefenergie
Beschreibung des Höhenunterschiedes zwischen dem höchsten und niedrigsten Punkt eines Gebietes. Sie dient gleichzeitig als Maß für das Erosionspotenzial des Raumes.

1 Bodenerosion und Erdrutsch auf einer gerodeten Regenwaldfläche in Brasilien

Regenwaldzerstörung in Amazonien – die Folgen

Mit der Abholzung der tropischen Wälder schwindet ein wichtiger Kohlenstoffspeicher der Erde – mit verheerenden Folgen für das Klima auf dem Globus. Doch nicht nur die ökologischen Folgen sind dramatisch – die Auswirkungen sind komplex und oft miteinander verkettet.

← **Brandrodung** Seite 42/43

← **Klimawandel** Seite 54 - 63

← Wirkungsgefüge Seite 104/105

Ökologische Auswirkungen

Der Stockwerkbau des Tropischen Regenwaldes schützt den Boden vor der Wucht des Regens und gibt ihm durch seine Wurzeln den nötigen Halt. Großflächige Rodungen, auch für die Anlage von Straßen und Siedlungen, nehmen dem Boden die Stabilität und es kommt rasch zur **Bodenerosion**. Besonders betroffen sind Flächen mit hoher Reliefenergie. Hier werden Rinnsale schnell zu Bächen oder kleineren Flüssen, die den wertvollen Boden unwiederbringlich abtragen.
Die Abholzung der Wälder hat auch Auswirkungen auf das globale Klima. Die üppige Vegetation befeuchtet normalerweise über die Transpiration die Luftströme hoch über dem Regenwalddach und trägt so zur Regenbildung bei. Forscher haben berechnet, dass der brasilianische Regenwald mehr Wasser in die Atmosphäre transpiriert als der Amazonas täglich in den Atlantik transportiert. Die Brandrodung unterbricht nicht nur diesen Kreislauf, sondern verstärkt durch das freigesetzte Kohlendioxid (CO_2) die Erwärmung der Erde. Die fehlenden Wälder verändern aber auch lokal das Klima (siehe Grafik 2). Zudem verschwinden mit ihnen täglich unzählige Arten. So wird der Genpool der Erde kleiner, was auch einen großen Verlust für Medizin und Wissenschaft bedeutet.

Wirtschaftliche und soziale Auswirkungen

Ökonomisch gesehen haben die Rodungen viele positive Auswirkungen: Es wird Siedlungs- und Ackerfläche gewonnen, es entstehen Arbeitsplätze im formellen und **informellen Sektor** im Umfeld der Unternehmen, und die verkauften Rohstoffe bringen Devisen ins Land. Die brasilianische Sojaindustrie erwirtschaftete 2018 nur durch Auslandsgeschäfte Erlöse von fast 41 Milliarden US-Dollar. Das waren mehr als ein Sechstel aller Exporteinnahmen Brasiliens.

2 Folgen der Regenwaldrodung

Soja ist für die brasilianische Handelsbilanz vergleichbar bedeutend wie die Automobilindustrie für die deutsche.

Die Zerstörung des Regenwaldes hat jedoch besonders für die indigenen Bewohner der Tropenwälder enorme soziale Auswirkungen, da die Menschen ihrer traditionellen Lebensgrundlagen beraubt werden. Konflikte, Abwanderungen in die Städte, Verarmung, Verlust von Traditionen und Wissen sind nur einige Folgen. Wenn die Zahl der Analphabeten unter den indigenen Stämmen hoch ist, sind die Chancen, juristisch gegen die Zerstörung vorzugehen, von Anfang an sehr gering – zumal sie in der Regel keine Besitzurkunden „ihres" Waldes vorweisen können und Großgrundbesitzer oft staatliche Rückendeckung besitzen.

3 Mehrere indigene Volksgruppen protestieren 2017 in São Paulo gegen Eingriffe in ihre Gebiete.

1 Erstellen Sie mithilfe der Materialien dieser Doppelseite ein Wirkungsgefüge zu Ursachen und wirtschaftlichen, sozialen und ökologischen Folgen der Eingriffe in den Tropischen Regenwald.

2 Rollenspiel: Verteilen Sie die Rollen unterschiedlicher Interessensvertreter (Kleinbauern, Plantagenbesitzer, Wasserkraftwerksbetreiber, Indigene u.a.) in der Klasse. Arbeiten Sie dazu mit Bild 6 auf S. 137.

a) Bereiten Sie Ihre Rollenkarte vor: Notieren Sie Argumente für die Ihnen zugeteilte Rolle, mit denen Sie Eingriffe in den Regenwald rechtfertigen oder beklagen.

b) Führen Sie anschließend eine Diskussion zur Frage durch, wer das größte Recht hat, den Regenwald zu nutzen.

Schützen und nachhaltig nutzen

Lernaufgabe

Trotz internationaler Bemühungen, die Tropischen Regenwälder zu schützen und zu erhalten, beobachten wir eine großflächige Rodung derselben. Hoher Bevölkerungsdruck in vielen tropischen Ländern und die dadurch bedingte Nutzung der Ressourcen führen zu einer massiven Schädigung des Ökosystems. Aber gibt es nicht Wege, ökonomisch und ökologisch zugleich zu handeln?

1 Erläutern Sie eines der hier vorgestellten Projekte (Materialien 1 – 3) im Hinblick auf Zielsetzung und Verfahrensweisen.

2 Bewerten Sie mögliche langfristige Erfolgsaussichten des in Aufgabe 1 ausgewählten Projekts. Beziehen Sie dabei das Viereck der Nachhaltigkeit mit ein (siehe Grafik 5).

3 Erstellen Sie eine Liste mit Handlungsmöglichkeiten, wie Sie und Ihre Familie im Alltag zum Schutz der Tropischen Regenwälder beitragen können.

4 Sehr große Teile Europas wurden schon längst zur Landnutzung gerodet. Diskutieren Sie mit Ihrer Lernpartnerin/Ihrem Lernpartner auch unter Einbezug der Karikatur 4, ob die Staaten Mittel- und Südamerikas nicht das gleiche Recht zur Rodung haben.

Beispiel Wiederaufforstung des Regenwaldes in Bolivien

Bolivien stand über Jahre an der Spitze der prozentualen, jährlichen Abholzungsstatistiken, um neues Weide- und Ackerland zu gewinnen oder die wachsende Nachfrage nach Holz zu decken. Die Folgen des Raubbaus sind in dem Land daher längst spürbar. Die durchschnittlichen Temperaturen sind angestiegen und die erodierten Böden führten durch Schlammablagerungen in den Flüssen zu deren Verengung sowie zu großen Überschwemmungen mit immensen landwirtschaftlichen Verlusten für die arme Landbevölkerung. Die nationale Aufforstungskampagne *Mi Arból*, zu Deutsch „Mein Baum", hat es sich zur Aufgabe gemacht, 10 Millionen neue Bäume im ganzen Land zu pflanzen und den degradierten bolivianischen Wald Stück für Stück wiederherzustellen. Jeder Bolivianer ist eingeladen, sich an der Initiative zu beteiligen. Die Provinzverwaltung Santa Rosa del Sara in Zentralbolivien finanziert und verwaltet beispielsweise zusammen mit dem WWF Bolivien Baumschulen, die pro Jahr 150.000 Setzlinge meist heimischer Baumarten produzieren. Die Hauptgärtnerei befindet sich in San Luis, direkt neben dem örtlichen Internat. Dort werden die Kinder und Jugendlichen aktiv in die Arbeit miteinbezogen und kümmern sich um die Aufzucht der Bäumchen. So entwickeln sie frühzeitig ein Bewusstsein für die natürlichen Ressourcen und die Bedeutung des Waldes.

Baumschule für Wiederaufforstungsprojekte

1

Beispiel Terra Preta (Schwarze Erde)

Das bis zum 16. Jahrhundert im Amazonasbecken lebende indigene Volk der Tupi betrieb eine besondere Form der **nachhaltigen Landwirtschaft**. Um die Latosolböden ihrer Äcker fruchtbar zu machen, mischten die Tupi Holzkohle und organische Abfälle unter die unfruchtbare Erde. Das Ergebnis dieser Bearbeitung ist eine tiefschwarze, humusartige und fruchtbare Erde, teilweise bis zu 20 m mächtig. Wissenschaftler konnten im Experiment nachweisen, dass Pflanzen auf Terra Preta doppelt so schnell wachsen und einen mehrfachen Ertrag ermöglichen. Entwicklungshilfeorganisationen planen Terra Preta im großen Stil herzustellen, um so die Brandrodungswirtschaft überflüssig zu machen.

Terra Preta mit Papaya-Anbau in Amazonien

2

Erklärfilm
Nachhaltige Entwicklung
64bk46

Beispiel Mischkultur-System

Bei dem Anbau von Mischkulturen wird versucht, den Regenwald in Bezug auf Stockwerkbau, Artenvielfalt und Nährstoffkreislauf so gut wie möglich zu imitieren. So werden auf einem Feld verschiedene Nutzpflanzen angebaut, die sich in Größe und Nährstoffanspruch unterscheiden. Als oberstes Stockwerk dienen Bäume wie zum Beispiel Mangobäume. Sie liefern nicht nur Früchte, sondern verringern auch gleichzeitig durch ihr Blätterdach und ihr Wurzelwerk die Erosionsgefahr. Darunter finden sich Pflanzen mit hohen Nährstoffansprüchen neben genügsamen, teils sogar Nährstoff spendenden Feldfrüchten wie zum Beispiel Sojabohnen, die den Boden mit Stickstoff aus der Luft anreichern. Schattenverträgliche Pflanzen werden überdeckt von lichtbedürftigen, hoch gewachsenen Bäumen. Pflanzen mit einem kurzen Wachstumszyklus wie Maniok oder Bataten ergänzen Dauerkulturen wie Bananen oder Mangos. Ein sorgfältig abgestimmter Anbau liefert das ganze Jahr über ausreichend Nahrungsmittel zur Eigenversorgung sowie Brenn- und Bauholz. Die ständige Bodenauflage aus Blättern, Früchten und Holzresten kann überdies als Futterquelle für Hühner und Schweine genutzt werden.

3

4

5 **Viereck der Nachhaltigkeit**

←
Nachhaltige Entwicklung
Seite 7, 16

→
Nachhaltige Entwicklungsziele der Agenda 2030
Seiten 160/161

A
Ein Schlepper zieht die Bananenbüschel zur Halle

B
Frauen waschen die Bananen am Fließband

C
Verladen

1 Weg der Banane: von der Plantage in den Verladehafen

Plantagenwirtschaft

Bananen gehören zu unserem Leben wie das tägliche Brot. Sie sind gesund, schmecken gut und sind das ganze Jahr verfügbar. Man hat die Wahl zwischen herkömmlich produzierten und Fairtrade-Bananen. Die kosten etwas mehr. Wie tragen wir bei zur Entwicklung im Herkunftsland, wenn wir Fairtrade-Bananen kaufen?

Banane
Das Wort Banane kommt aus dem Arabischen. Dort heißt „banan" Finger. Die Blüten der Bananenstaude hängen nach unten. Erst nach dem Blühen erstrecken sich die Bananenfinger und wachsen dem Licht entgegen. So erhalten sie ihre leicht gebogene Form.

← **Plantage** Seite 122

← **Cash Crops** Seite 115

Der Anbau der Banane gelingt am besten bei einer durchschnittlichen Jahrestemperatur von 27 °C und hohen Jahresniederschlägen von 2500 mm oder Bewässerung. Die Anbaugebiete liegen deshalb im Bereich des Tropischen Regenwaldes.

Plantagenwirtschaft

Bananen, die wir bei uns kaufen, werden überwiegend auf riesigen **Plantagen** erzeugt. Anbau und Vermarktung sind in der Hand weniger Konzerne. Diese besitzen weltweit große Landflächen, die in **Monokultur** bewirtschaftet werden. Produziert werden *Cash Crops* für den Export. Für den Eigenverbrauch nutzen Bauern und Gartenbesitzer daneben auch andere Bananensorten. Deren Früchte können gekocht oder gebraten werden.

Von der Staude zum Supermarkt

Die Plantage „Valle de la Estrella" liegt in Costa Rica. 1600 Arbeiter und ihre Familien wohnen auf der Plantage, in der es auch Schulen und Geschäfte gibt. Es wachsen auf 2400 Hektar Land Bananen in Monokultur.
Damit die Pflanzen sich gut entwickeln und der Boden nicht auslaugt, muss viel gedüngt werden. Gegen Pflanzenkrankheiten und Schädlinge werden bis zu 40-mal im Jahr große Mengen Gift gespritzt. Dies ist eine starke gesundheitliche Belastung für die Arbeiter auf der Plantage wie auch für die Menschen in den nahen Dörfern und führt auf Dauer zur Verseuchung von Boden und Grundwasser. Oft müssen Kinder ab dem Alter von zehn Jahren mithelfen. Die Bananenbüschel werden grün geerntet. In der Packstation werden sie desinfiziert, gewaschen, sortiert und in Kartons verpackt. In Kühlcontainern bei einer Temperatur von 13 °C legen sie ihre zwölf Tage lange Reise per Schiff nach Deutschland zurück. Hier kommen sie zum Nachreifen in eine Reifestation und von dort zum Verkauf in den Supermarkt. Heute hält die Banane den Rekord für die Frucht mit dem größten Welthandelsvolumen. In Deutschland isst jeder durchschnittlich etwa 13 kg der süßen Frucht pro Jahr.

Fairtrade-Bananen

Bauerngenossenschaften, die sich dem **Fairtrade**-Prinzip verpflichtet fühlen, vermeiden diese Belastungen. Unkraut wird in Handarbeit gejätet, Schädlinge mit natürlichen Pflanzenextrakten bekämpft. Die Arbeitskräfte werden gerecht bezahlt, sodass sie mit ihren Familien gut davon leben können. Solange sich die Käufer vorwiegend vom Preis leiten lassen, ist es schwierig, solche Standards durchzusetzen. Durch Aufklärung sollen Verbraucher dazu gebracht werden, mit dem Kauf von Fairtrade-Bananen die Verseuchung von Luft und Böden zu beseitigen und die Ausbeutung von Menschen zu beenden.

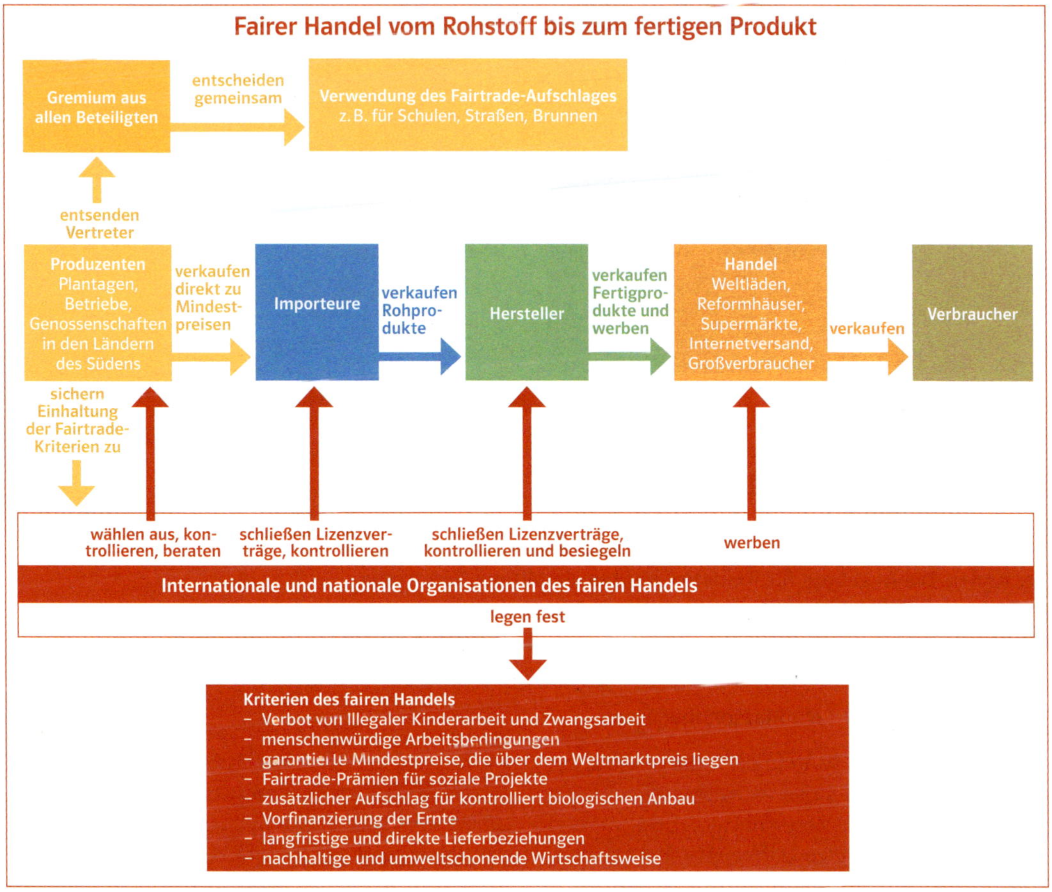

2 Infografik Fairer Handel

	Plantagenproduktion	Fairtrade-Produktion
Lohn des Plantagenarbeiters	5 ct	10 ct
Produktionskosten	5 ct	15 ct
Gewinn des Plantagenbesitzers	5 ct	5 ct
Transport und Zollkosten	20 ct	30 ct
Großhändler/Kooperativen	10 ct	15 ct
Reifereien	20 ct	20 ct
Einzelhändler	30 ct	30 ct
Endpreis	**95 ct**	**125 ct**

3 Zusammensetzung des Bananenpreises (pro kg)

Schon gewusst!
Der Begriff „Bananenrepublik" wird abfällig für Staaten gebraucht, in denen ausländische Großkonzerne einen übermächtigen Einfluss auf die Politik ausüben.

1 Beschreiben Sie mithilfe des Textes und Material 1 die Produktion von Bananen in Großplantagen.

2 Nehmen Sie mithilfe des Textes Stellung zu dem Vorwurf, durch Großplantagen werde die Umwelt geschädigt und Menschen würden ausgebeutet.

3 Arbeiten Sie mit Grafik 2 und Tabelle 3.
a) Entwickeln Sie eine Definition des Begriffs Fairer Handel.
b) Erläutern Sie, wie die Menschen im Erzeugerland von den höheren Kaufpreisen in Europa profitieren können.

4 Diskutieren Sie, inwiefern Plantagen Entwicklungsimpulse für die Anbauregionen geben können (Materialien 1 – 3, Text).

5 Sind Fairtrade-Bananen ein nachhaltiges Produkt? Überprüfen Sie dies mithilfe des Vierecks der Nachhaltigkeit (siehe S. 141).

6 Erörtern Sie, welche Gegebenheiten dazu führen, dass ein Staat als „Bananenrepublik" bezeichnet wird.

1 Kreuzfahrtschiff auf dem Amazonas

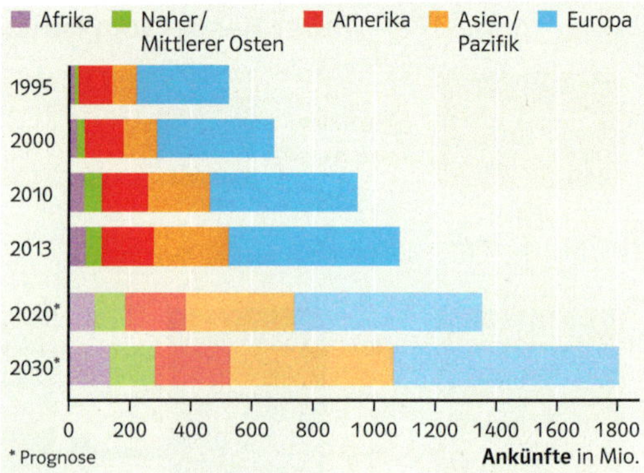

3 Touristenankünfte nach Regionen 1995–2030

Tourismus als Entwicklungsmotor?

Mit einem Ozeanriesen in den Amazonasurwald oder mit einer Trägerkolonne auf die Höhen der Anden. Die Angebote für Touristen werden vielfältiger. Tourismus sei die beste Form von Entwicklungshilfe, argumentieren Tourismusmanager. Doch stimmt das? Oder soll man auf Kritiker hören und mehr auf Nachhaltigkeit achten?

2 Trekking in den Anden

Kreuzfahrttourismus – ein Massenphänomen

Das „amerikanische Mittelmeer", die Karibik, ist wie das europäisch-afrikanische Mittelmeer ein wichtiges Revier für Kreuzfahrten. Dort werden innerhalb weniger Tage zahlreiche Inseldestinationen angesteuert, wie Aruba, Curaçao, Barbados und St. Lucia. Immer mehr Kreuzfahrtschiffe sind speziell in der Wintersaison dort unterwegs. Die größten befördern mehr als 5 000 Passagiere. Sie sind eher schwimmende Freizeitparks als Reise- und Verkehrsmittel. Wenn ein Kreuzfahrtschiff ankommt, stehen Dutzende von Bussen für die auf dem Schiff gebuchten Ausflüge bereit. Touren mit Taxis, Quads, Fahrrädern oder Kajaks werden angeboten. An manchen Orten werden frische Lebensmittel eingekauft und Trinkwasser wird aufgefüllt. Ein paar Stunden, höchstens einen Dreivierteltag dauert das Spektakel. Manchmal legen zwei oder drei dieser Riesen an. Dann begeben sich gleichzeitig Tausende von Landgängern von Bord, fallen in schmale Gassen kleiner Orte ein und verstopfen alles. Viele Stationen werden nur während der kurzen **Saison*** im Sommer angefahren. Der wirtschaftliche Nutzen für die Hafenstädte ist begrenzt: Die Passagiere werden auf den Schiffen voll versorgt. An den organisierten Ausflügen verdient die Reederei am meisten. Das Verbrennen von schmutzigem Schweröl belastet die Luft extrem. Weiterhin werden die Schiffe oft „ausgeflaggt", das heißt, sie werden in Staaten mit geringen Steuern und Abgaben registriert, wie Malta oder Panama. Das Bordpersonal wird über Leihfirmen in Billiglohnländern wie den Philippinen angeworben.

Teilweise werden Auflagen erleichtert, die unter Umständen die Sicherheit der Passagiere und der Besatzung gefährden. Angesichts der nach 2020 neu geplanten Schiffsbauten für mehr als 9 000 Passagiere spricht man bereits von Hypertourismus. An manchen Anlegeorten zeigt die Bevölkerung, dass Massentouristen nicht erwünscht sind.

Flugreisen – ein Wachstumsmarkt

Der Airbus A 380 ist das größte zivile Verkehrsflugzeug der Welt. Dieses Fluggerät würde sich rein für den Geschäftsverkehr nicht rentieren. Mit preisgünstigen Angeboten werden die Flugkapazitäten mit Touristen gefüllt. Umweltaktivisten kritisieren den Flugverkehr als wesentlichen Verursacher von Treibhausgasemissionen und mahnen zur Reduzierung von Flügen. Im Jahr 2017, schon nach zehn Jahren, wurden die ersten A 380 stillgelegt. Kleinere, technisch fortentwickelte Flieger sind rentabler zu betreiben. Würden mit einem Ende des rasanten Wachstums des Flugverkehrs weniger Touristen aus Europa, Amerika und Asien in weit entfernte Destinationen in Lateinamerika und anderen Entwicklungsregionen reisen? Wären dort die Chancen für Entwicklung durch Ferntourismus hinfällig?

Der **Massentourismus*** bringt viele Belastungen mit sich und trägt wenig bei zur Entwicklung der Orte, die er ansteuert. Welche Formen des **Tourismus*** können denn nun Nutzen für die ortsansässige Bevölkerung stiften? In Form von Arbeitsplätzen, Einkommen und indem Touristen die Infrastruktur, Verkehrswege, Strom, Wasser und Abfallbeseitigung mitbenutzen und dafür indirekt bezahlen.

Individualtourismus

Vorwiegend junge Reisende sind als *Traveller*, das heißt als Rucksacktouristen unterwegs. Sie bereiten sich meist gut vor und nutzen vielfältige Apps, um kurzfristig Quartiere und Restaurants zu finden und passenden Transport zu buchen. Im Regelfall sind sie länger als Gruppenreisende unterwegs. Sie bedienen sich des preisgünstigen örtlichen Angebots an Unterkünften, Verpflegung und Transport. Ihre Ausgaben summieren sich zu einer soliden Einnahmequelle für die Einheimischen.

Sanfter Tourismus mit geführten Touren

Reisende, die über wenig Urlaubszeit, andererseits über das Einkommen verfügen, um sich Fernreisen nach Lateinamerika zu leisten, nutzen gerne gut ausgearbeitete Gruppenreisen unter kompetenter Führung. In der Regel sind die Teilnehmer in einheimischen Hotels untergebracht. Sie bedienen sich einheimischer Dienstleistungen sowie lokaler Transporte in Kleinbussen oder Jeeps. Sie suchen einheimische Restaurants auf, weil an ihren Routen nur diese zur Verfügung stehen. Der Großteil der Ausgaben des **Sanften Tourismus*** im Land kommt der örtlichen Wirtschaft zugute. Durch den Einsatz einheimischer Führer wird sichergestellt, dass die Natur geschont und die lokale Kultur respektiert wird.

Staatliche Entwicklungsprojekte

In Mexiko ist die staatliche Agentur FRONATUR mit dem Aufbau von riesigen Touristenkomplexen beauftragt. Mit perfekter Infrastruktur dienen sie als Entwicklungskerne für ihre Region. Teile der Entwicklungsareale werden unter Landschaftsschutz gestellt, Denkmäler werden geschützt und indigene Kulturen aufgewertet. Mit Kapazitäten für Kongresse und Großveranstaltungen erlangen sie internationale Bedeutung. Bekanntestes Beispiel ist Cancun auf der Halbinsel Yucatán in Mexiko.

Destination Region/ Land	Herkunft	Touristenankünfte in Mio.					
		2014	2015	2016	2017	2018	2019
Südamerika	Gesamt	29,0	30,8	32,7	36,2	38,1	o. A.
Mittelamerika gesamt	Gesamt	9,6	10,2	10,9	11,1	10,9	o. A.
Mexiko	Gesamt	29,0	32,1	35,0	39,3	41,4	o. A.
	Deutschland	0,21	0,22	0,23	0,26	0,21	o. A.
Brasilien	Gesamt	6,43	6,30	6,58	6,59	6,62	o. A.
	Europa	1,85	1,63	1,61	1,45	1,46	o. A.
	Deutschland	0,26	0,22	0,22	0,20	0,21	o. A.
Argentinien	Gesamt	2,58	2,26	2,39	6,67/ 2,57 F	6,94/ 2,76 F	7,40/ 3,07 F
	Europa	0,51	0,49	0,54	0,91/ 0,54 F	0,94/ 0,56 F	1,03
	Deutschland	0,07	0,06	0,06	0,12/ 0,06 F	0,13/ 0,06 F	0,14/ 0,07 F
Chile	Gesamt	3,67	4,48	5,64	6,45	5,72	4,52
	Europa	0,41	0,41	0,45	0,48	0,50	0,52
Peru	Gesamt	3,67	3,46	3,74	4,03	4,42	3,32*
	Europa	0,70	0,49	0,52	o. A.	o. A.	o. A.
					*Jan–Sep		
Kolumbien	Gesamt	1,97	1,98	2,24	2,47	2,71	2,83

F = Ankunft per Flugzeug; teils Zirkaangaben

Quelle: Arge Lateinamerika e.V.: Statistiken zu internationalen Touristenankünften und Tourismuseinnahmen der Lateinamerikanischen Länder, März 2019; unter: https://www.lateinamerika.org/images/pdf/Statistiken_zu_internationalen_Touristenanknftfen_2019.pdf (Zugriff am 26.07.2021)

4 **Touristenankünfte in Lateinamerika (Auswahl)**

Bildungseinrichtungen

Mit Erwartungen an wachsenden Tourismus werden an vielen Orten Touristikfachleute ausgebildet. Die Qualifikation reicht von Berufen im Hotel- und Gaststättengewerbe über Transportunternehmen bis hin zu Stellen in Regierungsbehörden.

→ **Informationen finden**
Seiten 154/155

Anfälligkeit und Risiken

Die Corona-Pandemie hat 2020 weltweit den Tourismus zum Erliegen gebracht. Naturkatastrophen, Kriege und Unruhen gefährden die Sicherheit von Reisenden. Erhebliche Anstrengungen sind nötig, solche Rückschläge zu überwinden.

1 Arbeiten Sie aus Diagramm 3 die Entwicklung der Touristenankünfte heraus.

2 Leiten Sie aus Tabelle 4 die Bedeutung europäischer Touristen am gesamten Reiseverkehr in Lateinamerika ab.

3 Stellen Sie auf Grundlage einer Internetrecherche Risiken und Chancen des Tourismus für die Entwicklung von Regionen gegenüber. Gehen Sie dabei auch auf Auswirkungen für die „Bereisten“ und für die Umwelt ein.

4 Vergleichen Sie mithilfe der Fotos 1 und 2 Kreuzfahrttourismus und Trekkingtourismus. Berücksichtigen Sie, dass Trekking individuell oder als geführte Tour betrieben werden kann.

5 *Overtourism* als Problem
a) Stellen Sie dar, was mit dem Begriff *Overtourism* gemeint sein könnte.
b) Erstellen Sie auf Grundlage einer Recherche eine Liste mit Tipps für nachhaltiges Reisen.

1 Rocinha, ein Stadtviertel Rio de Janeiros und Brasiliens größte Marginalsiedlung

2 *Condomínios exclusivos* in Barra da Tijuca in Rio de Janeiro (Brasilien)

Metropolen in Lateinamerika

Die Bevölkerung Lateinamerikas wächst rapide, insbesondere in den Städten und Metropolen. Was aber sind die Gründe hierfür und welche Probleme bringen die historischen und aktuellen Entwicklungen mit sich?

Lateinamerika gilt als die am stärksten verstädterte Großregion der Welt. Rund vier Fünftel der Bewohner leben hier in urbanen Räumen, nur ein Fünftel auf dem Land.

Die Wurzeln dieser Strukturen reichen bis in die Kolonialzeit des 16. Jahrhunderts zurück, als Spanien und Portugal Siedlungen an geographisch günstig gelegenen Lagen, vornehmlich an den Küsten, gründeten. Somit entstanden die Grundlagen eines Stadt-Land-Gegensatzes, der sich durch hochdynamische städtische Handels- und Verwaltungsräume einerseits und relativ statische, durch Großgrundbesitz wie auch Kleinbauerntum geprägte ländliche Räume andererseits charakterisieren lässt.

Mit dem 19. Jahrhundert folgten mehrere Phasen der Einwanderung, die vor allem die Städte weiterwachsen ließen. Eine zweite Phase der **Verstädterung** schloss sich in der ersten Hälfte des 20. Jahrhunderts an, als durch die Industrialisierung und Modernisierung des Handels zahlreiche Arbeitsplätze geschaffen wurden (Pull-Faktor), wodurch die **Landflucht**, also die Binnenwanderung in die Städte, befördert wurde. Viele gering qualifizierte Menschen fanden nur im informellen Sektor Arbeit, beispielsweise im Straßenverkauf oder im Transportgewerbe. Durch diese Personen wuchsen die **Marginalsiedlungen** rasch an (vgl. Foto 1).

Die Zunahme der Kriminalität führte dazu, dass sich Teile der wohlhabenden Stadtbevölkerung in sogenannten **Gated Communities** niederließen, umzäunten und bewachten Siedlungen mit gehobener Ausstattung und Infrastruktur. Diese werden in Lateinamerika auch als *Barrios Cerrados* oder *Condomínios exclusivos* bezeichnet (vgl. Foto 2).

Die Verstädterung wurde daneben auch durch Siedler aus Übersee verstärkt. Unter ihnen waren viele Vertriebene, die ihre europäische Heimat im Zuge der beiden Weltkriege verlassen mussten (Push-Faktor). Damit war auch die Entstehung von zahlreichen **Metropolen*** verbunden, also von Großstädten, in denen wesentliche Funktionen eines Landes im Bereich der Wirtschaft, Verwaltung und Kultur, räumlich gebündelt vorkommen.

Das dramatische Wachstum dieser Metropolen seit den 1950ern bezeichnet man als **Metropolisierung**. Darunter versteht man die Vergrößerung des Abstands zwischen Großstädten, welche einen politischen, sozialen, kulturellen und wirtschaftlichen Mittelpunkt eines Landes bilden, und dem umliegenden ländlichen Raum.

Aktuelle Probleme und Herausforderungen in lateinamerikanischen Megastädten

Die Entwicklung hat dazu geführt, dass Lateinamerika heute von Megastädten, also urbanen Siedlungen von mehreren Millionen Einwohnern, dominiert wird. Damit gehen zahlreiche Probleme und Herausforderungen einher (vgl. Schema 5).

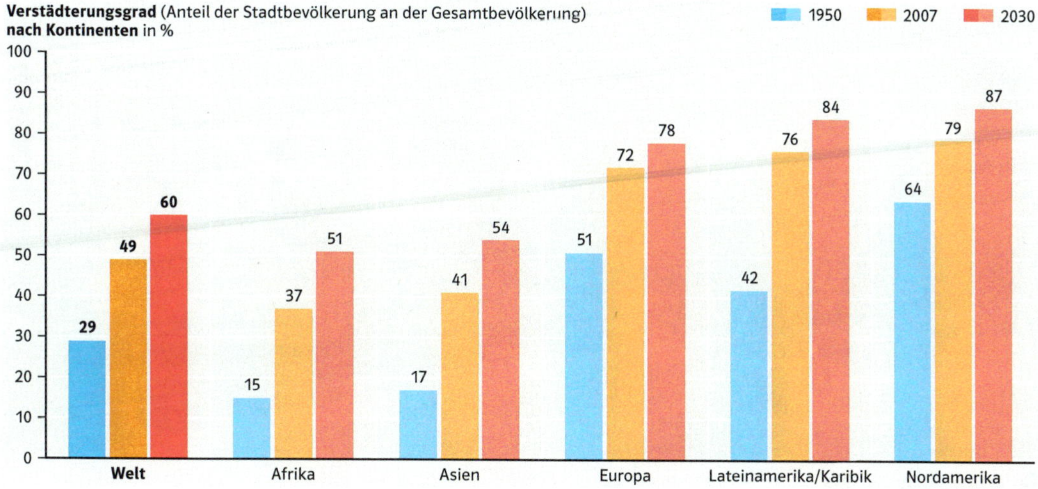

3 Verstädterung im globalen Vergleich

Metropolisierung in ausgewählten Städten Lateinamerikas

Stadt	Einwohner 2022 in Mio. (Landesbevölkerung)
São Paulo (Brasilien)	22,4 (213,9)
Lima (Peru)	11,0 (34,2)
Bogotá (Kolumbien)	11,3 (51,6)
Rio de Janeiro (Brasilien)	13,6 (213,9)
Santiago de Chile (Chile)	6,9 (19,9)
Buenos Aires (Argentinien)	15,4 (46,3)
Brasília (Brasilien)	4,8 (213,9)
Zum Vergleich: Berlin (Deutschland)	3,6 (83,3)

International Monetary Fund: World Economic Outlook Database, unter: www.imf.org/en/Publications/SPROLLs/world-economic-outlook-databases#sort=%40imfdate%20descending; World Population Review, unter: https://worldpopulationreview.com/world-cities (Zugriff am 28.04.2022)

4

Aktuelle Probleme und Herausforderungen lateinamerikanischer Megastädte

Zunahme der Metropolisierung:
Konzentration der Bevölkerung eines Landes und wesentlicher wirtschaftlicher, administrativer bzw. kultureller Funktionen in einer einzigen Stadt.

Zunahme der Marginalsiedlungen:
Siedlungen in städtischen Randlagen mit mangelhafter Bausubstanz, hoher Einwohnerdichte, unzureichender Infrastruktur sowie hohen Anteilen einkommensschwacher Bevölkerung.

Zunahme der Gated Communities:
Geplante Siedlungen mit bis zu mehreren Hundert Wohneinheiten, eigener Infrastruktur und Zugangsbeschränkungen, die durch eine Mauer von der Umgebung getrennt sind.

Wachstum des informellen Sektors:
Teil einer Volkswirtschaft, dessen wirtschaftliche Tätigkeit nicht staatlich erfasst, reguliert und kontrolliert wird

5

→ Diagramme zeichnen Seite 164

1 Vergleichen Sie den Verstädterungsgrad Lateinamerikas mit den restlichen Regionen der Welt (Grafik 3).

2 Skizzieren Sie die Entwicklung der städtischen Räume in Lateinamerika (Haupttext) mithilfe einer Mindmap.

3 Erstellen Sie ein geeignetes Diagramm, mit dem Sie die Metropolisierungsquote, also den Anteil der in den Metropolen lebenden Bevölkerung an der Gesamtbevölkerung, vergleichend grafisch darstellen (Tabelle 4).

4 Erörtern Sie die Probleme und Herausforderungen in den lateinamerikanischen Megastädten (Text 5), indem Sie auf die Folgen für die Städte und ihre Wohnbevölkerung eingehen.

1

2 Grüne Stadt Curitiba

Curitiba: die grünste Millionenstadt Lateinamerikas

Mit etwa zwei Millionen Einwohnern ist Curitiba eine der größten Städte Brasiliens. Eine „typische" Großstadt ist sie dennoch nicht, denn sie gilt als Musterbeispiel für eine erfolgreiche nachhaltige Stadtentwicklung. Was aber bedeutet dies genau? Und ist hier wirklich alles „besser"?

←
nachhaltige Nutzung
Seiten 140/141

Auf einem Kongress der Stadtplaner in Istanbul 1996 wurde Curitiba (vgl. Karte 1) als die „innovativste Stadt der Welt" ausgezeichnet. In der Laudatio wurde die durchdachte Stadtplanung hervorgehoben, die sich systematisch dem Prinzip der nachhaltigen Nutzung verschrieben hat und auf einer miteinander verbundenen, synergetischen Flächennutzungs- und Verkehrsplanung basiert.

Die Stadt als Ökosystem

Unter den Millionenstädten der Welt liegt Curitiba ganz weit vorne, wenn es um den Erholungswert geht. So wurde der Anteil der Grünflächen an der Stadt in den letzten Jahrzehnten auf das 300-fache vergrößert. Flüsse wurden durch Dämme zu Seen aufgestaut, in deren Umfeld grüne Parkanlagen entstanden. Gleichzeitig wurden eine Million Bäume gepflanzt, und auf einer ehemaligen Müllkippe prangt heute ein prachtvoller botanischer Garten. Bei der lokalen Energieerzeugung wurde der Anteil der Wind- und Wasserkraft sukzessive erhöht.

Leuchttürme des Wissens

Faróis do Saber, Leuchttürme des Wissens, werden die zahlreichen freien Bildungszentren und weiteren kulturellen Einrichtungen genannt, die sich in der gesamten Stadt verteilen und durch mitunter extravagante Architekturen auszeichnen. Sie ermöglichen den Bürgern nicht nur Zugang zum Internet und zu Wissensarchiven, sondern dienen auch zur Bereicherung des kulturellen Lebens, etwa durch Konzerte, Ausstellungen oder sonstige Veranstaltungen.

Chancen für die Armen

Um die Lebensbedingungen der ärmeren Bevölkerung zu verbessern, wurde ein System der Mülltrennung eingeführt. Sauber getrennter Müll kann dabei gegen Schulhefte, Obst, Gemüse oder Busfahrscheine eingetauscht werden. Gerade die ärmsten Bewohner der Favelas können sich somit zahlreiche Vorzüge selbst erarbeiten. Zudem wurde der Anteil an überdachten, hell erleuchteten Galerien, den sogenannten „24-Stunden-Straßen" erhöht. Hier sind die Geschäfte ganztags geöffnet, die Straßen belebt und die Kriminalität ist deutlich zurück gegangen.

Öffentlicher Personennahverkehr

Rund 85 Prozent der Curitibaner nutzen regelmäßig den ÖPNV. Dieser umfasst hochmoderne Doppelgelenksbusse, eine behindertengerechte Infrastruktur sowie ein dichtes und effizientes Netz auf lokaler, regionaler und überregionaler Ebene. Er ist so gut ausgebaut, dass viele Stadtbewohner freiwillig auf ein Auto verzichten.

3 Omnibuslinien bilden das Rückgrat des Verkehrs

Soziale Exklusion und Umweltprobleme

Seit 1996 ist die Bevölkerung Curitibas um rund 500 000 Einwohner gewachsen. Viele davon gehören zu einkommensschwachen Schichten, die mit der Hoffnung auf ein besseres Leben in die Stadt kamen. Trotz intensiver Investitionen in den sozialen Wohnungsbau steigen die Mietpreise rasant an und bereits 2013 standen rund 74 000 Menschen auf der Warteliste für eine Behausung. Dies führt zu einer schnellen Ausbreitung von illegalen Siedlungen im städtischen **Umland***, die wiederum als Auffanglager für neue, wohnungslose Zuwanderer dienen. Die Bewohner dieser Siedlungen sind weder an die städtische Infrastruktur angeschlossen, noch können sie an den städtischen Kultur- und Bildungseinrichtungen teilhaben.

Aufgrund der gestiegenen Nachfrage verteuern sich die Preise für den ÖPNV deutlich und das Bussystem kommt an seine Kapazitätsgrenzen. Als eine Folge daraus steigen viele Stadtbewohner auf ein eigenes Auto um. Gerade in den städtischen Randbereichen nimmt die Luftverschmutzung deutlich zu. Über den dortigen Eintrag von ungeklärten Abwässern verringert sich auch die Wasserqualität in den künstlich angelegten Stauseen flussabwärts, verbunden mit einem deutlichen Rückgang des Freizeitwertes.

Wird Curitiba die geeigneten städteplanerischen Maßnahmen finden, um auf die aktuellen Entwicklungen erfolgreich zu reagieren?

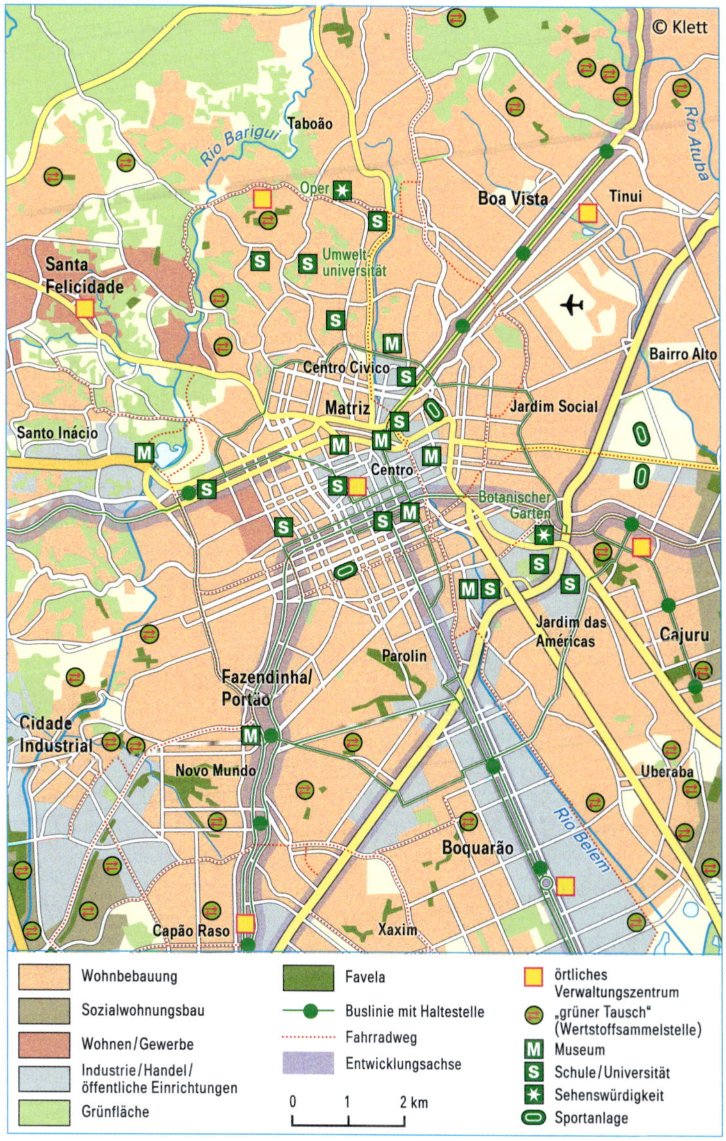

4 Stadtzentrum von Curitiba

Grünflächenanteil in ausgewählten Städten

Stadt	Grünfläche m²/Einw.	Stadt	Grünfläche m²/Einw.
Rom	131,7	München	33,8
Curitiba	55,0	Istanbul	6,4
		São Paulo	2,1

Zusammengestellt nach verschiedenen Quellen

5

1 Begründen Sie mithilfe des Textes sowie der Materialien 2–5, warum Curitiba 1996 den Preis als innovativste Stadt erhalten hat.

2 Zeigen Sie anhand von Karte 4 Merkmale nachhaltiger Stadtplanung im Zentrum von Curitiba.

3 Erklären Sie den Zusammenhang zwischen der weitläufigen Verbreitung der *Faróis do Saber* und der Zielsetzung einer sozialen Nachhaltigkeit.

4 2015 kritisierten niederländische Forscher, die städteplanerische Weiterentwicklung in der ehemals „innovativsten Stadt der Welt" liege brach. Erörtern Sie mögliche Ursachen.

TERRA **METHODE**

Diagramme dienen dazu, statistische Daten visuell darzustellen, und ermöglichen so ein rascheres Erfassen, Vergleichen und Beurteilen der Inhalte. Netzdiagramme, die auch Spinnennetz- oder Radardiagramme genannt werden, sind eine Sonderform, die den Vergleich mehrerer Parameter gleichzeitig ermöglicht.

Komplexe Diagramme erstellen: Netzdiagramme

Datenpunkte werden hierbei auf mehreren Achsen sternförmig um einen gemeinsamen Mittelpunkt angeordnet. Die nahe an den Idealzustand reichenden Datenpunkte liegen dabei außen. Die Datenpunkte einer Reihe (eines Landes / eines Jahres…) werden miteinander verbunden, sodass ein Datennetz („Spinnennetz") entsteht. Durch die gleichzeitige Darstellung mehrerer Netze im Diagramm ist ein Vergleich der Daten relativ einfach möglich.

Netzdiagramme erstellen

1. Schritt: Sichere Datengrundlage suchen und Parameter auswählen

Prüfen Sie, ob Ihre Datenquelle vertrauenswürdig ist und, wählen Sie die darzustellenden Parameter und damit die Anzahl der Achsen aus. Beschriften Sie die Achsen.

→ Informationen finden Seiten 154/155

Beispiel: Sie wählen aus dem Human Development Index (HDI) der Vereinten Nationen von 2019 sechs unterschiedliche Parameter zum Entwicklungsstand verschiedener Länder, daraus ergeben sich sechs Achsen für das Netzdiagramm (z.B. Lebenserwartung, Einkommen pro Kopf).

2. Schritt: Skala festlegen

Nun legen Sie die Skala für jede einzelne Achse individuell fest, je nachdem, wie groß die Spannbreite der Daten des jeweiligen Parameters ist. Die höchsten, dem Idealzustand nahekommenden Werte liegen dabei außen. Je weiter zum Mittelpunkt, desto „schlechter".

Beispiel: Der Anteil der Frauen im Parlament eines Landes kann zwischen 0 und 100% liegen. Teilen Sie die zugehörige Achse sinnvoll ein, z.B. 1 cm = 10%; da der Idealzustand außen liegt, steigt die Skala nach außen an. Der Wert 0% Frauen im Parlament liegt dabei im Mittelpunkt des Netzdiagramms.

3. Schritt: Daten eintragen

Nun entnehmen Sie der Datenquelle für Staat A die Daten Ihrer Kategorien und markieren die Werte auf den entsprechenden Achsen mit einem Punkt. Anschließend verbinden Sie alle Punkte von Achse zu Achse.

Nun verfahren Sie für den Staat B genauso. Zur besseren Lesbarkeit empfiehlt es sich, den Staaten unterschiedliche Farben zuzuordnen.

Achten Sie auf die Übersichtlichkeit des Diagramms und wählen Sie danach die Anzahl der Staaten aus, die innerhalb eines Netzdiagramms dargestellt werden sollen, beispielsweise drei von fünf.

4. Schritt: Diagramm kritisch bewerten

Überprüfen Sie die Gestaltung und Eignung des Diagramms, beispielsweise mithilfe folgender Fragen:

- Ist das Diagramm optisch gelungen?
- Wurde dem Diagramm ein passender Titel gegeben?
- Können mithilfe des Diagramms Daten schnell vergleichend erfasst werden?

	Sojaplantage „Dos Santos" aus Bolivien	Sojaplantage „La Estrella" aus Argentinien
Arbeitslohn in US-$/Monat	110	90
Pestizideinsatz kg/ha	0	14
Verkaufspreis nach Europa in Euro/t	500	359
Ertrag t/ha	2,8	3,5
Weitere Anbauprodukte (Fruchtwechsel)	2	0
Anteil der Gesamtproduktion für den Verkauf im Inland in %)	45	6

Quelle: eigene Zusammenstellung

1

Material
Vorlage Netzdiagramm
64bk46

Datengrundlage zum Human Development Index für den Ländervergleich nach Entwicklungsindikatoren (Schritt 1)

	Lebens-erwartung bei Geburt	Durchschnitt. Schulbesuchsdauer (Jahre)	BNE/Kopf/ US-$ KKP	Müttersterblichkeit (pro 100 000 Lebend-geburten)	Anteil der Parlamentssitze von Frauen (%)	Geburtenhäufigkeit im Jugendalter (15–19 Jahre) pro 1 000 Frauen
Argentinien	76,5	11	17611	52	40	63
Bolivien	71,2	9	6849	206	52	65
Brasilien	75,7	8	14068	44	15	59
Costa Rica	80,1	9	14790	25	46	54
Kuba	78,7	12	7811	39	53	52

Quelle: Nach United Nations Development Programme: Human Development Report 2019, unter: http://hdr.undp.org/sites/default/files/hdr2019.pdf (Zugriff am 11.11.2020)

2

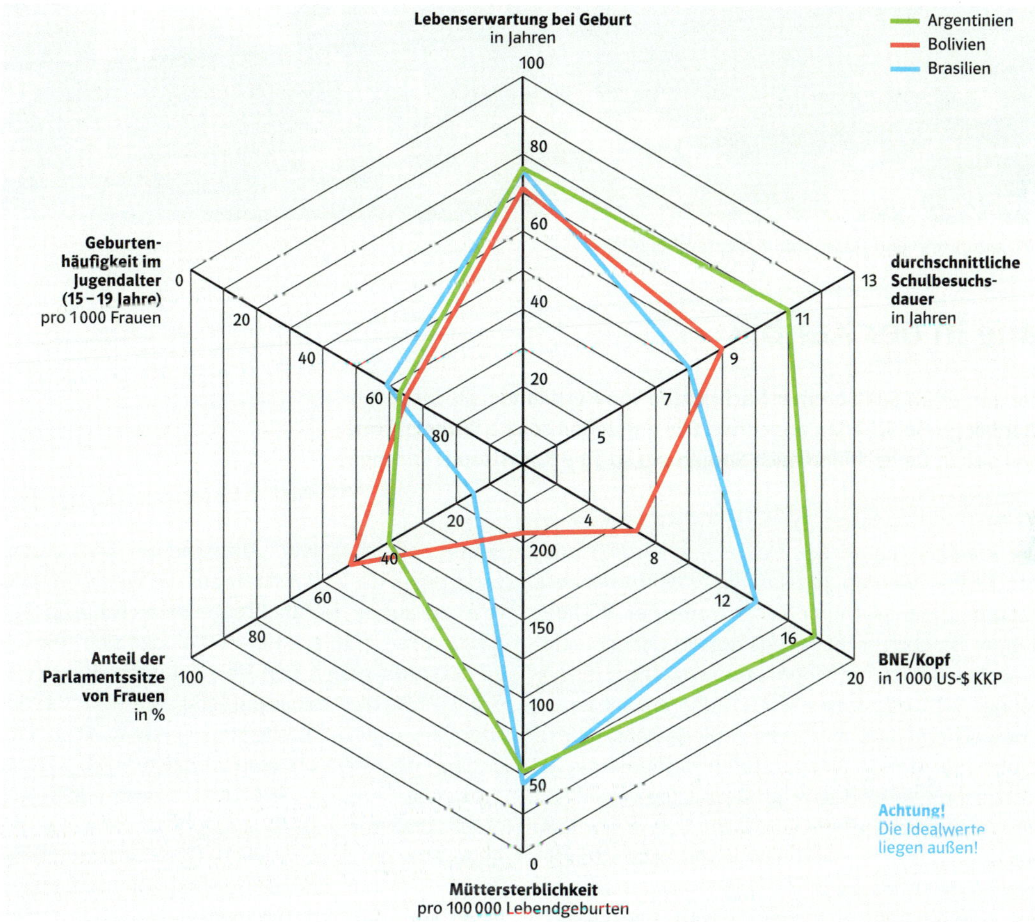

3 **Beispiel für ein Netzdiagramm zum Ländervergleich nach den Entwicklungsindikatoren des HDI (Schritt 3)**

1 Stellen Sie sich vor, Sie sind Beraterin oder Berater für nachhaltige Landwirtschaft bei der EU. Diese möchte mit Fördergeldern nachhaltig wirtschaftende Agrarbetriebe in Südamerika unterstützen. Es gibt bereits verschiedene Bewerbungen und Sie sollen entscheiden, welcher Betrieb unterstützt werden soll.

a) Stellen Sie die Daten der Tabelle 1 in einem Netzdiagramm grafisch dar. Achten Sie auf eine sinnvolle Skaleneinteilung.
b) Begründen Sie, welchem Betrieb Ihrer Meinung nach Fördermittel zustehen.

1 Satellitenbild der Hurrikane „Irma" und „Jose" vom 8. September 2017

Hurrikane in der Karibik

Immer wieder gibt es im Spätsommer Nachrichten von Hurrikanen, die insbesondere in der Karibik große Schäden anrichten. Wie entstehen solche Wirbelstürme und muss man sich in Deutschland auch Sorgen um so eine Katastrophe machen?

Tropische Wirbelstürme

Je nach Region, in der sie auftreten, haben tropische Wirbelstürme einen anderen Namen:
- Nordamerika: Hurrikan
- Ostasien: Taifun
- Indik: Zyklon

←
Corioliskraft
Seite 36/37

Die Anrainerstaaten des Golfes von Mexiko und der Karibik werden regelmäßig von Hurrikanen bedroht. Die Entstehung dieser **tropischen Wirbelstürme** ist noch nicht restlos geklärt, jedoch sind viele Mechanismen schon erforscht. Die Stürme können sich nur über warmen Meeren mit einer Oberflächentemperatur von mindestens 26 °C bilden. Bei diesen Temperaturen verdunstet viel Wasser und so sind sehr große Mengen an Wasserdampf in der Luft. Die erwärmte Luft dehnt sich aus und ist leichter, weshalb sie aufsteigt. Mit zunehmender Höhe kühlt sie jedoch wieder ab und der Wasserdampf kondensiert, wird also wieder zu Wasser. Dabei wird Energie frei und es regnet. Ein Gramm Wasserdampf setzt beim Kondensieren so viel Energie frei, dass damit 1000 Gramm Luft um 2,5 °C erwärmt werden können. Dies treibt den Prozess zusätzlich an und lässt die Luft weiter aufsteigen, bis in eine Höhe von 15 Kilometern, in der dann schon Temperaturen von minus 70 °C erreicht werden. Durch das Aufsteigen der Luft herrscht am Boden ein sehr tiefer Druck, weshalb Luft von allen Seiten angesaugt wird. Aufgrund der Erddrehung wirkt dabei die Corioliskraft auf die Winde ein und lenkt sie auf der Nordhalbkugel nach rechts ab. Auf diese Weise entsteht ein Wirbel, der sich mit bis zu 300 km/h gegen den Uhrzeigersinn dreht (vgl. Grafik 2). Da die Corioliskraft erst ab etwa 6° nördlicher bzw. südlicher Breite stark genug wirkt, gibt es entlang des Äquators eine wirbelsturmfreie Zone. Durch die Drehung wird die Luft nach außen gedrückt und in der Mitte entsteht das sogenannte Auge, eine bis zu 30 Kilometer Durchmesser große Zone mit einem Luftdruck, der sogar unter 900 hPa liegen kann. Dort herrscht nahezu Windstille und es gibt keine Wolken.

Vulnerabilität und Folgen

Probleme entstehen vor allem für Küstenbewohner. In wenigen Stunden können bis zu 1000 mm Niederschlag fallen, was zwangsläufig zu Überschwemmungen führt. Die hohen Windgeschwindigkeiten richten ebenfalls große Schäden an, insbesondere wenn die Stabilität der Bausubs-

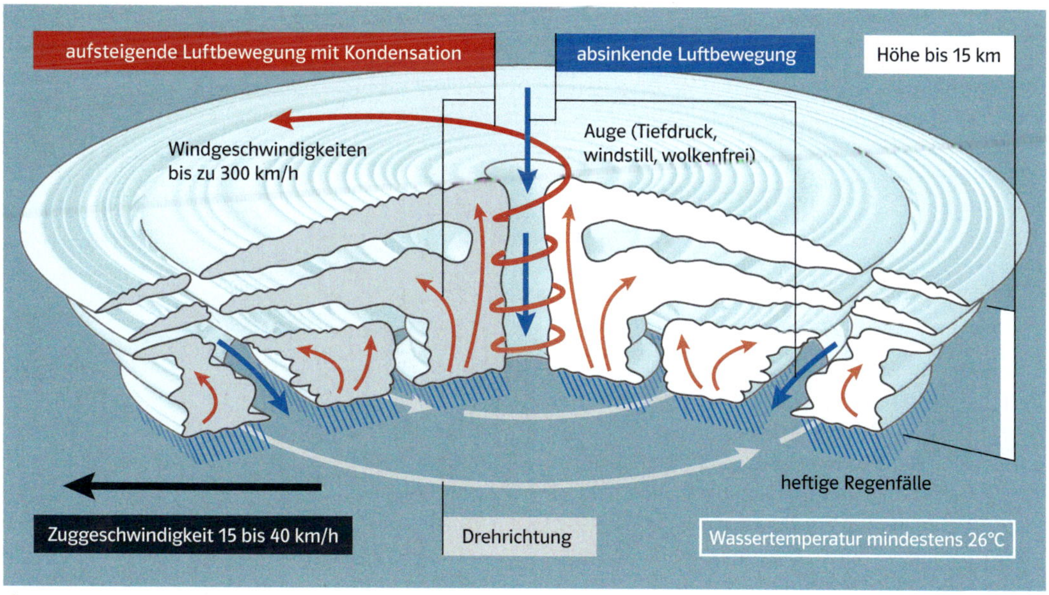

2 Schema eines Hurrikans auf der Nordhalbkugel

Vulnerabilität (Verwundbarkeit)
Grad der Gefährdung durch existenzbedrohende Ereignisse sowie das Fehlen von Möglichkeiten zur Eindämmung der Folgen

→ Informationen finden
Seiten 154/155

tanz den starken Winden nicht gewachsen ist (vgl. Foto 3). In den tendenziell geringer entwickelten Staaten der Karibik hat die Infrastruktur häufig nicht die Robustheit, diesen starken Naturkräften zu widerstehen (**Vulnerabilität**).
Auf dem offenen Meer bildet sich unter einem **Hurrikan** eine Wasserkuppe mit etwa einem Meter Höhe, die aber im flachen Küstengewässer auf bis zu sechs Meter ansteigen kann, was ebenfalls katastrophale Auswirkungen zur Folge hätte.
Trifft ein Hurrikan auf Land oder kühlere Meeresflächen schwächt er sich ab, weil entweder die Zufuhr von Wasserdampf ausbleibt oder die Bodenreibung ihn bremst. Die durchschnittliche Lebensdauer eines Hurrikans liegt bei fünf bis zehn Tagen.
Schützen kann man sich kaum vor einem tropischen Wirbelsturm. Man kann lediglich in den betroffenen Gebieten beim Bau von Häusern Schutzkeller (Bunker) errichten, falls die nötigen finanziellen Mittel vorhanden sind, was in den Staaten der Karibik häufig nicht der Fall ist. Die Wahrscheinlichkeit durch einen Hurrikan Schaden zu erleiden, ist in dieser Region besonders hoch, insbesondere weil das Katastrophenmanagement dort häufig unzureichend ist. Meist bleibt den Menschen nur, dass sie die Fenster ihrer Häuser vernageln und sich mit wenig Gepäck evakuieren lassen.

3 Zerstörungen durch einen Hurrikan auf der Insel Dominica

→ Satellitenbilder auswerten
Seite 167

1 Verorten Sie die im Satellitenbild 1 gezeigten Hurrikane und ermitteln Sie ihre Durchmesser mithilfe einer geeigneten Atlaskarte. Interpretieren Sie das Satellitenbild im Anschluss.

2 Vergleichen Sie die Niederschlagsmengen eines Hurrikans (siehe Text) mit der Niederschlagssumme, die an Ihrem Schulort innerhalb eines ganzen Jahres fällt.

3 Erklären Sie mithilfe des Textes, warum die meisten tropischen Wirbelstürme auf der Nordhalbkugel zwischen Juli und September auftreten.

4 Wissenschaftler rechnen damit, dass die Anzahl und die Heftigkeit der tropischen Wirbelstürme in den kommenden Jahren zunehmen wird. Begründen Sie diese Annahme.

5 Erklären Sie, warum die humanitäre Katastrophe nach einem Hurrikan in der Karibik häufig deutlich größer ist als nach einem Hurrikan in den USA.

6 Erklären Sie, warum man in Europa keine Angst vor Hurrikanen haben muss (Text, Internetrecherche).

TERRA **METHODE**

Zerstörungen durch den Hurrikan Irma auf der karibischen Insel Sint Maarten im September 2017. Das sind die dürftigen Angaben zu Foto 2. Wie können Sie weitere Informationen zu dem Ereignis sowie zu dessen Ursachen und Folgen finden? Wie können Sie prüfen, wie zuverlässig diese Angaben sind?

Informationen finden

1. Schritt: Informationsquellen finden

Auch wenn die Beschaffung von Informationen über das Internet die schnellste und dank Smartphone auch die bequemste ist: Es ist sinnvoll, weitere Quellen zu nutzen, vor allem, wenn es um Themen geht, bei denen Sie wenig Hintergrundwissen haben. Dadurch können Sie die Qualität der Interinformationen besser einschätzen.

In der Schulbibliothek gibt es eine kleine Auswahl an Fachbüchern, mehr finden sich in der Stadtbücherei. Dort gibt es auch Zeitungen und Zeitschriften, Fachzeitschriften und Jugendzeitschriften, die eine Fülle von Informationen bieten. Oft sind diese so aufbereitet, dass sie z.B. in einem Referat gut ihre Verwendung finden.

Sie können vor Ort gesichtet oder ausgeliehen werden. Dort finden sich auch Fach- und Jugendbücher oder DVDs.

Die am schnellsten verfügbaren Fachbücher sind natürlich Ihr Geographiebuch und der Atlas. Bei Fragen können Sie sich auch an Ihre Geographielehrerin bzw. Ihren Geographielehrer wenden.

Bei aktuellen Ereignissen liefern nicht nur Zeitungen Hintergrundwissen, sondern auch Fernsehnachrichten und Sondersendungen.

2. Schritt: Informationsquellen prüfen

Informationen sammeln ist der Anfang. Jetzt müssen die Quellen geprüft werden, damit Sie wissen, ob die Informationen zuverlässig sind. Die Einschätzung gilt für alle Quellen, auch für das Internet.

Was muss ich prüfen?

Wer ist verantwortlich?
– Autor/in, Herausgeber/in, Impressum suchen

Von wem ist die Information?
– Erscheinungsdatum suchen

Augen auf!

- Die erste Quelle ist nicht automatisch die beste.
- Zwei Quellen sind besser als eine, drei besser als zwei.
- Auch Internetseiten haben ein Impressum.
- Nicht vergessen: Blick auf das Veröffentlichungsdatum.
- Viel Werbung kann manchmal ein Hinweis auf geringere Qualität der Information sein.

1

Zuverlässige Quellen sind Universitätsinstitute, öffentlich-rechtliche Fernsehsender, Forschungseinrichtungen, Schulbuchverlage. Bei Zeitungen und Zeitschriften ist die Einschätzung schwieriger. Hier kann es nützlich sein, mehrere Quellen miteinander zu vergleichen. So fallen Ungenauigkeiten auf, aber auch Detailinformationen und verständliche Erläuterungen. Auch die Menge an eingefügter Werbung (vor allem bei Internetauftritten) könnte ein Hinweis darauf sein, wie seriös eine Quelle ist.

3. Schritt: Ergebnisse zusammenstellen

Aus den einzelnen geprüften Informationsquellen wird jetzt ein in sich stimmiges Informationspaket zusammengestellt. Sie können eine einzige Quelle als Basis nehmen und aus anderen Quellen Details als Ergänzung dazunehmen. Oder Sie stellen einen Mix aus Ihren geprüften Quellen zusammen und ordnen die Informationen in einer Reihenfolge, die sachgerecht ist. Denken Sie daran, dass Sie alle Ihre Infos mit Quellenangaben versehen. Diese finden Sie z.B. im Impressum.

2 **Zerstörungen durch den Hurrikan Irma auf der karibischen Insel Sint Maarten im September 2017**

4. Schritt: Ergebnisse bewerten

- Inwieweit ist es Ihnen gelungen, Ihre Frage zu beantworten?
- Sind die Ergebnisse ausreichend?

Diese Fragen sich selbst zu beantworten, ist nicht ganz einfach. Es kann sein, dass Sie beim Erklären eines bestimmten Sachverhalts unsicher sind. Das ist ein Zeichen, dass Sie den Inhalt nicht ganz verstanden haben. Ziehen Sie weitere Quellen zurate oder sprechen Sie mit einem Experten (z.B. Ihrer Geographielehrerin oder Ihrem Geographielehrer).

Es kann auch sein, dass Sie überzeugt sind, dass Sie alles richtig und verständlich erklären können. Da ist es gut, Ihre Ergebnisse jemandem vorzustellen. Aus den Fragen und Reaktionen eines Zuhörers erkennen Sie schnell, wo Ihre Darstellungen Lücken, Widersprüche oder Unklarheiten haben. Eine solche Rückmeldung ist hilfreich. Sie gibt die Möglichkeit, die Ergebnisse noch einmal zu sichten, zu korrigieren und zu vervollständigen.

1 Wenden Sie die vier Schritte zur Informationsermittlung an:
a) Ermitteln Sie Hintergrundinformationen zum Ereignis, welches die in Foto 2 gezeigten Schäden verursacht hat.
b) Stellen Sie die Auswirkungen des Ereignisses auf den karibischen Raum dar.

2 Recherchieren Sie, welche tropischen Wirbelstürme es in letzter Zeit gegeben hat und welche Schäden angerichtet wurden. Erstellen Sie dazu eine Tabelle.

TERRA TRAINING

Auswahl wichtiger Begriffe

Cash Crops
Gated Community
Hurrikan
Höhenstufen
Landflucht
Massentourismus
Metropolisierung
nachhaltige Nutzung

1 Erschließung Amazoniens

1 Naturraum Südamerikas (F, O)

a) Bringen Sie die Höhenstufen der Anden in die richtige Reihenfolge und ordnen Sie die Fotos 3, 4 und 6 passend zu: Tierra fría – Tierra caliente – Tierra helada – Tierra templada – Tierra nevada

b) Erklären Sie die Veränderungen der Vegetation mit zunehmender Höhe.

2 Nutzungskonkurrenzen im Tropischen Regenwald (F, M, B)

a) Arbeiten Sie aus der thematischen Karte 1 heraus, welche Interessensgruppen im Regenwald agieren und welche Eingriffe diese vornehmen.

b) Das Foto 2 zeigt einen landwirtschaftlichen Betrieb in Kolumbien. Beschreiben Sie erkennbare Merkmale der Betriebsform und bewerten Sie diese hinsichtlich Produktivität und Nachhaltigkeit.

2

c) Beurteilen Sie: Sollte der Tropische Regenwald frei von jeglicher Nutzung bleiben?

F = in Fachkonzepten denken;
O = räumlich orientieren;
M = Methoden anwenden;
B = beurteilen und bewerten;
H = raumgerecht handeln;
K = kommunizieren.*

* Die Kompetenzbereiche werden auf den Seiten 192/193 erläutert.

Üben interaktiv
Herausforderung der Entwicklung: Mittel- und Südamerika, Karibik
64bk46

Plantage
Tageszeitenklima
Tourismus

3

4

6

3 Nachhaltiger Tourismus in Regenwaldgebieten (F, H)
Fremdenverkehr in Regenwaldgebieten kann ein wirtschaftliches Standbein der Einheimischen sein, wenn er auf die lokalen ökologischen und kulturellen Bedingungen abgestimmt ist. Erstellen Sie einen Rahmenplan mit fünf wichtigen Leitlinien, nach denen ein Hotel im Amazonasgebiet nachhaltig geführt werden könnte.

4 Südamerikanische Metropolen (F, M)
a) Werten Sie das Foto 5 aus.
b) Beschreiben Sie mithilfe der Abbildung die Ursachen und Auswirkungen der Verstädterung.
c) Begründen Sie, warum dieses Foto kennzeichnend für lateinamerikanische Metropolen ist.
d) „Die Probleme in den städtischen Zentren Lateinamerikas resultieren nicht nur aus der Armut in den Städten, sondern auch aus der Armut der Städte." Erklären Sie diese Aussage.

5

Hier trainieren Sie ...
- Ursachen für die Rodung des Tropischen Regenwaldes zu nennen und das Ausmaß der Zerstörung zu beschreiben,
- die ökologischen, sozialen und wirtschaftlichen Folgen zu nennen und zu erklären,
- Bilder und thematische Karten auszuwerten,
- den Einfluss von Temperatur und Höhenlage auf die Ausbildung von Höhenstufen und Pflanzengesellschaften zu erklären,
- Aspekte eines nachhaltigen Tourismus anwendungsorientiert in ein Konzept umzuwandeln,
- spezifische Merkmale und Problemlagen in großen Metropolen zu beschreiben.

7

Arbeitsanhang

In diesem Anhang finden Sie wertvolle Hilfen für
die selbstständige Arbeit im Geographieunterricht.

Nachhaltige Entwicklungsziele der Agenda 2030

- extreme Armut beenden
- nationale Armutsquoten halbieren
- Sozialschutzsysteme für alle Bevölkerungsgruppen einrichten
- Recht auf Zugang zu den Ressourcen (insbesondere soziale Dienste, Grundeigentum, Erbschaften, etc.) für alle Männer, Frauen und Kinder

- Hunger beenden
- Mangelernährung beenden, insbesondere die Auszehrung von Kleinkindern
- die landwirtschaftliche Produktivität verdoppeln
- die Nachhaltigkeit der Nahrungsmittelproduktion sicherstellen
- genetische Vielfalt bewahren

- gesundes Leben für alle
- weltweit Müttersterblichkeit und Kindersterblichkeit auf bestimmte Quoten senken
- Prävention von Suchtstoffmissbrauch (z.B. Alkohol) verstärken
- Zahl der Todesfälle und der Verletzungen infolge Verkehrsunfällen halbieren

- inklusive, gleichberechtigte und hochwertige Bildung für alle
- gleichberechtigte Schulbildung für Mädchen und Jungen
- Alphabetisierung aller Jugendlichen
- Bildung für nachhaltige Entwicklung und nachhaltige Lebensweisen sicherstellen

- alle Formen der Geschlechterdiskriminierung beenden
- Praktiken wie Kinder-, Früh- und Zwangsheirat beseitigen
- volle und wirksame Teilnahme von Frauen und ihre Chancengleichheit bei der Übernahme von Führungsrollen
- reproduktive Gesundheit

- nachhaltige Wasserversorgung und Sanitärversorgung
- Wasserqualität durch Verringerung der Verschmutzung weltweit verbessern
- Effizienz der Wasserversorgung steigern
- Berge, Wälder, Feuchtgebiete, Flüsse, Grundwasserleiter und Seen schützen

- Zugang zu verlässlicher, nachhaltiger und moderner Energie sichern
- Anteil erneuerbarer Energie deutlich erhöhen
- Energieeffizienz verdoppeln
- Zugang zu Forschung und Technologie im Bereich saubere Energie und Energieeffizienz fördern

- dauerhaftes, breitenwirksames und nachhaltiges Wirtschaftswachstum fördern
- jährliches Wirtschaftswachstum von mindestens 7% in den am wenigsten entwickelten Ländern aufrechterhalten
- Ressourceneffizienz in Konsum und Produktion verbessern

- widerstandsfähige Infrastruktur und nachhaltige Industrialisierung
- Anteil der Industrie an der Beschäftigung und am Bruttoinlandsprodukt erheblich steigern
- Zugang kleiner Industrie- und anderer Unternehmen zu Finanzdienstleistungen erhöhen

Wer definiert Entwicklung?

Länder des Globalen Südens können im Rahmen der Entwicklungszusammenarbeit andere Ziele verfolgen als diejenigen des Globalen Nordens. Um konkrete Pläne und Maßnahmen erarbeiten zu können, wurden im Jahr 2000 die Millenniumsziele der Vereinten Nationen festgehalten. Darin enthalten sind die größten Herausforderungen an die Welt im 21. Jahrhundert. Es wurden acht konkrete Ziele abgeleitet, zu deren Erreichung sich die Weltgemeinschaft bis zum Jahr 2015 verpflichtete. Dieser Entwicklungsprozess, der auch in den Industrieländern ein Umdenken anstieß, mündete in

- Ungleichheit in und zwischen Ländern verringern
- höheren Wohlstand der ärmsten 40 % gegenüber dem nationalen Durchschnitt erreichen
- politische Maßnahmen beschließen, um schrittweise größere Gleichheit zu erzielen
- Regulierung der Finanzmärkte verstärken

- Städte und Siedlungen inklusiv, sicher, widerstandsfähig und nachhaltig gestalten
- Zugang zu bezahlbarem Wohnraum sicherstellen
- Slums sanieren
- Zahl der Katastrophenopfer deutlich reduzieren
- Umweltbelastung in den Städten senken

- nachhaltige Konsum- und Produktionsmuster sicherstellen
- natürliche Ressourcen nachhaltig und effizient nutzen
- Abfallaufkommen deutlich verringern
- nachhaltige Verfahren bei der öffentlichen Beschaffung fördern
- ‚nachhaltige Bildung' für alle

- Maßnahmen zur Bekämpfung des Klimawandels und seiner Auswirkungen ergreifen
- Anpassungskapazitäten gegenüber klimabedingten Gefahren stärken
- die versprochenen 100 Mrd. US-$ für Maßnahmen der Klimaanpassung ab 2020 bereitstellen

- Ozeane, Meere und Meeresressourcen erhalten
- Meeresverschmutzung erheblich verringern
- Versauerung der Ozeane auf ein Mindestmaß reduzieren
- die Fischfangtätigkeit bis 2020 wirksam regulieren und Überfischung beenden

- Landökosysteme schützen bzw. wiederherstellen
- Entwaldung beenden, geschädigte Wälder wiederherstellen
- Wüstenbildung bekämpfen
- gerechte Aufteilung der sich aus der Nutzung genetischer Ressourcen ergebenden Vorteile vereinbaren

- friedliche und inklusive Gesellschaften aufbauen
- Gewalt und gewaltbedingte Sterblichkeit deutlich verringern
- Rechtsstaatlichkeit und gleichberechtigten Zugang zur Justiz gewährleisten
- Korruption und Bestechung in allen ihren Formen erheblich reduzieren

- die globale Partnerschaft für nachhaltige Entwicklung mit neuem Leben füllen
- Mobilisierung der einheimischen Ressourcen verstärken
- die Einhaltung der Zusage der ‚entwickelten Länder', 0,7 % des BNE für Entwicklungszusammenarbeit zur Verfügung zu stellen, sicherstellen

Nach Georg Krämer/ Michael Lesemann: 17 Ziele für eine zukunftsfähige Welt. Bielefeld: Welthaus e.V. 2016, S. 20 (gekürzt)

die nachhaltigen Entwicklungsziele (*Sustainable Development Goals*, SDG). Die nachhaltigen Entwicklungsziele beziehen sich dabei deutlicher auf die globale Entwicklung, während die Millenniumsziele den Globalen Süden in den Fokus rückten.

Übersicht wichtiger Methoden aus Jahrgangsstufe 5

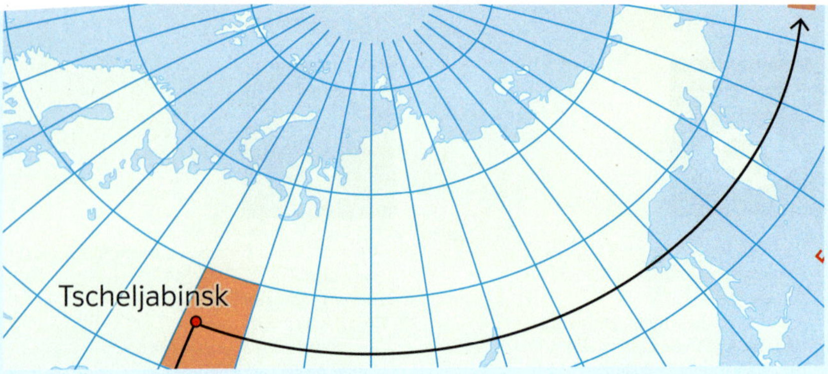

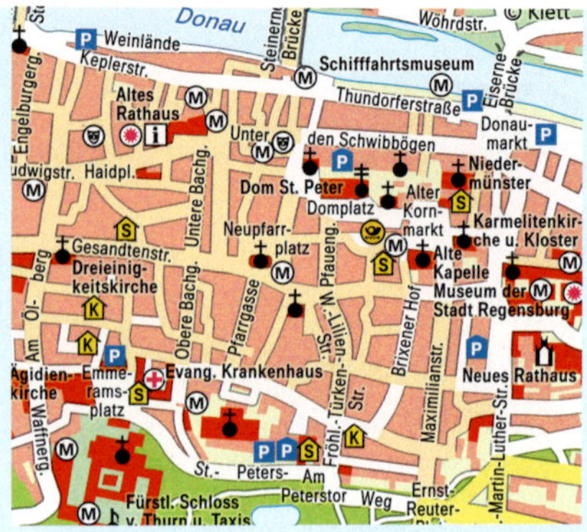

Wie du mit dem Atlas arbeitest (Band 5, Seiten 20/21)

Geographische Namen auffinden

Ein Atlas enthält im hinteren Teil ein Register, in dem in alphabetischer Reihenfolge geographische Namen wie Orte, Flüsse, Meere usw. aufgeführt sind. So arbeiten Sie damit:

1. Schritt: Kartenseite und Gitternetzfeld ermitteln

Suchen Sie zuerst den Namen im Register. Hinter dem Namen stehen zwei Angaben. Die erste Angabe verweist auf die Kartenseite, die Sie aufschlagen müssen, z.B. Tscheljabinsk, Seite 142/143. Die zweite Angabe, bestehend aus einem Buchstaben und einer Zahl (z.B. H 4), kennzeichnet das Gitternetzfeld, in dem das Objekt zu finden ist.

2. Schritt: Lage auf der Karte bestimmen

Suchen Sie auf der Atlasseite das angegebene Gitternetzfeld auf. Der Buchstabe steht immer oben bzw. unten und die Zahl immer rechts bzw. links.

3. Schritt: Objektangaben entnehmen

Ermitteln Sie wichtige Angaben zum Objekt. Beispiel: Die Stadt Tscheljabinsk befindet sich im Süden des Uralgebirges und gehört zu Russland.

Bestimmte Karten auffinden

Der Atlas bietet Ihnen hierfür zwei wichtige Hilfen:

1. Ein Inhaltsverzeichnis, das auch Kartenverzeichnis genannt wird, finden Sie im vorderen Teil. Damit können Sie schnell eine ganz bestimmte Karte auffinden, z.B. eine Staatenkarte zu Europa. Denn für jede Karte werden das dargestellte Gebiet der Erde, das Thema und die Atlasseite angegeben.
2. Eine Kartenübersicht finden Sie meistens im vorderen Einband des Atlas.

1. Schritt: Karte suchen

Suchen Sie im Inhaltsverzeichnis oder in der Kartenübersicht nach der gewünschten Karte, z.B. „Deutschland Physische Übersicht".

2. Schritt: Karte prüfen

Schlagen Sie die angegebene Seite auf. Prüfen Sie, ob die Karte die gesuchten Informationen enthält. Wenn im Inhaltsverzeichnis oder in der Kartenübersicht mehrere Seiten angegeben sind, dann blättern Sie diese nach der gesuchten Karte durch.

Karten lesen – Entfernungen bestimmen (Band 5, Seiten 24/25)

Karten lesen

1. Schritt: Sich in der Karte orientieren

Lesen Sie die Überschrift beziehungsweise das Thema der Karte.

Suchen Sie dann in der Legende nach den Informationen, die Sie interessieren. Suchen Sie in der Karte nach den entsprechenden Signaturen, Symbolen oder Farben.

Falls Sie Signaturen in der Karte nicht kennen, sehen Sie in der Legende nach, was sie bedeuten.

2. Schritt: Die Karte beschreiben

Beschreiben Sie die Lage oder Verteilung der gesuchten Objekte. Unterscheiden Sie dabei zwischen Punkten, Linien und Flächen.

Entfernungen bestimmen

1. Schritt: Entfernung messen

Mit Entfernung ist die direkte Verbindung (Luftlinie) gemeint. Messen Sie mit einem Lineal die gesuchte Entfernung ab.

2. Schritt: Maßstab feststellen

Stellen Sie die Maßstabszahl der Karte fest.

3. Schritt: Entfernung berechnen

Multiplizieren Sie die gemessene Entfernung mit der Maßstabszahl der Karte. Rechnen Sie das Ergebnis dann in eine sinnvolle Einheit um.

Aufgaben richtig lesen (Band 5, Seiten 34/35)

1. Schritt: Erkennen, was in der Aufgabe steckt
Lesen Sie die Aufgabe durch und überlegen Sie, was in der Aufgabenstellung verlangt wird. Beachten Sie den Operator (vgl. S. 194/195).

2. Schritt: Lösungsweg überlegen
Überlegen Sie, was bei der Bearbeitung der Aufgabe beachtet werden muss. Eventuell müssen noch Begriffe oder die Reihenfolge geklärt werden.

3. Schritt: Hilfen verwenden
Es ist von der Situation abhängig, ob Sie zur Bearbeitung der Aufgabe Hilfsmittel benutzen können. Vor allem bei Hausaufgaben haben Sie die Möglichkeit, im Buch noch einmal nachzulesen oder andere Hilfsmittel zu verwenden.

4. Schritt: Antwort formulieren
Formulieren Sie Ihre Antwort in Sätzen oder Stichpunkten.

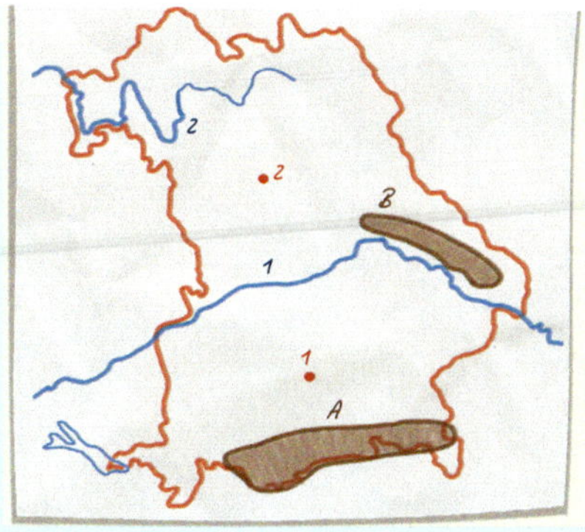

Eine Kartenskizze zeichnen (Band 5, Seiten 42/43)

1. Schritt: Sich orientieren
Suchen Sie eine geeignete Karte, in der die Inhalte der zu zeichnenden Skizze dargestellt sind.

2. Schritt: Objekte auswählen
Wählen Sie Objekte aus, die Sie darstellen möchten, z.B. Flüsse, Gebirge und Städte. Erstellen Sie eine Legende zur Zeichenerklärung und legen Sie Symbole fest.

3. Schritt: Zeichnen
Legen Sie Transparentpapier auf die Karte und heften Sie es am besten mit Büroklammern fest.
Zeichnen Sie zunächst die Grenzen des Raumes nach. Zeichnen Sie dann die für Ihre Karte wichtigsten Flüsse blau nach. Beachten Sie ihre unterschiedliche Breite. Umfahren Sie Gebirge großzügig. Orientieren Sie sich dabei an den Brauntönen der Karte. Malen Sie die Flächen aus. Markieren Sie die Städte mit einem roten Stift.

4. Schritt: Beschriften
Beschriften Sie entsprechend Ihrer Legende die von Ihnen ausgewählten topografischen Objekte. Achten Sie darauf, dass Sie Zahlen und Buchstaben unterschiedlicher Farben nicht durcheinander bringen. Geben Sie Ihrer Karte zum Abschluss eine Überschrift

5. Schritt: Erweitern
Wenn Sie möchten und Ihre Kartenskizze dadurch nicht zu unübersichtlich wird, können Sie auch weitere Objekte einzeichnen, beispielsweise Sehenswürdigkeiten oder wichtige Straßen.

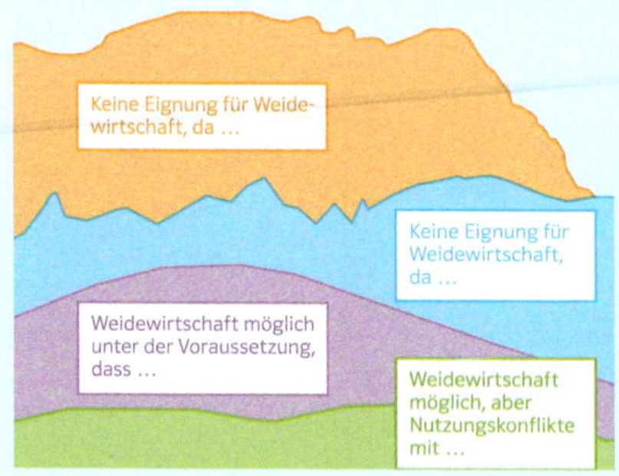

Bilder geographisch auswerten (Band 5, Seiten 54/55)

1. Schritt: Überblick verschaffen
In einem ersten Schritt betrachten Sie das Bild im Überblick: Was gibt es alles zu entdecken? Wo wurde es aufgenommen? Welche Informationen zur Region stehen bereits zur Verfügung?

2. Schritt: Bild gliedern
In einem zweiten Schritt gliedern Sie das Bild in Vorder-, Mittel- und Hintergrund bzw. Abschnitte gleichen Inhalts: Welche Bildteile sehen weitgehend einheitlich aus? Welche auffälligen Inhalte (beispielsweise Kirchen, Siedlungen) können Ihnen bei der Abgrenzung helfen?

3. Schritt: Bildabschnitte beschreiben
Im dritten Arbeitsschritt beschreiben Sie in einer bestimmten Reihenfolge (z.B. vom Vorder- zum Hintergrund) die einzelnen Bildabschnitte: Was können Sie darauf erkennen? Wie unterscheiden sich die einzelnen Abschnitte voneinander, worin bestehen Gemeinsamkeiten? Fassen Sie Ihre Ergebnisse zu einer Kernaussage zusammen.

4. Schritt: Bildabschitte interpretieren
Im vierten Arbeitsschritt interpretieren Sie die einzelnen Bildteile bezogen auf die Fragestellung: Welche Informationen aus den einzelnen Bildabschnitten sind für die Beantwortung hilfreich? Wie kann die Frage aus der Summe aller Bildteile beantwortet werden?

5. Schritt: Bild bewerten
Im letzten Arbeitsschritt hinterfragen Sie das Bild kritisch: Inwieweit eignet es sich, um die Fragestellung zu beantworten? Wo bestehen Lücken? Was kann man über die Bildqualität sagen?

Übersicht wichtiger Methoden aus Jahrgangsstufe 5

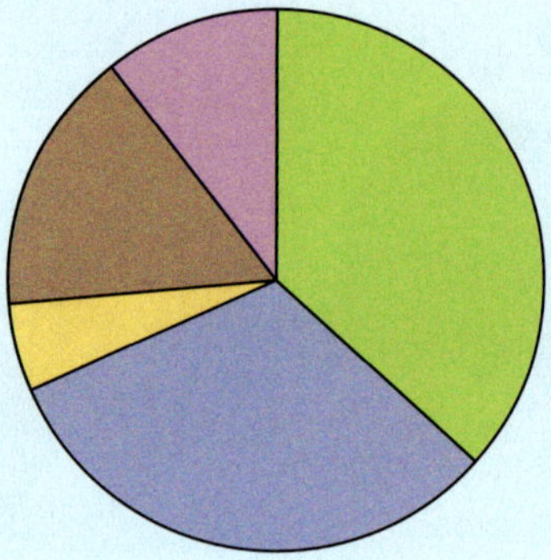

Einen Text auswerten (Band 5, Seiten 86/87)

1. Schritt: Fragen zum Text beachten
Machen Sie sich zunächst klar, welche Fragen mithilfe des Textes beantwortet werden sollen.

2. Schritt: Lesen
Lesen Sie den Text aufmerksam durch und achten Sie auf wichtige Informationen.

3. Schritt: Textstellen markieren
Untersuchen Sie den Text im Hinblick auf die Fragestellung. Markieren oder unterstreichen Sie Schlüsselwörter und wichtige Aussagen farbig. Heben Sie auch Ihnen unbekannte Begriffe hervor.

4. Schritt: Unbekanntes klären und Stichwörter notieren
Klären Sie die unbekannten Begriffe. Nutzen Sie dazu Hilfsmittel wie Atlas, Lexikon, Glossar im Schulbuch oder das Internet.
Notieren Sie der Fragestellung entsprechend die wichtigsten Begriffe und Aussagen der einzelnen Textabschnitte.

5. Schritt: Ergebnis darstellen
Beantworten Sie die Ausgangsfrage. Stellen Sie Ihre Antwort in Form eines Textes, einer Tabelle oder einer Skizze dar.

Ein Gruppenpuzzle durchführen (Band 5, Seiten 94/95)

1. Schritt: In Stammgruppen Arbeitsauftrag klären
Zuerst bilden Sie eine Stammgruppe. Um den Arbeitsauftrag erledigen zu können, müssen Sie sich nun das notwendige Spezialwissen aneignen. Benennen Sie hierzu jeweils mindestens einen Spezialisten (Experten) für die jeweiligen Themen.

2. Schritt: Expertengruppen bilden und Detailwissen aneignen
Verlassen Sie die Stammgruppen und setzen Sie sich mit den anderen Experten Ihres Themas zusammen. Bei mehr als fünf Personen empfiehlt es sich, die Gruppe zu teilen, um eine angenehme Arbeitsatmosphäre sicherzustellen. Erarbeiten Sie im kommenden Schritt anhand des zur Verfügung stehenden Materials gemeinsam einen Antwortvorschlag für die Fragen zu Ihrem Spezialgebiet.

3. Schritt: In der Stammgruppe gemeinsam die übergeordnete Fragestellung beantworten
Zurück in der Stammgruppe entwickeln Sie nunmehr gemeinsam einen gut abgestimmten Antwortvorschlag. Hierzu gehen Sie in folgenden Schritten vor:

- Tragen Sie sich gegenseitig die Ergebnisse aus den Expertengruppen vor.
- Formulieren Sie gemeinsam Antworten aus den gewonnenen Erkenntnissen.
- Stellen Sie Ihren gemeinsamen Lösungsvorschlag vor und diskutieren Sie diesen in der Klasse.

Diagramme zeichnen und auswerten (Band 5, Seiten 120/121)

1. Schritt: Diagrammtyp wählen
Überlegen Sie, welche Art von Diagramm sich zur Darstellung der gegebenen Daten am besten eignet. Legen Sie einen geeigneten Titel für das Diagramm fest.

2. Schritt: Achsenlänge und Schrittgrößen festlegen
Schauen Sie sich die Zahlenwerte genau an und legen Sie die Höhe und Breite fest. Orientieren Sie sich an der größten Zahl und wählen Sie eine sinnvolle Einteilung der Achsen. Beschriften Sie die Achsen (z.B. Fläche in ha).

3. Schritt: Zahlenwerte eintragen
Tragen Sie die Werte in das Diagramm ein. Bei mehreren Kurven oder Balken müssen Sie unterschiedliche Farben benutzen. Erstellen Sie eine Legende, die die Bedeutung der Farben erklärt.

4. Schritt: Zahlenwerte erklären
Versuchen Sie nun typische Zusammenhänge, die aus dem Diagramm ersichtlich werden, zu beschreiben und diese auch mithilfe anderer Informationen zu erläutern.

Das Säulendiagramm
Säulendiagramme eignen sich besonders zur Veranschaulichung von Rangfolgen: Was ist der größte, was ist der kleinste Wert?

Das gestapelte Balkendiagramm
Gestapelte Balkendiagramme ermöglichen die Darstellung von Anteilen an einem Ganzen. Die Länge des Balkens stellt die Gesamtzahl dar. Auf dem Balken werden im richtigen Verhältnis die übrigen Werte eingetragen.

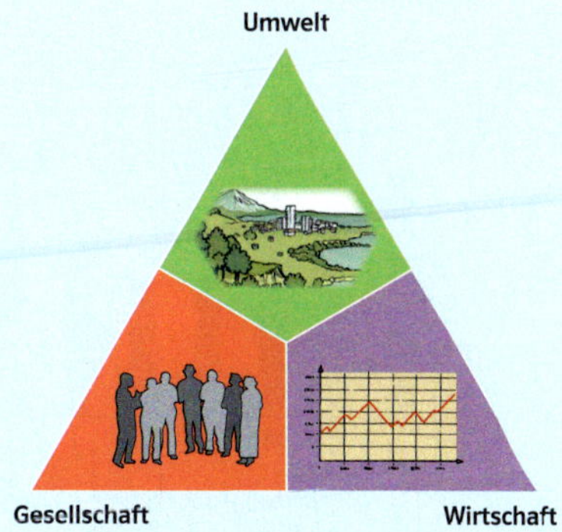

Eine Kartierung durchführen (Band 5, Seiten 142/143)

1. Schritt: Fragestellung formulieren
Formulieren Sie zuerst eine Fragestellung, beispielsweise „Welche Geschäfte befinden sich in den Erdgeschossen?" oder „Sind die Geschäfte nach einem bestimmten Prinzip angeordnet?"
2. Schritt: Kartierungsbereich festlegen
Legen Sie die Straßen fest, die für Ihre Fragestellung kartiert werden müssen, und teilen Sie sich in Gruppen auf. Besorgen Sie sich eine geeignete Kartengrundlage, beispielsweise im Maßstab 1:1000, und kopieren Sie sie zur Sicherheit.
3. Schritt: Daten vor Ort ermitteln
Planen Sie Ihr Vorgehen: Wollen Sie zum Beispiel erst die eine, dann die andere Straßenseite kartieren? Gehen Sie die Straße entlang und tragen Sie für jedes Haus die Hausnummer ein. Notieren Sie, wie die Geschosse genutzt werden.
4. Schritt: Daten sichten und ordnen
Werten Sie Ihre Ergebnisse aus, indem Sie einzelne Nutzungsarten zu sinnvollen Gruppen zusammenfassen, beispielsweise Mode- und Schuhgeschäfte zu „Bekleidungsgeschäften".
5. Schritt: Daten in die Karte eintragen
Malen Sie die Gebäude entsprechend ihrer Nutzung in der richtigen Farbe aus und tragen Sie die Hausnummern ein.
6. Schritt: Ergebnis formulieren
Beantworten Sie abschließend die in Schritt 1 formulierte Frage.
7. Schritt: Nachbereitung
Überlegen Sie sich zum Schluss, was Sie beim nächsten Mal besser machen können. Haben Sie das gewünschte Ergebnis erreicht?

Zukunftswerkstatt durchführen (Band 5, Seiten 144/145)

1. Schritt: Vorbereitungen treffen
Organisieren Sie Ihre Tische so, dass Sie gut arbeiten können. Werkzeug wie Stifte, Plakate oder Kleber müssen bereitliegen. Setzen Sie sich eine Zeitvorgabe und formulieren Sie Gesprächsregeln.
2. Schritt: Kritik äußern
„Die Lösung liegt immer im Problem selbst!" Dieser Spruch soll ausdrücken, dass es umso leichter ist, die Lösung zu finden, je genauer man das Problem analysiert. Formulieren Sie also Kritikpunkte am jetzigen Zustand. Je präziser Sie formulieren, was zurzeit schlecht oder verbesserungswürdig ist, desto eher können Sie festlegen, wie es künftig sein soll.
3. Schritt: Kreative Ideen entwickeln
Sammeln Sie Ihre Ideen. Erst einmal soll alles aufgeschrieben werden. Ob die Ideen gut umsetzbar sind, wird erst im nächsten Schritt geprüft. Wenn man bereits bei der Ideensammlung zu kritisch ist, versiegt die Ideenquelle früher und man hat weniger Vorschläge, aus denen man auswählen kann.
4. Schritt: Ideen auswählen und umsetzen
Diskutieren Sie die Ideen und überprüfen Sie diese nun auf ihre Durchführbarkeit. Arbeiten Sie geeignete Ideen aus.
5. Schritt: Ergebnisse vorstellen
Stellen Sie Ihre Ergebnisse den anderen vor. Legen Sie fest, wer welchen Teil übernimmt.
6. Schritt: Diskussion führen
Diskutieren Sie in der Klasse, ob die Zukunftsentwürfe so verwirklicht werden könnten. Geben Sie auch Rückmeldung, was man noch verbessern könnte.

Übersicht wichtiger Methoden aus Jahrgangsstufe 7

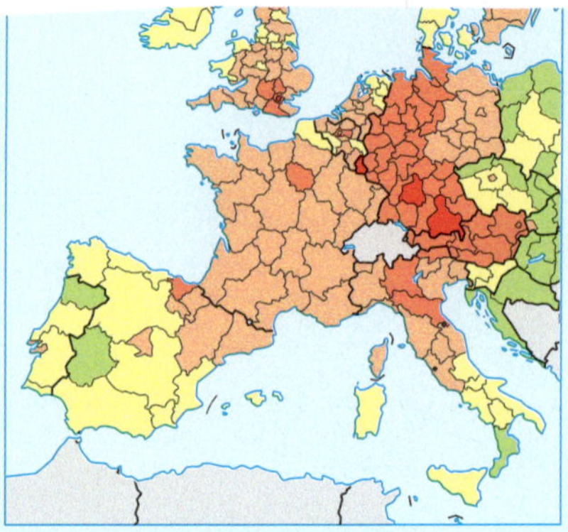

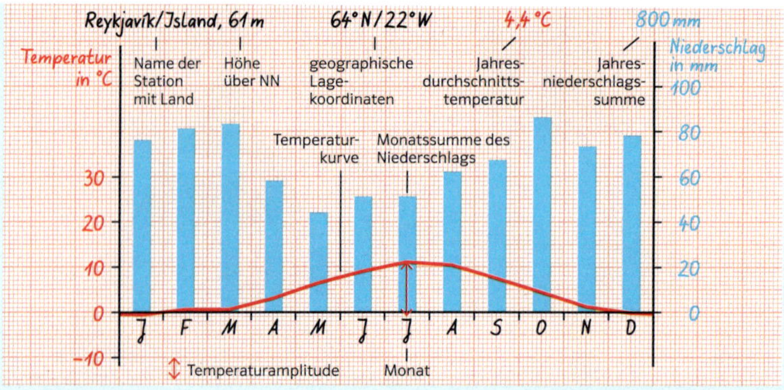

Thematische Karten interpretieren (Band 7, Seiten 18/19)

1. Schritt: Sich orientieren und Kartenthema im Überblick erfassen

Erfassen Sie das in der Karte dargestellte Thema und den geographischen Raum mithilfe des Kartentitels. Klären Sie mit dem Lexikon Begriffe, die Sie nicht kennen.

2. Schritt: Beschreiben der Einzelaussagen

Nun betrachten Sie den Karteninhalt genauer und treffen Einzelaussagen über die dargestellten Informationen. Studieren Sie die Legende intensiv, um die Bedeutung der Farben, Symbole und Signaturen genau zu erfassen.

Achten Sie beispielsweise sowohl auf eine Häufung bestimmter Symbole oder Farben als auch auf „leere" Räume. (Auch das ist eine Aussage!). Daraus ergibt sich meist eine Ordnung oder Abstufung, beispielsweise der Bevölkerungskonzentration oder -leere.

3. Schritt: Interpretation der Karte

Nun müssen die beobachteten Aussagen begründet werden. Nutzen Sie hier Ihr Vorwissen und weitere Karten aus Ihrem Atlas. Ziehen Sie auch Schlussfolgerungen!

4. Schritt: Die Karte bewerten

Abschließend sollten Sie die Karte kritisch bewerten: Sind die Farben unterstützend zur Aussage gewählt oder eher irreführend? Fehlen für das Verständnis wichtige Informationen? Welche Vor- und Nachteile birgt diese Karte?

Klimadiagramme auswerten (Band 7, Seiten 28/29)

1. Schritt: Sich orientieren

Der Kopf des Klimadiagramms nennt den Namen der Station, die Höhe über NN und die Lage im Gradnetz. Jahresdurchschnittstemperatur und Jahresniederschlagssumme vermitteln einen ersten Eindruck des Klimas der Station. Verorten Sie die Station auf einer Atlaskarte.

2. Schritt: Werte beschreiben

Ermitteln Sie die Jahresdurchschnittstemperatur und beschreiben Sie den Jahresverlauf der Temperaturkurve. Finden Sie den wärmsten und kältesten Monat und ermitteln Sie die Differenz (**Jahrestemperaturamplitude**). Alle Monate mit einem Durchschnittswert über 5 °C zählen zur **Vegetationszeit**, während der die Pflanzen wachsen können. Im nächsten Schritt ermitteln Sie die Jahresniederschlagssumme und beschreiben die Verteilung der Niederschläge. Finden Sie den niederschlagsärmsten und -stärksten Monat.

3. Schritt: Interpretieren

Charakterisieren Sie das Klima: Gibt es Jahreszeiten? Sind sie ausgeprägt? Wie lange dauern sie? Setzen Sie Temperatur und Niederschlag in Beziehung.

Bei einem standardisierten Klimadiagramm sind die Werte an der Niederschlagsachse doppelt so hoch wie an der Temperaturachse. Liegt die Niederschlagskurve über der Temperaturkurve fällt mehr Niederschlag als verdunstet, das heißt: Das Gebiet ist **humid**.

Wenn die Temperaturkurve über der Niederschlagskurve liegt, wird ein **arides** Klima angezeigt.

Klimadiagramme zeichnen (Band 7, Seite 29)

1. Schritt: Koordinatensystem zeichnen

Zeichnen Sie für die Monate eine waagerechte Grundlinie, die eine Länge von 12 cm hat, und teilen Sie diese entsprechend der Monate ein. Links und rechts der Grundlinie zeichnen Sie jeweils eine Achse für die Temperatur (links) und den Niederschlag (rechts). Dabei entspricht 1 cm auf der Temperaturachse 10 °C und auf der Niederschlagsachse 20 mm.

2. Schritt: Klimadiagramm beschriften

Notieren Sie die Anfangsbuchstaben der Monate unter die Grundlinie.

Die Achsen müssen Sie oben beschriften: T in °C (links) und Niederschlag in mm (rechts).

Schreiben Sie nun die Werte neben die Achsen: die Temperatur in Zehnerschritten mit einem roten Stift, den Niederschlag in Zwanzigerschritten mit Blau.

3. Schritt: Werte eintragen

Markieren Sie die mittlere Monatstemperatur für jeden Monat mittig mit einem Kreuz und verbinden Sie anschließend die Linie mit einem roten Stift.

Markieren Sie den Monatsniederschlag mit einem kleinen blauen Strich und zeichnen Sie eine Säule.

4. Schritt: Kopf des Klimadiagramms ergänzen

Ergänzen Sie über dem Koordinatensystem den Namen der Station, die Höhenlage (über NN) und die Lage im Gradnetz.

Berechnen Sie abschließend die Jahresdurchschnittstemperatur und die Jahresniederschlagssumme. Ergänzen Sie diese mit einem roten bzw. blauen Stift.

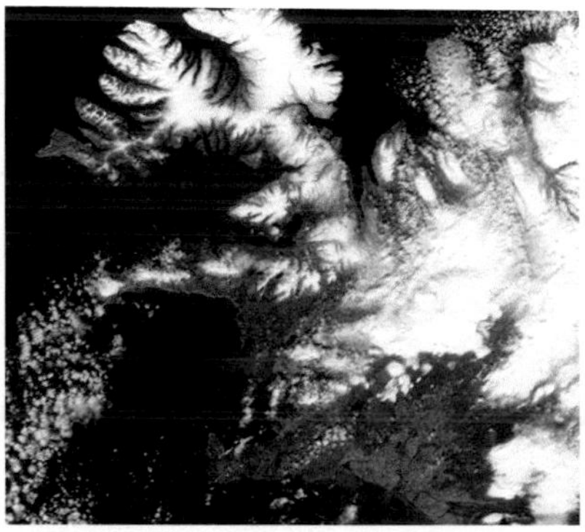

Satellitenbilder auswerten (Band 7, Seiten 60/61)

1. Schritt: Topografische Einordnung des Bildes

Suchen Sie das auf dem Bild dargestellte Gebiet auf einer Atlaskarte. Wählen Sie dabei eine Karte mit einem möglichst vergleichbaren Maßstab.

2. Schritt: Auswertung des Bildinhaltes

Gliedern Sie die Bildinhalte, indem Sie wichtige Strukturen (Berge, Meere, Siedlungen, Vegetation, usw.) nennen.
Fassen Sie Flächen gleicher Färbung zusammen und ermitteln Sie deren Bedeutung.
Suchen und beschreiben Sie linienhafte Bildelemente, wie z. B. Verkehrswege.

3. Schritt: Deutung des Bildinhalts

Stellen Sie Beziehungen zwischen den einzelnen Bildelementen her und suchen Sie nach Zusammenhängen, z. B. Lage am Meer und Hafenanlagen.

4. Schritt: Beurteilung des Informationswertes

Vergleichen Sie Sie das Satellitenbild und Ihre daraus gezogenen Erkenntnisse mit anderen Quellen, wie Atlaskarten, Stadtplänen oder Fotos.
Beurteilen Sie, inwieweit Ihnen das Satellitenbild mehr Informationen gibt bzw. wo die anderen Quellen ihre Vorzüge haben.

Bilder beschreiben und vergleichen (Band 7, Seiten 102/103)

1. Schritt: Überblick verschaffen und die Bilder lokalisieren

Betrachten Sie die Bilder in der Gesamtschau: Was gibt es alles zu entdecken? Wo wurden die Bilder aufgenommen? Welche Informationen zur Region stehen Ihnen bereits zur Verfügung? Um welche Perspektive handelt es sich (Vogel-, Normal- oder Froschperspektive)?

2. Schritt: Bilder strukturieren und beschreiben

Strukturieren Sie die Bilder in Bereiche gleicher Nutzung. Orientieren Sie sich an Anhaltspunkten, die sich nicht verändert haben, wie beispielsweise Straßen oder historische Gebäude. Gehen Sie systematisch vor: Wo sind Erholungsbereiche, wo Wohngebiete und wo Industrieanlagen? Beschreiben Sie Ihre Beobachtungen.

3. Schritt: Bilder vergleichen

Was hat sich verändert, was ist gleich geblieben? Gehen Sie auch hier systematisch vor und arbeiten Sie sich beispielsweise von links nach rechts oder vom Zentrum des Bildes an seine Ränder vor. Schließen Sie Ihren Vergleich mit einer zusammenfassenden Erklärung ab, in der Sie noch einmal auf die übergeordnete Fragestellung eingehen.

4. Schritt: Bilder bewerten

Hinterfragen Sie die Bilder abschließend kritisch hinsichtlich ihrer Eignung für alle drei vorhergehenden Schritte: Inwieweit sind sie geeignet, um die Fragestellung zu beantworten? Wo bestehen Lücken? Ist die Bildqualität hinreichend?

Statistische Daten zu Bochum

	19
Einwohner von Bochum	342 3
Sozialversicherungspflichtig Beschäftigte in Bochum	133 5
Arbeitslose in Bochum	33

*ab 2025 Prognose; Stadt Bochum: Statistik und Stadtf
836BOLDDE (Zugriff vom 28.05.2018)

Statistiken interpretieren (Band 7, Seiten 104/105)

1. Schritt: Überblick verschaffen

Klären Sie zunächst, welche Daten gezeigt werden. Dabei helfen der Titel, die Legende und die Überschriften der Zeilen und Spalten sowie etwaige Anmerkungen. Klären Sie auch, woher die Daten stammen. Ist die Quelle zuverlässig?

2. Schritt: Tendenzen erkennen

Nun müssen Sie sich die eigentlichen Daten ansehen. Achten Sie auf die Veränderung der Zahlen. Werden diese größer, spricht man vom Wachstum oder einem Ansteigen; werden sie kleiner, liegt ein Rückgang oder Schrumpfen vor. Die Werte können aber auch schwanken oder längere Zeit gleich bleiben. Diese Entwicklungen fassen Sie in Worte.

3. Schritt: Zusammenhänge herstellen

Klären Sie, ob die einzelnen Datenreihen etwas miteinander zu tun haben.
Wenn es beispielsweise mehr Autos gibt, wird auch die Zahl der Staus steigen. Manchmal sind die Entwicklungen aber auch gegenläufig: Wenn die Anzahl der Arbeitsplätze schrumpft, wird die Anzahl der Arbeitslosen steigen.

4. Schritt: Interpretieren der Aussagen

Nun werden mögliche Gründe, aber auch Auswirkungen in die Überlegungen einbezogen. So werden die Daten in einen größeren Zusammenhang gestellt.

5. Schritt: Selbstreflexion

Überprüfen Sie Ihr Vorgehen:
- Haben Sie die wesentlichen Aussagen erfasst?
- Gibt es den Zusammenhang, den Sie hineininterpretiert haben, wirklich?
- Haben Sie Wichtiges übersehen?

Strukturdaten ausgewählter Staaten

Land	Fläche 2018 in 1000 km²	Einwohner 2018 in Millionen	Natürliches Bevölkerungswachstum 2018 in %	Geburtenrate 2018 in %	Sterberate 2018 in %	Lebenserwartung 2017 in Jahren	Anteil der Bevölkerung jünger als 15 Jahre 2018 in %	Anteil der Bevölkerung älter als 64 Jahre 2018 in %	Städtische Bevölkerung 2018 in %	[4] Wirtschaftsleistung je Einwohner 2018 in US-$	[3] Erwerbstätige in der Industrie 2018 in % der Erwerbstätigen insgesamt	[3] Erwerbstätige in Dienstleistungen 2018 in % der Erwerbstätigen insgesamt	[3] Anteil der Industrie am BIP 2018 in %	[3] Anteil der Dienstleistungen am BIP 2018 in %	Arbeitslose 2018 in %	[2] Energieverbrauch je Einwohner 2018 in kg Öleinheiten	Analphabeten 2015 in %	[1] Anteil unterernährter Menschen an der Bevölkerung 2018 in %	Einwohner je Arzt 2016	Internetnutzer 2018 je 1000 Einwohner
Europa																				
Albanien	27	2,9	0,6	1,3	0,7	78	18	14	60	5.269	19	43	21	48	14	798	2,4	6,2	816	658
Belgien	30	11,4	0,2	1,1	1,0	81	17	19	98	47.519	21	78	19	70	6	4.640	0,0	<2,5	303	887
Bosnien-Herzegowina	51	3,3	–0,1	0,9	1,0	77	15	17	48	6.066	30	54	24	55	18	2.039	1,5	<2,5	461	701
Bulgarien	109	7,0	–0,6	0,9	1,5	75	15	21	75	9.273	30	63	24	59	5	2.395	1,6	3,6	244	648
Dänemark	42	5,8	0,2	1,1	0,9	81	16	20	88	61.350	19	79	21	65	5	2.915	0,0	<2,5	228	976
Deutschland	349	82,9	–0,3	0,9	1,2	81	14	22	77	47.603	27	72	27	62	3	3.630	0,0	<2,5	241	897
Estland	43	1,3	–0,3	1,0	1,3	78	16	20	69	23.266	30	67	24	60	5	4.321	0,2	2,9	290	894
Finnland	304	5,5	0,1	1,1	1,0	81	16	22	85	50.152	22	74	25	59	7	6.012	0,0	<2,5	263	889
Frankreich	548	67,0	0,3	1,2	0,9	83	18	20	80	41.464	20	77	17	70	9	3.628	0,0	<2,5	320	820
Griechenland	129	10,7	–0,3	0,8	1,1	81	14	22	79	20.324	15	73	15	68	19	2.035	2,3	<2,5	209	730
Irland	69	4,9	0,7	1,4	0,7	82	21	14	63	78.806	19	77	37	56	6	2.892	0,0	<2,5	348	845
Italien	294	60,4	–0,2	0,9	1,1	83	13	23	70	34.483	26	70	21	66	11	2.565	0,8	<2,5	252	744
Kroatien	56	4,1	–0,4	0,9	1,2	78	15	20	57	14.910	26	67	20	59	8	1.898	0,7	<2,5	324	727
Lettland	62	1,9	–0,5	1,0	1,5	75	16	20	68	17.861	23	70	20	64	7	2.355	0,0	<2,5	306	836
Litauen	63	2,8	–0,5	1,0	1,5	75	15	20	68	19.153	25	67	26	61	6	2.552	0,2	<2,5	221	797
Luxemburg	2	0,6	0,4	1,2	0,7	83	16	14	91	116.640	11	88	12	79	6	6.610	0,0	<2,5	361	971
Montenegro	13	0,6	0,2	1,2	1,0	77	18	15	67	8.844	17	75	16	59	15	1.498	1,3	<2,5	425	715
Niederlande	34	17,2	0,2	1,1	0,9	82	16	19	91	53.024	16	81	18	70	4	4.237	0,0	<2,5	289	947
Norwegen	365	5,3	0,4	1,2	0,8	83	18	17	82	81.697	19	79	32	55	4	5.457	0,0	<2,5	225	965
Österreich	83	8,8	–0,0	1,0	1,0	82	14	19	58	51.462	25	71	26	62	5	4.004	0,0	<2,5	197	877
Polen	306	38,0	–0,1	0,9	1,1	78	15	18	60	15.421	32	58	29	57	4	2.923	0,2	<2,5	414	775
Portugal	92	10,3	–0,2	0,8	1,1	81	14	20	65	23.408	25	69	19	65	7	2.140	4,6	<2,5	297	747
Rumänien	230	19,5	–0,3	0,9	1,2	75	16	18	54	12.301	30	47	29	57	4	1.643	1,2	<2,5	436	707
Russland	16.377	144,5	–0,3	1,1	1,3	72	18	15	74	11.289	27	67	32	54	5	5.537	0,3	<2,5	250	809
Schweden	407	10,2	0,3	1,2	0,9	82	18	20	87	54.608	18	80	23	65	6	4.910	0,0	<2,5	192	921
Schweiz	40	8,5	0,2	1,1	0,8	84	15	19	74	82.797	20	77	25	71	5	3.004	0,0	<2,5	239	–
Serbien	87	7,0	–0,5	0,9	1,4	76	16	18	56	7.247	25	58	25	51	13	1.810	1,9	5,7	253	734
Slowakei	48	5,4	–0,0	1,0	1,0	77	15	16	54	19.443	37	60	30	57	7	2.993	0,4	3,4		807
Slowenien	20	2,1	–0,1	0,9	1,0	81	15	20	55	26.124	33	61	28	57	5	3.210	0,3	<2,5	332	798
Spanien	500	46,7	–0,0	0,9	0,9	83	15	19	80	30.371	20	76	20	68	15	2.825	1,9	<2,5	248	861
Tschechische Republik	77	10,6	–0,1	0,9	1,1	80	16	19	74	23.079	38	59	32	56	2	4.047	0,0	<2,5	232	807
Ukraine	579	44,6	–0,4	1,0	1,4	72	16	16	69	3.095	24	60	23	51	9	1.972	0,2	<2,5	331	–
Ungarn	91	9,8	–0,4	0,9	1,3	76	14	19	71	16.162	31	64	25	55	4	2.393	0,9	3,5	310	761
Ver. Königreich	242	66,5	0,3	1,2	0,9	81	18	18	83	42.944	18	81	18	71	4	2.647	0,0	<2,5	361	949
Weißrussland	203	9,5	–0,3	1,0	1,3	74	17	15	79	6.290	31	59	31	48	5	k.A.	0,3	<2,5	245	791
Amerika																				
Argentinien	2.737	44,5	0,9	1,7	0,8	76	25	11	92	11.684	22	78	23	55	9	1.888	1,9	4,6	268	786
Bolivien	1.083	11,4	1,5	2,2	0,6	71	31	7	69	3.549	22	50	26	49	4	699	4,3	17,1	647	441
Brasilien	8.358	209,5	0,7	1,4	0,7	76	21	9	87	8.921	20	70	18	63	12	1.384	7,4	<2,5	554	659
Chile	744	18,7	0,7	1,3	0,6	80	20	12	88	15.923	23	68	30	58	7	2.136	2,7	2,7	968	770
Ecuador	248	17,1	1,3	1,8	0,5	77	28	7	64	6.345	19	54	33	52	4	892	5,5	7,9	509	810
Guatemala	107	17,2	2,0	2,5	0,5	74	34	5	51	4.549	21	50	25	63		861	20,7	15,2		–

[1] Diese Kennziffer wird von der FAO nicht für entwickelte Staaten ausgewiesen. [2] 1 kg Öleinheit = Energie von 1 kg Erdöl (etwa 10 000 Kalorien). Mit dieser Maßeinheit kann man verschiedene Energiearten untereinander vergleichen. [3] Der Anteil der Landwirtschaft ergibt sich, indem man die Anteile der Industrie und Dienstleistungen addiert und von 100 subtrahiert. – k. A. keine Angaben. [4] Gemeint ist das Bruttoinlandsprodukt (BIP) = Maß für die wirtschaftliche Leistung eines Landes; misst den Wert der im Inland hergestellten Waren und Dienstleistungen, soweit

Haiti	28	11,1	1,5	2,3	0,8	63	33	5	55	868	10	40	66	13		–	39,3	49,3		325
Honduras	112	9,6	1,7	2,2	0,5	75	32	5	57	2.500	21	48	27	57	6	578	11,5	12,9	1.729	–
Kanada	9.094	37,1	0,1	1,0	0,9	82	16	17	81	45.233	20	79			6	8.122	0,0	<2,5	398	887
Kolumbien	1.110	49,6	1,0	1,6	0,6	77	23	9	81	5.668	19	64	27	58	9	786	5,3	4,8	509	–
Kuba	104	11,3	0,2	1,1	0,9	79	16	15	77	3.822	17	65	25	70		–	0,3	<2,5	133	–
Mexiko	1.944	126,2	1,3	1,8	0,5	75	27	7	80	9.673	26	61	31	60	3	1.434	5,6	3,6	440	658
Peru	1.280	32,0	1,2	1,8	0,6	76	26	8	78	6.941	16	57	31	54	6	–	5,5	9,7	793	525
USA	9.147	327,2	0,4	1,2	0,8	79	19	16	82	62.795	19	79			4	6.902	0,0	<2,5	391	912
Venezuela	882	28,9	1,3	1,9	0,5	72	28	7	88	17440	21	72				2.910	4,6	21,2		–
Afrika																				
Ägypten	995	98,4	2,4	2,9	0,5	72	34	5	43	2.549	27	49	35	51		914	24,8	4,5	1.269	469
Algerien	2.382	42,2	1,7	2,2	0,4	77	30	6	73	4.115	31	60	40	44		1.350	19,8	3,9	568	596
Äthiopien	1.000	109,2	2,9	3,6	0,8	66	41	4	21	772	12	22	27	37		–	50,9	20,6		–
Burkina Faso	274	19,8	2,8	3,7	0,9	61	45	2	29	715	33	38	19	44		–	64,0	20,0	17.651	188
Ghana	228	29,8	2,3	3,0	0,7	64	38	3	56	2.202	19	48	32	43		–	23,4	5,5	8.228	343
Kenia	569	51,4	1,6	2,3	0,7	66	40	2	27	1.711	8	35	16	43		–	22,0	29,4	5.617	850
Kongo, Dem. Rep.	2.267	84,1	2,3	3,3	0,9	60	46	3	44	562	11	21	44	33		–	22,7	k.A.	13.099	61
Libyen	1.760	6,7	1,4	1,7	0,4	73	28	4	80	7.242	27	66				k.A.	9,0	k.A.	549	–
Mali	1.220	19,1	3,4	4,3	1,0	59	48	3	42	900	7	28	19	37	7	–	61,3	6,3	7.613	–
Marokko	446	36,0	1,3	1,8	0,5	76	27	7	62	3.238	22	40	26	50		–	27,6	3,4	1.720	648
Niger	1.267	22,4	3,2	4,4	1,2	62	50	3	16	414	8	16	15	38		–	80,9	16,5	23.427	53
Nigeria	911	195,9	2,6	3,5	1,0	54	44	3	50	2.028	12	52	26	52		796	40,4	13,4	2.979	–
Ruanda	25	12,3	2,4	3,0	0,6	68	40	3	17	773	9	25	16	48	15	–	29,5	36,8	7.375	–
Sambia	743	17,4	2,9	4,1	1,2	63	45	2	44	1.540	11	35	36	54		–	36,6	46,7	11.461	143
Südafrika	1.213	57,8	1,1	2,0	0,9	64	29	5	66	6.374	23	72	26	61	27	2.406	5,7	6,2	1.285	–
Tansania	886	56,3	2,8	3,5	0,8	65	44	3	34	1.051	7	27				–	19,7	30,7	26.998	–
Tunesien	155	11,6	1,1	1,7	0,6	76	24	8	69	3.448	33	52	23	59	15	879	18,2	4,3	797	642
Asien																				
Bangladesch	130	161,4	1,3	1,9	0,5	72	28	5	37	1.698	21	39	29	53		–	38,5	14,7	2.054	–
China, VR	9.388	1.392,7	0,4	1,2	0,8	77	18	11	59	9771	29	45	41	52	4	2.272	3,6	8,5	555	–
Indien	2.973	1.352,6	1,1	1,9	0,7	69	27	6	34	2010	25	32	27	49	5	687	26,0	14,5	1.346	–
Indonesien	1.812	267,7	0,9	1,6	0,7	71	27	6	55	3894	22	48	40	43	5	938	6,1	8,3	3.784	398
Irak	434	38,4	2,6	3,0	0,4	70	38	3	70	5834	24	58	56	42		–	20,3	29,0	1.230	–
Iran	1.629	81,8	1,2	1,7	0,5	76	24	6	75		32	51			12	3.240	13,2	4,9	904	700
Israel	22	8,9	1,3	1,8	0,5	83	28	12	92	41.715	17	82	19	70	4	–	0,0	<2,5	337	–
Japan	365	126,5	–0,2	0,8	1,0	84	13	28	92	39.290	25	72			2	3.351	0,0	<2,5	411	–
Kasachstan	2.700	18,3	0,9	1,8	0,8	73	28	7	57	9.813	21	64	34	55		4.760	0,2	<2,5	321	789
Korea, Republik	97	51,6	0,2	0,8	0,6	83	13	14	81	31.363	25	70	35	54	4	5.946	0,0	<2,5	440	959
Malaysia	329	31,5	1,4	1,9	0,5	76	24	7	76	11.373	27	62	38	53	3	2.918	5,4	2,5		812
Pakistan	771	212,2	1,5	2,2	0,6	67	35	4	37	1.482	24	35	18	53	4	–	43,6	20,3	1.149	–
Philippinen	298	106,7	1,7	2,3	0,6	71	31	5	47	3.103	18	57	31	60	2	–	3,8	13,3		–
Saudi-Arabien	2.150	33,7	1,2	1,6	0,3	75	25	3	84	23.339	24	71	50	48	6	6.231	5,3	7,1	437	933
Singapur	1	5,6	0,5	0,9	0,4	83	12	12	100	64.582	17	83	25	69		–	3,2	k.A.	435	882
Syrien	184	16,9	1,7	2,1	0,4	71	31	5	54		29	56				–	13,6	k.A.	752	–
Taiwan	35	23,6	0,1	0,8	0,7	81	13	15	78	23250	35	59	34	64	4	4.748	1,3	3,5		–
Thailand	511	69,4	0,3	1,1	0,8	77	17	12	50	7.274	24	46	35	57		2.045	3,3	7,8	2.262	568
Türkei	770	82,3	0,9	1,5	0,6	77	25	9	75	9.370	26	55	29	54	11	1.798	5,0	<2,5	607	710
Vietnam	310	95,5	0,9	1,5	0,6	75	23	7	36	2.567	26	34	34	41	2	–	5,5	10,7	1.232	704
Australien																				
Australien	7.692	25,0	0,5	1,2	0,7	83	19	16	88	57.374	19	78	24	67	5	5.282	0,0	<2,5	289	882
Neuseeland	263	4,9	0,6	1,3	0,8	82	20	16	87	41.945	20	73	20	74	4	4.298	0,0	<2,5	346	887

diese nicht vorher für die Produktion anderer Waren und Dienstleistungen verwendet wurden. Quellen (Stand 2019): Global Energy Statistical Yearbook 2019, Grenoble/Singapur; The World Bank, Washington; Statistisches Bundesamt, Wiesbaden; International Labour Organization, Genf; World Health Organization, Genf; International Telecommunication Union, Genf; Food and Agriculture Organization of the United Nations, Rom; Central Intelligence Agency, Langley; National Statistics, Republic of China (Taiwan), Taipeh

Klimastationen

		J	F	M	A	M	J	J	A	S	O	N	D	Jahr
Europa														
Athen, 105 m; Griechenland (Küste)	°C	9	10	11	15	19	23	27	26	23	19	14	11	17
	mm	54	46	33	23	20	14	8	14	18	36	79	64	406
Berlin, 57 m	°C	−1	0	3	8	13	16	18	17	14	8	4	1	8
	mm	49	33	37	42	49	59	80	57	48	43	42	42	581
Lissabon, 96 m; Portugal (Westküste)	°C	10	11	13	14	17	19	21	22	20	17	14	11	16
	mm	86	83	86	78	45	14	4	6	33	61	92	110	698
London, 36 m; Vereinigtes Königreich	°C	3	4	6	9	12	16	17	17	14	10	6	4	10
	mm	50	37	38	40	48	52	62	58	55	70	56	48	614
Moskau, 144 m; Russland	°C	−10	−8	−4	4	13	16	19	17	11	4	−2	−7	4
	mm	28	23	31	38	48	51	71	74	56	36	41	38	535
Murmansk, 46 m; Russland (Barentssee)	°C	−12	−11	−7	−2	4	9	13	11	7	1	−5	−10	0
	mm	33	22	20	21	32	53	60	65	52	42	40	38	478
Tromsø, 10 m; Norwegen (Nordwestküste)	°C	−4	−4	−2	1	5	9	12	11	7	3	−1	−3	3
	mm	81	86	64	60	48	53	72	82	94	125	104	104	973
Asien														
Bombay, 11 m; Indien (Westküste, Halbinsel)	°C	24	25	27	29	30	29	28	27	28	29	28	26	28
	mm	1	1	1	2	11	579	703	443	269	56	17	7	2 090
Djakarta, 8 m; Indonesien (Java)	°C	25	25	26	26	26	26	26	26	26	26	26	26	26
	mm	270	241	175	131	139	105	72	65	146	169	183	185	1 881
Hongkong, 33 m; China (Südküste)	°C	16	15	17	21	25	27	28	28	27	24	21	17	22
	mm	33	46	69	135	305	401	356	371	246	130	43	28	2 163
Hyderabad, 542 m; Indien (Hochland von Dekkan)	°C	22	25	28	32	33	29	27	26	27	26	23	22	27
	mm	6	9	16	17	40	116	155	163	152	97	29	3	803
Irkutsk, 459 m; Russland (Baikalsee)	°C	−21	−18	−9	1	8	14	18	15	8	1	−11	−18	−1
	mm	13	10	8	15	33	56	79	71	43	18	15	15	376
Jerusalem, 745 m; Israel	°C	8	9	13	16	21	23	24	24	23	21	17	11	18
	mm	104	135	28	25	3	0	0	0	0	5	30	74	404
Peking, 38 m; China	°C	−4	−2	6	13	21	24	27	25	21	13	4	−2	12
	mm	3	5	5	15	38	36	211	155	64	18	8	3	561
Shanghai, 7 m; China (Jangtse-Mündung)	°C	3	4	8	13	19	23	27	27	23	17	12	6	15
	mm	48	58	84	94	94	180	147	142	130	71	51	36	1 135
Tokyo, 6 m; Japan	°C	4	4	7	13	17	20	24	26	22	16	11	6	14
	mm	56	66	112	132	152	163	140	163	226	191	104	56	1 561
Werchojansk, 99 m; Russland (Ostsibirien)	°C	−50	−45	−30	−13	2	12	15	11	2	−14	−37	−47	−16
	mm	4	3	3	4	7	22	27	26	13	8	7	4	128
Antarktis														
Südpol, 2 800 m; US-Station	°C	−29	−40	−54	−59	−57	−57	−59	−59	−59	−51	−39	−28	−49
	mm	keine Angaben												
Australien														
Darwin, 31 m; Nordküste	°C	29	28	29	29	28	26	25	26	28	29	30	29	28
	mm	389	343	244	104	15	3	3	3	13	51	119	249	1 536
Perth, 59 m; Südwestküste	°C	23	23	22	19	16	14	13	13	14	16	19	22	18
	mm	8	10	20	43	130	180	170	143	86	56	20	15	881
Sydney, 44 m; Südostküste	°C	22	22	21	18	15	13	12	13	15	18	19	21	17
	mm	90	114	122	140	127	121	118	73	71	70	71	70	1 187
Afrika														
Addis Abeba, 2 450 m; Äthiopien	°C	14	16	17	17	17	16	14	14	15	14	14	13	15
	mm	13	38	66	86	86	135	279	300	191	20	15	5	1 234

		J	F	M	A	M	J	J	A	S	O	N	D	Jahr
Algier, 59 m; Algerien (Nordküste)	°C	12	13	15	16	20	23	26	27	25	21	17	14	19
	mm	110	83	74	41	46	17	2	4	41	80	128	135	762
In Salah, 273 m; Algerien (Sahara)	°C	13	15	20	24	30	34	37	36	33	27	20	14	25
	mm	3	2	0	0	0	0	0	0	1	0	4	3	13
Kairo, 33 m; Ägypten (Nildelta)	°C	12	13	16	20	24	27	27	27	25	22	18	14	20
	mm	5	5	5	3	3	0	0	0	0	3	3	5	32
Kapstadt, 12 m; Südafrika	°C	22	22	21	18	16	14	13	13	14	17	19	21	18
	mm	13	15	23	48	94	112	91	84	58	41	28	20	632
Kisangani, 460 m; D. R. Kongo	°C	26	26	26	26	26	25	25	25	25	25	25	25	25
	mm	95	115	152	181	167	115	100	186	174	228	177	114	1 804
Daressalam, 58 m; Tansania	°C	27	28	27	26	26	24	24	24	24	25	26	27	26
	mm	88	56	133	271	178	40	30	39	27	62	117	101	1 142
Ouagadougou, 316 m; Burkina Faso	°C	25	28	31	33	31	29	27	26	27	29	28	26	28
	mm	0	3	8	19	84	118	193	265	153	37	2	0	882
Nord- und Mittelamerika														
Edmonton, 658 m; Kanada (Alberta)	°C	–14	–11	–5	4	11	14	16	15	10	5	–4	–10	3
	mm	21	18	19	23	43	80	82	60	34	18	18	19	435
Station Eismitte, 3 012 m; Grönland	°C	–42	–47	–39	–31	–20	–15	–11	–18	–22	–36	–43	–39	–30
	mm	keine Angaben												
Fairbanks, 152 m; USA (Alaska)	°C	–25	–18	–12	–2	8	15	16	13	6	–3	–16	–22	–3
	mm	19	12	21	7	14	36	47	42	40	19	17	17	291
Los Angeles, 103 m; USA (Kalifornien)	°C	12	13	14	15	17	19	21	21	20	18	16	13	17
	mm	78	84	70	26	11	2	0	1	4	17	30	66	389
Miami, 2 m; USA (Florida)	°C	20	20	22	23	25	27	28;	28	27	26	23	21	24
	mm	64	48	58	86	180	188	135	163	226	229	84	43	1 504
New York, 96 m; USA (Ostküste)	°C	–1	–1	3	9	16	20	23	23	19	13	7	2	11
	mm	91	105	90	83	81	86	106	108	87	88	76	90	1 091
New Orleans, 16 m; USA (Mississippi-Delta)	°C	12	14	17	20	24	27	27	27	26	21	16	13	20
	mm	108	116	118	135	115	151	159	144	130	82	81	120	1 459
St. Louis, 173 m; USA (mittl. Mississippi)	°C	–1	1	6	13	19	24	26	25	21	14	7	1	13
	mm	94	86	93	95	92	98	77	76	74	69	94	84	1 032
Havanna, 19 m; Kuba (Nordküste)	°C	22	22	23	24	26	27	28	28	27	26	24	23	25
	mm	76	38	43	43	130	142	109	109	127	178	81	61	1 137
Mexiko-Stadt, 2 282 m; Mexiko	°C	13	15	17	18	19	18	17	17	17	16	15	14	16
	mm	6	10	12	18	52	117	110	95	130	36	17	8	611
Südamerika														
Antofagasta, 94 m; Chile (Atacama-Wüste)	°C	21	21	20	17	16	14	14	15	15	16	18	20	17
	mm	0	0	0	1	0	0	0	0	0	0	0	0	1
Buenos Aires, 25 m; Argentinien	°C	23	23	20	16	13	10	9	11	13	16	19	22	16
	mm	78	71	98	122	71	52	54	56	74	85	101	102	964
La Paz, 3 570 m; Bolivien (Altiplano)	°C	11	11	11	10	9	7	7	8	9	11	12	11	9
	mm	114	107	66	33	13	8	10	13	28	41	48	91	572
Lima, 158 m; Peru (Küstensaum)	°C	23	24	23	21	19	17	16	16	16	17	19	21	19
	mm	0	0	1	1	2	6	9	10	10	5	3	1	48
Manáus, 44 m; Brasilien (Amazonas)	°C	26	26	26	26	26	26	27	27	28	28	27	27	27
	mm	262	249	274	277	201	112	69	38	61	119	155	226	2 043
Quito, 2 850 m, Ecuador	°C	13	13	13	13	13	13	13	13	13	13	13	13	13
	mm	107	109	132	188	127	38	23	38	76	94	97	97	1 126
Santiago, 520 m; Chile	°C	20	19	17	14	11	8	8	9	12	14	17	19	14
	mm	2	3	4	14	62	85	76	57	29	15	6	4	357

Wichtige Grundbegriffe der Jahrgangsstufen 5 bis 10

Alle wichtigen Grundbegriffe werden hier erklärt.
Die mit einem * gekennzeichneten Grundbegriffe kennst du bereits aus den Jahrgangsstufen 5 und 7.

A

Abtragung* (S. 114): Boden oder Gesteinsmaterial wird durch fließendes Wasser, Gletscher oder Wind gelockert und wegtransportiert. Der Begriff Abtragung wird auch als Erosion bezeichnet.
Alpen* (S. 51): Die Alpen sind ein fast 5000 m hohes ⟶ Hochgebirge. Sie gliedern sich in die Südlichen Kalkalpen, die Zentralalpen und die Nördlichen Kalkalpen.
Analphabetismus (S. 14): Aufgrund mangelnder Bildung oder bestimmter kultureller Einflüsse können manche Menschen nicht lesen oder schreiben. Häufig wird der Anteil der Analphabeten (älter als 15 Jahre) als wichtiges Merkmal zur Kennzeichnung des Entwicklungsstandes eines Landes gebraucht.
anthropogen* (S. 56): Dieser Fachbegriff bezieht sich auf alles, was durch den Menschen verursacht bzw. beeinflusst wird, z. B. anthropogene Umweltveränderungen.
anthropogener Treibhauseffekt (S. 56): Dies ist der vom Menschen verstärkte ⟶ natürliche Treibhauseffekt. Durch menschlichen Einfluss aus Industrie, Verkehr und Landwirtschaft steigt der Anteil der Treibhausgase (vor allem Kohlendioxid, Methan, FKW) in der Atmosphäre. Als Folge wird ein größerer Teil der von der Erdoberfläche ausgehenden langwelligen Wärmestrahlung absorbiert und die Gegenstrahlung verstärkt. Hauptursachen sind Abgase aus Kraftwerken und Verkehr, verstärkte Rinderhaltung und Industrieproduktion von FKW. Der natürliche Treibhauseffekt wird so verstärkt. Langfristig erhöht sich dadurch die Temperatur auf der Erde.
Äquator* (S. 28): Der Äquator ist eine gedachte Linie um die Erdkugel. Er teilt die Erde in eine Nordhalbkugel und eine Südhalbkugel. Der Äquator ist mit einem Umfang von 40 077 km der längste Breitenkreis. Er verläuft durch drei Ozeane, durch Südamerika, Afrika und die Inseln Südostasiens.
arid* (S. 102): Dieser Fachbegriff steht für „trocken". In ariden Gebieten ist die potenzielle Verdunstung größer als der Niederschlag.
Armut (S. 20): In der Wirtschaft unterscheidet man absolute Armut und relative Armut: Bei absoluter (oder extremer) Armut stehen einem Menschen weniger als 1,90 US-Dollar am Tag zur Verfügung. Sein Überleben ist unmittelbar gefährdet. Von relativer Armut spricht man (meist in reicheren Ländern), wenn jemand weniger als die Hälfte des Durchschnittseinkommens zur Verfügung hat.
Atlas* (S. 34): So wird eine Sammlung von Karten bezeichnet, die nach einem bestimmten System geordnet sind (Inhaltsverzeichnis, Register).
Atmosphäre* (S. 28): Darunter versteht man die Gashülle von Himmelskörpern, speziell die Lufthülle der Erde. Die Atmosphäre der Erde besteht aus einem Gemisch verschiedener Gase sowie flüssigen (z. B. Wassertropfen) und festen Bestandteilen (z. B. Eiskristalle). Hauptbestandteile sind Stickstoff, Sauerstoff, Argon sowie Spurengase, z. B. Kohlendioxid.
ausländische Direktinvestitionen (S. 120): (abgekürzt: ADI) Unternehmen investieren im Ausland, indem sie Eigentumsrecht, z. B. an Gebäuden oder Unternehmen, erwerben.

B

bad governance (S. 119) ⟶ schlechte Regierungsführung
Bewässerungslandwirtschaft* (S. 84): Diese Form des Ackerbaus wird vor allem in Gebieten durchgeführt, die zu wenig Niederschlag erhalten. Das in niederschlagsarmen Monaten fehlende Wasser wird Flüssen oder dem Grundwasser entnommen und mithilfe von Bewässerungsanlagen auf die Felder geleitet.
Biodiversität (S. 40): Der Begriff bezeichnet die biologische Vielfalt. Sie umfasst sowohl die genetische Vielfalt innerhalb einer Art als auch die Vielfalt der Arten und der Lebensräume sowie der darin wirkenden Prozesse. Er ist damit umfassender als der Begriff Artenvielfalt, der nur auf die Vielfalt der Arten in einem Gebiet abzielt. Das Übereinkommen zur Biologischen Vielfalt (Convention on Biological Diversity, CBD) von 1992 unterzeichneten bis heute 196 Staaten. Es hat zum Ziel, die Biodiversität zu bewahren, sie nachhaltig zu nutzen und die Vorteile, die sich aus ihrer Nutzung ergeben, gerecht aufzuteilen.
BIP (S. 10) ⟶ Bruttoinlandsprodukt
BNE (S. 10) ⟶ Bruttonationaleinkommen
Boden* (S. 40): Der Boden ist eine an der Erdoberfläche anstehende Schicht aus zerkleinertem Ausgangsgestein, die mit Wasser, Luft, Pflanzen und Tieren durchsetzt ist. Abgestorbene Pflanzen- und Tierreste bilden die oberste Schicht, den Humus. Je größer der Humusanteil des Bodens ist, desto fruchtbarer ist er. Für das Pflanzenwachstum muss der Boden gut durchlüftet sein (lockerer Boden) und ausreichende Feuchtigkeit besitzen. Der Boden enthält Nährstoffe für Pflanzen und ist ein wichtiger Geofaktor. Böden entwickeln sich ständig weiter.
Bodenerosion (S. 112): So wird die Abtragung von Boden durch die exogenen Kräfte (Kräfte, die auf die Erdoberfläche von außen einwirken) Wasser und Wind bezeichnet. Bodenerosion kann auch durch den Menschen verursacht sein. Im Gegensatz zur natürlichen ⟶ Abtragung wird sie durch die Bewirtschaftung des ⟶ Bodens und die so verursachte Zerstörung der natürlichen Vegetation ausgelöst.
Breitenkreis* (S. 28): ⟶ Gradnetz

* wichtige Grundbegriffe aus den Jahrgangsstufen 5 und 7

Bruttoinlandsprodukt (BIP) (S. 10): Dies ist der Ausdruck für die Wirtschaftsleistung eines Landes. Es beschreibt den Gesamtwert aller Waren und Dienstleistungen, die in diesem Land innerhalb eines Jahres produziert werden. Auch von Ausländern erbrachte Leistungen werden eingeschlossen.

Bruttonationaleinkommen (BNE) (S. 10): Dies ist der Geldwert aller in einer Volkswirtschaft im Zeitraum eines Jahres produzierten Güter und erbrachten Dienstleistungen. Hierbei werden die von Ausländern erbrachten Leistungen nicht miteinbezogen, dafür sind jedoch die von Staatsangehörigen des betrachteten Staates im Ausland erbrachten Werte enthalten.

C

Cash Crops (S. 115): So werden Agrarprodukte bezeichnet, die ausschließlich zum Verkauf angebaut werden und überwiegend dem Export dienen, z. B. Kaffee. Gegensatz: ⟶ Food Crops

chemische Verwitterung (S. 41): Dieser Begriff steht für die an der Erdoberfläche ablaufende Veränderung und Umwandlung von Gesteinen durch chemische Prozesse (z. B. Lösungsverwitterung, Kohlensäureverwitterung, Schwefelsäureverwitterung, Hydrolyse).

City* (S. 78): Der zentral gelegene Teil einer größeren Stadt wird als City bezeichnet. Dort besteht eine Konzentration von ⟶ Dienstleistungseinrichtungen.

Container* (S. 39): Einheitliche Großbehälter zum Transport von Waren. Sie können schnell zwischen den verschiedenen Transportmitteln (Schiff, Flugzeug, Bahn, Lkw) umgeladen werden und erleichtern so den Austausch von Gütern.

Corioliskraft (S. 36): Dies ist die Trägheitskraft (Scheinkraft), die bei der Bewegung auf rotierende Körper wirkt. Infolge der Erdrotation verursacht sie die Ablenkung der Winde auf der Nordhalbkugel nach rechts und auf der Südhalbkugel nach links.

D

Dauerfrostboden (Permafrostboden)* **(S. 60):** Dies ist die Bezeichnung für einen in tieferen Bereichen ganzjährig gefrorenen Boden. Nur die obere, wenige Dezimeter dicke Schicht taut in den kurzen Sommern auf. Weil Niederschläge und Schmelzwasser nicht versickern können, kommt es in diesen Gebieten häufig zur Sumpfbildung.

Desertifikation (S. 104): Der Begriff geht zurück auf lat. desertum facere: Wüste machen, verwüsten. Ausbreitung von ⟶ Wüsten und wüstenähnlichen Verhältnissen in Gebiete, in denen aufgrund der natürlichen klimatischen Verhältnisse keine Wüsten sein dürften. Ursache ist die Übernutzung der ⟶ Landschaft durch den Menschen. Die natürliche Vegetation wird (z. B. durch übermäßigen Holzeinschlag, Zerstörung der Grasnarbe in der Trockensteppe, Überweidung, wüstennahen Ackerbau ohne bodenschützende Maßnahmen) beseitigt. Dadurch breitet sich die Wüste aus. Besonders gefährdet sind große Bereiche der ⟶ Savanne (Dorn- und Trockensavanne) in der ⟶ Sahelzone.

Dienstleistungen* (S. 10): Im Dienstleistungsbereich werden für andere Menschen Dienste geleistet, aber keine Waren hergestellt. Zum Dienstleistungsbereich gehören Branchen wie Banken, Versicherungen, Krankenhäuser, Schulen und Verwaltungen.

diversifizieren (S. 94): So wird der Prozess der Ausweitung und Differenzierung der Produktions- und Exportstruktur in Landwirtschaft und Industrie bezeichnet, um die Abhängigkeit von einem oder einigen wenigen Produkten zu verringern.

E

Eine Welt (S. 6): Der Begriff steht in der Entwicklungspolitik für ein partnerschaftliches Verhältnis der Staaten auf Augenhöhe und soll damit ein neues Verständnis der ⟶ Entwicklungszusammenarbeit ausdrücken.

Eiszeitalter* (S. 52): So werden Zeitabschnitte in der Erdgeschichte genannt, in denen weltweit niedrige Temperaturen herrschten und es zu ausgedehnten Vergletscherungen kam. Man unterscheidet Abschnitte, in denen es kälter war (Kalt- bzw. Eiszeiten) und andere, in denen es vergleichsweise wärmer war (Warmzeiten). Aktuell befinden wir uns in einer Warmzeit.

Entwicklungshilfe (S. 16): Dies ist ein Sammelbegriff für alle Maßnahmen, die zur Verbesserung der Lebensbedingungen in den sogenannten ⟶ Entwicklungsländern beitragen. Da der Begriff eine einseitige Abhängigkeit der Empfängerländer von den Geberländern beschreibt, wird er heute vom partnerschaftlichen Ansatz der ⟶ Entwicklungszusammenarbeit abgelöst.

Entwicklungsländer (S. 6): So werden Staaten genannt, die in Bezug auf ihre wirtschaftliche, soziale und politische Entwicklung einen relativ niedrigen Stand aufweisen. Nach der Einteilung durch die Vereinten Nationen (UN) zählen dazu diejenigen Staaten, deren ⟶ HDI unter 0,55 liegt. Entwicklungsländer haben zum Beispiel ein hohes Bevölkerungswachstum, eine hohe Kindersterblichkeit, unzureichende Nahrungsmittelversorgung, eine hohe Analphabetenrate, ein niedriges Pro-Kopf-Einkommen und leiden an Kapitalmangel.

Entwicklungszusammenarbeit (S. 16): Erfolgt ⟶ Entwicklungshilfe zunehmend gezielt und regional begrenzt in Form von Projekten und immer in Zusammenarbeit mit der einheimischen Bevölkerung, spricht man von Entwicklungszusammenarbeit. Dieser Begriff soll das partnerschaftliche Verhalten zum Ausdruck bringen – und nicht die Unterscheidung in Geber- und Nehmerländer, wie es in dem Begriff „Entwicklungshilfe" unterschwellig zum Ausdruck kommt.

Wichtige Grundbegriffe der Jahrgangsstufen 5 bis 10

Epiphyten (S. 40): Diese Pflanzen wachsen nicht auf dem ⟶ Boden, sondern auf anderen Pflanzen (Aufsitzerpflanzen). Gerade im ⟶ Tropischen Regenwald dringt nur wenig Licht bis zum Boden durch. Aufsitzerpflanzen haben es daher einfacher, genügend Licht für die Photosynthese zu bekommen.
Erdgas (S. 92): Erdgas ist ein brennbares Gemisch von Gasen, Hauptbestandteil ist das Gas Methan. Erdgas ist ein ⟶ fossiler Energieträger. Ähnlich wie ⟶ Erdöl entstand es in Jahrmillionen aus tierischen und pflanzlichen Lebewesen, die abstarben und auf dem Meeresgrund durch andere Ablagerungen überdeckt wurden. Durch hohen Druck und hohe Temperatur bildete sich im Laufe der Zeit Erdgas. Erdgaslagerstätten liegen meist mehrere Kilometer tief unter der Erde. Erdgas wird über Bohrungen nach oben gefördert. Es wird nach der Aufbereitung z. B. zum Heizen, zur Stromerzeugung oder als Treibstoff verwendet.
Erdöl (S. 92): Erdöl ist ein flüssiges Stoffgemisch, das zu den ⟶ fossilen Energieträgern gehört. Es entstand in Millionen von Jahren aus abgestorbenen tierischen und pflanzlichen Lebewesen, die auf dem Meeresgrund abgelagert und von anderen Ablagerungen bedeckt wurden. Erdöl wird aus Erdöllagerstätten in der Tiefe gefördert oder auch aus Ölsanden und Ölschiefern gewonnen. Das gewonnene Rohöl wird in Raffinerien in seine verschiedenen Bestandteile getrennt, darunter Diesel, Heizöl, Petroleum und Kerosin. Es dient unter anderem als Treibstoff oder wird von der chemischen Industrie weiterverarbeitet, z. B. zu Farben, Arzneimitteln oder Kunststoffen. Aufgrund seiner großen wirtschaftlichen Bedeutung wird Erdöl manchmal auch als „schwarzes Gold" bezeichnet.
Erdrevolution (S. 26): Das ist die Bezeichnung für die jährliche Bewegung der Erde um die Sonne auf einer elliptischen Bahn. Die Zeitdauer eines Erdumlaufs um die Sonne beträgt 365 Tage, 5 Stunden, 48 Minuten und 46 Sekunden. Die Erdbahn ist 936 Millionen Kilometer lang und die durchschnittliche Geschwindigkeit der Erde beträgt 29,8 km/s.
Erdrotation (S. 26): Die von West nach Ost verlaufende Drehung der Erde um ihre eigene Achse wird Erdrotation genannt. Eine Umdrehung dauert 24 Stunden und bewirkt den Wechsel von Tag und Nacht.
Erg (S. 80): Dies ist die Bezeichnung für eine Wüstenform, in der vom Wind das feine Material zusammengetragen und zu Dünen geformt wird. Die Sandwüste gilt als typische Wüstenform, nimmt aber in der Sahara nur etwa ein Fünftel der Gesamtfläche ein.
erneuerbare Energien* (S. 94): Diese erschöpfen sich nicht wie die ⟶ fossilen Energieträger, sondern erneuern sich unter den heutigen Bedingungen von selbst (z. B. Energie aus Sonne, Wind und Biomasse).
Erosion* (S. 102) ⟶ Abtragung
EU* (S. 90): ⟶ Europäische Union
Europäische Union (EU)* (S. 90): Dieser Verbund europäischer Staaten wurde durch den Maastrichter Vertrag begründet. Den Vertrag unterzeichneten am 7. Februar 1992 die zwölf Mitgliedsstaaten der Europäischen Gemeinschaften (EG) in der niederländischen Stadt Maastricht.
extensive Landnutzung* (S. 45): Es werden große landwirtschaftliche Flächen mit einem niedrigen Arbeits- und Kapitaleinsatz bewirtschaftet, d. h., Schädlingsbekämpfungsmittel, Dünger und Maschinen werden nicht oder nur in einem geringem Maße eingesetzt. Daher sind die Erträge der Flächen auch viel niedriger als unter den Bedingungen der ⟶ intensiven Landnutzung.

F

Fairtrade (S. 142): Dies ist die Bezeichnung für einen gerechten und nicht ausschließlich gewinnorientierten Austausch in der Welt. Durch garantierte Mindestpreise sowie die Gründung von Genossenschaften soll der kapitalgesteuerten Ausbeutung der ⟶ Entwicklungsländer entgegengewirkt werden. Garantierte Mindestpreise reduzieren die Abhängigkeit von den starken Schwankungen der Weltmarktpreise. Die Prämien des Fairen Handels (Fairtrade-Prämien) werden in die Genossenschaft investiert. Hiervon werden Investitionen getätigt.
Feuchtwälder (S. 33): So werden immergrüne bis halbimmergrüne Regenwälder bezeichnet, die sich an den Ostseiten der ⟶ Kontinente innerhalb der ⟶ Subtropen befinden.
Food Crops (S. 114): Dies sind Anbaufrüchte, die zum Verzehr durch die eigene Bevölkerung angebaut werden, im Gegensatz zu ⟶ Cash Crops.
fossile Energieträger* (S. 56): So werden die Energierohstoffe bezeichnet, die in menschlichen Zeiträumen endlich sind, d. h. sich nicht erneuern. Dazu zählen z. B. Kohle, ⟶ Erdöl und ⟶ Erdgas.
fossile Grundwasserreserven (S. 44): Dies sind natürliche Grundwasserspeicher, die in einer vorzeitlichen Klimaperiode entstanden sind. Erst durch Erbohren oder mithilfe von Pumpen wird fossiles Grundwasser in den globalen Wasserkreislauf eingebunden, ohne dass es sich erneuert.

G

Gated Communities (S. 146): So werden moderne Luxus-Wohnanlagen für privilegierte Bevölkerungsschichten bezeichnet, die zum Schutz vor kriminellen Übergriffen eingezäunt, meist bewacht und elektronisch gesichert sind. Sie entstanden bzw. entstehen durch die Abwanderung der oberen Einkommensgruppen aus den Innenstädten und ihrer Ansiedlung in landschaftlich bevorzugten Stadtrandlagen. Der Zugang zu diesen Wohnvierteln ist oft nur den Bewohnern möglich.
Gemeinde* (S. 66): Dabei handelt es sich um die kleinste politische Einheit innerhalb eines Staates, die vom

Gemeinde- oder Stadtrat unter Leitung eines Bürgermeisters verwaltet wird.
Gesteine* (S. 41): Darunter versteht man in der Natur vorkommende, feste Zusammenballungen von Mineralen sowie von tierischen oder pflanzlichen Überresten.
Gezeiten* (S. 38): So nennt man die regelmäßigen Schwankungen des Meeresspiegels durch Ebbe und Flut. Solange das Wasser ansteigt, spricht man von Flut. Dieser Vorgang dauert etwa 6 Stunden und 12 Minuten. Dann steht das Wasser am höchsten (Hochwasser). Danach fällt der Wasserspiegel während der Ebbe, bis das Wasser am niedrigsten steht (Niedrigwasser). Die Ebbe dauert ebenfalls etwa 6 Stunden und 12 Minuten. Der Höhenunterschied zwischen Hoch- und Niedrigwasser wird als Tidenhub bezeichnet.
Gletscher:* (S. 50): Gletscher sind Eisströme, die durch jahrelange Anhäufung von Schnee und durch Druck entstehen und langsam talabwärts fließen.
Globus* (S. 29): Der Globus (lateinisch = Kugel) ist ein verkleinertes, maßstabsgerechtes Modell der Erde. Vor 500 Jahren hat Martin Behaim aus Nürnberg einen frühen Globus gebaut.
Golfstrom* (S. 38): Dabei handelt es sich um eine Meeresströmung, die wärmeres Wasser aus dem Bereich des Golfs von Mexiko über den Atlantik bis an die Küsten West- und Nordeuropas führt. Sie bedingt dort ein milderes Klima als in anderen Gebieten dieser Breitenlage.
Gradnetz* (S. 46): Darunter wird ein Orientierungsnetz der Erde verstanden, das aus Linien besteht, die sich senkrecht schneiden. Die vom Nordpol zum Südpol verlaufenden Linien nennt man Meridiane oder Längenhalbkreise. Zwei gegenüber liegende Meridiane ergeben einen Längenkreis. Die parallel zum ⟶ Äquator verlaufenden Linien heißen Breitenkreise. Der 0. Breitengrad definiert den Äquator, der 90. einen Pol. Der Abstand zwischen den Breitenkreisen beträgt jeweils 111 km.

H

Hamada (S. 80): So wird eine Wüstenform bezeichnet, die hauptsächlich groben, eckigen Felsschutt in Faust- bis Kopfgröße aufweist. „Hamada" oder „Hammada" ist arabisch und bedeutet „die Unfruchtbare."
Hartlaubgewächse* (S. 32) ⟶ Zone der Hartlaubgewächse
HDI (Human Development Index) (S. 8): Maßzahl für den Stand der menschlichen Entwicklung in einem Land. Drei Indikatoren sind maßgebend: Lebenserwartung, Bildungsgrad und Pro-Kopf-Einkommen der Menschen. Die Maßzahl kann zwischen 0 und 1 liegen. Dementsprechend unterteilen die Vereinten Nationen (UN) die Länder der Erde in drei Gruppen: Industrieländer (HDI mindestens 0,7), Schwellenländer (HDI von 0,55 bis 0,669) und Entwicklungsländer (HDI unter 0,55).
Hilfe zur Selbsthilfe (S. 16): Darunter versteht man eine Form der ⟶ Entwicklungszusammenarbeit, bei der den Einheimischen eine Chance gegeben werden soll, ihre Zukunft selbst besser zu gestalten. Ziel: Eigenständigkeit fördern und Hoffnung geben. Dies geschieht zum Beispiel durch die Ausbildung einheimischer Fachleute.
Hochgebirge* (S. 132): So wird ein Gebirge bezeichnet, das eine Höhe von über 2000 m erreicht bzw. über die Waldgrenze aufragt. Die Gipfel sind steil und schroff. In den hoch gelegenen Gebieten sind häufig ⟶ Gletscher anzutreffen.
Höhenstufen* (S. 134): Mit zunehmender Höhe zeigt sich eine typische Abfolge der Vegetation. Ursachen für die Ausbildung der Höhenstufen sind die mit der Höhe sinkenden Temperaturen und die zunehmenden Niederschläge.
Human Development Index (S. 8) ⟶ HDI
humid* (S. 102): Dies ist die Bezeichnung für ein ⟶ Klima bzw. Klimagebiet, in dem die mögliche jährliche Verdunstung geringer ist als der Niederschlag. Der Grad der Humidität reicht von semihumid (in einzelnen Monaten kann der Niederschlag geringer als die Verdunstung sein) bis vollhumid (Niederschlag in allen Monaten größer als die Verdunstung).
Hurrikan (S. 152): In Nordamerika wird so ein tropischer Wirbelsturm bezeichnet, der über warmen Meeren (Oberflächentemperatur über 27 °C) meist zwischen 10° und 20° nördlicher Breite entsteht. Er ist durch hohe Niederschläge und große Geschwindigkeiten in der Wirbelbewegung gekennzeichnet. Diese Drehbewegung wird durch die ⟶ Erdrotation hervorgerufen.
Hydrosphäre (S. 60): Der von Wasser erfüllte Teil der Geosphäre wird als Hydrosphäre bezeichnet. Er umfasst die Weltmeere, Flüsse, Seen, das Grundwasser sowie die ständig von Eis bedeckten Gebiete (Kryosphäre).

I

Industrie* (S. 63): So wird ein wichtiger Bereich des sekundären Sektors bezeichnet. Industriebetriebe stellen Halb- und Fertigprodukte in großer Stückzahl her, wobei die meisten Tätigkeiten durch Maschinen ausgeführt werden.
Industriegebiet* (S. 76): In den meisten Städten werden einzelne Flächen für Industrie und Gewerbe (z. B. Handwerk) reserviert. Dabei sind in den Industriegebieten eher Betriebe anzutreffen, deren Produktion mit stärkerer Verschmutzung oder Lärmbelastigung verbunden ist.
Industrieland (S. 6): Ein Staat mit einem hohen wirtschaftlichen Entwicklungsstand wird als Industrieland bezeichnet. Nach der Einteilung durch die Vereinten Nationen (UN) zählen dazu diejenigen Staaten, deren ⟶ HDI mindestens 0,7 beträgt. In einem Industrieland geht die Versorgung der Menschen weit über die Erfüllung der Grundbedürfnisse hinaus. Merkmale sind der hohe Anteil der ⟶ Industrie und ⟶ Dienstleistungen am ⟶ BIP

Wichtige Grundbegriffe der Jahrgangsstufen 5 bis 10

(Bruttoinlandsprodukt) und eine relativ geringe Bedeutung des primären Sektors, z. B. der ⟶ Landwirtschaft. Industrieländer haben ein hohes Pro-Kopf-Einkommen, ein hohes Bildungsniveau und ein geringes Bevölkerungswachstum.

informeller Sektor (S. 10): So wird ein Wirtschaftszweig bezeichnet, der weder von der Steuer erfasst noch von anderen gesetzlichen Vorschriften geregelt wird (auch „Schattenwirtschaft" genannt). Es ist ein Beschäftigungssektor meist in ⟶ Entwicklungsländern, in dem sich die ärmsten Teile der Bevölkerung betätigen. Zu den häufigsten Tätigkeiten gehören der Straßenverkauf, die Herstellung und der Verkauf eigener Produkte, Kleinreparaturen und Transportarbeiten. Weitere Merkmale sind: kein staatlicher und politischer Schutz, keine festen Preise, geringer Technologie- und Kapitaleinsatz und relativ einfache Organisation.

Infrastruktur* (S. 60): Darunter versteht man alle Anlagen und Einrichtungen, die unsere Gesellschaft geschaffen hat, um das Leben in Gemeinschaft zu ermöglichen. Dazu gehören u. a. alle Verkehrswege (Verkehrsinfrastruktur), Kommunikationsnetze, Wasser-, Abwasser- und Stromleitungen, sowie Bildungseinrichtungen.

Innertropische Konvergenzzone (ITC) (S. 37): Dies ist der Bereich der äquatorialen Tiefdruckrinne, in dem die Passate der Nord- und Südhalbkugel der Erde zusammenkommen (lateinisch: convergere). Die ITC verlagert sich jahreszeitlich mit dem Sonnenstand.

intensive Landnutzung* (S. 32): Die zur Verfügung stehende landwirtschaftliche Fläche wird hier mit einem sehr hohen Arbeits- und Kapitaleinsatz bewirtschaftet. Ziel ist es, möglichst hohe Erträge pro Flächeneinheit zu erreichen. Dazu müssen in der Regel Maschinen, Dünger und Schädlingsbekämpfungsmittel intensiv eingesetzt werden.

IPCC *(Intergovernmental Panel on Climate Change)* (S. 50): Dies ist eine von den Vereinten Nationen 1988 ins Leben gerufene Institution zur Erfassung, Aufbereitung und Zusammenfassung des Forschungsstandes zum anthropogenen Klimawandel, der praktisch alle Staaten der Welt angehören. Aufgabe des IPCC ist es auch, Handlungsempfehlungen für politisches Handeln zu geben.

ITC (S. 37): ⟶ Innertropische Konvergenzzone

J

Jahrestemperaturamplitude (S. 30): Mit diesem Begriff wird die Differenz der Durchschnittstemperatur zwischen dem wärmsten und dem kältesten Monat eines Jahres bezeichnet.

Jahreszeitenklima (S. 27): So bezeichnet man ein ⟶ Klima in mittleren und höheren Breiten, in denen die Temperaturunterschiede im Laufe des Jahres größer sind als die Temperaturunterschiede im Laufe eines Tages.

K

Kippelement (S. 61): Man kann auf einer Wippe vom Endpunkt aus lange bis zur Mitte laufen, ohne dass etwas passiert. Bewegt man seinen Schwerpunkt jedoch den entscheidenden Millimeter über die Achse, kippt die Wippe. Solche Effekte werden auch im Klimasystem der Erde vermutet.

Klima* (S. 31): Unter Klima versteht man den mittleren Zustand der ⟶ Atmosphäre innerhalb eines längeren Zeitraumes (mindestens einige Jahre, auch gleiche Monate mehrerer Jahre) für einen bestimmten Ort oder ein bestimmtes Gebiet sowie die Häufigkeit seltener, aber für diesen Ort (Gebiet) charakteristischer meteorologischer Ereignisse (z. B. Gewitterhäufigkeit, strenge Winter, Orkane usw.). Üblicherweise betrachtet man als Bezugsperiode einen 30-jährigen Zeitraum. Man unterscheidet je nach Gebietsgröße Makro-, Meso- und Mikroklima.

Klimadiagramm* (S. 30): Darunter versteht man eine zeichnerische Darstellung des Jahresgangs von Temperatur und Niederschlag, gemessen an einer Station.

Klimawandel* (S. 50): Dies ist die Bezeichnung für die Veränderung wichtiger Klimaelemente, besonders der Lufttemperatur auf der Erde, unabhängig davon, ob die Ursachen auf natürlichen oder menschlichen (anthropogenen) Einflüssen beruhen. Ein Beispiel für einen Klimawandel ist die Erwärmung nach der letzten Eiszeit vor etwa 10.000 Jahren. Ein weiteres Beispiel ist die gegenwärtige, vor allem durch Menschen verursachte globale Erwärmung. Durch die verstärkte Freisetzung von Kohlendioxid und weiteren ⟶ Treibhausgasen seit Beginn der Industrialisierung (seit ca. 1850) trägt der Mensch zur Erwärmung der Erdatmosphäre infolge der Verstärkung des ⟶ natürlichen Treibhauseffekts bei. Als Folgen des Klimawandels schmelzen ⟶ Gletscher, steigt der Meeresspiegel und nehmen extreme Wetterlagen mit starken Stürmen, Regenfällen oder langen Trockenzeiten zu.

Klimazone* (S. 30): Dies ist ein Gebiet der Erde mit gleichartigem ⟶ Klima, das sich als Folge der unterschiedlichen Sonneneinstrahlung gürtelartig um die Erde ausdehnt. Die unterschiedliche Land-Meer-Verteilung und große Gebirgszüge bewirken teilweise starke Abweichungen in der zonalen Anordnung.

Kolonialisierung (S. 89): ⟶ Kolonialismus

Kolonialismus (S. 120): Dies ist die Bezeichnung für die oft gewaltsame Unterwerfung auswärtiger, meist überseeischer Territorien mit dem Ziel der Schaffung von politisch, ökonomisch und kulturell von der Kolonialherrschaft abhängigen Einflusssphären. Grundlage des Kolonialismus ist die bei Angehörigen der Kolonialmächte oft verbreitete Vorstellung einer kulturellen Überlegenheit gegenüber angeblich „primitiven Naturvölkern".
Der Prozess der Bildung von Kolonialherrschaften wird als Kolonialisierung bezeichnet.

Kontinent* (S. 39): Als Kontinente bezeichnet man geschlossene Landmassen mit einer bestimmten Größe. Darunter fallen Asien mit 44 Millionen km², Afrika mit 30 Millionen km², Nordamerika mit 24 Millionen km², Südamerika mit 18 Millionen km², die Antarktika mit 14 Millionen km², Europa mit 10 Millionen km² und Australien mit 9 Millionen km².
Kryosphäre (S. 60) ⟶ Hydrosphäre
Kultur* (S. 14): Darunter werden alle durch menschliches Wirken entstandenen materiellen Dinge, aber auch immaterielle Güter wie Sprachen, Regeln, Gesetze, Religionen, Bräuche und Traditionen verstanden, die eine Gesellschaft verbinden.
Kulturraum (S. 72): So wird ein Raum bezeichnet, der durch eine Gesellschaft und ihre ⟶ Kultur historisch relativ einheitlich geprägt wurde.

L

Lagerstätte (S. 92): So werden abbauwürdige, natürliche Anreicherungen von nutzbaren Bodenschätzen bezeichnet.
Landflucht (S. 146): Dies ist die Bezeichnung für einen Wegzug einer großen Anzahl von Menschen aus den ländlichen Gebieten in die Städte. Besonders in Lateinamerika hat diese Land-Stadt-Wanderung eine lange Tradition, da schon zur Kolonialzeit ein großes Stadt-Land-Gefälle in den Lebensbedingungen vorhanden war.
Landgrabbing (S. 120): So nennt man den großflächigen Erwerb von Boden durch in- oder ausländische Privatpersonen, Konsortien oder sogar Staaten im wirtschaftlich schwachen Ausland. Häufig erfolgt dieser aus spekulativen ökonomischen Überlegungen, oft verbunden mit illegalen Praktiken gegenüber den bisherigen Bodenbesitzern/-nutzern (Bestechung, Erpressung u.a.).
ländliche Räume* (S. 14): Gebiete abseits von ⟶ Verdichtungsräumen, die von ⟶ Landwirtschaft und ländlichen Siedlungen geprägt sind, werden als ländliche Räume bezeichnet.
Landschaft* (S. 34): Der Begriff Landschaft bezeichnet einen Teil der Erdoberfläche, der durch das Zusammenwirken von Naturfaktoren und menschlichem Einfluss ein jeweils bestimmtes Aussehen erhält und damit von anderen Teilen der Erdoberfläche unterscheidbar ist.
Landwirtschaft* (S. 34): Darunter versteht man die Erzeugung von pflanzlichen und tierischen Nahrungsmitteln und ⟶ Rohstoffen. Zur Landwirtschaft zählen Viehwirtschaft und Ackerbau, aber auch Gartenbau, Gemüsebau, Obst- und Weinbau.
Laub- und Mischwald (S. 32): ⟶ Laub- und Mischwaldzone
Laub- und Mischwaldzone (S. 32): Dabei handelt es sich um eine ⟶ Vegetationszone innerhalb der gemäßigten ⟶ Klimazone. Da während der Vegetationszeit ausreichend Niederschläge fallen, können sich Bäume hier gut entwickeln. Neben Eichen und Buchen prägen auch Kiefern und Lärchen diese Zone. Um sich vor Austrocknung im Winter zu schützen, werfen Laubbäume ihre Blätter im Herbst ab und bilden im Frühjahr neue Triebe aus. Im Winter halten sie Vegetationsruhe.
Legende* (S. 78): Darunter versteht man die Erläuterung aller in einer ⟶ Karte verwendeten Zeichen, Symbole, Abkürzungen und Farben.

M

Mangelernährung (S. 12): Durch das ständige Fehlen lebensnotwendiger Stoffe wie Eiweiße und Vitamine kann langfristig die Gesundheit der Betroffenen beeinträchtigt werden (auch wenn die Kalorienzahl an sich ausreichend wäre).
Marginalsiedlung (S. 146): So werden Elendssiedlungen genannt, die meist in den Großstädten gering entwickelter Staaten zu finden sind.
Massentourismus* (S. 144): Dies ist eine Form des Tourismus, bei der sich eine große Anzahl von Touristen in einem bestimmten Zeitraum in einem bestimmten Gebiet aufhält, z. B. Badeferien am Mittelmeer oder Wintersporturlaub in den Alpen. Dadurch können große Umweltprobleme entstehen. Die Landschaft wird mehr und mehr zugebaut. Auf immer mehr und besseren Straßen nimmt der Verkehr ständig zu. Das bedeutet wachsenden Lärm und eine höhere Luftverunreinigung. Waldstücke weichen Skipisten, auf denen dann der Boden zerstört wird. Der zunehmende Tourismus bringt wachsende Müll- und Abwasserprobleme mit sich.
Maßstab* (S. 79): Der Maßstab gibt an, wie stark eine Karte gegenüber der Wirklichkeit verkleinert ist.
Medina (S. 74): Die Altstadt einer orientalischen Stadt, die sich meist innerhalb der Stadtmauern befindet, wird als Medina bezeichnet.
Meeresströmung (S. 38): Als Meeresströmungen werden beständige, horizontale und vertikale Transportbewegungen von Wassermassen in den Meeren bezeichnet. Dabei treten Strömungsgeschwindigkeiten von 35 – 60 km pro Tag auf. Meeresströmungen werden unter anderem verursacht durch Wind, Temperaturunterschiede oder unterschiedlichen Salzgehalt der Wassermassen. Durch die Fähigkeit der Ozeane, Wärme zu speichern, zu transportieren und in Wärmeaustausch mit der Atmosphäre zu treten, haben Meeresströmungen einen erheblichen Einfluss auf das ⟶ Klima. Sie tragen zum Wärmeaustausch bei und mildern oder verstärken Klimaextreme.
Metropole* (S. 146): Diese Großstadt, meist die Hauptstadt eines Staates, ist zum politisch und wirtschaftlich beherrschenden Zentrum des Landes geworden. Die Stadt nimmt damit gegenüber anderen Großstädten des Landes eine überragende Stellung ein (z. B. Buenos Aires, Lagos, Paris). In ihr konzentrieren sich Wirtschaft und Verkehr, Wissenschaft und Verwaltung. Zum anderen sind Metropolen als Standorte internationaler Organisa-

Wichtige Grundbegriffe der Jahrgangsstufen 5 bis 10

tionen, Handelseinrichtungen, Banken, Firmenleitungen oder Forschungseinrichtungen auch Städte mit Weltbedeutung (Weltstädte).
Metropolen üben eine ungeheure Anziehungskraft auf die Umgebung aus, oft auf das ganze Land.
Metropolisierung (S. 147): So wird das Heranwachsen einer Stadt zur ⟶ Metropole bezeichnet, die das politische und wirtschaftliche Zentrum eines Landes bildet.
Migration (S. 90): Der Begriff umfasst alle Formen der Wanderung, bei denen Menschen dauerhaft ihren Wohnort bzw. ihre Heimat verlassen. Dabei sind zeitliche und räumliche Faktoren ausschlaggebend: Ist die Wanderung vorübergehend oder von langer Dauer? Findet die Wanderung innerhalb eines Landes oder über Grenzen hinweg statt? Die Wanderung innerhalb von Landesgrenzen nennt man „Binnenmigration". Werden bei der Wanderung Grenzen von Nationalstaaten überschritten, spricht man von „internationaler Migration". Dabei wird Auswanderung als Emigration und Einwanderung als Immigration bezeichnet. Die Wanderungsmotive werden damit noch nicht angesprochen. Diese zu bestimmen, ist weitaus schwieriger. Man kann zwischen freiwilliger Migration und gezwungener Migration unterscheiden. Allerdings ist dies nicht immer eindeutig. Oft gibt es eine Vielzahl von Gründen, die Heimat zu verlassen.
Monokultur (S. 120): Dies ist die Bezeichnung für einen großflächigen Anbau einer einzigen Nutzpflanze über einen längeren Zeitraum hinweg. Diese Methode ist arbeitssparend und liefert große Erträge. Diese Wirtschaftsweise kann aber auch zu Problemen führen: Nährstoffmangel im ⟶ Boden, ⟶ Bodenerosion, erhöhter Schädlingsbefall, leichte Ausbreitung von Pflanzenkrankheiten.
Monostruktur (S. 94): In einem Raum dominiert eine einzelne Wirtschaftsbranche. Damit verbunden ist eine große Abhängigkeit von der Branche. Gerät diese in eine Krise, bedeutet das auch eine Krise für die Region.
Mure* (S. 60): Dieses Gemisch aus Wasser, Erde und Gesteinsblöcken bewegt sich im ⟶ Hochgebirge nach einem Starkregen oder nach der Schneeschmelze an Berghängen meist sehr rasch zu Tal. Häufig verschüttet der Schlammstrom Straßen und Häuser.
Mykorrhiza (S. 41): Das Feinwurzelsystem von Pflanzen bildet eine Symbiose mit bestimmten Bodenpilzen. Beide Lebensformen profitieren hierbei voneinander. Die Pilze können abgestorbenes Pflanzenmaterial zersetzen und setzen ihrerseits Nährsalze frei, die wiederum von den Pflanzenwurzeln aufgenommen werden können.

N

nachhaltige Entwicklung (S. 6): ⟶ Nachhaltige Nutzung
nachhaltige Landwirtschaft (S. 140): Die landwirtschaftliche Produktion ist so angelegt, dass sie ihre notwendigen Ressourcen Boden, Luft und Wasser erhält und damit auch zukünftigen Generationen eine landwirtschaftliche Nutzung ermöglicht. Die Erzeugung von Lebensmitteln erfolgt beispielsweise nach den strengen Richtlinien des ökologischen Landbaus, u.a. ohne mineralischen Dünger, ohne chemische Unkraut- oder Schädlingsbekämpfungsmittel, durch artgerechte Tierhaltung, durch den Verzicht auf gentechnisch verändertes Saatgut und durch den weitgehenden Verzicht auf Bindemittel, Farbstoffe oder chemische Konservierungsmittel.
nachhaltige Nutzung (S. 113): Dies ist die Bezeichnung für ein Prinzip der Nutzung und Entwicklung, mit dem die Lebenschancen der heutigen Generation verbessert werden sollen, ohne die Chancen für zukünftige Generationen einzuschränken. In der Forstwirtschaft bedeutet Nachhaltigkeit, dass man nicht mehr Bäume fällt, als Bäume nachwachsen. Auf andere Bereiche übertragen heißt das, mit allen Ressourcen des Lebens so schonend umzugehen, dass die Lebensqualität künftiger Generationen nicht gefährdet wird. Seit einigen Jahren gilt der Begriff der nachhaltigen Entwicklung (*sustainable development*) als Leitbild für eine zukunftsfähige Entwicklung der Menschheit. Dabei sollen ökonomische, ökologische und soziale Aspekte in einem ausgewogenen Verhältnis zum Ausdruck kommen. 1994 wurde das Prinzip der Nachhaltigkeit indirekt als Staatsziel in Artikel 20a des Grundgesetzes verankert.
Nationalpark* (S. 89): In diesem Gebiet wird die Natur streng geschützt. Dort erfolgt keine wirtschaftliche Nutzung. Nur kleine Teile eines Nationalparks sind für Touristen zugänglich.
natürlicher Treibhauseffekt (S. 54): Unter dem natürlichen Treibhauseffekt versteht man die Fähigkeit der ⟶ Atmosphäre, die Energieverluste der Erdoberfläche durch Ausstrahlung zu kompensieren und so ein Auskühlen der Erde zu verhindern. Der natürliche Treibhauseffekt sorgt dafür, dass es auf der Erde durchschnittlich um 32 K wärmer ist. Zur Wirkungsweise des Treibhauseffekts: Von der Sonne wird der Erde vor allem kurzwellige Strahlung im Bereich des sichtbaren Lichts sowie UV-Strahlung zugesandt. Die Erde selbst strahlt aufgrund ihrer eigenen Temperatur und der durch die kurzwellige Strahlung absorbierten Energie im langwelligen Bereich aus. Wäre die Atmosphäre nicht vorhanden, so würde die Erde aufgrund ihrer allseitigen Ausstrahlung mehr Energie im langwelligen Bereich verlieren, als sie von der Sonne im kurzwelligen Bereich erhält. Aufgrund der Atmosphäre jedoch erhält die Erde einen Großteil ihrer ausgestrahlten langwelligen Energie zurück, da z.B. auch Wolken im langwelligen Bereich strahlen (Gegenstrahlung). Die wasserdampf- und kohlendioxidhaltige Atmosphäre verhindert eine zu große Ausstrahlung.
Naturraum* (S. 35): Dieser räumlich begrenzte Ausschnitt des ⟶ Ökosystems Erde ist durch das vor Ort spezielle Zu-

sammenwirken der Faktoren ⟶ Klima, Wasserhaushalt, Relief, Boden, geologischer Bau, Pflanzen und Tiere gekennzeichnet.

Nichtregierungsorganisation (NGO) (S. 17): So wird eine nichtstaatliche Organisation bezeichnet, die Einfluss auf Politik, Wirtschaft und Gesellschaft nehmen möchte, um die als ungerecht empfundenen Entwicklungen zu verbessern, z. B. im Umweltschutz, in der Entwicklungshilfe oder bei der Globalisierung.

Niederschlagsvariabilität (S. 108): Dieser Begriff drückt die Schwankungsbreite des Niederschlags in Bezug auf den langjährigen Mittelwert aus. Gerade in vielen Trockengebieten schwanken die Niederschläge stark. Mehreren Jahren ohne Niederschlag kann ein einzelnes Ereignis mit extremen Niederschlagsmengen folgen.

Nomadismus (S. 45): Dies ist eine überwiegend auf Viehwirtschaft beruhende Wirtschaftsform einer gesellschaftlichen Gruppe. Die Nomaden wechseln regelmäßig mit allen Familienmitgliedern und dem gesamten Hausrat ihre Weideplätze. Man unterscheidet Vollnomadismus (ohne festen Wohnsitz) und Halbnomadismus (Wanderungen nur während eines Teils des Jahres).

Nördlicher Nadelwald (S. 32): In dieser ⟶ Vegetationszone herrscht aufgrund langer, kalter Winter ein artenarmer Nadelwald (Fichten, Tannen, Kiefern, Lärchen) vor.

O

Oase (S. 44): So wird ein Gebiet in Trockenräumen benannt, das sich durch reicheren Pflanzenwuchs gegenüber der wüstenhaften Umgebung auszeichnet. Ursachen dafür sind entsprechende Wasservorkommen. Je nach Art des zur Verfügung stehenden Wassers unterscheidet man: Grundwasser-, Fluss- und Quelloasen. Neben der wichtigsten Oasenpflanze, der Dattelpalme, gedeihen hier auch Obstbäume sowie Getreide, Gemüsearten, Tabak und Gewürzpflanzen.

Ökosystem* (S. 8): Pflanzen, Tiere und Mikroorganismen bilden in Wechselwirkung mit der unbelebten Natur (z. B. Klima, Boden) jeweils spezielle Lebensgemeinschaften an einem Standort.
Man unterscheidet innerhalb eines Ökosystems drei Faktorengruppen:

1. belebte Natur (Lebewesen),
2. unbelebte Natur (z. B. Klima, Wasser) und
3. technische Faktoren (z. B. Gebäude, Verkehrssysteme).

Innerhalb des Systems herrscht im Rahmen der gegebenen natürlichen Bedingungen eine Art Gleichgewicht zwischen Aufbau (Produktion) und Abbau (Konsum, Zerstörung).

Orient (S. 72): Der Begriff (von lat. sol oriens = aufgehende Sonne) hat seinen Ursprung in der römischen Kultur und diente ursprünglich zur Abgrenzung vom westlich gelegenen Okzident (von lat. sol occidens = untergehende Sonne). Im Laufe der Jahrtausende wandelte sich die Bedeutung des Begriffs. Heute versteht man unter dem Orient zumeist den Nahen Osten und die arabisch-islamische Welt – einschließlich Türkei, Iran, Afghanistan und Nordafrika.

Ozeane* (S. 39): Die drei Weltmeere der Erde werden auch als Ozeane bezeichnet. Dies sind der Pazifische Ozean mit einer Fläche von 180 Millionen km², der Atlantische Ozean mit einer Fläche von 106 Millionen km² und der Indische Ozean mit einer Fläche von 75 Millionen km². Der Vergleich der Flächen der Ozeane und der ⟶ Kontinente zeigt, dass die Ozeane fast drei Viertel der Erdoberfläche bedecken, die Kontinente dagegen nur etwas über ein Viertel.

P

Passat (S. 36): Als Passat (von italienisch passata = Überfahrt) werden ganzjährige, richtungsbeständige Luftströmungen zwischen den subtropischen Hochdruckgebieten an den Wendekreisen in Richtung des Tiefdruckgebietes am Äquator bezeichnet. Weil sich die Erde dreht, werden die Passate abgelenkt. Sie kommen deshalb aus Nordosten (Nordhalbkugel) und Südosten (Südhalbkugel). Der Passat kann unterschiedliche Eigenschaften haben. Weht er über Wasserflächen, kann er viel Feuchtigkeit aufnehmen und den Küstengebieten hohe Niederschläge bringen. Überstreicht er jedoch große Landmassen, bleibt sein Feuchtigkeitsgehalt sehr gering und er verursacht trockenes Klima.

Passatzirkulation (S. 37): Als Passatzirkulation bezeichnet man Luftmassenbewegungen der Tropischen Zone, die nördlich und südlich des ⟶ Äquators bis hin zu den Wendekreisen gürtelartig um den Erdball auftreten. Der Passatkreislauf beginnt dort, wo die Sonne nahezu senkrecht auf die Erde scheint, also zumeist in Äquatornähe: Die Sonne erwärmt den ⟶ Boden und die unteren Luftschichten. Die bodennahen Luftmassen steigen auf und kühlen langsam ab. In Bodennähe bilden sich Tiefdruckgebiete (⟶ ITC). Da ständig neue Luft nach oben nachströmt, werden die Luftmassen in etwa 10 – 15 km Höhe nach Norden und Süden abgedrängt. An den Wendekreisen sinkt die Luft ab und erwärmt sich. Von diesen subtropischen Hochdruckgebieten wehen die Passatwinde zurück zu den Tiefdruckgebieten am Äquator.

periphere Region* (S. 14): ⟶ Peripherie

Peripherie* (S. 14): Ein am Rand gelegenes Gebiet innerhalb einer großen Raumeinheit wird Peripherie genannt. Der Begriff wird oft auch als Bezeichnung für ein vergleichsweise gering entwickeltes Gebiet verwendet.

Permafrost (S. 51): ⟶ Dauerfrostboden

physikalische Verwitterung (S. 81): Dieser Begriff steht für die an der Erdoberfläche ablaufende Veränderung und Zerkleinerung von Gesteinen durch physikalische Prozesse (z. B. Frostverwitterung, Salzverwitterung, Druck-

Wichtige Grundbegriffe der Jahrgangsstufen 5 bis 10

entlastungsverwitterung, thermische Verwitterung).

Plankton* (S. 92): Im Wasser schwebende Kleinstlebewesen werden als Plankton bezeichnet. Diese bilden die Nahrungsgrundlage für viele weitere Meerestiere. Man unterscheidet pflanzliches Plankton und tierisches Plankton.

Plantage (S. 142): So wird ein landwirtschaftlicher Großbetrieb in den Tropen und Subtropen bezeichnet, in dem auf großen Flächen nur eine Pflanzenart für den Export angebaut wird (⟶ Monokultur), z. B. Bananen, Tee, Kaffee, Kakao oder Ölpalmen. Zur Plantage gehören auch die technischen Anlagen zur Aufbereitung und Verarbeitung der Agrarprodukte, Wohnsiedlungen und Verwaltungsgebäude für die Arbeiter. Viele Plantagen Afrikas und Südamerikas gehen auf noch auf koloniale Einrichtungen zurück, in denen einst Sklaven zur Arbeit gezwungen wurden.

Pull-Faktor* (S. 90): Dies ist ein Grund, der für die Bevölkerung oder Wirtschaft anziehend wirkt und damit eine Wanderungsbewegung auslöst. Im engeren Sinne bezeichnet man damit die Anziehungskraft der großen Städte auf die Bevölkerung der ⟶ ländlichen Räume.

Push-Faktor* (S. 90) Dies ist ein Grund, der die Bevölkerung (z. B. durch unzureichende Lebensumstände und Einkommensmöglichkeiten) oder die Wirtschaft (z. B. fehlende Nähe zu wichtigen Absatzmärkten, mangelhafte Infrastruktur, Mangel an qualifizierten Arbeitskräften) zum Abwandern bewegt.

R

Regenzeit (S. 37): Darunter wird eine regelmäßig wiederkehrende Zeit mit häufigen Regenfällen verstanden (⟶ humide Zeit), im Unterschied zur ⟶ Trockenzeit. Die Tropische Zone hat zwei Regenzeiten, die dem ⟶ Zenitstand der Sonne folgen (⟶ Zenitalregen).

regionale Disparitäten* (S. 7): So wird die Ungleichheit zwischen verschiedenen Regionen oder auch innerhalb einer Region bezeichnet. Sie bestehen beispielsweise zwischen Räumen mit guter wirtschaftlicher Entwicklung und guten Lebensbedingungen, sog. Aktivräumen und rückständigen und oft schlecht ausgestatteten Gebieten, sog. Passivräumen. Aufgabe der Raumordnungspolitik ist es, bestehende Disparitäten zu verringern.

Relief* (S. 35): Dies ist die Bezeichnung für die Oberflächenformen der Erde, die sowohl Hohlformen (z. B. Becken und Täler) als auch Vollformen (z. B. Berge) umfasst.

Ressourcen (S. 73): Die Gesamtheit aller auf der Erde vorhandenen Voraussetzungen für das Leben und Wirtschaften des Menschen werden als Ressourcen bezeichnet. Dazu gehören ⟶ Rohstoffe (z. B. Erze, Erdöl, Holz), andere Naturgüter (z. B. Wasser, Boden, Luft, Pflanzen, Tiere und Flächenressourcen), aber auch geistige Güter (z. B. Wissen, Ideen). Im engeren Sinn bezeichnet der Begriff die Rohstoffvorkommen, die zusätzlich zu den Reserven weitgehend bekannt, aber noch nicht abbauwürdig sind.

Rohstoff* (S. 92): Ein Naturstoff, der dem Menschen zur Herstellung von Gebrauchsgütern oder zur Gewinnung von Energie dient. Nach ihrer Herkunft bzw. Entstehung unterscheidet man mineralische (bergbauliche), pflanzliche und tierische Rohstoffe.

Rückkopplungseffekt (S. 61): Wenn eine Entwicklung Auswirkungen hat, die wiederum die ursprüngliche Entwicklung beschleunigen oder verlangsamen, spricht man von Rückkopplungseffekten. So führt beispielsweise das Abschmelzen von Eismassen zu einer Erhöhung der Albedo-Werte, was den Schmelzvorgang beschleunigt.

S

Sahelzone (S. 106): So nennt man die Übergangszone zwischen ⟶ Wüste und Trockensavanne mit einer spärlichen Dornstrauchvegetation. Sahel ist arabisch und bedeutet Ufer. Die Sahelzone erstreckt sich ungefähr zwischen 12° und 18° nördlicher Breite entlang des Südrandes der Sahara. Die Breite dieser Übergangszone ist stark von lokalen Gegebenheiten abhängig und kann daher nur grob mit 100 - 200 km beziffert werden. Die Niederschläge betragen 100 bis 500 mm im Jahr. Da die Niederschläge aber stark schwanken, treten im Sahel regelmäßig Dürren auf.

Saison* (S. 144): Dies ist die Hauptgeschäfts- oder Hauptreisezeit. In der Saison reisen die meisten ⟶ Touristen in ein Urlaubsgebiet, dann sind die Gaststätten und Hotels fast immer voll. Meist ist die Saison vom ⟶ Klima abhängig. In vielen Fremdenverkehrsgebieten unterscheidet man eine Sommer- und eine Wintersaison.

Sanfter Tourismus* (S. 145): Eine Form des ⟶ Tourismus, bei der sich die Touristen so verhalten sollen, dass Ökosysteme und die einheimische Bevölkerung so wenig wie möglich beeinträchtigt werden.

Savanne (S. 102): So wird eine ⟶ Vegetationszone der Wechselfeuchten Tropen und Subtropen zwischen ⟶ Tropischem Regenwald und ⟶ Wüste bezeichnet. Nach der Dauer der ⟶ Regenzeit und ⟶ Trockenzeit verändern sich die Anteile von Gras- und Holzgewächsen. Man unterscheidet anhand der Anzahl der ⟶ humiden Monate: Feuchtsavanne (mit einer Dauer der Regenzeit von 7 - 9½ Monaten und hohem Elefantengras sowie größeren Baumgruppen), Trockensavanne (mit einer Dauer der Regenzeit von 4½ - 7 Monaten und nur noch etwa einen Meter hohen Gräsern sowie vereinzelten geschlossenen Baumgruppen), Dornsavanne (mit einer Dauer der Regenzeit von 2 - 4½ Monaten und überwiegend dornigen Busch- und Baumarten; eine geschlossene

Grasdecke bildet sich hier nicht mehr aus).

schlechte Regierungsführung (bad governance) (S. 119): Sie ist erkennbar unter anderem an Korruption (Bestechlichkeit), instabilen Verhältnissen (häufige Wechsel der politischen Führung), Verschuldung, mangelnder Rechtsstaatlichkeit etc.

Schneegrenze* (S. 134): Die Höhengrenze zwischen den ganzjährig schneebedeckten und den im Sommer schneefreien Gebieten wird als Schneegrenze bezeichnet.

Serir (S. 80): So wird eine Wüstenform bezeichnet, die vor allem gerundetes, kleineres Gesteinsmaterial aufweist (Kieswüste).

shifting cultivation (S. 43): Dies ist der Oberbegriff für mehrere Formen der ackerbaulichen Nutzung in den Tropen, bei denen ein Wechsel der Anbauflächen erfolgt. Die Nutzung beruht auf dem Wechsel zwischen mehrjährigem Anbau und lang andauernder Brache. Die Flächen werden durch Brandrodung erschlossen und mit der Hacke und dem Pflanzstock bearbeitet. Der Wechsel der Anbauflächen war früher mit einer Verlegung der Siedlung verbunden.

Souk (S. 74): Der Souk bildet das wirtschaftliche Zentrum einer typisch orientalischen Stadt. Er befindet sich meist zentral in der Altstadt und ist in der Regel unbewohnt. Händler und Handwerker bieten hier ihre Waren und Dienstleistungen an.

Sphäre* (S. 28): Als Sphären werden die Teile des ⟶ Ökosystems Erde bezeichnet. Im Hinblick auf ihre Funktion werden die ⟶ Atmosphäre, die Hydrosphäre, die Pedosphäre, die Lithosphäre, die Kryosphäre und die Biosphäre abgegrenzt. Im weiteren Sinne kann aus der Biosphäre noch die durch das menschliche Wirken beeinflusste Anthroposphäre ausgegliedert werden.

Staat* (S. 8): Ein räumlich fest umgrenztes Gebiet, welches eine politische Ordnung besitzt, die regelt, wie Menschen in diesem Gebiet zusammenleben sollen.

Stadt* (S. 75): Bezeichnung für Siedlungen, die im Vergleich zum Dorf eine höhere Einwohnerzahl, ein größeres Angebot an Arbeitsplätzen (außerhalb der Landwirtschaft) sowie eine dichte Bebauung aufweisen. Städte sind Verkehrszentren und versorgen ihr Umland mit Gütern und Dienstleistungen.

Standortfaktoren* (S. 77): Standortfaktoren sind im Allgemeinen Eigenschaften, die die Attraktivität eines Ortes bzw. einer Region für ein Unternehmen bestimmen. Die Qualität eines Standortes beeinflusst sowohl die Standortwahl bereits angesiedelter als auch ansiedlungswilliger Unternehmen. Heute werden in der Regel harte und weiche Standortfaktoren unterschieden.
Harte Standortfaktoren sind messbare Strukturdaten über einen Ort und dessen Umgebung wie beispielsweise die Verkehrsinfrastruktur, das Rohstoff- oder Arbeitskräfteangebot oder die Lagebeziehungen zu anderen Orten.
Weiche Standortfaktoren sind nur schwer messbar. Ihre Bedeutung ist im Wesentlichen von subjektiven Einschätzungen geprägt, sie können jedoch von großer Bedeutung für die Ansiedlungsentscheidung eines Unternehmens sein. Beispiele für weiche Standortfaktoren sind das Wirtschaftsklima einer Stadt bzw. einer Region (Schnelligkeit und Qualität der Beantwortung von Anfragen und der Bearbeitung von Anträgen; Offenheit und Gastfreundlichkeit von wichtigen Akteuren), das Vorhandensein gleicher, verwandter oder unterstützender Branchen und Zulieferer, Hochschul- und Forschungseinrichtungen, die Qualität des Wohnens und Wohnumfeldes oder die Umweltqualität.

Steppe (S. 32): Das baumlose Grasland der Gemäßigten Zone wird als Steppe bezeichnet. Durch das vorherrschende kontinentale Klima wird die Vegetationszeit im Zuge der Winterkälte und Sommerdürre mehrmals unterbrochen. An diese Bedingungen sind Gräser besonders gut angepasst. In der Gemäßigten Zone bilden Steppen die Übergangszone zwischen den sommergrünen ⟶ Laub- und Mischwäldern und den ⟶ Wüsten.

Strukturwandel* (S. 66): In Regionen wie dem Ruhrgebiet arbeiteten früher viele Menschen im Bergbau und in der Schwerindustrie. Heute lohnt es sich kaum noch, die schwer zugänglichen ⟶ Rohstoffe abzubauen und weiterzuverarbeiten. Da immer weniger Arbeitsplätze in diesem Wirtschaftszweig zur Verfügung stehen, müssen neue in anderen Bereichen geschaffen werden. Dies wird vor allem im Bereich der ⟶ Dienstleistungen versucht. Eine solche lang dauernde und grundsätzliche Veränderung der Wirtschaftsstruktur nennt man Strukturwandel. Auch das Aussehen des Gebiets ist dann von einem Wandel betroffen.
Darüber hinaus bezeichnet der Begriff generell die Veränderung bestehender Strukturen, so z. B. auch die Veränderung der Betriebsgrößenklassen in der Landwirtschaft.

Subsistenzwirtschaft (S. 43): Durch ein niedriges Entwicklungsniveau der Produktionstechnik und eine geringe Arbeitsteilung gekennzeichnete agrarische Wirtschaftsweise, bei der alle zum Leben benötigten Güter im eigenen landwirtschaftlichen Betrieb erzeugt werden. Subsistenzwirtschaft ist vor allem in ⟶ Entwicklungsländern verbreitet.

Subtropen (S. 30): Diese Klimazonen erstreckt sich zwischen der Tropischen Zone und der Gemäßigten Zone auf der nördlichen und südlichen Halbkugel. Merkmale des subtropischen Klimas sind: feuchte, milde Winter (nicht frostfrei) mit Niederschlägen und heiße und im Mittelmeergebiet trockene Sommer. Die durchschnittliche Jahrestemperatur beträgt etwa 18 °C.

Suburbanisierung* (S. 77): Die Verlagerung des Städtewachstums in die Vororte (englisch: *suburbs*) wird Suburbanisierung genannt. Die Wanderung der Bevölkerung, Industrie- und Dienstleistungsunternehmen über die Stadtgrenzen hinaus führt zu einem

Wichtige Grundbegriffe der Jahrgangsstufen 5 bis 10

flächenhaften Wachstum der Städte. Oft entleeren sich gleichzeitig die innerstädtischen Bereiche.
Szenario (S. 58): Aufzeichnung einer möglichen Abfolge von Ereignissen und damit die Projektion zukünftiger Entwicklungen auf Basis der heutigen Fakten und Zustände.

T

Tageszeitenklima (S. 27): Ein ⟶ Klima, bei dem die Schwankungen der Temperatur innerhalb eines Tages größer sind als die innerhalb eines Jahres.
Taiga (S. 32): ⟶ Nördlicher Nadelwald
Temperaturamplitude (S. 81): Mit diesem Begriff wird die Differenz zwischen dem höchsten und dem niedrigsten Temperaturwert bezeichnet.
Thermohaliner Antrieb (S. 38): ⟶ Meeresströmungen werden häufig durch eine unterschiedliche Temperatur und einen unterschiedlichen Salzgehalt hervorgerufen. Daraus entsteht eine unterschiedliche Dichte des Wassers: Während wärmeres oder salzärmeres Wasser eine geringere Dichte hat, hat kälteres und salzreicheres Wasser eine höhere Dichte. Wärmeres, salzärmeres Wasser steigt auf, wohingegen kälteres, salzreicheres Wasser in den polaren Gebieten absinkt. Es entsteht eine Bewegung des Meerwassers, die die verschiedenen Ozeanbecken miteinander verbindet.
Tiefland* (S. 29): So werden Gebiete bezeichnet, die nicht höher als 200 m über Normalnull liegen.
Tourismus* (S. 144): Tourismus bezeichnet alles, was mit dem Reisen von Menschen an einen Ort zu tun hat, wo sie sich erholen, vergnügen, etwas besichtigen oder auch bei einem Kuraufenthalt gesund pflegen lassen wollen. Zum Tourismus werden nur Reisen mit Übernachtungen gerechnet.
Transitverkehr* (S. 74): Personen- oder Güterverkehr durch ein Land, das weder Ausgangsort noch Zielort der Fahrt ist, wird Transitverkehr genannt.
Treibhausgase (S. 56): Das sind Gase innerhalb der ⟶ Atmosphäre, die einen Teil der von der Erdoberfläche ausgehenden Wärmestrahlung absorbieren und in alle Richtungen abstrahlen. Die Folge ist eine Erwärmung der Atmosphäre. Treibhausgase sind z. B. Wasserdampf (H_20), Kohlenstoffdioxid (CO_2), Methan (CH_4), Stickstoffdioxid (NO_2), Fluorkohlenwasserstoffe (FKW) und Ozon (O_3).
Trockenzeit (S. 37): Dies ist eine regelmäßig wiederkehrende, niederschlagsarme oder niederschlagslose Zeit (aride Zeit) innerhalb der Tropischen und der Subtropischen Zone. Gegensatz: ⟶ Regenzeit.
Tropen (S. 30): Diese ⟶ Klimazone erstreckt sich beiderseits des Äquators zwischen dem nördlichen und dem südlichen Wendekreis. Über den Tropen steht die Sonne zweimal im Jahr senkrecht (im ⟶ Zenit). Es herrscht Tageszeitenklima mit geringen jährlichen Temperaturschwankungen. Die durchschnittliche Jahrestemperatur liegt bei etwa 25 °C. Je nach den Niederschlagsverhältnissen unterscheidet man Immerfeuchte, Wechselfeuchte und Trockene Tropen.
Tropischer Regenwald (S. 40): So wird eine ⟶ Vegetationszone mit einem besonders artenreichen, immergrünen Wald in den Immerfeuchten Tropen bezeichnet. Der Tropische Regenwald ist gekennzeichnet durch gleichmäßig hohe Temperaturen (25 bis 28 °C), hohe Niederschläge (über 1.500 mm im Jahr), üppiges Wachstum und Stockwerkbau sowie eine hohe Artenvielfalt. Der Tropische Regenwald ist ein wichtiger Sauerstofflieferant und Klimaregulator der Erde.
tropischer Wirbelsturm (S. 51): ⟶ Hurrikan
Tundra (S. 32): Mit diesem Begriff wird die ⟶ Vegetationszone nördlich des ⟶ Nördlichen Nadelwaldes mit niedrigem Pflanzenwuchs (Moose, Flechten, Gräser und Zwergsträucher) bezeichnet. Das kalte Klima mit kurzen kühlen Sommern lässt keinen Baumwuchs zu. Der ⟶ Boden ist ständig gefroren und taut auch im Sommer nur oberflächlich auf (⟶ Dauerfrostboden).

U

Umland* (S. 149): Dies ist die Bezeichnung für die Umgebung einer Stadt, aus der die Menschen zur Arbeit, zum Einkaufen, zur Schule und zur Unterhaltung in die Stadt fahren. Man spricht auch vom Einzugsbereich einer Stadt. Stadt und Umland ergänzen sich gegenseitig. Die Stadt profitiert, wenn sich ihre Bewohner z. B. am Wochenende im Umland erholen.
Unterernährung (S. 12): So wird eine nicht ausreichende Nahrungsaufnahme bezeichnet, wobei der Kalorienbedarf des Körpers nicht voll gedeckt wird. Die Folgen sind körperliche und geistige Schwäche, eine hohe Anfälligkeit für Krankheiten und oft bleibende gesundheitliche Schäden.

V

Vegetationszeit* (S. 135): Die Zeit im Jahr, in der pflanzliches Wachstum möglich ist. Sie ist überwiegend temperaturabhängig. Als Faustregel gilt, dass die meisten Pflanzen Tagesmitteltemperaturen von mindestens 5 °C bei ausreichender Wasserversorgung benötigen.
Vegetationszone* (S. 32): Der Begriff Vegetationszone bezeichnet einen Raum, der sich aufgrund seiner natürlichen Vegetation bzw. der vorhandenen Pflanzengesellschaften von anderen Räumen unterscheidet und meist äquatorparallel verläuft.
Dabei kann jeder Vegetationszone eine bestimmte Vegetationsformation zugeordnet werden. Sie besteht meist aus einer charakteristischen Gruppe von Pflanzen (Bäumen, Sträuchern, Kräutern oder Gräsern), die oft zusammen auftreten und in dieser Kombination typische Gesellschaften bilden.
Zwischen den Vegetationszonen und den ⟶ Klimazonen der Erde besteht

eine enge Verbindung, da die Vegetation in hohem Maße von den Klimafaktoren beeinflusst wird. Deshalb gibt es fließende Übergänge zwischen einzelnen Vegetationszonen. Eine Abgrenzung wird auch durch den Einfluss des Menschen auf die Pflanzenwelt erschwert. Seine Eingriffe in die Natur (besonders durch die ⟶ Landwirtschaft und den Städtebau in den Ballungsräumen) sind von erheblichen Ausmaßen. Die potenzielle natürliche Vegetation eines Raumes wird immer weiter zurückgedrängt und somit weitgehend verändert.

Verdichtungsraum* (S. 72): Dabei handelt es sich um ein Gebiet mit einer hohen Bevölkerungszahl und -dichte, einer Vielfalt an Arbeitsplätzen, dichter Bebauung und einer gut ausgebauten Verkehrsinfrastruktur.

Verstädterung (S. 146): Der Begriff bezeichnet das Wachstum der Städte eines Staates hinsichtlich ihrer Einwohnerzahl und/oder Fläche, die Vermehrung der städtischen Siedlungen eines Landes oder das Wachsen des Anteils der Bevölkerung eines Staates, der in Städten lebt.

Verwitterung* (S. 41): Dieser Begriff steht für die an der Erdoberfläche ablaufende Veränderung, Zerkleinerung und Umwandlung von Gesteinen durch physikalische und chemische Prozesse, an der auch Lebewesen beteiligt sind.

Viereck der Nachhaltigkeit* (S. 141): Das Viereck der Nachhaltigkeit beschreibt das Bestreben nach einer nachhaltigen Nutzung begrenzter ⟶ Ressourcen (z. B. von Wasser). Dies ist allerdings nur möglich, wenn die Berücksichtigung der Interessen, Ziele und Bedürfnisse der an der Nutzung Beteiligten gleichzeitig und auch gleichberechtigt stattfindet. Dabei werden die Perspektiven Wirtschaft, Umwelt, Bevölkerung und Politik einbezogen.

Viertel* (S. 75): Einzelne Teile einer Stadt unterscheiden sich durch Nutzung, Aufgaben und Aussehen. So gibt es Wohnviertel, Geschäftsviertel, Industrie- und Gewerbegebiete, Erholungsgebiete und Mischgebiete.

Vulkan* (S. 53): So wird ein schild- oder kegelförmiger Berg bezeichnet, der durch den Austritt von Magma und Asche aus dem Erdinnern entstanden ist. Beim Vulkanausbruch werden flüssige und feste Materialien an die Erdoberfläche befördert. Aufgrund ihrer chemischen Zusammensetzung kann Lava verschiedene Eigenschaften besitzen: Dickflüssige Lava, die bei Eruptionen im Wechsel mit Asche austritt, setzt sich in Schichten am Vulkanhang ab. Solche Vulkane heißen Schichtvulkane. Sie befinden sich überwiegend im Bereich konvergierender Plattengrenzen und haben häufig eine Kegelform. Sehr dünnflüssige Lava verteilt sich dagegen weiträumig fließend mit Geschwindigkeiten bis zu 50 km/h. Bei diesen Vulkantypen kommt es nicht zu einem explosionsartigen Ausbruch, da die Lava ruhig aus dem Krater fließt, wobei sie große Entfernungen zurücklegen kann. Sehr häufig geschieht das im Bereich divergierender Plattengrenzen. Es entstehen flache, großflächige, aber nur leicht gewölbte Schildvulkane.

Vulkanismus* (S. 55): So werden alle Prozesse und Erscheinungsformen bezeichnet, die mit einem Magmaaufstieg zur Erdoberfläche im Zusammenhang stehen. Ein sichtbares Zeichen für Vulkanismus sind die ⟶ Vulkane.

Vulnerabilität (S. 152): Die Vulnerabilität (Verwundbarkeit) einer Region ergibt sich aus dem Grad der Gefährdung durch existenzbedrohende Ereignisse sowie das Fehlen von Möglichkeiten zur Eindämmung der Folgen.

W

Wadi (S. 80): So wird ein trockenes Tal der ⟶ Wüste bezeichnet, das allenfalls episodisch bei seltenen Starkregenereignissen Wasser führt, dann jedoch oft in großen Mengen.

Wanderfeldbau (S. 43): ⟶ shifting cultivation

Wüsten (S. 80): In diesen Gebieten ist aufgrund großer Trockenheit (Trockenwüste) oder geringer Temperaturen (Kälte- oder Eiswüste) von Natur aus nur spärliches Pflanzenwachstum möglich. Auf der Erde sind Trockenwüsten in den Tropen (z. B. Sahara) und Außertropen (z. B. Gobi), verbreitet, Kältewüsten in den Hochgebirgen und den Polargebieten. Nach der Beschaffung der Oberfläche unterscheidet man die Wüstenarten: Felswüste (⟶ Hamada), Kieswüste (⟶ Serir) und Sandwüste (⟶ Erg). Hinsichtlich ihrer Entstehung werden dagegen die Wüstentypen Wendekreiswüsten, Binnenwüsten und Küstenwüsten unterschieden.

Z

Zenit (S. 27): Das ist der Punkt am Himmel, der sich senkrecht über dem Beobachter auf der Erdoberfläche befindet. Wenn die Sonne im Zenit steht, dann treffen ihre Strahlen im rechten Winkel auf die Erdoberfläche auf. Die Sonne kann nur zwischen den beiden Wendekreisen im Zenit stehen.

Zenitalregen (S. 37): So werden tropische Niederschläge bezeichnet (meist in Form heftiger Gewitter), die kurz nach dem Zenitalstand der Sonne einsetzen. Dort, wo die Sonne senkrecht einstrahlt, erwärmt sich die Luft besonders stark. Die in große Höhe aufsteigenden Luftmassen kühlen sich ab, der mitgeführte Wasserdampf kondensiert und es kommt zu starker Wolkenbildung und heftigem Gewitterregen.

Zone der Hartlaubgewächse* (S. 32): Diese ⟶ Vegetationszone kommt im Bereich von heißen, trockenen Sommern und regenreichen, milden Wintern vor, z. B. im Mittelmeergebiet der subtropischen ⟶ Klimazone. Typisch sind immergrüne Pflanzen, die sich an sommerliche Trockenheit angepasst haben. Diese Pflanzen besitzen lederartige, harte und oft kleine Blätter, um die Verdunstung zu minimieren. Hartlaubgewächse sind z. B. Lorbeer, Ölbaum sowie verschiedene Eichenarten.

Sachverzeichnis

Alle **fett** gedruckten Begriffe sind als „wichtige Grundbegriffe“ hier im Anhang erläutert.

Abtragung 109, 114
Agenda 2030 7, 14, 15
Alpen 51
Analphabetismus 14
anthropogen 56, 57, 66-69, 100, 105
anthropogener Treibhauseffekt 56, 57, 60, 66, 68
Äquator 25, 28, 30, 36, 38, 152
arid 24, 102
Armut 14, 20, 21
Atlas 34
Atmosphäre 28, 36, 38, 50, 53, 54, 56
ausländische Direktinvestitionen 120

bad governance 119
Beleuchtungszonen 26, 27
Bewässerungslandwirtschaft 84
Big Mac Index 10, 11
Binnenmigration 90
Biodiversität 40
BNE 8, 9, 10
Boden 40, 100, 102, 104, 108, 112, 138
Bodenerosion 112, 138
Brandrodung 43, 138, 140
Breitenkreis 28
Bruttoinlandsprodukt (BIP) 10
Bruttonationaleinkommen (BNE) 8, 10

Cashcrops 114, 142
chemische Verwitterung 41
City* 78
Container* 39
Corioliskraft 36, 38, 152

Dauerfrostboden (Permafrost) 60
Deflation 104
Dendrochronologie 52
Denudation 104
Desertifikation 104, 105, 106, 116, 117
Dienstleistungen 10, 66, 76, 123
diversifizieren 94
Dornsavanne 102, 103, 106
Dritte Welt 6, 7
Dürren 108, 110, 112, 114

Eine Welt 6, 7
Eiszeitalter 52
Entwicklungshilfe 16, 17, 127
Entwicklungsländer 6, 16
Entwicklungszusammenarbeit 7, 16, 17, 18, 117, 127
Epiphyten 40
Erdachse 26
Erdgas 92, 93, 118
Erdöl 92, 93, 118, 119
Erdrevolution 26
Erdrotation 26, 38
Erg 80, 81
erneuerbare Energien 58, 94, 124
Erosion 102, 104, 112, 138, 141
EU 90, 115
Experiment 64
Exportkulturen 115
extraterrestrisch 53
extensive Landnutzung 45

Fairtrade 142
Feuchtsavanne 102, 103, 106
Feuchtwälder 33
FKW 57
Foodcrops 114
fossile Energieträger 56
fossile Grundwasserreserven 44

Gated Communities 146
GDI 9
Gemäßigte Zone 26, 29, 31
Gemeinde 66, 68, 77, 116
Geozonen 32
Gesteine 41, 80, 81, 92, 132
Gezeiten 38
Gletscher 48, 50
globale Erwärmung 51
Globus 29
Golfstrom 38, 39
Gradnetz 46
Grunddaseinsfunktionen 76

Hamada 80, 81
Hartlaubgewächse 32
HDI 8, 9
Hilfe zur Selbsthilfe 16, 17, 116, 117
Hochgebirge 132
Hochgebirgsvegetation 100
Höhengrenzen 134
Höhenstufen 134, 135
Human Development Index (HDI) 8, 9
humid 102, 128
Hurrikan 152, 153
Hydrosphäre 60
Hypertourismus 144
hypsometrisches Gliederungsprinzip 31

Index 8
Index der geschlechtsspezifischen Entwicklung (GDI) 9
Index der mehrdimensionalen Armut (MPI) 9
Index der menschlichen Entwicklung 8
indigene Bewohner 139, 145
indigene Völker 42, 44
Industrie 6, 63, 76, 82, 85, 118
Industriegebiet 76
Industrieland 6, 92, 93
informeller Sektor 11, 138
Infrastruktur 145, 146, 148, 149
Innertropische Konvergenzzone (ITC) 36, 37, 102
intensive Landnutzung 32, 111, 115
Internationale Migration 90
IPCC 50, 60
ITC 36, 37, 102

Jahrestemperaturamplitude 30
Jahreszeitenklima 26, 27

Kalte Zone 29, 32
Karibik 132
Kausalprofil 34
Kippelement 61
Klima 24-69
Klimadiagramm 30, 40, 46, 109
Klimaelemente 29, 100
Klimaschutz 66
Klimaschwankungen 53
Klimawandel 49-68, 107
Klimazonen 29, 30, 36, 61, 100, 132, 133
Kolonialisierung 89, 120
Kolonialismus 89, 120
Konstruktivismus 126, 127
Kontinent* 39
Korruption 118, 119, 126
Kryosphäre 60
Kultur 14, 43, 72, 73, 75, 76
Kulturraum 72, 73
Küstenwüste 132

Lagerstätten 92
Landflucht 146
Landgrabbing 120
ländlicher Raum 14

Landschaft 32, 34, 72, 104
Landschaftszonen 32
Landwirtschaft 32, 34, 43, 111, 114, 120
Lateinamerika 132
Laub- und Mischwald 32
Laub- und Mischwaldzone 32
Lebenserwartung 8, 9, 12, 13
Legende 78

Mangelernährung 12
Marginalsiedlungen 146
maritim-kontinentales
Gliederungsprinzip 30
Massentourismus 144
Maßstab 79
Medina 74
Meeresströmungen 38, 39, 53
Metropole 131, 146, 155
Metropolisierung 146, 147
Migration 90
Mini-Grid 125
Mischkultursystem 141
Mittelamerika 132
Modell 78
Monokultur 120, 142
Monostruktur 94
Mure 60
Mykorrhiza 41

nachhaltige Entwicklung 6, 7, 15, 16, 66, 99, 119
nachhaltige Landwirtschaft 140
nachhaltige Nutzung 112, 113, 116, 140, 145, 148
nachhaltige Stadtentwicklung 148
Nationalpark 89
natürlicher Treibhauseffekt 54, 55
Naturraum 35, 42, 44, 73, 88, 132, 154
Netzdiagramm 150
Nichtregierungsorganisationen (NGO) 17
Niederschlagsvariabilität 108
Nomadismus 44, 45, 87, 88, 110
Nördlicher Nadelwald 32

Oase 44, 86, 87
Ökosystem 8, 40, 41, 61, 148
Ökozone 100
OPEC 92
Orient 72, 73
orientalische Stadt 74, 78, 79
Ozean 39

Passat 36, 37, 38, 102, 108
Passatzirkulation 37, 102, 108
periphere Region 14
Peripherie 14
Permafrost 51, 60, 61, 69
physikalische Verwitterung 81
Plankton 92
Plantage 142
Primärwald 43
Pull-Faktor 90
Push-Faktor 90

Regenzeit 37, 102, 106, 108
regionale Disparitäten 7
Relief 35, 100, 132
Reliefenergie 138
Ressourcen 73, 94, 110, 118
Ressourcenfluch 118
Rohstoff 92, 93, 118, 119
Rückkopplungseffekt 61

Sahelzone 106, 107, 108, 114
Saison 144
Sanfter Tourismus 145
Savanne 33 - 35, 37, 100, 101, 102, 103
schlechte Regierungsführung 119
Schneegrenze 134
Sekundärwald 43
Serir 80, 81
shifting cultivation 43
Souk 74
Sphäre 28, 38, 50, 54, 55, 56, 61
Spurengase 54
Staat 8
Stadt 75
Stadtmodell 78
Standortfaktoren 77
Steppe 32
Stereotype 126
Stockwerkbau 40, 41, 138, 141
Strukturwandel 66
Subsistenzwirtschaft 42, 43, 44, 114
Subtropen 26, 29, 30, 32
Suburbanisierung 77
Südamerika 132
Szenario 58

Tageszeitenklima 27, 135
Taiga 32
Temperaturamplitude 81
Temperaturzonen 29
Terra Preta 140
terrestrisch 53

thermohaliner Antrieb 38, 39
Tiefland 29
Tierra caliente 134, 135
Tierra fria 134, 135
Tierra helada 134, 135
Tierra nevada 134, 135
Tierra templada 134, 135
Tourismus 86, 144, 145
Transitverkehr 74
Treibhausgase 55, 56, 57
Trockensavanne 102, 103, 106
Trockenzeit 37, 42, 102, 108, 113
Tropen 27, 29, 30, 32
Tropischer Regenwald 40 - 43, 101, 102, 132, 133, 136 - 141
tropischer Wirbelsturm 51, 152, 153
Tundra 32

Übernutzung 105, 106, 114, 116
Überweidung 110, 111
UNESCO 14
Umland 149
Unterernährung 12

Vegetationszeit 135
Vegetationszonen 29, 32, 36, 100, 132, 133
Verdichtungsraum 72
Verstädterung 146, 147
Verwitterung 41, 80, 81
Viereck der Nachhaltigkeit 140, 141
Viertel 75
Vulkan 53, 60, 132, 135
Vulkanismus 55
Vulnerabilität 153

Wadi 80
Wanderfeldbau 43
Wassermangel 82, 83
Wasserverfügbarkeit 82, 83
Welthungerindex 12, 13
west-östliches Gliederungsprinzip 30
Wirkungsgefüge 104, 105, 119
Wüste 44, 80, 81, 102

Zenit 27, 37
Zenitalregen 37
zentral-peripheres
Gliederungsprinzip 30
zonales Gliederungsprinzip 30
Zone der Hartlaubgewächse 32

Klima- und Vegetationszonen der Erde im Überblick

© Klett
nördl. Polarkreis
nördl. Wendekreis
Äquator
südl. Wendekreis
PAZIFISCHER
OZEAN
INDISCHER OZEAN
Werchojansk
Jakutsk
Tobolsk
Bratsk
Irkutsk
Nowosibirsk
Semey
Aralsk
Almaty
Ürümqi
Wladiwostok
Beijing (Peking)
Tokyo
Teheran
Lhasa
Shanghai
Delhi
Kolkata (Kalkutta)
Karachi
Riyad (Riad)
Xianggang (Hongkong)
Mumbai (Bombay)
Manila
Bangkok
Chennai (Madras)
Aden
Ho Chi Minh (Saigon)
Colombo
Mogadischu
Singapur
Jakarta
Darwin
Alice Springs
Perth
Sydney
Melbourne
Christchurch
Tropische Zone (um 25°C)
11 tropische Wüste (0–2 Monate feucht)
12 Dornsavanne (2–4½ Monate feucht)
13 Trockensavanne (4½–7 Monate feucht)
14 Feuchtsavanne (7–9½ Monate feucht)
15 Tropischer Regenwald (9½–12 Monate feucht)
nach Troll und Paffen 1964, bearbeitet von Arno Schultze
Maßstab ca. 1 : 94 000 000

Nachweise

Quellennachweis Bild

Cover.o. Getty Images, München (Education Images / UIG); **Cover.u.** Ernst Klett Verlag GmbH, Stuttgart (Archiv Geografie) **2.1** stock.adobe.com, Dublin (Franz Pfluegl); **2.2** Schaar, Wolfgang, Grafing; **2.3** ©Sebastian Copeland 2006 in association with Quigley/SpectralQ; **3.4** Getty Images Plus, München (studiodr); **3.5** laif, Köln (Markus Mauthe); **3.6** Getty Images Plus, München (iStock / DavorLovincic); **3.7** stock.adobe.com, Dublin (Syda Productions); **4.1** stock.adobe.com, Dublin (Franz Pfluegl); **5.2** Jürgen Tomicek Karikaturen, Werl-Westönnen; **6.1,2** Schaar, Wolfgang, Grafing; **6.1.1** Getty Images Plus, München (omgimages); **6.2.1** Alamy stock photo, Abingdon (Godong); **7.3,4** Schaar, Wolfgang, Grafing; **7.3.2** ShutterStock.com RF, New York (Andrzej Kubik); **7.4.2** ShutterStock.com RF, New York (Santiago Salinas); **8.1** Ernst Klett Verlag GmbH, Stuttgart; **9.3** Jäckel, Diana, Erfurt, nach United Nations Development Programme: Human Development Reports, unter: www.hdr.undp.org (Zugriff am 20. 4. 2021); **10.1** Ernst Klett Verlag, Stuttgart nach Worldbank - GNI per capita, Atlas method (current US$), 2019. Unter: https://data.worldbank.org/indicator/NY.GNP.PCAP.CD?view=map (Zugriff 20.07.2020); UNCTAD - The Least Developed Countries Report 2019. Unter: https://unctad.org/en/pages/PublicationWebflyer.aspx?publicationid=2571 (Zugriff 20.07.2020); **11.3** Eckenfelder, Bettina, Hörselberg-Hainich nach McDonald's, Thomson Reuters, IMF, The Economist; **11.5** ShutterStock.com RF, New York (Christine Gonsalves); **12.1** Ernst Klett Verlag, Stuttgart nach Deutsche Welthungerhilfe e. V.: Welthunger-Index 2019. Unter: https://www.welthungerhilfe.de/aktuelles/publikation/detail/welthunger-index-2019/ (Zugriff 14.07.2022); **12.2** Picture-Alliance, Frankfurt/M. (Ecvet Atik); **13.3** Ernst Klett Verlag GmbH, Stuttgart; **13.4** Ernst Klett Verlag GmbH, Stuttgart; **13.5** Jäckel, Diana, Erfurt, nach United Nations Development Programme: Human Development Reports, unter: http://www.hdr.undp.org (Zugriff am 20.04.2021); **14.1** Ernst Klett Verlag GmbH, Stuttgart; **15.2** Quelle: UNDP; **15.3** Jäckel, Diana, Erfurt, Datenquelle: CIA; The World Fact Book, unter: www.cia.gov/theworld-factbook/field/literacy (Zugriff am 06.05.2021); **15.5** Getty Images, München (Andrew Burton); **16.1** Brink, Mele, Aachen; **17.4** Jäckel, Diana, Erfurt, Daten nach BMZ; **18.1** Schaar, Wolfgang, Grafing; **18.2** Erös, Dr. med. Reinhard und Annette, Mintraching; **19.3,4,5** Erös, Dr. med. Reinhard und Annette, Mintraching; **20.1** ShutterStock.com RF, New York (Jose HERNANDEZ Camera 51); **20.2** Getty Images Plus, München (mheim3011); **21.3** Picture-Alliance, Frankfurt/M. (dpa-infografik GmbH); **22.1** Liebermann, Erik, Steingaden; **23.2** Ernst Klett Verlag GmbH, Stuttgart; **24.1** Schaar, Wolfgang, Grafing; **26.1,2** Schaar, Wolfgang, Grafing; **27.3,4,6** Schaar, Wolfgang, Grafing; **27.5** Ernst Klett Verlag GmbH, Stuttgart; **28.1** Ernst Klett Verlag GmbH, Stuttgart (Georg Pinter, Königswinter); **28.2,4** Jäckel, Diana, Erfurt; **28.3** Schaar, Wolfgang, Grafing; **29.5** Ernst Klett Verlag GmbH, Stuttgart; **30.1,2,3,4** Jäckel, Diana, Erfurt; **31.5** Ernst Klett Verlag GmbH, Stuttgart; **32.1** ShutterStock.com RF, New York (Gregory A. Pozhvanov); **32.1.1** Picture-Alliance, Frankfurt/M. (blickwinkel / W. Seeliger); **32.1.2** ShutterStock.com RF, New York (rawcaptured photography); **32.1.3** ShutterStock.com RF, New York (Solodov Alexey); **32.1.4** https://creativecommons.org/licenses/by-sa/4.0/deed.de, Mountain View (Markus Schweiss); CC-BY-SA-4.0 Lizenzbestimmungen: https://creativecommons.org/licenses/by-sa/4.0/legalcode, siehe *3; **33.1.5** Getty Images Plus, München (baona); **33.1.6** ShutterStock.com RF, New York (PHOTOCREO Michal Bednarek); **33.1.7** iStockphoto, Calgary, Alberta (Francisco Romero); **33.2** Ernst Klett Verlag GmbH, Stuttgart; **34.1,2** Schaar, Wolfgang, Grafing; **36.1,2** Schaar, Wolfgang, Grafing; **37.3,4** Schaar, Wolfgang, Grafing; **37.5** Ernst Klett Verlag GmbH, Stuttgart; **38.1** Ernst Klett Verlag GmbH, Stuttgart; **38.2** Schaar, Wolfgang, Grafing; **39.3,4** Schaar, Wolfgang, Grafing; **40.1** Alamy stock photo, Abingdon (Fred Pinheiro); **40.2** stock.adobe.com, Dublin (kleinermann82); **40.3** Jäckel, Diana, Erfurt; **41.4** Schaar, Wolfgang, Grafing; **41.5** ShutterStock.com RF, New York (Ochkin Alexey); **42.1** Schaar, Wolfgang, Grafing; **42.2,4,4** Seifart, Sophia, Nördlingen; **43.5,6,8** Schaar, Wolfgang, Grafing; **43.7** Jäckel, Diana, Erfurt; **44.1** Schaar, Wolfgang, Grafing; **44.2** stock.adobe.com, Dublin (Francisco Javier Gil); **44.3** Alamy stock photo, Abingdon (Abdelkarime Achtaou); **45.4** Seifart, Sophia, Nördlingen; **45.5,6,7,8** Schaar, Wolfgang, Grafing; **46.1,2** Schaar, Wolfgang, Grafing; **46.3** Getty Images Plus, München (czekma13); **46.4,5** Jäckel, Diana, Erfurt; **48.1.A** ©Sebastian Copeland 2006 in association with Quigley/SpectralQ; **48.1.B** AFP Agence France-Presse GmbH, Berlin (Jeremie Richard); **48.1.C** stock.adobe.com, Dublin (bravajulia); **50.1** Schaar, Wolfgang, Grafing; **52.1** Picture-Alliance, Frankfurt/M. (AP Photo/Ricardo Lopez); **52.2** Alamy stock photo, Abingdon (ARCTIC IMAGES); **52.3** Image Professionals, München (Science Photo Library); **53.4** Jäckel, Diana, Erfurt, https://creativecommons.org/licenses/by-sa/4.0/deed.de (Glen Fergus, hg6996), Lizenzbestimmungen siehe: https://creativecommons.org/licenses/by-sa/4.0/legalcode; **54.1** Jäckel, Diana, Erfurt; **54.2** creanovo - motion & media design GmbH, Axel Kempf, Hannover; **56.1** Jäckel, Diana, Erfurt, nach: www.globalcarbonatlas.org/en/CO2-emissions und Friedlingstein et al., 2020 : The Global Carbon Budget 2020, Earth System Science Data; **57.3** creanovo - motion & media design GmbH, Axel Kempf, Hannover; **57.4** Jäckel, Diana, Erfurt; **58.1** Jäckel, Diana, Erfurt; **59.2** Schaar, Wolfgang, Grafing; **59.3** Jäckel, Diana, Erfurt; **60.1** NASA, Washington , D.C. (Joshua Stevens, using Landsat data from the USGS); **60.2** NASA, Washington , D.C. (Joshua Stevens, using Landsat data from the USGS); **61.3** Oser, Liliane, Hamburg nach IPCC: IPCC-Sonderbericht über den Ozean und die Kryosphäre (SROCC). IPCC 2019, unter www.de-ipcc.de/252.php; **61.4** Oser, Liliane, Hamburg, nach: NASA: ANTARCTICA MASS VARIATION SINCE 2002; unter: https://climate.nasa.gov/vital-signs/ice-sheets (Zugriff vom 12.01.2021); **61.5** Oser, Liliane, Hamburg nach IPCC: IPCC-Sonderbericht über den Ozean und die Kryosphäre (SROCC). IPCC 2019, unter: https://www.de-ipcc.de/252.php; **62.2** Getty Images Plus, München (Ralf Geithe); **62.3** Ernst Klett Verlag, Stuttgart Climate Central - Coastal Risk Screening Tool. Unter: https://coastal.climatecentral.org/map (Zugriff: 07.09.2020); **63.4** Oser, Liliane, Hamburg, nach www.br.de/wissen/wetter-extremwetter-klimawandel-100.html; **63.5** Oser, Liliane, Hamburg, nach www.umweltbundesamt.de/sites/default/files/medien/1410/publikationen/das_monitoringbericht_2019_barrierefrei.pdf, Seite 19, Datenquelle: DWD, NOAA; **63.6** Oser, Liliane, Hamburg, verändert nach www.br.de/klimawandel/jahreszeiten-veraenderungen-klimawandel-100.html; **64.1** Oser, Liliane, Hamburg; **66.1** Allgäuer Zeitungsverlag GmbH, Kempten (Ralf Lienert); **67.2,3,4** Oser, Liliane, Hamburg; **68.1** Ernst Klett Verlag, Stuttgart T. Mette und Ch. Kölling: Die Zukunft der Kiefer in Franken, In: LWF aktuell, Ausgabe 125 (Heft 2/2020: Wald unter Druck), Bayerische Forstverwaltung München 2020, unter: https://www.lwf.bayern.de/mam/cms04/service/dateien/a125_gesamt_nbf.pdf (Zugriff 02.06.2021); **68.2** Schaar, Wolfgang, Grafing; **68.2.1** imago images, Berlin (Arnulf Hettrich); **69.3** Oser, Liliane, Hamburg; **70.1** Getty Images Plus, München (studiodr); **72.1** Getty Images Plus,

München (iStock / Julie Maksimova); **72.2** Getty Images Plus, München (iStock / Delpixart); **72.3** Getty Images Plus, München (iStock / adisa); **72.4** Getty Images Plus, München (Travel Wild); **73.5** Ernst Klett Verlag GmbH, Stuttgart; **74.1** Ernst Klett Verlag GmbH, Stuttgart; **74.2** Brodengeier, Dr. Egbert, Lichtenberg; **74.3** Getty Images Plus, München (SvetlanaSF); **74.4** Getty Images Plus, München (soldat007); **75.5** stock.adobe.com, Dublin (Dan Race); **75.6** Getty Images Plus, München (J-Picture); **75.7** Ernst Klett Verlag, Stuttgart http://online-service.nuernberg.de/Themenstadtplan/Stadtplan.aspx (Zugriff 06.07.2021) https://geoportal.bayern.de/bayernatlas/?topic=ba&lang=de&bgLayer=atkis&catalogNodes=11,122 (Zugriff 06.07.2021); **75.8** Getty Images Plus, München (jimfeng); **76.1** ShutterStock.com RF, New York (TMP - An Instant of Time); **76.2** Alamy stock photo, Abingdon (philipus); **76.4** Getty Images Plus, München (Thomas Faull); **76.5** stock.adobe.com, Dublin (Henry Schmitt); **76.6** Picture-Alliance, Frankfurt/M. (robertharding); **77.7** Getty Images Plus, München (J-Picture); **77.8** Alamy stock photo, Abingdon (imageBROKER); **77.9** Alamy stock photo, Abingdon (Jeremy Graham); **77.10** Alamy stock photo, Abingdon (Mattis Kaminer); **77.11** stock.adobe.com, Dublin (Lichtblick); **78.1** Getty Images Plus, München (iStock / marcociannarel); **79.2,3** Jäckel, Diana, Erfurt; **79.4** Ernst Klett Verlag GmbH, Stuttgart; **80.1** Schaar, Wolfgang, Grafing; **80.1 o.li.** Picture-Alliance, Frankfurt/M. (imageBROKER); **80.1 o.m.** Getty Images Plus, München (DejanGileski); **80.1 o.re.** Getty Images Plus, München (Gim42); **81.3** Jäckel, Diana, Erfurt, nach ADAMINA, M. (2008): Vorstellungen von Schülerinnen und Schülern zu raum, zeit- und geschichtsbezogenen Themen. Eine explorative Studie in Klassen des 1., 3., 5. und 7. Schuljahres im Kanton Bern. Münster; **81.4** Alamy stock photo, Abingdon (agefotostock); **81.5** Ernst Klett Verlag GmbH, Stuttgart; **81.6** Schaar, Wolfgang, Grafing; **82.1** Ernst Klett Verlag, Stuttgart Molden, David (Hrsg.): Water for food - Water for Life, Earth Scan, London 2007, unter: www.iwmi.cgiar.org/assessment/Publications/books.htm (S.11, Zugriff 05.07.2021); **83.2** Ernst Klett Verlag, Stuttgart nach: Bundesministerium für wirtschaftliche Zusammenarbeit (Hrsg.): Überlebensfrage Wasser - eine Ressource wird knapp. Bonn 1995, S. 41, aktualisiert; **83.3** Ernst Klett Verlag, Stuttgart Müller-Mahn, D: Wasser als Konfliktstoff im Nahen Osten, Mitteilungen der Fränkischen Geographischen Gesellschaft, Bd. 59, unter: http://fgg-erlangen.de/fgg/ojs/index.php/mfgg/article/view/261/241 (Zugriff 05.07.2021); Mohamed, Ahmed u.a.: Aquifer recharge, depletion, and connectivity: Inferences from GRACE, land surface models, and geochemical and geophysical data. In: Geological Society of America, Bulletin 129, Ausgabe 5-6, Argonne (USA) 2016, unter: https://pubs.geoscienceworld.org/gsa/gsabulletin/article/129/5-6/534/207843/Aquifer-recharge; **84.1** Alamy stock photo, Abingdon (Yadid Levy); **84.2** Schaar, Wolfgang, Grafing; **84.3** Picture-Alliance, Frankfurt/M. (Pippa Hetherington / africamediaonline); **84.4** Mauritius Images, Mittenwald (Stefano Ravera / Alamy); **85.5** Jäckel, Diana, Erfurt, nach https://embassies.gov.il/berlin/departments/offentlichkeitsarbeit/Publikationendocs/Water_Israel%20_und_seine_Nachbarn.pdf; **85.6** Jäckel, Diana, Erfurt, nach ww.cbs.gov.il/he/mediarelease/DocLib/2017/138/01_17_138e.pdf; **85.8** Ernst Klett Verlag GmbH, Stuttgart; **86.1** Hungreder, Rudolf, Leinfelden-Echterdingen; **87.3** Getty Images, München (DigitalGlobe/ScapeWare3d / DigitalGlobe); **87.4.1** stock.adobe.com, Dublin (hecke71); **87.4.2** laif, Köln (Amit Shabi); **88.1** stock.adobe.com, Dublin (frenta); **89.6** ShutterStock.com RF, New York (Marianoblanco); **89.7** Schaar, Wolfgang, Grafing; **90.3** Getty Images, München (Getty Images News / Marco Di Lauro); **90.4** Picture-Alliance, Frankfurt/M. (Emrah Yorulmaz); **91.5** Ernst Klett Verlag, Stuttgart HDI nach: http://hdr.undp.org/en/content/latest-human-development-index-ranking (Zugriff 05.07.2021) Flüchtlingszahen https://frontex.europa.eu/media-centre/news/news-release/irregular-migration-into-eu-last-year-lowest-since-2013-due-to-covid-19-j34zp2 (Zugriff 05.07.2021) https://frontex.europa.eu/we-know/migratory-map/ (Zugriff 05.07.2021); **91.6** Ernst Klett Verlag, Stuttgart nach UNHCR – Operational Portal Refugee Situations - Syria Regional Refugee Response. Unter: https://data2.unhcr.org/en/situations/syria (Zugriff: 30.08.2017); **92.1** Picture-Alliance, Frankfurt/M. (Jürgen Effner); **92.2** Schaar, Wolfgang, Grafing; **93.3** Ernst Klett Verlag GmbH, Stuttgart; **93.5** Jäckel, Diana, Erfurt, https://creativecommons.org/licenses/by-sa/4.0/deed.de (Hankwang), Lizenzbestimmungen siehe: https://creativecommons.org/licenses/by-sa/4.0/legalcode; **93.6** Jäckel, Diana, Erfurt, nach www.bp.com/content/dam/bp/business-sites/en/global/corporate/pdfs/energy-economics/statistical-review/bp-stats-review-2020-oil.pdf; **94.1** ShutterStock.com RF, New York (LMspencer); **94.2** Masdar, Abu Dhabi; **95.3** Google Earth, Image (c) 2021 Maxar Technologies. Google and the Google logo are registered trademarks of Google LLC, used with permission.; **95.4** Ernst Klett Verlag, Stuttgart Masdar: Masdar City Master Plan. Unter: https://masdar.ae/en/masdar-city/the-city/sustainability (Zugriff 07.12.2017); **95.5** Hoffmann, Dr. Thomas, Lauf; **96.1** iStockphoto, Calgary, Alberta (Jan Rihak); **96.3** Hungreder, Rudolf, Leinfelden-Echterdingen; **97.4** (c) 2017, Digital Globe; **97.5** Jäckel, Diana, Erfurt; **98.1** Google Earth; Data SIO, NOAA, U.S. Navy, NGA, GEBCO; Image Landsat/Copernicus; IMage IBCAO. ©2019 Google LLC, used with permission. Google and the Google logo are registered trademarks of Google LLC.; **99.2** laif, Köln (Markus Mauthe); **99.3** Getty Images Plus, München (Yannick Tylle); **100.1** Alamy stock photo, Abingdon (Tracy Angus-Hammond); **100.2** Picture-Alliance, Frankfurt/M. (OKAPIA KG/Ingo Gerlach); **100.3** Getty Images, München (Photo Disc); **101.4** Ernst Klett Verlag GmbH, Stuttgart; **101.5** Schaar, Wolfgang, Grafing; **102.1** ShutterStock.com RF, New York (vladsilver); **103.2** Okapia, Frankfurt (M. & C. Denis-Huot/BIOS); **103.3,6,9** Schaar, Wolfgang, Grafing; **103.4,7,10** Jäckel, Diana, Erfurt; **103.5** Getty Images Plus, München (brytta); **103.8** iStockphoto, Calgary, Alberta (TT); **104.1** Keystone-SDA, Bern (Dr. Georg Gerster); **105.3** Jäckel, Diana, Erfurt; **106.1** Ernst Klett Verlag GmbH, Stuttgart; **108.1** VISUM Foto GmbH, München (David Rose / Panos Pictures); **108.2** Jäckel, Diana, Erfurt, Quelle: Institut National de la Statistique - Niger. Annuaire Stattistique 2010. Environment, unter: http://www.stat-niger.org/statistique/file/Annuaires_Statistiques/Annuaire_ins_2010/34.pdf, aktualisiert nach: http://www.weatheronline.de; **108.3** laif, Köln (Eva Haeberle); **109.4,6** Schaar, Wolfgang, Grafing; **109.5** Jäckel, Diana, Erfurt; **109.7** Hungreder, Rudolf, Leinfelden-Echterdingen; **110.1** Mauritius Images, Mittenwald (Robert Estall photo agency / Alamy); **110.2** Jäckel, Diana, Erfurt, nach www.fao.org/faostat/en/#compare; **111.3** Schaar, Wolfgang, Grafing; **111.4** stock.adobe.com, Dublin (Sandra); **112.1** Alamy stock photo, Abingdon (frans lemmens); **112.2** ddp media GmbH, Hamburg (BO / UIG / Edwards); **113.3** Kéré, Albert, Ouagadougou; **113.5** Ernst Klett Verlag GmbH, Stuttgart; **114.1** laif, Köln (Ton Koene/GAMMA-RAPHO); **114.2** ShutterStock.com RF, New York (Oliver S); **114.li.u.** Hungreder, Rudolf, Leinfelden-Echterdingen; **115.3** Ernst Klett Verlag GmbH, Stuttgart; **116.1** Ernst Klett Verlag GmbH, Stuttgart; **117.2** Picture-Alliance, Frankfurt/M.

(imageBROKER/Florian Kopp); **117.3** laif, Köln (Paul Hahn); **118.1** Ernst Klett Verlag GmbH, Stuttgart; **118.2** Picture-Alliance, Frankfurt/M. (AP Photo / George Osodi); **118.3** Picture-Alliance, Frankfurt/M. (Peter_Cunliffe-Jones); **119.4** Eckenfelder, Bettina, Eisenach; nach: U. S. Energy Information Administration: Nigeria, auf www.eia.gov/beta/international/analysis.php?iso=NGA (Zugriff am 17.05.2021); **119.5** Eckenfelder, Bettina, Wenigenlupnitz; nach: Philipps-Universität Marburg / Institut für Vergleichende Kulturforschung: Lehrforschungsprojekt „Kosmographien der Natur": Erdölförderung im Nigerdelta.; **120.2** Schwarwel, Leipzig; **121.4** Ernst Klett Verlag, Stuttgart nach Land Matrix, public database on land deals unter https://landmatrix.org/map (Africa/ Oktober 2018); **122.2** Schaar, Wolfgang, Grafing; nach: Morgan Ashenfelter, M-Banking Needs to E-merge, in: Building Markets, 9. Juni 2011; **123.4** Alamy stock photo, Abingdon (Joerg Boethling); **124.1** Ernst Klett Verlag, Stuttgart nach IEA (International Energy Agency): Africa Energy Outlook 2019, Paris 2019, S.42, unter: https://www.iea.org/reports/sdg7-data-and-projections/access-to-electricity (Zugriff 21.07.2021); **124.2** ddp media GmbH, Hamburg (CAMERA PRESS/ Thierry Charlier); **124.3** Getty Images, München (© 2015 Bloomberg Finance LP); **125.4** Schaar, Wolfgang, Grafing; **126.1** Getty Images, München (AFP / Freier Fotograf); **126.2** Picture-Alliance, Frankfurt/M. (kpa); **126.3** imago images, Berlin (Ronald Grant Archive / Mary Evans); **127.4** Picture-Alliance, Frankfurt/M. (Marvel / Walt Disney Studios Motion Pictures / Courtesy Everett Collection); **128.1** ShutterStock.com RF, New York (enote); **128.2** stock.adobe.com, Dublin (Wagner Christian); **129.3** Schaar, Wolfgang, Grafing; **129.4** Ernst Klett Verlag GmbH, Stuttgart; **130.A** iStockphoto, Calgary, Alberta (RF/Celso Pupo Rodrigues); **130.B** imago images, Berlin (JOKER / Walter G Allgoewer); **130.C** Action Press GmbH, Hamburg (Zuma Press Inc.); **130.D** Getty Images Plus, München (iStock / DavorLovincic); **132.1** Schaar, Wolfgang, Grafing; **132.3** Schaar, Wolfgang, Grafing; nach Vorlagen für Klimadiagramme und Klimadaten unter www.klimadiagramme.de/pics/st_per.html; **133.4** Ernst Klett Verlag GmbH, Stuttgart; **134.1** Schaar, Wolfgang, Grafing; **134.2** akg-images, Berlin; **134.3** Alamy stock photo, Abingdon (Steve Bloom Images); **134.4** Alamy stock photo, Abingdon (Elsa Fraga); **134.5** Alamy stock photo, Abingdon (Kseniya Ragozina); **135.6** Schaar, Wolfgang, Grafing; **136.1** Schaar, Wolfgang, Grafing; **136.2** Picture-Alliance, Frankfurt/M. (chromorange/Ernst Weingartner); **136.3** Google Earth, Image U.S. Geological Survey, Image NASA; **136.4** Google Earth, Image Landsat/Copernicus; **136.5** Jäckel, Diana, Erfurt; nach FAO: FAOSTAT Search Data; unter: www.fao.org/faostat/en/#search/soybean (Zugriff vom 10.11.2020); **137.6** Alamy stock photo, Abingdon (BrazilPhotos / Ricardo Beliel); **137.7** Jäckel, Diana, Erfurt, nach Wikipedia: https://en.wikipedia.org/wiki/Deforestation_of_the_Amazon_rainforest (Zugriff vom 10.11.2020); **138.1** Alamy stock photo, Abingdon (Michael Fritzen); **139.2** Schaar, Wolfgang, Grafing; **139.3** Alamy stock photo, Abingdon (Cris Faga / ZUMA Wire / Alamy Live News); **140.1** Getty Images Plus, München (Atelopus); **140.2** VISUM Foto GmbH, München (Marc Steinmetz); **141.3** Schaar, Wolfgang, Grafing; **141.4** Plaßmann, Thomas, Essen; **141.5** creanovo - motion & media design GmbH, Axel Kempf, Hannover; **142.1.A** Alamy stock photo, Abingdon (S. Bruce Nace); **142.1.B** Alamy stock photo, Abingdon (Central America); **142.1.C** Alamy stock photo, Abingdon (Ken Hawkins); **143.2** Krause Büro, Leipzig; **144.1** Alamy stock photo, Abingdon (Klaus Steinkamp); **144.2** Getty Images Plus, München (Image Source / Alex Eggermont); **144.3** nach World Trade Oranization (WTO), verschiedene Jahrgänge; **146.1** ShutterStock.com RF, New York (mandritoiu); **146.2** Getty Images Plus, München (luoman); **147.3** Jäckel, Diana, Erfurt; nach World Urbanization by Region: 1950-2030; **148.1** Schaar, Wolfgang, Grafing; **148.2** ShutterStock.com RF, New York (Matheus Obst); **149.3** Agentur Focus - Die Fotograf*innen, Hamburg (2008 Robertas Valerio); **149.4** Ernst Klett Verlag GmbH, Stuttgart; **151.3** Jäckel, Diana, Erfurt; **152.1** Mauritius Images, Mittenwald (Military Collection / Alamy); **153.2** Schaar, Wolfgang, Grafing; **153.3** ShutterStock.com RF, New York (Paul Dempsey); **155.1** ShutterStock.com RF, New York (Multiverse); **156.1** Ernst Klett Verlag GmbH, Stuttgart; **156.2** Getty Images RF, München (Michael Gottschalk); **157.3,4,5** Bünstorf, Dr. Jürgen, Altenberge; **157.6** ShutterStock.com RF, New York (Caio Pederneiras); **158** stock.adobe.com, Dublin (Syda Productions); **160; 161** United Nations Publications, New York; **162.o.l.** Schaar, Wolfgang, Grafing; **162.o.r.** Ernst Klett Verlag GmbH, Stuttgart; **163.o.l.** Aunkofer, Marcus, Nördlingen; **163.o.m.** Ernst Klett Verlag GmbH, Stuttgart; **163.o.r.** Jäckel, Diana, Erfurt; **164.o.l.** Picture-Alliance, Frankfurt/M. (Ingo Wagner); **164.o.m.** Graupner, Ulf. S., Berlin; **164.o.r.** Oehler, Sandra, Remseck; **165.o.l.** Schaar, Wolfgang, Grafing. Quelle: Landesamt für Digitalisierung, Breitband und Vermessung, München; **165.o.m.** Schaar, Wolfgang, Grafing; **166.o.l.** nach Eurostat; **166.o.m.** Jäckel, Diana, Erfurt; **167.o.l.** NASA, Washington , D.C. (NASA's MODIS Rapid Response Team); **167.o.m.** Stadtarchiv Ingolstadt; **186** Ernst Klett Verlag GmbH, Stuttgart; **192.o.l.** iStockphoto, Calgary, Alberta (kharps); **193.m.l.** ShutterStock.com RF, New York (Lightspring); **194.o.l.** Jähde, Steffen, Sundhagen; **194.u.r.** Butz, Steffen, Karlsruhe

Quellennachweis Text

9.2 Eigene Zusammenstellung nach Eurostat, unter: https://ec.europa.eu/eurostat/de; Statistisches Bundesamt www.destatis.de; CIA: The World Factbook, unter: www.cia.gov/the-world-factbook; United Nations Development Programme: Human Development Reports, unter: http://www.hdr.undp.org (Zugriff am 6.5.2021); **11.2** Daten nach United Nations Development Programme: Human Development Reports, unter: http://www.hdr.undp.org (Zugriff am 6.5.2021); **11.4** Eigene Zusammenstellung nach verschiedenen Quellen; **15.4** Internationale Gesellschaft für Menschenrechte (IGFM): Allgemeine Erklärung der Menschenrechte, unter: http://www.igfm.ch/menschenrechte/menschenrechte/allgemeine-erklaerung-der-menschenrechte-aemr/ (leicht geändert; Zugriff vom 6.5.2021); **15.5.1** Friedensnobelpreisträgerin Malala Yousafzai, New York, New York, Rede vor der UNO-Jugendversammlung am 12.07.2013, ihrem 16. Geburtstag, unter: https://malala.org/newsroom/archive/malala-un-speech; **16.2** Bundesministerium für wirtschaftliche Zusammenarbeit und Entwicklung: Lexikon. Entwicklungszusammenarbeit, unter: www.bmz.de/de/service/lexikon/entwicklungszusammenarbeit-14316 (Zugriff am 6.5.2021); **17.3** Annette Benad und Uli Post: Hilfe zur Selbsthilfe, v. 21.12.2007, in: E+Z Entwicklung und Zusammenarbeit, Nr. 1/2008, unter: www.dandc.eu/de/article/begriffsklaerung-hilfe-zur-selbsthilfe; **50.u.li.** Nach: NOAA National Centers for Environmental information, Climate at a Glance: Global Time Series; unter: www.ncdc.noaa.gov/cag/ (Zugriff am 03.12.2020); **55.3** Eigene Zusammenstellung aus verschiedenen Quellen; **57.2** Aktualisiert nach Umweltbundesamt, 2019; **62.1** Nach Deutscher Wetterdienst (DWD): Klimawandel in Deutschland: Neuer Monitoringbericht belegt weitreichende Folgen; unter: www.dwd.; **76.3** Nach Population stat: Marrakech; unter: https://populationstat.com/morocco/marrakech (Zugriff am 09.10.2020); **77.12** Nach Stadt Nürnberg; unter: www.nuernberg.de/internet/statistik/jahrbuch.html (Zugriff am 09.10.2020); **89.4** Andreas Gruschke: Nomaden ohne Weide? In: Eurasisches Magazin v. 30.05.2006, unter: https://www.eurasischesmagazin.de/artikel/Nomaden-ohne-Weide/20060510; **90.1** Europäische Kommission: Statistik zur Migration nach Europa, unter https://ec.europa.eu/info/strategy/priorities-2019-2024/promotingour-european-way-life/statistics-migrationeurope_de (Zugriff am 17.06.2021); **90.2** Europäische Kommission: Statistik zur Migration nach Europa, unter: https://ec.europa.eu/info/strategy/priorities-2019-2024/promoting-oureuropean-way-life/statistics-migrationeurope_de (Zugriff am 17.06.2021); **96.2** Bundeszentrale für Politische Bildung, unter: www.bpb.de/nachschlagen/zahlen-und-fakten/globalisierung/52730/wasserverbrauch (Zugriff am 15.06.2021); **107.2** Daphne Lucas und Iris Schöninger: Krise im Sahel: Militär allein reicht nicht, Blogeintrag v. 13.05.2019, unter: www.welthungerhilfe.de/aktuelles/blog/2019/hintergrund-krise-im-sahel/ (Zugriff am 12.04.2021); **107.3** EUROSTAT: Wo leben die meisten Ausländer im EU-Raum?, unter: www.migazin.de/2013 (Zugriff vom 15.12.2014); **117.4** Birgit Henökl-Mbwisi: Ferne Nachbarn: Burkina Faso, hrsg. v. BAOBAB - GLOBALES LERNEN, Juni 2004; **120.1** realkapital KGaA: Reale Werte für reales Wachstum. Braunschweig: realkapital KGaA o.J., S. 10; **121.3** Daniela Gschweng: Sambia: Landraub als Entwicklungshilfe, auf: Infosperber v. 06.11.2017, unter: www.infosperber.ch/politik/welt/sambia-landraub-als-entwicklungshilfe/; **121.5** Bundesministerium für Nachhaltigkeit und Tourismus (Österreich): FAO bekämpft Landgrabbing, v. 15.10.2014, unter: www.bmnt.gv.at/land/eu-international/fao/guidelineslandtenure.html, Nov. 2016; **122.1** Vodafone Group PLC – Annual Report 2020, Seite 2; **122.3** Fabian Urech: Weltweit findet heute jede zweite mobile Geldtransaktion in Kenia statt. In: Neue Zürcher Zeitung v. 16.01.2018, unter: www.nzz.ch/international/der-weltmarktfuehrer-aus-afrika-ld.1338079, Nov. 2018; **123.5** International Telecommunication Union (ITU) 2020, unter: www.itu.int/itu-d/sites/statistics/ (Zugriff vom 30.12.2020); **124.u.li.** Katja Fels/ Jörg Peters, Energie für alle, aber richtig, auf: ZEIT ONLINE v. 18.05.2017; unter: www.zeit.de/wirtschaft/2017-05/entwicklungshilfe-afrika-strom-energie-stromnetz; **125.5** Bericht des Projektleiters Wilhelm Kirchensteiner, in: Kreisbote Kempten v. 23.1.2019, S. 8.; **143.3** Eigene Zusammenstellung aus verschiedenen Quellen; **145.4** Arge Lateinamerika e.V.: Statistiken zu internationalen Touristenankűften und Tourismuseinnahmen der Lateinamerikanischen Länder, März 2019; unter: www.lateinamerika.org/images/pdf/Statistiken_zu_internationalen_Touristenanknftten_2019.pdf (Zugriff am 26.07.2021); **147.4** International Monetary Fund: World Economic Outlook Database, unter: www.imf.org/en/Publications/SPROLLs/world-economic-outlookdatabases#sort=%40imfdate%20 descending; World, Population Review, unter: https://worldpopulationreview.com/world-cities (Zugriff am 28.04.2022); 149.5 Eigene Zusammenstellung nach verschiedenen Quellen; 150.1 eigene Zusammenstellung; 151.2 Nach United Nations Development Programme: Human Development Report 2019, unter: http://hdr.undp.org/sites/default/files/hdr2019.pdf (Zugriff am 11.11.2020); 160 Nach Georg Krämer/ Michael Lesemann: 17 Ziele für eine zukunftsfähige Welt. Bielefeld: Welthaus e.V. 2016, S. 20 (gekürzt)

Kompetenzbereiche im Geographieunterricht

1 Antike Statue des Wissens (Episteme) in der Celsus-Bibliothek in Ephesos

Im Geographieunterricht werden Sie nicht nur Ihr fachliches Wissen erweitern, sondern auch sogenannte Kompetenzen erwerben. Diese sollen Ihnen helfen, die Erkenntnisse aus dem Unterricht in und außerhalb der Schule anzuwenden. Damit sollen Sie befähigt werden, unsere Erde verantwortungsvoll mitzugestalten, heute wie auch in der Zukunft.

Was versteht man unter Kompetenzen?

Kompetenzen helfen Ihnen, geographische Probleme zu lösen. Hierzu kann zum Beispiel das Auswerten eines Diagramms gehören, in dem alle Zuzüge in eine Stadt dargestellt sind. Das kann aber auch die Durchführung eines Experiments zur Schneeschmelze sein oder die Interpretation eines Bildes, das eine ganz bestimmte deutsche Großlandschaft darstellt.

Was ist der Unterschied zwischen Wissen und Kompetenzen?

Der Begriff des Wissens bezeichnet im Allgemeinen all das, was man als richtig und wahr kennt. Hierzu gehören vor allem Fakten, zum Beispiel die Höhe der Zugspitze oder die Einwohnerzahl Münchens. Eine eindrucksvolle Zusammenschau von alledem, was Sie im Laufe der Jahrgangsstufen 5, 7 und 10 gelernt haben, beziehungsweise lernen werden, finden Sie auf den Seiten 172 bis 183.
Kompetenzen wiederum werden benötigt, um mit diesem Wissen Probleme zu lösen. Dabei gilt: Ohne das eine kann das andere sein volles Potenzial nicht entfalten.

Kompetenzbereich „Beurteilen und bewerten" (B)
Geographisch beurteilen und bewerten bedeutet, dass Sie lernen, Informationen und Sachverhalte kritisch einzuordnen und dabei eine eigene, gut begründete Meinung zu bilden. Somit werden Sie auch einer Vielzahl von Problemen wie Umweltverschmutzung oder intensive Tierhaltung angemessen begegnen können.

Kompetenzbereich „Methoden anwenden und Erkenntnisse gewinnen" (M)
Der Kompetenzbereich Methoden anwenden und Erkenntnisse gewinnen wird Ihnen helfen, geographisch bedeutsame Informationen zu gewinnen, sei es durch Experimente, Befragungen und Versuche oder aus Medien wie Zeitungen, dem Atlas oder dem Internet.

2 Die Kompetenzbereiche im Geographieunterricht

Kompetenzbereich
„In Fachkonzepten denken“ (F)
In Fachkonzepten denken bedeutet, dass Sie lernen, den Naturraum und den vom Menschen gestalteten Kulturraum in aller Vielschichtigkeit zu erfassen, zu verstehen und in größere Zusammenhänge einzuordnen.

Wechselbeziehungen zwischen Mensch und Umwelt im Raum

Kompetenzbereich
„Sich räumlich orientieren“ (O)
Sich räumlich orientieren bedeutet, dass Sie lernen, sicher mit Orientierungshilfen wie Karte und Kompass umzugehen. Dabei hilft Ihnen Ihr räumliches Orientierungswissen, etwa in Hinblick auf die Lage von Städten, Ländern, Flüssen, Gebirgen und Ozeanen.

Kompetenzbereich
„Kommunizieren“ (K)
Der Kompetenzbereich Kommunizieren wird Sie dazu befähigen, Ihr gesamtes Wissen und Können so darzustellen, dass es Ihre Zielgruppe (Klassenkameraden, Eltern, Freunde) zum Beispiel in Referaten leicht versteht und gut nachvollziehen kann.

Kompetenzbereich
„Raumgerecht handeln“ (H)
Der Kompetenzbereich des raumgerechten Handelns umschreibt Ihre Bereitschaft und Fähigkeit, sich bei aktuellen und zukünftigen Herausforderungen bedacht zu verhalten. Mehr aber sollen Sie dabei auch lernen, die Zukunft unseres Planeten Erde so mitzugestalten, dass alle Bewohner lange in Frieden und Wohlstand leben können.

Operatoren nach Anforderungsbereichen

1 Operatoren stellen Klarheit her und helfen, Missverständnisse im Unterricht zu vermeiden

Bei der Bearbeitung geographischer Fragestellungen begegnen Ihnen regelmäßig sogenannte Operatoren. Diese sollen Ihnen für eine gezielte Beantwortung Orientierung geben und die Zielsetzung möglichst genau definieren. Ein sicherer Umgang mit den Operatoren wird Ihnen helfen, Aufgaben im Geographieunterricht erfolgreich zu lösen.

Anforderungsbereiche erkennen und Schwierigkeitsgrade richtig einschätzen

Manche Aufgaben im Geographieunterricht werden Ihnen sehr leicht erscheinen, andere wiederum echt harte Nüsse darstellen. Kurz: Aufgaben können unterschiedliche Anforderungsbereiche umfassen, die ganz unterschiedliche Bearbeitungstiefen erfordern. Dabei kann es schon einmal vorkommen, dass sich der eine oder andere nicht sicher ist, wie viel er für eine Antwort schreiben und bis in welches Detail er eine Aufgabe bearbeiten soll.
Um eine verlässliche Hilfestellung bei der Einschätzung eines Schwierigkeitsgrades zu geben, sind die Aufgaben im Geographieunterricht in drei Anforderungsbereiche untergliedert. Diesen Anforderungsbereichen sind jeweils sogenannte Operatoren zugeordnet. Diese sind als Verben formuliert (z.B. beschreiben, darstellen, erläutern, beurteilen) und geben Ihnen genau vor, was in einer Aufgabe konkret von Ihnen erwartet wird.

Anforderungsbereich I

Dieser Bereich umfasst die Wiedergabe von einfachen Informationen sowie die Anwendung von gelernten und geübten Arbeitstechniken und Methoden.

Anforderungsbereich II

Der zweite Bereich beinhaltet das selbstständige Bearbeiten, Ordnen und Erklären von Sachverhalten, die Ihnen bereits bekannt sind. Hierzu gehört auch das Anwenden von Inhalten und Methoden, die Sie bereits gelernt haben, in neuen Aufgabenstellungen.

Anforderungsbereich III

Der dritte Bereich bezieht sich auf den Umgang mit neuen Problemstellungen. Dabei müssen Sie auf Ihr Wissen und Ihre Kompetenzen zurückgreifen, um zu eigenen Begründungen und Bewertungen zu gelangen.